高职高专"十三五"规划教材

HUAGONG FENXI

化工分析

姜洪文　王英健　主编　　　张美娜　副主编

The Second Edition
第二版

U0389674

化学工业出版社
·北京·

本书共十一章：化工分析基础知识、化工分析基本操作技术、滴定分析、酸碱滴定法、配位滴定法、沉淀滴定与称量分析法、氧化还原滴定法、电化学分析、紫外-可见分光光度分析、气相色谱分析法、高效液相色谱分析法。书末附有常用数据表。

本次修订保持了第一版理论知识与实验技能于一体、注重职业能力培养、使用方便的特点。全书由原来的十二章调整为现在的十一章。增加了选择题和计算题的参考答案。并根据现行国家标准对相关内容进行了更新，使教材内容保持科学性和先进性。

本书系高职高专职业院校化工类专业教材，也可作为化工企业在职分析化验人员培训用书。

图书在版编目（CIP）数据

化工分析/姜洪文，王英健主编．—2 版．—北京：
化学工业出版社，2019.1（2024.11重印）
高职高专"十三五"规划教材
ISBN 978-7-122-33407-7

Ⅰ．①化⋯　Ⅱ．①姜⋯②王⋯　Ⅲ．①化学工业-分
析方法-高等职业教育-教材　Ⅳ．①TQ014

中国版本图书馆 CIP 数据核字（2018）第 283180 号

责任编辑：刘心怡　　　　　　　　　文字编辑：李　瑾
责任校对：王鹏飞　　　　　　　　　装帧设计：王晓宇

出版发行：化学工业出版社（北京市东城区青年湖南街 13 号　邮政编码 100011）
印　　　刷：北京云浩印刷有限责任公司
装　　　订：三河市振勇印装有限公司
787mm×1092mm　1/16　印张 18½　字数 467 千字　2024 年 11 月北京第 2 版第 7 次印刷

购书咨询：010-64518888　　　　　　售后服务：010-64518899
网　　　址：http://www.cip.com.cn
凡购买本书，如有缺损质量问题，本社销售中心负责调换。

定　　　价：48.00 元

前　　言

　　《化工分析》作为高职高专职业学校规划教材，以其理论知识与实验技能结合、内容通俗易懂、注重职业能力培养、使用方便等特点得到了职业院校广大师生的认可。为了满足蓬勃发展的高等职业教育发展的需要和检验岗位工作任务的需求，在化学工业出版社和用书单位反馈意见的基础上，结合近些年的教学实践体会，对本书第一版进行修订。

　　本次修订除保持第一版的基本结构和编写特色外，理论上进行了适当的精简，调整了部分章节，同时按现行国家标准对相关内容进行了更新。调整更新的主要内容如下：

　　1. 章节的变化，教材由原来的十二章调整为现在的十一章，同时将第一版中的第三章化工产品质量保证与标准化调整到第一章化工分析基础知识，作为第五节内容。

　　2. 依据 JJG 196—2006《常用玻璃仪器检定规程》，对第二章第二节中的常用量器和第三节中容量仪器校准及实验 3 的内容进行了替换，保证滴定分析基本操作精准和规范。

　　3. 对酸碱滴定法、配位滴定法、电化学分析等理论内容的论述进行了适当地精简，突出实用性。

　　4. 实验项目的变化，在保证掌握化工分析基本操作技术和基本检验方法的前提下，实验项目由原来的 36 个调整为现在的 29 个，同时对个别实验项目及内容作了替换和调整，并依据 GB/T 601—2016《化学试剂　标准滴定溶液的制备》，对相关实验内容进行了修正，使教材在内容上始终保持着科学性和先进性。

　　5. 补充了思考与练习题除简答题外的参考答案，以便学生复习巩固所学知识，自检学习效果。

　　此次修订工作分别由吉林工业职业技术学院张美娜（第一～三章、第九～十一章），辽宁石化职业技术学院王英健（第四～八章）完成。全书由姜洪文统稿。

　　这次教材的修订，得到了化学工业出版社和吉林工业职业技术学院分析检验专业同仁的大力支持，在此表示诚挚的谢意。对于书中可能存在的不妥之处，欢迎读者给予指正。

姜洪文

2018 年 6 月于吉林工业职业技术学院

第一版前言

在实施科教兴国战略的今天，高等职业教育担负着培养生产、管理、经营、服务第一线需要的高技能人才的重任。面对高职院校化工类专业教学改革和学生就业的需求，笔者编写了这本《化工分析》教材，作为化工高等职业院校工艺类专业教学用书，也可以供与分析化验有关的其他专业或在职分析化验人员学习参考。

本教材针对化工生产企业从事分析检验工作所需的专业知识和操作技能的要求，按照够用和实用的原则，以化学分析和常用仪器分析的基础知识为主线，着力编写了分析操作技术和分析方法应用方面的内容。本教材在编写结构上具有如下特点：

1. 指出各章的"学习目标"和"重点与难点"。"学习目标"是指学完每章内容后所应达到的最终目的；"重点与难点"是指相对较重要和较难理解的知识点或较难掌握的操作技能。明确"学习目标"和"重点与难点"，有利于学生主动学习，提升技能教学水平。

2. 编入了新型分析仪器。如电子分析天平、数字显示的酸度计、紫外-可见分光光度计和气相色谱仪等，并适当介绍应用日渐突出的高效液相色谱仪，以更符合现代生产实际和学生就业的需要。

3. 采用最新的国家标准来规范分析化学术语（GB/T 14666—2003），执行GB/T 601—2002等标准规定来制备标准滴定溶液和制剂。一律采用法定计量单位。

4. 实验项目实用性强。其项目的确定以兼顾基本操作训练和化工产品质量检验为基本原则，注重贯彻国家标准，删去陈旧的实验，编入国家标准中规定的一些通用分析方法。

5. 突出能力培养。在每个实验项目后都编有相应的"思考与讨论"，每章后列出了"思考题与习题"，以检验与追踪学生的学习目标是否达到或学生自己对所学知识和技能进行自查，培养学生判断问题和解决问题的能力。

参加本书编写工作的有姜洪文（第一～四、十、十一章）、王英健（第五～九章）、张美娜（第十二章），全书由姜洪文统一修改定稿。

吉林工业职业技术学院张振宇担任主审，并提出一些建设性意见，在此深深致谢。

由于编者水平有限，书中不足之处在所难免，恳请同行与读者批评指正。

编　者
2007 年 12 月

目　　录

第一章　化工分析基础知识

学习目标

1. 明确化工分析中定量分析的过程；
2. 掌握误差和分析数据处理的方法；
3. 掌握一般溶液的配制方法；
4. 具备实验室工作的安全基本知识；
5. 掌握我国标准的划分与表示形式；
6. 了解采用国际标准和国外先进标准的程度划分。

重点与难点

1. 化工分析中误差和分析数据处理；
2. 试剂溶液的配制计算与配制技术；
3. 实验室安全知识；
4. 标准化的意义和内涵。

第一节　化工分析的任务和方法

一、化工分析的任务和作用

化工分析是以分析化学的基本原理和方法为基础，完成化工生产过程中化学成分监测和化工产品质量检验任务的一门学科。

在化工生产过程中，物料的基本组成是已知的，化工分析主要是对原料、中间产物和最终产品进行定量分析，以评定原料和产品的质量，监控生产工艺过程是否正常进行，从而达到最经济地使用原料和燃料、减免废品和次品、避免生产事故发生和保护环境的目的。

应当指出，分析检验不仅在化学、化工领域起着重要的作用，而且对国民经济和科学技术的发展都具有重大的实际意义。例如，在农业生产方面，土壤普查、灌溉用水水质的化验、农作物营养的诊断、农药残留量的分析以及新品种培育和遗传工程的研究等，都是以分析检验结果作为判断的重要依据；在环境保护方面，为了探讨与人类生存和发展密切相关的环境变化规律并制定环保措施，对大气和水质变化进行监测、对生态平衡进行研究以及评价和治理工农业生产对环境产生的"三废"污染（废液、废渣、废气）和综合利用等，都需要进行大量的分析检测工作；在科学技术领域，凡是涉及化学变化的内容，几乎都离不开分析检验。可以说，分析检验是人们认识物质世界和指导生产实践的"眼睛"。

二、定量分析的方法

1. 定量分析的过程

进行定量分析，首先需要从批量的物料中采出少量有代表性的试样，并将试样处理成可供分析的状态。固体样品通常需要溶解制成溶液。若试样中含有影响测定的干扰物质，还需要预先分离，然后才能对待测组分进行分析。因此，定量分析的全过程一般包括采样与制样、试样分解和分析试液的制备、分离及测定、分析结果的计算及评价等四个步骤。

（1）采样与制样

采样的基本原则是分析试样要有代表性。

对于固体试样，一般经过粉碎、过筛、混匀、缩分，得到少量试样，烘干保存于干燥器中备用。

（2）试样分解和分析试液的制备

定量分析常采用湿法分析。对于水不溶性的固体试样，可以采用酸、碱溶解或加热熔融的方法制成分析试液。

$$
\text{固体试样}
\begin{cases}
\text{溶解}
\begin{cases}
\text{酸溶}: HCl、HNO_3、H_2SO_4、HClO_4、HF、混合酸 \\
\text{碱溶}: NaOH、KOH
\end{cases} \\
\text{熔融}
\begin{cases}
\text{酸性}: K_2S_2O_7 \\
\text{碱性}: Na_2CO_3、NaOH、Na_2O_2
\end{cases}
\end{cases}
$$

（3）分离及测定

常用的分离方法有沉淀分离、萃取分离、离子交换、色谱分离等。要求分离过程中被测组分不丢失。

分离干扰组分之后得到的溶液，就可以按指定的分析方法测定待测组分的含量。分离或掩蔽是消除干扰的重要方法。

（4）分析结果的计算及评价

根据分析过程中有关反应的计量关系及分析测量所得数据，计算试样中待测组分的含量，并对分析结果的可靠性进行评价。

2. 定量分析方法的分类

化工分析的内容十分丰富，涉及的领域非常广泛，可根据化工生产过程、试样用量、取样方式、待测组分含量，分析原理等进行分类。

（1）按化工生产过程分类

分为原材料分析、中间产物控制分析和产品分析。

（2）按试样用量分类

分为常量分析、半微量分析和微量分析。需要的试样量为：常量分析＞0.1g、半微量分析0.01～0.1g、微量分析0.0001～0.01g。

（3）按取样方式分类

分为在线分析和离线分析。在线分析是分析仪器安装在生产线上，在线取样分析。这种方法因为在线，容易实现从取样到分析的自动化。离线分析是取样后到实验室进行分析，再报告分析结果。

（4）按待测组分含量分类

分为常量组分分析（含量在1%以上）、微量组分分析（含量在0.01%～1%之间）、痕量组分分析（含量在0.01%以下）。

（5）按分析原理分类

分为化学分析和仪器分析两大类。

① 化学分析。化学分析是以物质的化学反应为基础的分析方法。对于采用的化学反应，

可用通式表示为：

$$X(待测组分)+R(试剂)\longrightarrow P(反应产物)$$

由于采取的测定方法不同，化学分析又分为滴定分析法和称量分析法。

a. 滴定分析法又称容量分析法。将一种已知准确浓度的试剂溶液 R 滴加到待测物质溶液中，直到所加试剂恰好与待测组分 X 定量反应为止。根据试剂溶液 R 的用量和浓度计算待测组分 X 的含量。例如工业硫酸纯度的测定，就是把已知准确浓度的 NaOH 溶液滴加到试液中，直到全部 H_2SO_4 都生成 Na_2SO_4 为止（这时指示剂变色）。由 NaOH 溶液的浓度和用去的体积计算出工业硫酸的纯度。

b. 称量分析法又称重量分析法。通过加入过量的试剂 R，使待测组分 X 完全转化成一难溶的化合物，经过滤、洗涤、干燥及灼烧等一系列步骤，得到组成固定的产物 P，称量产物 P 的质量，就可以计算出待测组分 X 的含量。例如试样中 SO_4^{2-} 含量的测定，样品溶解后，在试液中加入过量的 $BaCl_2$ 试剂，使 SO_4^{2-} 生成难溶的 $BaSO_4$ 沉淀，经过滤、洗涤、灼烧后，称量 $BaSO_4$ 的质量，就可以计算出试样中 SO_4^{2-} 的含量。

② 仪器分析。仪器分析是以物质的物理或物理化学性质为基础的分析方法。通过专用仪器来测定其含量，故称为仪器分析法。它包括光学分析、电化学分析、色谱分析等方法。

a. 光学分析法。以物质的光学性质为基础建立起来的分析方法称为光学分析法。如高锰酸钾溶液浓度越大，颜色越深，吸收光的程度越大，利用溶液的这种吸光性质可作锰的比色分析和分光光度分析。属于这类分析法的还有紫外分光光度法、红外分光光度法和原子吸收光谱法等。

b. 电化学分析法。以物质的电学或电化学性质为基础建立起来的分析方法称为电化学分析法。如果一项滴定分析不是以指示剂变色来指示滴定终点，而是借助于溶液电极电位的变化关系来确定滴定终点，则称为电位滴定法。属于电化学分析法的还有直接电位法、库仑分析法和极谱分析法等。

c. 色谱分析法。以物质在不同的两相（流动相和固定相）中吸附或分配特性为基础建立起来的分析方法称为色谱分析法。例如，流动的氢气携带少量空气样品通过一根装有分子筛吸附剂的柱管后，可将空气分离为氧和氮，并能对各组分进行定性、定量分析，这种方法就是气相色谱法。属于这类分析方法的还有高效液相色谱法、纸色谱法和薄层色谱法等。

化学分析历史悠久，方法成熟，准确度高（误差≤0.1%），灵敏度较低，适用于试样中常量组分（1%以上）的测定，尤其是滴定分析操作简便、快速，准确度亦较高，是广泛应用的一种定量分析技术。仪器分析速度快，灵敏度高，适宜于低含量组分的测定。从整体看，化学分析是仪器分析的基础，仪器分析中关于试样预处理和方法准确度的校验等往往需要应用化学分析来完成；而仪器分析是化学分析的发展，二者之间必须互相配合，互相补充。

本书主要讨论在化工分析中普遍应用的两大定量分析方法——化学分析法和仪器分析法。

第二节　误差和分析数据处理

一、定量分析中的误差

定量分析的目的是通过一系列的分析步骤获得待测组分的准确含量。事实上，在对同一试样进行多次重复测定时，测定结果并不完全一致，即使对已知成分的试样用最可靠的分析方法和最精密的仪器，并由技术十分熟练的分析人员进行多次重复测定，测得数值与已知值也不一定完全吻合。这种差别在数值上的表现就是误差。

1. 误差的分类及产生原因

误差按其性质可分为系统误差和随机误差两类。

（1）系统误差

系统误差是由一些固定的、规律性的因素引起的误差。此类误差造成测定结果偏高或偏低，具有单向性，可以通过校正进行补偿或减小。系统误差决定了分析结果的准确度。系统误差按其来源分为以下几种。

① 方法误差。由于测定方法不完善而带来的误差，例如滴定反应不完全产生的误差。

② 试剂误差。由于试剂不纯带来的误差。

③ 仪器误差。由于仪器本身不精密、不准确引起的误差。例如，玻璃容器刻度不准确、天平砝码不准确等。

④ 操作误差。由于操作人员操作不规范或主观偏见带来的误差。例如，滴定管读数时视线不水平或对滴定终点颜色判断不准确等。

（2）随机误差

随机误差是由于某些难以控制的偶然因素所造成的误差。这种误差无规律性，是随机出现的。通过增加平行测定次数可减小随机误差。随机误差决定了分析结果的精密度。

2. 定量分析的准确度与精密度

（1）准确度与误差

分析结果的准确度是指试样的测定值与真实值之间的符合程度。它说明测定值的正确性，通常用误差的大小表示。

$$绝对误差(E)＝测定值(x_i)－真实值(\mu) \tag{1-1}$$

显然，绝对误差越小，测定值与真实值越接近，测定结果越准确。但绝对误差不能反映误差在真实值中所占的比例。例如，用分析天平称量两个试样的质量各为 1.6380g 和 0.1637g，假定这两个试样的真实值分别为 1.6381 和 0.1638g，则二者称量的绝对误差皆为－0.0001g；而这个绝对误差在第一试样质量中所占的百分率，仅为第二个样品质量中所占百分率的 1/10。说明在绝对误差相同时，被称量物质的质量越大，称量的准确度也越高。因此用绝对误差在真实值（或测定值）中所占的百分率可以更确切地比较测定结果的准确度。这种表示误差的方法称为相对误差，即：

$$相对误差(E)'＝\frac{绝对误差(E)}{真实值(\mu)}×100\% \tag{1-2}$$

绝对误差和相对误差都有正、负之分。正值表示分析结果偏高；负值表示分析结果偏低。绝对误差与测量值的单位相同；相对误差没有单位，常用百分数表示。

必须指出，为了消除系统误差的影响，在工作中经常加以校正值。可以采用已知含量的标准物作为标准试样，按照给定的测定方法和步骤进行测定，得到测定值。校正值就等于标准试样测定中，真值与测定值之差：

$$\Delta＝\mu－x_s \tag{1-3}$$

式中　Δ——校正值；

　　μ——标准试样的真实值；

　　x_s——标准试样的测定值。

在测定未知试样时，其测定值加校正值等于真实值。

$$\mu = x_i + \Delta \tag{1-4}$$

（2）精密度与偏差

在定量分析中，待测组分的真实值一般是不知道的，这样，衡量测定结果是否准确就有困难，因此常用测定值的精密度来表示分析结果的可靠性。精密度是指在同一条件下，对同一试样进行多次测定的各测定值之间相互符合的程度。通常用偏差的大小表示精密度。

① 绝对偏差。简称偏差，它等于单次测定值与 n 次测定值的算术平均值之差。

$$d_i = x_i - \overline{x} \tag{1-5}$$

式中　d_i——绝对偏差；

x_i——单次测定值；

$\overline{x}$——n 次测定值的算术平均值。

② 平均偏差。平均偏差等于绝对偏差绝对值的平均值，用下式表示：

$$\overline{d} = \frac{\sum |d_i|}{n} \tag{1-6}$$

式中　d_i——单次测定的绝对偏差；

$\overline{d}$——平均偏差；

n——测定次数。

③ 相对平均偏差。指平均偏差在算术平均值中所占的百分率，用下式表示：

$$相对平均偏差 = \frac{\overline{d}}{\overline{x}} \times 100\% \tag{1-7}$$

④ 样本标准偏差。实际工作中常采用有限次测定的均方根偏差 S 来表示精密度，称为样本标准偏差，简称为样本偏差。

$$S = \sqrt{\frac{\sum\limits_{i=1}^{n}(x_i - \overline{x})^2}{n-1}} \tag{1-8}$$

⑤ 相对标准偏差。指样本偏差在平均值中所占的百分率。

$$相对标准偏差 = \frac{S}{\overline{x}} \times 100\% \tag{1-9}$$

样本偏差 S 是表示偏差的最好方法，数学严格性高，可靠性大，能显示出较大的偏差。

【例 1-1】　标定某溶液浓度的四次结果是：0.2041mol/L、0.2049mol/L、0.2039mol/L 和 0.2043mol/L。计算其测定结果的平均值、平均偏差、相对平均偏差、样本偏差和相对标准偏差。

解　$\overline{x} = \dfrac{0.2041 + 0.2049 + 0.2039 + 0.2043}{4} = 0.2043(\text{mol/L})$

$\overline{d} = \dfrac{|0.2041 - 0.2043| + |0.2049 - 0.2043| + |0.2039 - 0.2043| + |0.2043 - 0.2043|}{4}$

$= 0.0003 \ (\text{mol/L})$

$$相对平均偏差 = \frac{\overline{d}}{\overline{x}} \times 100\% = \frac{0.0003}{0.2043} \times 100\% = 0.15\%$$

$$S = \sqrt{\frac{(0.2041 - 0.2043)^2 + (0.2049 - 0.2043)^2 + (0.2039 - 0.2043)^2 + (0.2043 - 0.2043)^2}{4 - 1}}$$

$= 0.0004(\text{mol/L})$

$$相对标准偏差 = \frac{S}{\bar{x}} = \frac{0.0004}{0.2043} \times 100\% = 0.2\%$$

滴定分析测定常量组分时，分析结果的相对平均偏差一般<0.2%。

（3）准确度与精密度的关系

从上面叙述可知，表征系统误差的准确度与表征随机误差的精密度是不同的，二者的关系可用靶图（见图1-1）加以解释。

　　(a) 准确且精密　　　　(b) 不准确但精密　　　　(c) 准确但不精密　　　　(d) 不准确且不精密

图 1-1　靶图

① 测定的精密度好，准确度也好。这是测定工作中要求的最好结果，它说明系统误差和随机误差都小。也就是说，在消除系统误差的情况下，操作人员规范操作会得到较好的准确度和精密度。

② 测定的精密度好，但准确度不好。这是由于系统误差大、随机误差小造成的。

③ 测定的精密度不好，但准确度好。这种情况少见，是偶然碰上的。

④ 测定的精密度不好，准确度也不好。这是由于系统误差和随机误差都大引起的。

在确定消除了系统误差的前提下，精密度可表达准确度。通常要求常量分析结果的相对误差小于0.1%～0.2%。

（4）提高分析结果准确度的方法

由误差产生的原因看出，要提高分析结果的准确度，必须减小整个测定过程中的误差。系统误差的减免可采取对照试验、空白试验和校正仪器等方法来实现。随机误差的减免则必须严格控制测定条件、细心操作，并适当增加平行测定次数取其平均值作为测定结果。

① 对照试验。对照试验是检验系统误差的有效方法。将已知准确含量的标准样，按照待测试样同样的方法进行分析，所得测定值与标准值比较，求出校正值，在待测试样的测定值上加入校正值，就可使测定结果更接近真值。

② 空白试验。在不加试样情况下，按有试样时同样的操作进行的试验，叫作空白试验。所得结果称为空白值。从试样的测定值中扣除空白值，就能得到更准确的结果。例如，确定标准溶液准确浓度的试验，国家标准规定必须做空白试验。

③ 校正仪器。对于分析的准确度要求较高的场合，应对测量仪器进行校正，利用校正值计算分析结果。例如，用未加校正的滴定管滴定就会引入终点滴定误差，若用校正后的滴定管即可加以补正。

④ 增加平行测定份数。取同一试样几份，在相同的操作条件下对它们进行测定，叫作平行测定。增加平行测定份数，可以减小随机误差。对同一试样，一般要求平行测定2～4份，以获得较准确的结果。

⑤ 选择合适的分析方法。化学分析法准确度高，用于常量组分测定；仪器分析法灵敏度高，用于微量组分分析。

二、分析结果的表示

1. 定量分析结果的表示

按照我国现行国家标准的规定，定量分析的结果分别用质量分数、体积分数或质量浓度表示。

(1) 质量分数（w_B）

物质中某组分 B 的质量（m_B）与物质总质量（m）之比，称为 B 的质量分数（通常以％表示）。

$$w_B = \frac{m_B}{m} \times 100\% \tag{1-10}$$

例如，某铁矿中含 Fe 为 34.98％。

(2) 体积分数（φ_B）

气体或液体混合物中某组分 B 的体积（V_B）与混合物总体积（V）之比，称为 B 的体积分数（以％表示）。

$$\varphi_B = \frac{V_B}{V} \times 100\% \tag{1-11}$$

例如，工业乙醇中乙醇的体积分数为 95.0％。

(3) 质量浓度（ρ_B）

气体或液体混合物中某组分 B 的质量（m_B）与混合物总体积（V）之比，称为 B 的质量浓度。

$$\rho_B = \frac{m_B}{V} \tag{1-12}$$

其常用单位为克每升（g/L）或毫克每升（mg/L）。例如，乙酸溶液中乙酸的质量浓度为 360g/L。

2. 分析结果的报告

不同的分析任务，对分析结果准确度要求不同，平行测定次数和分析结果的报告也不同。

(1) 两个平行试样测定结果

在例行分析和生产中间控制分析中，一个试样一般做 2 个平行测定。如果两次分析结果之差不超过允许差（某一项指标的平行测定结果之间的绝对偏差不得大于某一数值，这个数值就是允许差）的 2 倍，则取平均值报告分析结果；如果超过允许差的 2 倍，则须再做一份分析，最后取两个差值小于允许差 2 倍的数据，以平均值报告结果。

【例 1-2】　某产品中微量水的允许差为 0.05％，样品平行测定结果分别为 0.56％、0.64％，应如何报告分析结果？

解　因 0.64％－0.56％＝0.08％＜2×0.05％

故应取 0.64％与 0.56％的平均值 0.60％报告分析结果。

(2) 多个平行试样测定结果

对于同一试样进行多次测定结果的报告，应以多次测定的算术平均值或中位值 x_m 报告结果，并报告样本偏差。中位值是指一组测定值按大小顺序排列时中间项的数值，当 n 为奇数时，正中间的数只有一个；当 n 为偶数时，正中间的数有两个，中位值是指这两个值的平均值。

【例1-3】 分析某矿石中铁量时，测得下列数据：34.45％、34.30％、34.20％、34.50％、34.25％。计算这组数据的算术平均值、中位值和样本偏差。

解 将测得数据按大小顺序列成下表：

顺序	x_i	$d = x_i - \bar{x}$	顺序	x_i	$d = x_i - \bar{x}$
1	34.50％	+0.16％	4	34.25％	−0.09％
2	34.45％	+0.11％	5	34.20％	−0.14％
3	34.30％	−0.04％	$n=5$	$\sum x_i = 171.70\%$	$\sum |d| = 0.54\%$

由此得出

中位值
$$x_m = 34.30\%$$

算术平均值
$$\bar{x} = \frac{\sum x_i}{n} = \frac{171.70\%}{5} = 34.34\%$$

样本偏差
$$S = \sqrt{\frac{(0.16\%)^2 + (0.11\%)^2 + (-0.04\%)^2 + (-0.09\%)^2 + (-0.14\%)^2}{5-1}} = 0.13\%$$

3. 有效数字的意义及其运算规则

定量分析结果的获得是经过一系列的测量环节和计算的全过程达到的。这不仅需要准确地测定，而且还需要正确地记录和计算。实际上，要求记录的数字不但能够表示数量的大小，还要正确地反映出测定时的准确程度。所以，在记录实验数据和计算分析结果时应当注意数字处理问题。

（1）有效数字的意义

有效数字是指在测量中实际能测量到的数字，在有效数字中只有最末一位数字为估计值，其余数字都是准确的。因此，有效数字的位数取决于测量仪器、工具和方法的精度。例如，用万分之一分析天平称量物质的质量为 0.5180g，这样记录正确，与该天平称量所达到的准确度相适应。在数字"0.5180"中，小数点后三位是准确的，第四位"0"是可疑的，可能有上下一个单位的误差，它表明试样实际质量在 (0.5180±0.0001)g 之间。把结果记为 0.518g 是错误的，因为它表明试样实际质量在 (0.518±0.001)g 之间，显然与仪器的自身测量精度不符。可见，数据的位数不仅表示数据的大小，而且反映了测量的准确程度。下面列出在分析测量中能得到的有效数字及位数：

试样的质量 m	1.1430g	五位有效数字（万分之一天平称量）
溶液的体积 V	22.06mL	四位有效数字（分度值为 0.1mL 的滴定管读数）
量取试液 V	25.00mL	四位有效数字（移液管）
标准溶液浓度 c	0.1000mol/L	四位有效数字
吸光度 A	0.356	三位有效数字
质量分数	98.97％	四位有效数字
pH	4.30	两位有效数字
离解常数 K	1.8×10^{-5}	两位有效数字
电极电位 φ	0.337V	三位有效数字

"0"在数据中具有双重意义。当用来表示与测量精度有关的数字时，是有效数字；当它只起定位作用而与测量精度无关时，则不是有效数字。即在数据首位不是有效数字，在数

据之间的"0"和小数末尾的"0"都是有效数字。

关于有效数字及其位数应说明下面几个问题。

① 有效数字首位数≥8时，可多计算1位有效数字。例如，0.0998mol/L的浓度可看成四位有效数字。

② pH的有效数字的位数，取决于小数部分的位数，整数部分不计算为有效数字。因为pH$=-$lg$[H^+]$，对数的整数部分为$[H^+]$数据中10的多少次方，起定位作用，只有小数部分才是$[H^+]$有效数字的位数，因此pH=4.30是两位有效数字。

③ 单位换算时要注意有效数字的位数，不能混淆。例如，1.25g≠1250mg，应为1.25×10^3mg。

④ 非测量数据应视为有足够多位的有效数字。例如，测定次数$n=4$、溶液稀释10倍等，此处的4和10应视为有足够多位的有效数字。

（2）有效数字运算规则

有效数字运算规则包括两方面内容，即数字修约规则和数据运算规则。

① 数字修约规则。在处理数据过程中，常会遇到各测量值的数字位数不同的情况，根据有效数字的要求，常常要弃去多余的数字，然后再进行计算。把弃去多余数字的处理过程称为数字的修约。国家标准规定采用"四舍六入五留双"的规则进行修约。当尾数≥6时则入，尾数≤4时则舍。当尾数恰为5，而其后面的数均为0时，若5的前一位是奇数则入，是偶数（包括"0"）则舍；倘若5后面还有不为0的任何数时皆入。例如，将下列数据修约到两位有效数字：

$$3.148\rightarrow3.1;\ 0.736\rightarrow0.74$$
$$2.549\rightarrow2.5;\ 76.51\rightarrow77$$
$$75.50\rightarrow76;\ 7.050\rightarrow7.0$$

修约数字时，只能对原始数据进行一次修约到需要的位数，不能逐级积累修约。如7.5489修约到两位应是7.5，不能修约成7.549$\rightarrow$7.55$\rightarrow$7.6。

② 数据运算规则。在用测量值进行运算时，每个测量值的误差都要传递到结果中去。于是，在处理数据时应做到合理取舍，既不能因舍弃某一尾数使准确度受到影响，又不能无原则地保留过多位数使计算复杂。在运算过程中应遵守以下规则。

a. 加减法。几个数据相加或相减时，它们的和或差的有效数字位数的保留，应以小数点后位数最少（绝对误差最大）的数据为准。例如：

$$0.015+34.37+4.3235=0.02+34.37+4.32=38.71$$

上面相加的三个数据中，34.37小数点后位数最少，绝对误差最大。故以34.37为准，将其他数据修约到小数点后两位，然后进行计算。如果在三个数据相加时，把小数点后第三、四位都加进去就毫无意义了。

b. 乘除法。几个数据相乘除时，它们的积或商的有效数字位数的保留，应以各数据中有效数字位数最少（相对误差最大）的数据为准。例如，0.1034$\times$2.34，对于0.1034，其相对误差为$\dfrac{\pm0.0001}{0.1034}\times100\%=\pm0.1\%$；而对2.34，其相对误差为$\dfrac{\pm0.01}{2.34}\times100\%=\pm0.4\%$。因此这两个数应以2.34的三位有效数字为准，即0.103$\times$2.34=0.241。

在乘除运算中，有时会遇到某一数据的第一位有效数字>8，其有效数字的位数可多算一位。如9.37虽然只有三位，但它已接近于10.00，故可按四位有效数字计算。对于高含量（>10%）组分，一般以四位有效数字报出结果，中等含量（1%～10%）组分一般要求以三位有效数字报出，而对于低含量（<1%）组分一般只以两位有效数字报出结果。

4. 异常值的检验与取舍

对同一试样进行的多次测定结果中，测定值不可能完全相同。因此，一组测定数据存在一定离散性，把一组数据中的极大值和极小值称为极值；把明显偏离一组数据多数值的测定值，称为异常值（或离群值）。在测定的一组数据中，异常值包括极值，也可能包括次极值等，所以异常值不等于极值。对异常值常用的判断取舍方法有 Q 检验法和 $4\bar{d}$ 检验法。

（1）Q 检验法

当测定次数为 3～10 次时，可利用 Q 值表（见表 1-1）检验异常值是否需要舍弃。检验步骤如下。

① 将数据按递增顺序排列为 x_1，x_2，…，x_n。

② 求出最大值与最小值的差（极差）$x_n - x_1$。

③ 求出异常值（x_n 或 x_1）与其最邻近值的差值 $x_n - x_{n-1}$ 或 $x_2 - x_1$。

④ 按下式计算 Q 值：

$$Q = \frac{x_n - x_{n-1}}{x_n - x_1} \quad \text{或} \quad Q = \frac{x_2 - x_1}{x_n - x_1}$$

⑤ 根据测定次数 n 和要求的置信度，从表 1-1 中查出对应的 Q 值。

置信度又称为置信水平，指在某一 t 值时，测量值出现在 $\mu \pm tS$ 范围内的概率。置信度越高，置信区间越大，估计区间包含真值的可能性越大。如置信度为 95%，说明以平均值为中心包括总体平均值落在该区间有 95% 的把握。

⑥ 将计算所得的 Q 值与查表所得的 Q 值进行比较。如果计算的 Q 值小于从表 1-1 中查得的 Q 值，则异常值应保留，所有的数据都应该参加平均值的计算；如果计算的 Q 值大于或等于从表 1-1 中查得的 Q 值，则异常值 x_n 或 x_1 应予以舍弃，不参加平均值的计算。

表 1-1 不同置信度下舍弃可疑数据的 Q 值

测定次数 (n)	置 信 度			测定次数 (n)	置 信 度		
	90%($Q_{0.90}$)	95%($Q_{0.95}$)	99%($Q_{0.99}$)		90%($Q_{0.90}$)	95%($Q_{0.95}$)	99%($Q_{0.99}$)
3	0.94	1.53	0.99	7	0.51	0.69	0.68
4	0.76	1.05	0.93	8	0.47	0.64	0.63
5	0.64	0.86	0.82	9	0.44	0.60	0.60
6	0.56	0.76	0.74	10	0.41	0.58	0.57

【例 1-4】 测定试样中镁的含量时测得的质量分数分别为 31.32%、31.28%、31.27%、31.30%、31.38%，试用 Q 检验法判断 31.38% 是否应该舍弃。置信度要求为 90%。

解 ① 按递增顺序排列数据：31.27%、31.28%、31.30%、31.32%、31.38%。

② 计算极差：$x_n - x_1 = 31.38\% - 31.27\% = 0.11\%$

③ $x_n - x_{n-1} = 31.38\% - 31.32\% = 0.06\%$

④ 计算 Q 值：

$$Q = \frac{x_n - x_{n-1}}{x_n - x_1} = \frac{0.06\%}{0.11\%} = 0.55$$

⑤ 查表 1-1 得 $n=5$ 时，$Q_{0.90} = 0.64$。

⑥ 判断：因为 $Q < Q_{0.90}$，所以 31.38% 应该保留。

（2）$4\bar{d}$ 检验法

对于一组分析数据，也可用 $4\bar{d}$ 法判断异常值的取舍。先将一组数据中异常值略去不计，求出其余数据的平均值 $\bar{x}$、平均偏差 $\bar{d}$ 及 $4\bar{d}$，然后计算异常值与平均值之差的绝对值即 $|$异常值$-\bar{x}|$。若 $|$异常值$-\bar{x}| \geqslant 4\bar{d}$，该异常值应舍弃；若 $|$异常值$-\bar{x}| < 4\bar{d}$，则该异常值应保留，并参与平均值计算。

【例 1-5】　对某铁矿石进行了 5 次平行测定，其测定数据如下表所示，试用 $4\bar{d}$ 法判断 70.80% 是否应舍弃。

测定值/%	$\bar{x}$/%	$|d|$/%	$\bar{d}$/%	$4\bar{d}$/%	$|$异常值$-\bar{x}|$/%
70.41		0.08			
70.39	70.49	0.10	0.09	0.36	0.31
70.54		0.05			
70.62		0.13			
70.80(异常值)					

解　从上表可知 70.80% 为异常值。

① 求异常值以外其余数据的平均值：

$$\bar{x} = \frac{70.41\% + 70.39\% + 70.54\% + 70.62\%}{4} = 70.49\%$$

② 求异常值以外其余数据的平均偏差 $\bar{d}$ 及 $4\bar{d}$：

$$\bar{d} = \frac{|d_1| + |d_2| + |d_3| + |d_4|}{4} = \frac{0.08\% + 0.10\% + 0.05\% + 0.13\%}{4} = 0.09\%$$

$$4\bar{d} = 4 \times 0.09\% = 0.36\%$$

③ $|$异常值$-\bar{x}| = 70.80\% - 70.49\% = 0.31\%$

④ 比较：因为 $|$异常值$-\bar{x}| < 4\bar{d}$，所以异常值 70.80% 不应弃去，应参加计算。故矿石中 Fe^{2+} 含量为：

$$w(Fe)/\% = \frac{70.41\% + 70.39\% + 70.54\% + 70.62\% + 70.80\%}{5} = 70.55\%$$

$4\bar{d}$ 法统计处理不够严格，但比较简单，不用查表，故至今仍为人们所采用。$4\bar{d}$ 法仅适用于 $4 \sim 8$ 个测定数据的检验。

三、数据记录与实验报告

实验数据的记录与处理不仅能表达试样中待测组分的含量，而且还反映测定的准确度。因此，正确地记录实验数据、书写实验报告、报告分析结果，是分析检测人员不可缺少的基本能力。

1. 实验数据的记录

实验数据的原始记录是实验工作中的重要资料之一。对原始记录的具体要求如下。

① 数据应记录在专用的记录本上，并标有页码，记录本应妥善地保存；

② 记录内容要完整，如日期、实验名称、测定次数、实验数据及实验者、特殊仪器的型号和标准溶液的浓度、温度等都应标明；

③ 记录数据要及时，且单位、符号符合法定计量单位的规定，杜绝拼凑或伪造数据；

④ 记录数字的准确度应与分析检验仪器的准确度相一致。如用常量滴定管和吸量管的

读数应记录至 0.01mL;

⑤ 记录的每一个数据都是测量结果;平行测定时,即使得到完全相同的数据也应如实记录下来;

⑥ 在实验过程中,对记错的数据需要改动时,可在被改动的数据上画一横线(不要涂改),然后在其数据的上方写出正确数字;

⑦ 实验结束后,应对记录进行认真地核对,判断所测量的数据是否正确、合理,平行测定结果是否超差,以决定是否需要进行重新测定。

2. 实验报告的书写

实验报告一般包括下列内容。

① 样品名称、样品编号、检验日期及检验人。

② 目的:检验所达到的目标。

③ 原理:通常用文字和反应式进行描述。

④ 试剂及仪器:写明仪器的型号、产地和标准溶液的浓度及配制方法。

⑤ 内容或步骤:一般按操作的先后顺序用箭头流程简法表示。

⑥ 数据及处理:测量的数据可用表格形式记录,记录表格中一般包括测定次数、数据及其法定计量单位、平均值、平均偏差或标准偏差等。

注意,记录中的异常值一般用 Q 检验法进行判断,决定取舍后,再计算出算术平均值。

⑦ 讨论:即对实验过程中所观察到的现象及数据记录与处理进行分析与判断,找出误差产生的原因,提出改进措施;若实验失败,也应找出失败原因,总结经验教训。

四、回归分析

在仪器分析中,通常是通过测定试样的某种物理量(x)来确定其组分含量(y)。例如,电化学分析是通过测定电量、电位等数值来测定其含的;光学分析则是测定吸光度值来确定其含量的。变量 x 与 y 之间的关系变化规律如何?回归分析就是处理变量之间相关关系的数学工具,这里只介绍一元线性回归方程的求法。

1. 回归方程的建立

假定配制了一系列标准样液,它们的浓度(ρ)为 y_1、y_2、y_3、$\cdots$,测定它们的物理量(如吸光度 A)对应得到 x_1、x_2、x_3、$\cdots$,它们的一元线性回归方程为:

$$y = a + bx \tag{1-13}$$

其中系数 a、b 可按下式求出:

$$a = \bar{y} - b\bar{x} \tag{1-14}$$

$$b = \frac{\sum(x_i - \bar{x})(y_i - \bar{y})}{\sum(x_i - \bar{x})^2} \tag{1-15}$$

$$\bar{x} = \frac{1}{n}\sum x_i \qquad \bar{y} = \frac{1}{n}\sum y_i$$

式中　x_i,y_i——单次测定值。

2. 回归方程的检验

人们所建立的回归方程是否可信,可以通过计算的相关系数 r 来检验:

$$r = b\sqrt{\frac{\sum(x_i - \bar{x})^2}{\sum(y_i - \bar{y})^2}} = \frac{\sum(x_i - \bar{x})(y_i - \bar{y})}{\sqrt{\sum(x_i - \bar{x})^2 \sum(y_i - \bar{y})^2}} \tag{1-16}$$

r 值越接近 1,回归方程越可信。

【例 1-6】 用分光光度法测定微量钴，得到下列数据：

吸光度 A	0.28	0.56	0.84	1.12	2.24
钴浓度 ρ	3.0	5.5	8.2	11.0	21.5

试确定 A 与 ρ 之间的线性关系方程。

解 设吸光度 A 为 x_i，钴浓度 ρ 为 y_i，则：

$$\overline{x} = \frac{0.28+0.56+0.84+1.12+2.24}{5} = 1.008$$

$$\overline{y} = \frac{3.0+5.5+8.2+11.0+21.5}{5} = 9.84$$

应用式(1-14) 和式(1-15)，得：

$$b = \frac{\sum(x_i-\overline{x})(y_i-\overline{y})}{\sum(x_i-\overline{x})^2} = \frac{21.70}{2.29} = 9.48$$

$$a = \overline{y} - b\overline{x} = 9.84 - 9.48 \times 1.008 = 0.28$$

所以吸光度 A 与钴浓度 ρ 的线性关系方程为：

$$\rho = 0.28 + 9.48A$$

相关系数应用式(1-16) 计算：

$$r = 9.48 \times \sqrt{\frac{2.29}{205.61}} = 1.000$$

第三节 一般溶液的配制

一、化学试剂

化学试剂是科学研究和分析测试必备的物质材料，也是新技术发展不可缺少的功能材料和基础材料。它具有品种多、质量规格高、应用范围广、用量小等特点，被各行业用来探测和验证物质的组成、性质及变化，是"科学的眼睛"和"质量的标尺"。在现代科学技术的发展中，材料科学、电子技术、激光材料、空间技术、海洋工程、高能物理、生物工程及医学临床诊断等无一不与化学试剂有着密切的关系。它的发展程度是衡量一个国家科技发展水平的重要因素之一。

1. 化学试剂的分类

按用途不同，化学试剂可分为一般化学试剂和特殊化学试剂两大类。

（1）一般化学试剂

根据国家标准，一般化学试剂按其纯度及杂质含量分为四级，其规格和适用范围见表1-2。

表 1-2 一般化学试剂的规格及适用范围

试剂级别	名称	英文名称	符号	标签颜色	适用范围
一级品	优级纯	guaranteed reagent	G. R.	绿色	纯度很高，适用于精密分析及科学研究工作
二级品	分析纯	analytical reagent	A. R.	红色	纯度仅次于一级品，主要用于一般分析测试、科学研究及教学实验工作
三级品	化学纯	chemical pure	C. P.	蓝色	纯度较二级品差，适用于教学或精度要求不高的分析测试工作和无机、有机化学实验
四级品	实验试剂	laboratorial reagent	L. R.	棕色或黄色	纯度较低，只能用于一般的化学实验及教学工作

（2）特殊化学试剂

① 基准试剂。用于标定滴定分析所使用的标准滴定溶液和直接配制标准溶液。基准试剂必须符合如下条件：

a. 试剂纯度高，其纯度相当于（或高于）一级品，含量至少＞99.9％；

b. 试剂的组成与其化学式完全相符，包括结晶水也必须相符；

c. 试剂应该稳定且容易溶解；

d. 参加反应定量进行，无副反应；

e. 摩尔质量（每基本单元）大，减小称量误差。

② 高纯试剂。高纯试剂的特点是杂质含量低（比优级纯、基准试剂低），主体含量与优级纯试剂相当，而且规定检验的杂质项目比同种优级纯或基准试剂多1～2倍。通常杂质量控制在 10^{-9}～10^{-6} 数量级范围内。高纯试剂主要用于微量分析中试样的分解及试液的制备。

高纯试剂多属于通用试剂（如 HCl、$HClO_4$、$NH_3 \cdot H_2O$、Na_2CO_3）。目前只有少数高纯试剂颁布了国家标准，其他产品一般执行企业标准，在产品的标签上标有"特优"或"超优"试剂字样。

③ 光谱纯试剂（符号 S. P.）。杂质的含量用光谱分析法已测不出或低于某一限度，主要用作光谱分析中的标准物质。

④ 分光光度纯试剂。要求在一定波长范围内没有或很少有干扰物质，用作分光光度法的标准物质。

⑤ 色谱试剂与制剂。包括色谱用的固体吸附剂、固定液、载体、标样等。注意"色谱试剂"和"色谱纯试剂"是不同概念的两类试剂。前者是指使用范围，即色谱中使用的试剂；后者是指其纯度高、杂质含量用色谱分析法测不出或低于某一限度、用作色谱分析的标准物质。

⑥ 生化试剂。用于各种生物化学检验。

按规定，试剂瓶的标签上应标示试剂的名称、化学式、摩尔质量、级别、技术规格、产品标准号、生产许可证号、生产批号、厂名等，危险品和毒品还应给出相应的标志。

2. 化学试剂的保存

（1）化学试剂的保存

化学试剂大部分都有一定毒性，并且易燃易爆。因此，一般化学试剂应贮存在阴面避阳光、温度变化小、通风良好、洁净的房间，室内温度最好在 15～20℃，相对湿度在 40％～70％。易燃易爆危险品试剂应遵守国家相关规定，剧毒药品专人管理。

一般化学试剂存放应按类别摆放。

① 无机物类。无机盐及氧化物按钾、钠、铵、钙、镁、锌、铁、镍、铜等顺序存放；碱类按 KOH、$NaOH$、氨水、$Ba(OH)_2$、$Mg(OH)_2$ 顺序存放；酸类按 HCl、H_2SO_4、HNO_3、$HClO_4$ 等顺序存放。

② 有机物类。按官能团分类存放，即按烃类、醇类、醛类、酮类、酯类、羧酸类、胺类、卤代烷、苯系物、酚类等分类存放。

③ 指示剂类。按酸碱指示剂、氧化还原指示剂、金属指示剂、沉淀指示剂等顺序存放。

④ 剧毒及贵重试剂单独保管。

（2）试剂溶液的管理

分析测试配制的溶液必须加强管理。

① 配制好的试剂溶液必须贴上标签，包括名称、浓度、日期等。

② 配制好的试剂溶液，按其体积保存在相应的试剂瓶中，不能放在容量瓶中。碱液不能用磨口瓶贮存。

③ 见光分解的试剂溶液要存放在棕色瓶中。

④ 指示剂溶液要存放在滴瓶中。

⑤ 废弃的有毒、挥发、酸碱等溶液不能直接倒在下水道中，应倒在专门的废液缸中，定期处理。

3. 化学试剂的选用

应根据分析检验的任务、方法、对象的含量及对检验结果准确度的要求合理地选用相应级别的试剂。选用化学试剂的原则是在满足分析检验要求的前提下，尽可能选择级别低的试剂，既不要超级别造成浪费，也不能随意降低级别而影响检验结果。试剂的选择要考虑以下几点。

① 滴定分析中用间接法配制的标准溶液，应选择分析纯试剂配制，再用基准试剂标定。滴定分析中所用的其他试剂一般均为分析纯试剂。

② 在仲裁分析中，一般选择优级纯和分析纯试剂；在进行痕量分析时，应选用优级纯试剂以降低空白值和避免杂质干扰。

③ 仪器分析实验中一般选用优级纯或专用试剂。

④ 选用试剂的级别越高，分析检验用水的纯度及容器的洁净程度要求也越高，必须配合使用，方能满足实验的要求。

⑤ 在使用进口化学试剂时，要注意其规格、标志应符合我国化学试剂标准，因此，使用时应参照有关化学手册加以区分。

二、实验室用水

1. 实验用水的规格

分析测试工作中使用的水应预先净化，达到国家规定的实验用水规格后才能使用。我国实验用水一般分为三级（见表 1-3）。

① 一级水基本上不含溶解的或胶态的离子和有机物。可以从二级水进一步蒸馏或离子交换得到。

② 二级水只含微量无机和有机杂质。可将蒸馏、离子交换、反渗透后的水再蒸馏一次得到。

③ 三级水杂质含量高于二级水，适用于一般实验工作。它是将天然水经蒸馏、离子交换等处理得到的。

2. 实验用水的制备

实验用水常采用以下三种方法进行制备。

（1）蒸馏法

将自来水置于蒸馏器中加热变为水蒸气，再冷凝得到的水，称为蒸馏水。进行一次蒸馏得到的是一次蒸馏水；进行二次蒸馏得到的是二次蒸馏水。一次蒸馏水适合于一般实验用水；二次蒸馏水适合于分析测定用水。该方法操作简单，成本低廉，能除去水中非挥发性杂质即无机盐类，但不能除去易溶于水的气体，这是目前最广泛采用的方法。

（2）离子交换法

用离子交换树脂分离出水中的杂质离子而制得纯水的方法称为离子交换法。

离子交换法是采用两根交换柱，柱内分别装有 H^+ 型（阳）离子交换树脂和 OH^- 型

（阴）离子交换树脂。当天然水流经阳离子交换树脂时，水中的阳离子与树脂中 H^+ 交换而被吸附在树脂上，H^+ 与阴离子流出；将含有阴离子和 H^+ 的水再流经阴离子树脂时，则阴离子与树脂中 OH^- 交换而被吸附在树脂上，H^+ 与 OH^- 共同流出生成 H_2O。

经离子交换处理过的水，除去了绝大部分阴、阳离子，因此称为去离子水。这种方法具有出水纯度高、操作技术简便、产量大、成本低等优点，适用于各种规模的实验室；缺点是水中含有微生物及有机物。

（3）电渗析法

电渗析法是在离子交换技术基础上发展起来的一种膜分离技术。它是在外电场的作用下，利用阴阳离子交换膜对溶液中离子的选择性透过而使杂质离子自水中分离出来，从而制得纯水的方法。

目前生产的电渗析器操作简便，能自动运行，出水稳定，脱盐率在 90% 以上。

国家标准 GB/T 6682—2008《分析实验室用水规格和试验方法》中详细规定了实验用水的规格，其规格见表 1-3。

表 1-3　实验用水的规格

项　　目	一　级　水	二　级　水	三　级　水
外观（目视观察）	无色透明液体		
pH 范围（25℃）	—	—	5.0～7.5
电导率（25℃）/(mS/m)　≤	0.01①	0.10①	0.50
可氧化物质（以 O 计）/(mg/L)　≤	—	0.08	0.4
吸光度（254nm，1cm 光程）　≤	0.001	0.01	—
蒸发残渣（105℃±2℃）/(mg/L)　≤	—	1.0	2.0
可溶性硅[以(SiO₂)计]/(mg/L)　≤	0.01	0.02	—

① 一级水和二级水的电导率，必须用新制备的水"在线"测定。否则，水一经贮存，由于容器中可溶成分的溶解，或由于吸收空气中的二氧化碳以及其他杂质等因素都会引起电导率发生变化。

三、辅助试剂溶液的配制

辅助试剂溶液也称为一般溶液，常用于样品处理、分离、掩蔽、调节溶液的酸碱性等操作中控制化学反应条件。它包括各种浓度的酸碱溶液、缓冲溶液、指示剂等。这类溶液的浓度不需十分准确，配制时试剂的质量可用托盘天平称量，体积可用量筒或量杯量取。

1. 比例浓度溶液的配制

比例浓度分为体积比浓度和质量比浓度两种。

（1）体积比浓度

体积比浓度主要用于溶质 B 和溶剂 A 都是液体时的场合，用 (V_B+V_A) 表示，其中 V_B 为溶质 B 的体积，V_A 为溶剂 A 的体积。例如，$(1+2)$ 的 H_2SO_4 指的是 1 个体积浓硫酸和 2 个体积水的混合溶液。

（2）质量比浓度

质量比浓度主要用于溶质 B 和溶剂 A 都是固体的场合，用 (m_B+m_A) 表示，其中 m_B 为溶质 B 的质量，m_A 为溶剂 A 的质量。例如，配制 $(1+100)$ 的钙试剂-NaCl 指示剂，即称取 1g 钙试剂和 100g NaCl 于研钵中研细、混匀即可。

2. 质量分数溶液和体积分数溶液的配制

（1）质量分数

物质中某组分 B 的质量 m_B（g）与物质总质量 m（g）之比称为物质 B 的质量分数，常用％表示，符号为 w_B。在溶液中是溶质 B 质量 m_B 与溶液质量 m 之比，即 100g 溶液中含有溶质的质量。

$$w_B = \frac{溶质的质量}{溶质的质量+溶剂的质量} \times 100\% \tag{1-17}$$

如市售的 98％硫酸，表示在 100g 硫酸溶液中 H_2SO_4 为 98g 和 H_2O 为 2g。质量分数也可以表示为小数，如上述硫酸的质量分数可表示为 0.98。利用式(1-17)还可以计算用固体物质和液体试剂配制溶液。

【例 1-7】 配制质量分数为 20％的 KI 溶液 100g，应称取 KI 多少克？加水多少克？如何配制？

解 已知 $m = 100g$，$w(KI) = 20\%$，则：

$$m(KI) = 100 \times 20\% = 20(g)$$
$$溶剂水的质量 = 100 - 20 = 80(g)$$

答：在托盘天平上称取 KI 20g 于烧杯中，用量筒加入 80mL 蒸馏水，搅拌至溶解，即得质量分数为 20％的 KI 溶液。将溶液转移到棕色试剂瓶中（KI 见光易分解），贴上标签。溶剂水的密度近似为 1g/mL，可直接量取 80mL。如果溶剂的密度不是 1g/mL，需进行换算。

【例 1-8】 欲配制质量分数为 20％的硝酸（$\rho_2 = 1.115g/mL$）溶液 500mL，需质量分数为 67％的浓硝酸（$\rho_1 = 1.40g/mL$）多少毫升？加水多少毫升？如何配制？

解 根据题意：

$$V_1 = \frac{V_2 \rho_2 w_{2B}}{\rho_1 w_{1B}} = \frac{500 \times 1.115 \times 20\%}{1.40 \times 67\%} = 118.9 \text{（mL）}$$

需加入水的体积为 $V_2 - V_1 = 500 - 119 = 381$（mL）

答：用量筒量取 381mL 蒸馏水置于烧杯中，再用量筒量取 67％的硝酸 119mL，在搅拌下，将硝酸缓缓倒入烧杯中与水混合均匀，转入棕色试剂瓶中，贴上标签。

（2）体积分数

体积分数指溶质 B 体积 V_B 与溶液体积 V 之比。可以用百分数（％）、10^{-6} 等表示，也可以用小数表示。体积分数多用在液体有机试剂或气体分析中。气体用其体积表示比用其质量表示方便得多。

$$\varphi_B = \frac{V_B}{V} \times 100\% \tag{1-18}$$

【例 1-9】 用无水乙醇配制 500mL 体积分数为 70％的乙醇液，应如何配制？

解 所需乙醇体积为：

$$500 \times 70\% = 350(mL)$$

答：用量筒量取 350mL 无水乙醇于 500mL 试剂瓶中，用蒸馏水稀释至 500mL，贴上标签。

3. 质量浓度溶液的配制

质量浓度 ρ_B 是组分 B 的质量与混合物的体积之比。在溶液中 ρ_B 是指单位体积溶液中所含溶质的质量，常用单位是 g/L、mg/mL 和 μg/mL。在水质分析工作中，通常使用 mg/L

来表示含量。这里，因为杂质量很小，所以试样体积相当于溶剂体积。而在配制指示剂溶液时，常使用 g/L 来表示其浓度。在分光光度测定中，经常使用 mg/mL 和 μg/mL 来表示其浓度。

【例 1-10】 配制质量浓度为 0.1g/L 的 Cu^{2+} 溶液 1L，应取 $CuSO_4 \cdot 5H_2O$ 多少克？如何配制？$CuSO_4 \cdot 5H_2O$ 和 Cu 的摩尔质量 M 分别为 249.68g/mol 和 63.55g/mol。

解 设称取 $CuSO_4 \cdot 5H_2O$ 的质量为 m，则：

$$0.1 \times 1 = m \times \frac{63.55}{249.68}$$

$$m = \frac{0.1 \times 1 \times 249.68}{63.55} = 0.4 (g)$$

答： 称取 0.4g $CuSO_4 \cdot 5H_2O$ 置于烧杯中，用少量水溶解，转移至 1000mL 试剂瓶中，用水稀释至 1000mL，摇匀，贴上标签。

四、实验室常用洗涤剂的配制

1. 常用洗涤剂及使用范围

洗涤剂是实验室用来洗刷玻璃器皿等的必备物品，通常对于水溶性污物，一般可以在用自来水刷洗干净后，再用蒸馏水洗 3 次即可。但当污物用水洗不掉时，要根据污物的性质，选用不同的洗涤剂。

① 皂液、去污粉、洗衣粉。非精密量器如烧杯、锥形瓶、试剂瓶等，可直接用毛刷蘸取皂液、去污粉或洗衣粉进行刷洗。

② 酸性或碱性洗液。多用于不能用毛刷洗刷的精密量器，如滴定管、移液管、容量瓶、比色管、比色皿等。一般情况下，对于含有油污的玻璃量器可选用铬酸洗液、碱性高锰酸钾洗液或丙酮、乙醇等有机溶剂进行洗涤；碱性物质及大多数无机盐类可用纯酸洗液洗涤；而高锰酸钾沾污留下的沉淀 MnO_2 可用草酸洗液清除；由硝酸银留下的黑褐色沉淀 Ag_2O，则应选用碘化钾洗液清除。

③ 有机溶剂。常用于疏水性污物的洗涤。

2. 常用洗液的配制及使用注意事项

① 铬酸洗液。称取 20g $K_2Cr_2O_7$（工业纯）溶于 40mL 热水中，冷却后，在搅拌下缓慢地加入 360mL 工业浓硫酸，冷却后移入试剂瓶中，盖塞保存。

新配制的铬酸洗液呈暗红色油状体，具有极强氧化力和腐蚀性，除油污能力强。$K_2Cr_2O_7$ 是致癌物，有较强的毒性，使用时应当重视。当洗液呈黄绿色时，表明已经失效，回收后统一处理，不得随意倒进下水道。

② 碱性高锰酸钾洗液。称取 4g $KMnO_4$ 溶于 80mL 水中，加入 10% NaOH 溶液至100mL。碱性高锰酸钾洗液有很强的氧化性，是清洗油污及有机物良好的洗液。析出的 MnO_2 可用草酸、浓盐酸、盐酸羟胺等还原剂除去。

③ 碱性乙醇洗液。120g NaOH 溶于 150mL 水中，用 95% 乙醇稀释至 1L。主要用于去除油污及某些有机物沾污。

④ 盐酸-乙醇洗液。盐酸和乙醇按体积比（1+1）混合。盐酸-乙醇洗液有很强的还原性和配位性，适用于金属离子沾污的洗涤。

⑤ 纯酸洗液。常用的纯酸洗液有盐酸（1+1）、硫酸（1+1）、硝酸（1+1）等，适用于清洗碱性物质沾污。

⑥ 草酸洗液。称取 5～10g 草酸，溶于 100mL 水中，再加入少量浓盐酸。草酸洗液对除去 MnO_2 沾污有效。

⑦ 碘-碘化钾洗液。将 1g 碘和 2g 碘化钾溶于少量水中，然后加水稀释至 100mL。适用于洗涤 $AgNO_3$ 沾污的器皿和白瓷水槽。

⑧ 有机溶剂。有机溶剂如丙酮、苯、乙醚、二氯乙烷等，可洗去油污及疏水性污物。使用这类溶剂时，注意其毒性及可燃性。一般情况下，只有在无法使用毛刷洗刷的小型或特殊的器皿时才使用有机溶剂洗涤，例如活塞内孔和滴定管尖头等。

⑨ 合成洗涤剂。合成洗涤剂具有高效、低毒、腐蚀性小等特点。此类洗涤剂既能溶解油污，又能溶于水，是洗涤玻璃器皿的最佳选择。

第四节 实验室安全知识

一、实验室安全守则

无论做多么简单的实验，在进行实验之前，首先要了解实验室的自然环境并熟悉与实验过程相关的知识。做到事先有充足的准备，使工作脉络清晰，即知道自己去做什么、为什么做、采用何种途径去做、在实验的过程中应注意什么、出现意外事故应如何处理等。为了避免事故的发生，每一位分析检验工作者都应按照一定的规则做事，实验室安全守则就是专门为从事实验室工作的人员制定的基本准则，共有 12 条。

（1）检验人员必须认真学习分析规程和有关的安全技术规程，了解设备性能及操作中可能发生事故的原因，掌握预防和处理事故的方法。

（2）实验前要了解电源、消防栓、灭火器、紧急洗眼器的位置及正确的使用方法；了解实验室安全出口和紧急情况时的逃生路线。

（3）进行有危险性的工作，如危险物料的现场取样、易燃易爆物品的处理、焚烧废液等应有第二者陪伴，陪伴者应处于能清楚看到工作地点的地方并观察操作的全过程。

（4）玻璃管与胶管、胶塞等拆装时，应先用水浇湿，手上垫棉布，以免玻璃管折断扎伤；开启存有挥发性药品的瓶塞和安瓿时，必须先充分冷却然后再开启（开启安瓿时需要用布包裹）；开启时瓶口须指向无人处，以免液体喷溅而受到伤害。如遇到瓶塞不易开启时，必须注意瓶内贮物的性质，切不可贸然用火加热或乱敲瓶塞。

（5）实验时要身着长袖、过膝的实验服；不准穿拖鞋和凉鞋，不准穿底部带铁钉的鞋；夏季打开易挥发溶剂瓶塞前，应先用冷水冷却，瓶口不要对着人。

（6）浓酸、浓碱具有强腐蚀性，切勿溅在皮肤和衣服上。用浓 HNO_3、HCl、$HClO_4$、H_2SO_4 等溶解样品时均应在通风橱中进行操作，不准在实验台上直接进行操作；稀释浓硫酸的容器、烧杯或锥形瓶要放在塑料盆中，只能将浓硫酸慢慢倒入水中，并不断搅拌，不能相反进行！必要时用水冷却。

（7）蒸馏易燃液体严禁用明火。蒸馏过程不得离人，以防温度过高或冷却水突然中断。

（8）实验室内每瓶试剂必须贴有明显的与内容相符的标签。严禁将用完的原装试剂空瓶不更新标签而装入别种试剂。

（9）使用易燃、易爆气体（如氢气、乙炔等）时，要保持室内空气流通，严禁明火并应防止一切火星的发生。如由于敲击、电器的开关等所产生的火花，有些机械搅拌器的电刷极易产生火花，应避免使用，禁止在此环境内使用移动电话。

（10）实验室内禁止吸烟、进食，一切化学药品严禁入口，离开前用肥皂洗手。

（11）工作时应穿工作服，长发（过衣领）必须束起或藏于帽内；使用电器设备时，切不可用湿润的手去开启电闸和电器开关。凡是漏电的仪器不要使用，以免触电。

（12）每日工作完毕检查水、电、气、窗，进行安全登记后方可锁门。

二、实验室意外事故处理及预防

实验室意外事故的发生与实验室潜在的危险因素有关。实验室潜在的危险因素主要有着火燃烧和爆炸、化学烧伤和腐蚀、化学中毒和触电等方面。

1. 着火燃烧和爆炸

物质着火燃烧引起火灾，而剧烈地燃烧和氧化会引起瞬间能量增大和体积膨胀发生爆炸。一般情况下着火燃烧要同时具备三个基本条件，即可燃物质、氧气和明火三者同时存在。因此，只要控制与消除它们之中的任何一个因素就能够达到防火和防爆的目的。

（1）防火和防爆措施

加强对实验室易燃、易爆物品的管理，杜绝事故发生的隐患。如易燃液体和固体（苯及同系物、醇类、丙酮、乙醚等，金属钾、钠等）、强氧化剂（如硝酸钾、高氯酸盐、过氧化钠、过氧化氢等）、压缩气体和液化气（如 H_2、乙炔等压缩气和石油液化气等）、可燃气体（如一些可燃气体遇空气达到爆炸极限会发生爆炸）等危险品必须按国家有关规定进行妥善处理、保管与使用。

（2）实验室的灭火

主导原则是：一旦发生火灾，工作人员应冷静沉着，快速选择合适的灭火器材进行扑救，同时注意自身的安全保护。

① 灭火的紧急措施。防止火势扩展，首先切断电源，关闭煤气阀门，快速移走附近的可燃物，根据起火的原因及性质，采取妥当的措施扑灭火焰，火势较猛时，应根据具体情况，选用适当的灭火器，并立即与火警联系，请求救援。可选用的灭火器和适用的火源类型有：CO_2 灭火器，适合扑灭电器、油类等火灾；泡沫灭火器，适合扑灭有机溶剂、油类火灾，不适合扑灭电器火灾；干粉灭火器，适合扑灭油类、有机物、遇水燃烧物质的火灾；1211 灭火器，适合扑灭油类、有机溶剂、精密仪器、文书档案火灾等。

② 灭火时的注意事项。必须根据火源类型选择合适的灭火器材。如能与水发生剧烈作用的金属钠、过氧化物等失火时，不能用水灭火；而比水轻的易燃物品失火时，不能用水灭火；电器设备及电线着火时须关闭总电源，再用四氯化碳灭火器熄灭已燃烧的电线及设备；发生火灾时，要及时挪开可燃物质；实验室不允许存放过多的可燃物；加强对明火的管理，在加热时，远离可燃物质。电炉、煤气等加热器使用时应有专人看管，用后关闭；加热、蒸馏、溶解等操作要在通风橱中进行，操作人员应戴手套和眼镜。

2. 化学烧伤和腐蚀

化学烧伤是由于操作者皮肤接触到腐蚀性化学试剂引起的。这些试剂包括：强酸、强碱、浓过氧化氢、过硫酸盐及钾、钠等。化学烧伤和腐蚀的预防措施如下。

（1）佩戴防护服、眼镜和手套。

（2）一旦溅到身体上，立即用大量水冲洗，然后用2%小苏打水冲洗患部（酸类烧伤），或用2%硼酸及2%醋酸冲洗患部（碱类烧伤），然后就医。

（3）遵守安全和操作守则。不允许把水倒入酸中；配制浓碱会放出大量热，必须在烧杯中配制。

3. 化学中毒

（1）一氧化碳中毒

CO 是无色无味的气体，能与红细胞结合，使红细胞丧失输送氧气能力，导致全身特别是脑组织缺氧死亡。

急救时，立即将中毒者抬到新鲜空气处，实行人工呼吸，给氧并送往医院。

（2）氯气中毒

氯气是强氧化剂，有窒息性臭味，当氯气含量达到 3mg/L 时，使呼吸中枢突然麻痹而死亡。

（3）硫化氢中毒

H_2S 为无色、有臭鸡蛋味的气体。它会使中枢神经系统中毒。低浓度的 H_2S 会使人头晕、恶心、呕吐，高浓度的 H_2S 会使人意识丧失、昏迷窒息而死亡。

（4）氰化物、砷化物、汞和汞盐中毒

氰化物 KCN、NaCN 和砷化物 As_2O_3、Na_3AsO_3、AsH_3 等为剧毒物品，少量会使人中毒。发现中毒后应立即脱离现场，施人工呼吸、给氧，立即送医院；汞及汞盐 $HgCl_2$、Hg_2Cl_2，急性中毒早期时应用饱和碳酸氢钠液洗胃或迅速灌服牛奶、鸡蛋清、浓茶或豆浆，并立即送医院治疗。

（5）有机物中毒

脂肪族卤代烃吸入会有麻醉作用，对肝、肾、心脏有毒害作用；芳香烃有刺激作用，对神经中枢有麻醉作用，损害造血系统。

（6）致癌物中毒

致癌物质有多环芳烃、苯并芘、苯并蒽（多存在于沥青、焦油中）、亚硝酸铵、萘胺、联苯胺、砷、镉、石棉等。

4. 安全用电常识

人为什么会触电？由于人的身体能传电，大地也能传电，如果人的身体碰到带电的物体，电流就会通过人体传入大地，于是就引起触电。但是，如果人的身体不与大地相连（如穿了绝缘胶鞋或站在干燥的木凳上），电流就不成回路，人就不会触电，正如自来水一样，关了水龙头，水就无法流通。人触电伤害程度的轻重，与通过人体的电流大小、电压高低、电阻大小、时间长短，以及电流途径、人的体质状况等有直接关系。

① 与电流大小的关系。当通过人体的电流为 1mA（即千分之一安培）时，人有针刺感觉；10mA 时，人感到不能忍受；20mA 时，人的肌肉收缩，长久通电会引起死亡；50mA 以上时，即使通电时间很短，也有生命危险。

② 与电压高低的关系。电压越高越危险。我国规定 36V 及以下为安全电压；超过 36V，就有触电死亡的危险。

③ 与电阻大小的关系。电阻越大，电流越难以通过。一般人体的电阻约为 10000Ω；但如果在出汗或手脚湿水时，人体电阻可能降到 400Ω 左右，此时触电就很危险；如果赤脚站在稻田或水中，电阻就很小，一旦触电，便会死亡。

④ 与时间长短的关系。触电时间越长，危险性越大。因为触电者无法摆脱电源时，肌肉收缩能力会很快下降，进而心力衰竭，窒息，昏迷休克，乃至死亡。经验证明，对一般低压触电者的抢救工作，如果耽误的时间超过 15min，便很难救活。

⑤ 与电流途径的关系。触电时电流在人体内通过是取最短途径的。如要是人站在地上左手单手触电，电流就经过身躯的心、肺再经左脚入地，这是最危险的途径；如果是双手同

时触电，电流途径是由一只手到另一只手，中间要通过心肺，这也是很危险的；如果是一只脚触电，电流途径是由这只脚流入，另一只脚流出，危险性同样有，但对人体的伤害要比以上两种途径轻一些。但无论是哪种途径，只要电流经过人体的时间稍长，都会造成死亡。

⑥ 与人体质的关系。患有心脏病、内分泌失调、肺病或精神病的人触电，跟健康的人触电比较，其危险性更大，也较难救活。电对人体的害处可分为外伤、内伤。电外伤包括电灼伤、电烙伤、皮肤金属化；电内伤电流通过人体引起内部器官伤害，主要使心脏和神经系统受损害。

5. 触电急救

一旦发生触电事故，首先应使触电者尽快脱离电源，然后针对触电者受伤情况采取适当的救护方法。为使触电者脱离危险电源，必须迅速采取以下措施。

① 发现有人触电后，立即切断电源，拉下电闸，或用不导电的竹、木棍将导电体与触电者分开。在未切断电源或触电者未脱离电源时，切不可触摸触电者。

② 当伤员脱离电源后，应立即检查伤员全身情况，必要时进行人工呼吸和心脏起搏。

③ 急救后立即送医院治疗。

三、实验室废弃物处理

实验室的废弃物主要指实验中产生的废气、废液和废渣。由于各类实验室检验项目不同，产生的废弃物中所含化学物质的危害性不同，数量也有明显的差别。为了防止环境污染，保证检验人员及他人的健康，对排放的废弃物，检验人员应按照有关规章制度的要求，采取适当的处理措施，使其浓度达到国家环境保护规定的排放标准。

1. 废气处理

废气处理主要是对那些实验中产生的危害健康和环境的气体的处理，如一氧化碳、甲醇、氨、汞、酚、氧化氮、氯化氢、氟化物气体或蒸气等。实际上，进行这一类实验都是在通风橱内完成的，操作者只要做好防护工作就不会受到伤害。在实验过程中所产生的危害气体或蒸气，直接通过排风设备排到室外，这对少量的低浓度的有害气体是允许的。因为少量的危害气体在大气中通过稀释和扩散等作用，危害能力大大降低。但对于大量的高浓度的废气，在排放之前，必须进行预处理，使排放的废气达到国家规定的排放标准。

实验室对废气预处理最常用的方法是吸收法，即根据被吸收气体组分的性质，选择合适的吸收剂（液）。例如，氯化氢气体可用氢氧化钠溶液吸收；二氧化硫、氧化氮等气体可用水吸收；氨可被水或酸吸收；氟化物、氰化物、溴、酚等均可被氢氧化钠溶液吸收；硝基苯可被乙醇吸收等。除吸收法外，常用的预处理方法还有吸附法、氧化法、分解法等。

2. 废液处理

从某种意义上讲，实验室废液的处理意义更大，因为排出的废液直接渗入地下，流入江河，直接污染着水源、土壤和环境，危及人体健康，检验人员必须引起高度重视。

（1）**废液处理依据**

实验室的废液多数含有化学物质，其危害较大。因此在废液排放之前，首先了解废液的成分及浓度，再依据 GB 8978—1996《污水综合排放标准》中污染物的最高允许排放浓度的规定，决定是否需要对废液进行处理。

（2）**废液处理方法**

实验室废液可以分别收集进行处理，下面介绍几种废液处理方法。

① 无机酸类废液。可将废酸缓慢地倒入过量的碱溶液中，边倒边搅拌，然后用大量水

冲洗排放。

② 无机碱类废液。可采用废稀酸中和的方法，中和后，再用大量水冲洗排放。

③ 含六价铬的废液。可采用先还原后沉淀的方法，在 pH<3 条件下，向废液中加入固体亚硫酸钠至溶液由黄色变成绿色为止，再向此溶液中加入 5% 的 NaOH 溶液，调节 pH 至 7.5~8.5，使 Cr^{3+} 完全以 $Cr(OH)_3$ 形式存在，分离沉淀，上层液再用二苯基碳酰二肼试剂检查是否有铬，确认不含铬后才能排放。

④ 含砷废液。采用氢氧化物共沉淀法，在 pH 7~10 条件下，向废液中加入 $FeCl_3$，使其生成沉淀，放置过夜。分离沉淀，检查上层液不含砷后，废液再经中和后即可排放。

⑤ 含锑、铋等离子的废液。采用硫化物沉淀法，调节废液酸度为 0.3mol/L H^+，向废液中加入硫代乙酰胺至沉淀完全。检查上层液不含锑、铋后，废液经中和后可排放。

⑥ 含氰化物的废液。采用分解法，在 pH>10 条件下，加入过量的 3% $KMnO_4$ 溶液，使氰基分解为 N_2 和 CO_2；如 CN^- 含量高，可加入过量的次氯酸钙和氢氧化钠溶液。检查废液中不含氰离子，然后排放。

⑦ 含铅、镉的废液。采用氢氧化物共沉淀法，即向废液中加氢氧化钙使 pH 调至 8~10，再加入硫酸亚铁，再充分搅拌后放置，此时 Pb^{2+} 和 Cd^{2+} 与 $Fe(OH)_3$ 共同生成沉淀，检查上层液中不含有 Pb^{2+} 和 Cd^{2+} 时，将废液中和后即可排放。

⑧ 含重金属的废液。采用氢氧化物共沉淀法，将废液用 $Ca(OH)_2$ 调节 pH 至 9~10，再加入 $FeCl_3$，充分搅拌，放置后，过滤沉淀。检查滤液不含重金属离子后，再将废液中和排放。

⑨ 含酚废液。高浓度的酚可用乙酸丁酯萃取，蒸馏回收；低浓度含酚废液可加入次氯酸钠，使酚氧化为 CO_2 和 H_2O。

⑩ 混合废液。调节废液（不含氰化物）的 pH 为 3~4，加入铁粉，搅拌 30min，再用碱调节 pH≈9，继续搅拌，加入高分子絮凝剂，清液可排放，沉淀物按废渣处理。

⑪ 可燃性有机物的废液。用焚烧法处理。焚烧炉的设计要确保安全，保证充分燃烧，并设洗涤器，以除去燃烧后产生的有害气体如 SO_2、HCl、NO_2 等。不易燃烧的物质及低浓度的废液，用溶剂萃取法、吸附法及水解法进行处理。

⑫ 汞及含汞盐的废液。不慎将汞散落或打破压力计、温度计，必须立即用吸管、毛刷或在酸性硝酸汞溶液中浸过的铜片收集起来，并用水覆盖。在散落过汞的地面、实验台上应撒上硫黄粉或喷上 20% $FeCl_3$ 水溶液，干后再清扫干净。含汞盐的废液可先调节 pH 至 8~10，加入过量的 Na_2S，再加入 $FeSO_4$ 搅拌，使 Hg^{2+} 与 Fe^{3+} 共同生成硫化物沉淀。检查上层液不含汞后排放，沉淀可用焙烧法回收汞，或再制成汞盐。

3. 废渣处理

实验室中废弃的有害固体药品或反应中得到的沉淀严禁倒在生活垃圾上，必须进行处理。废渣处理采用的方法一般是先解毒后深埋。首先根据废渣的性质，选择合适的化学方法或通过高温分解方式等，使废渣的毒性减小到最低限度，然后将处理过的残渣挖坑深埋掉。

第五节　化工产品质量保证与标准化

一、化工分析中的质量保证

化工分析检验的主要目的就是报告出样品的分析测试数据。如某一化工产品的纯度，这些数据可能在技术方面（包括生产、科研）、商业方面、安全方面或法律上有重要的应用。怎样衡量数据的质量？如果检验数据的分析误差小于方法"允许差"要求时，则说明检验工作的质量是合格的；反之，若检验数据的分析误差大于方法所要求的准确度时，就认为检验工作的质量是不合格的。这种"对某一产品或服务能满足规定的质量要求，提供足够的信任，而在质量体系中实施并根据需要进行证实的全部有计划的和系统的活动"称为质量保证。简单地说质量保证就是"确认测量数据达到预定目标的步骤"。由此得出，质量保证的任务就是把检验过程中的所有误差减小到预期的水平。质量保证的内容包括质量控制和质量评定两个方面。

1. 化工分析中的质量控制

质量控制是指为达到质量要求所采取的作业技术和活动。这些技术和活动包括：确定控制对象，如某一工艺过程或检验过程等；制定控制标准，即应达到的质量要求；制定具体的控制方法，如操作规程等；明确所采用的检验方法，包括检验工具和仪器等。质量控制的目的是控制产品和服务产生、形成或实现过程中的各个环节并使它们达到规定的要求，把缺陷控制在其形成的早期并加以消除。就化工分析过程的质量控制来说，包括从试样的采集、预处理、分析测试到数据处理的全过程为达到质量要求的测量所遵循的程序。质量控制的基本要素有人员、仪器、方法、试样、试剂和环境等。

（1）合格的分析人员

分析人员的能力和经验是保证分析检验质量的首要条件。随着现代分析仪器的应用，对人员素质和技术能力提出了更高的要求。分析人员必须具有一定的专业知识并经过专门培训。

（2）符合要求的分析测量仪器

实验室的仪器设备是分析检验不可缺少的物质基础。应根据实验任务的需要，选择合适的仪器设备，正确使用、保养，定期进行校准。

（3）可靠的分析方法

检验方法是否可靠直接影响检验结果的准确度。对于同一物质，可能有几种不同的检验方法，其灵敏度和准确度有所不同，最成熟的是采用技术标准中规定的检验方法。

（4）代表性的分析试样

正确地采样和样品处理是获得正确的工业分析结果的前提条件。检验人员必须按照采样和制样规则取得具有代表性、均匀性和稳定性的分析样品。

（5）合格的试剂

使用合格的试剂，尤其是基准物质，是减免分析误差的重要条件。国家技术监督局批准的"标准物质"，为不同时间与空间的测定取得准确、一致的结果提供了可能性。

（6）符合要求的测试环境

实验室的空气污染、设备沾污是痕量分析误差的主要来源。保持一定的空气清洁度，稳定的湿度、温度及气压是获取可靠分析结果的环境条件。

2. 化工分析的质量评定

质量评定是对测量过程进行监督的方法，通常分为实验室内部和实验室外部两种质量评定方法。

（1）实验室内部质量评定

实验室内部可采用重复测定试样的方法来评价分析方法的精密度；用已知含量或特性的标准物质或内部参考标准作平行测定以评价方法的系统误差；也可以利用标准物质，采用交换分析人员、交换仪器设备的方法来评价分析方法的系统误差，从而找出系统误差是来自分析人员，还是来自仪器设备。

（2）实验室外部质量评定

实验室外部质量评定可以弥补由实验室内部的主观因素引入的误差，是实验室和分析人员水平鉴定、认可的重要手段。外部评定可采用与仲裁分析方法比较测定结果等，也可以采用不同实验室对同一个试样比较检验结果或采用标准物质及质量控制样品比较在不同实验室测定结果的方法。标准物质为比较测定系统和比较各实验室在不同条件下测得的数据提供了可比性的依据，它已被广泛认可为评价测定系统最好的考核样品。

质量保证工作不仅贯穿分析测试的始终，而且与人员素质和实验室的管理水平密切相关。随着科学技术的发展，很多的测定，例如商品贸易、环境监测、临床化学等的测试，往往需要由几个实验室、地区的甚至国际性的协作来完成，对数据的可靠性和可比性也有更严格的要求。因此，分析检验的质量保证工作变得更加重要。

二、标准化与标准

1. 标准化的含义

为了发展社会主义商品经济，促进技术进步，改进产品质量，提高社会经济效益，维护国家和人民的利益，使标准化工作适应社会主义现代化建设和发展对外经济关系的需要，我国于 1988 年颁布了《中华人民共和国标准化法》，并于 1989 年 4 月 1 日施行。

标准化是"在经济、技术、科学及管理等社会实践中，对重复性事物和概念通过制定、发布和实施标准，达到统一，以获得最佳秩序和社会效益"。

（1）标准化是一项活动过程

这个过程是由 3 个关联的环节组成，即制定、发布和实施标准。标准化 3 个环节的过程已作为标准化工作的任务列入《中华人民共和国标准化法》的条文中。《中华人民共和国标准化法》第三条规定："标准化工作的任务是制定标准、组织实施标准和对标准的实施进行监督。"这是对标准化定义内涵的全面清晰的概括。

（2）标准化是一个永无止境的循环上升过程

即制定标准，实施标准，在实施中随着科学技术进步对原标准适时进行总结、修订，再实施。每循环一周，标准就上升到一个新的水平，充实新的内容，产生新的效果。

（3）标准化是一个不断扩展的过程

如过去只制定产品标准、技术标准，现在又要制定管理标准、工作标准；过去标准化工作主要在工农业生产领域，现在已扩展到安全、卫生、环境保护、交通运输、行政管理、信息代码等。标准化正随着社会科学技术进步而不断地扩展和深化自己的工作领域。

（4）标准化的目的是"获得最佳秩序和社会效益"

最佳秩序和社会效益可以体现在多方面，如在生产技术管理和各项管理工作中，按照 GB/T 19000《质量管理体系　基础和术语》建立质量保证体系，可保证和提高产品质量，保护消费者和社会公共利益；简化设计，完善工艺，提高生产效率；扩大通用化程度，方便使用维修；消除贸易壁垒，扩大国际贸易和交流等。应该说明，定义中"最佳"是从整个国家和整个社会利益来衡量，而不是从一个部门、一个地区、一个单位、一个企业来考虑的。尤其是环境保护标准化和安全卫生标准化主要是从国计民生的长远利益来考虑。在开展标准化工作过程中可能会遇到贯彻一项具体标准对整个国家会产生很大的经济效益或社会效益，而对某一个具体单位、具体企业在一段时间内可能会受到一定的经济损失。但为了整个国家和社会的长远经济利益或社会效益，我们应该充分理解和正确对待"最佳"的要求。

2. 标准的基本知识

标准是"对重复性事物和概念所做的统一规定。它以科学、技术和实践经验的综合成果为基础，经有关方面协商一致，由主管机构批准，以特定形式发布，作为共同遵守的准则和依据"。该定义包含以下几个方面的含义：

（1）标准的本质属性是一种"统一规定"

这种统一规定是作为有关各方"共同遵守的准则和依据"。根据中华人民共和国标准化法规定，我国标准分为强制性标准和推荐性标准两类。强制性标准必须严格执行，做到全国统一。推荐性标准国家鼓励企业自愿采用。但推荐性标准如经协商，并计入经济合同或企业向用户作出明示担保，有关各方则必须执行，做到统一。

（2）标准制定的对象是重复性事物和概念

这里讲的"重复性"指的是同一事物或概念反复多次出现的性质。例如批量生产的产品在生产过程中的重复投入、重复加工、重复检验等；同一类技术管理活动中反复出现同一概念的术语、符号、代号等被反复利用等等。只有当事物或概念具有重复出现的特性并处于相对稳定时才有制定标准的必要，使标准作为今后实践的依据，以最大限度地减少不必要的重复劳动，又能扩大"标准"重复利用范围。

（3）标准产生的客观基础是"科学、技术和实践经验的综合成果"

这就是说标准既是科学技术成果，又是实践经验的总结，并且这些成果和经验都是经过分析、比较、综合和验证，加之规范化，只有这样制定出来的标准才能具有科学性。

（4）制定标准过程要"经有关方面协商一致"

即制定标准要发扬技术民主，与有关方面协商一致，做到"三稿定标"，即征求意见稿—送审稿—报批稿。如制定产品标准不仅要有生产部门参加，还应当有用户、科研、检验等部门参加，共同讨论研究、"协商一致，"这样制定出来的标准才具有权威性、科学性和适用性。

（5）标准文件有其自己一套特定格式和制定颁布的程序

标准的编写、印刷、幅面格式和编号、发布的统一，既可保证标准的质量，又便于资料管理，体现了标准文件的严肃性。所以，标准必须"由主管机构批准，以特定形式发布"。标准从制定到批准发布的一整套工作程序和审批制度，使标准本身具有法规特性的表现。

标准的种类繁多，数量很大。按标准内容分，有基础标准（如术语、符号、命名等）、制品标准（制品规格、质量、性能等）和方法标准（工艺方法、分析检验方法等）。按标准使用范围分，有国际标准、区域性标准、国家标准、行业标准、地方标准和企业标准等。国家标准和企业标准中又分为强制性标准和推荐性标准。强制性标准有药品标准、食品卫生标准、兽药标准、各项安全卫生标准、环境保护的污染物排放标准及国家需要控制的通用的试验、检验方法标准。对于强制性标准，任何单位和个人都必须严格执行，不符合标准的产品禁止生产、销售和进口。标准的本质是统一。总之，不同级别的标准是在不同范围内进行统一，不同类型的标准是从不同角度、不同侧面进行统一。

3. 标准分级、代号和编号

我国标准分为 4 级，即国家标准、行业标准、地方标准和企业标准。

（1）国家标准

即需要在全国范围内统一的技术要求制定的标准，分为强制性国家标准和推荐性国家标准。强制性国家标准，代号为 GB，编号为：

推荐性国家标准，代号为 GB/T，编号为

例如，"GB 437—2009 硫酸铜（农用）"（代替 GB 437—1993）。GB 为我国国家标准代号，即"国标"二字汉语拼音的第一个字母。2009 年我国国家质量监督检验检疫总局发布的这份新国标，重新规定了硫酸铜产品的控制项目指标（见表 1-4）和分析检验方法。其中规定用间接碘量法测定硫酸铜含量；用酸碱滴定法测定酸度；用称量法测定水不溶物含量。所用试剂的规格、定量分析的步骤和分析结果的计算等都做了具体、规范的说明。按此标准的分析方法即可进行硫酸铜产品质量检验。

表 1-4　硫酸铜控制项目指标

项　　目		指　　标
硫酸铜（$CuSO_4 \cdot 5H_2O$）质量分数/%	≥	98.0
砷质量分数[①]/(mg/kg)	≤	25
铅质量分数[①]/(mg/kg)	≤	125
镉质量分数[①]/(mg/kg)	≤	25
水不溶物/%	≤	0.2
酸度（以 H_2SO_4 计）/%	≤	0.2

① 正常生产时，砷质量分数、镉质量分数和铅的质量分数，至少每 3 个月测定一次。

（2）行业标准

是指对无国家标准而又需要在全国某一个行业内统一的技术要求而制定的标准。也分为强制性标准和推荐性标准。行业标准代号，由国务院标准化行政管理部门规定 28 个行业代号，其中化工行业为 HG。

编号方式和国家标准相同，将 GB 换成行业代号，如化工行业换成 HG。推荐性标准加 T，例如 HG/T 表示化工行业推荐性标准。

（3）地方标准

是指对无国家标准又无行业标准的，需要在省一级范围内统一的技术要求而制定的标准。也分为强制性标准和推荐性标准。

代号为 DB 加上各省（市、区）一级的行政区划代码的前两位数字再加斜线组成，例如，DB22/ 为吉林省地方标准代号，推荐性标准加 T。

编号也是由代号、顺序号、年号三部分组成。

（4）企业标准

是指对本企业范围内需要统一的技术要求而制定的标准。代号为 Q/×××，××× 为某企业标准代号。企业可取汉语拼音字母或数字组成。

编号和上面相似，也由三部分组成，即企业代号、顺序号、年号所组成。

实验室的分析测试工作所涉及的标准可分为 3 类，下面列举的一些标准可供化验人员应用时查阅。

① 综合标准。综合标准包括质量控制和技术管理标准。如，GB/T 1.1—2009《标准化工作导则 第一部分：标准的结构和编写规则》；GB/T 8170—2008《数值修约规则与极限数

值的表示和判定》；GB/T 6682—2008《分析实验室用水规格和试验方法》；GB/T 27025—2008《检测和校准实验室能力的通用要求》；GB/T 601—2016《化学试剂 标准滴定溶液的制备》等。

② 产品标准。产品标准包括各种被分析的产品的技术条件、分级及质量指标。

③ 分析方法标准。这类标准有基础标准与通用方法。如化工产品的密度、相对密度测定通则，化工产品中水分含量的测定，化工产品中铁含量测定的通用方法等及各种仪器分析法通则。更大量的是各种产品如钢铁、有色金属、水泥、各种无机及有机化工产品的分析方法。

标准方法并不一定是技术上最先进、准确度最高的方法，而是在一定条件下简便易行，又具有一定可靠性、经济实用的成熟方法。标准方法的发展总是落后于实际需要，标准化组织每隔几年对已有的标准进行修订，颁布一些新的标准。因此使用标准方法时要注意是否已有新标准替代了旧标准。另外，测试中是否采用标准方法要根据分析的目的及送样者的要求而定。

4. 采用国际标准和国外先进标准

采用国际标准和国外先进标准是我国一项重大技术经济政策。什么是国际标准，什么是国外先进标准，什么是采用国际标准和国外先进标准，以及采用国际标准中的等同采用、等效采用等一些基本概念也必须予以明确，以便于统一地理解和运用。

国际标准的定义是"由国际标准化团体通过的标准"。国际标准化团体是指 ISO、IEC 以及由 ISO 公布的其他 27 个国际组织。

（1）国际标准

国际标准范围包括三个方面：

① 国际标准化组织（ISO）和国际电工委员会（IEC）所制定的标准。

② 列于 ISO 出版的《国际标准题内关键词索引》（即 KWIC 索引）中的 27 个国际组织所制定的部分标准。

③ 其他国际组织制定的标准，如联合国粮农组织（UNFAO）、国际羊毛局（IWS）、国际棉花咨询委员会（ICAC）所制定的标准。

（2）国外先进标准

国外先进标准是指未经 ISO 确认、公布的其他国际组织的标准。国外先进标准范围包括三个方面：

① 国际上有权威的区域性标准，是指世界某一区域标准化团体通过的标准。这里"区域"一词，是指世界上按地理、经济或政治上所划分的区域。如欧洲标准化委员会（CEN）、国际农药分析协作委员会（CIPAC）、欧洲联盟（EU）等的标准。

② 世界主要经济发达国家标准，如美国国家标准（ANSI）、英国国家标准（BS）、德国国家标准（DIN）、法国国家标准（NF）、日本工业标准（JIS）等。

③ 国际上通行的团体标准，如美国试验与材料协会标准（ASTM）、美国石油协会标准（API）、美国电子工业协会标准（EIA）、美国国防部军用标准（MIL）、美国保险商试验室安全标准（UL）、美国电气制造协会标准（NEMA）、美国化学会标准（ACS）、日本橡胶协会标准（SRIS）、英国劳氏船级社的标准 LR 等。

此外，国外某些优质名牌产品的企业标准也可作为国外先进标准采用。如瑞士的手表标准、瑞典的轴承钢标准、比利时的钻石标准等。

（3）采用国际标准和国外先进标准的程度

根据我国标准与被采用的国际标准之间技术内容和编写方法差异大小，采用程度可分为等同采用、等效采用和参照采用三种。

① 等同采用。等同采用是技术内容完全相同、不作任何修改或稍作编辑性修改。用符号≡、缩写字母 IDT 表示。

② 等效采用。等效采用是技术内容只有小的差异、编写不完全相同。用符号＝、缩写字母 EQV 表示。

③ 参照采用。参照采用是根据我国实际情况对技术内容作了某些改动。用符号≈、缩写字母 REF 表示。

积极采用国际标准和国外先进标准，是我国标准化工作的基本方针。近年来我国发布的新国标，很多是等同或等效采用国际标准化组织（ISO）制定的国际标准。现将化工标准中经常涉及的国外标准代号列于表 1-5。

表 1-5　国外标准代号与负责机构

序号	代号	含义	负责机构
1	ANSI	美国国家标准	美国标准学会（ANSI）
2	API	美国石油学会标准	美国石油学会（API）
3	ASME	美国机械工程师协会标准	美国机械工程师协会（ASME）
4	ASTM	美国试验与材料协会标准	美国试验与材料协会（ASTM）
5	BS	英国国家标准	英国标准学会（BSI）
6	DIN	德国国家标准	德国标准化学会（DIN）
7	FDA	美国食品药品管理局标准	美国食品药品管理局（FDA）
8	JIS	日本工业标准	日本工业标准调查会（JISC）
9	NF	法国国家标准	法国标准化协会（AFNOR）
10	SAE	美国机动车工程师协会标准	美国机动车工程师协会（SAE）
11	TIA	美国电信工业协会标准	美国电信工业协会（TIA）
12	VDE	德国电气工程师协会标准	德国电气工程师协会（VDE）
13	CAC	食品法典委员会标准	联合国粮农组织（FAO）和世界卫生组织（WHO）于 1961 年建立的政府间协调食品标准的国际组织（CAC）
14	ISO	国际标准	国际标准化组织（简称 ISO）

思考题与习题

一、简答题

1. 化工分析的任务是什么？在化工生产和商品检验中有何作用？

2. 定量分析过程一般包括哪些步骤？常用的定量分析方法有哪些？

3. 什么是分析结果的准确度和精密度？二者关系如何？

4. 什么叫空白试验？什么情况下需要做空白试验？

5. 解释下列各名词的意义：绝对误差、相对误差、平均偏差、相对平均偏差、极差、质量分数、质量浓度、体积分数。

6. 某分析天平称量的最大绝对误差为±0.2mg，要使称量的相对误差不大于0.2%，问至少应称多少样品？

7. 分析过程中出现如下情况，试回答将引起什么性质的误差？

(1) 砝码被腐蚀；

(2) 称量时样品吸收了少量水分；

(3) 读取滴定管读数时，最后一位数字估测不准；

(4) 称量过程中，天平零点稍有变动；

(5) 试剂中含有少量待测组分。

8. 将下列数据按所示的有效数字位数进行修约：

(1) 1.2567 修约成 4 位有效数字；

(2) 1.2384 修约成 4 位有效数字；

(3) 0.2165 修约成 3 位有效数字；

(4) 2.05 修约成 2 位有效数字；

(5) 2.0511 修约成 2 位有效数字。

9. 下列报告是否合理？为什么？

(1) 称取 0.15g 试样，分析结果写为 25.36%；

(2) 称取 4.0g 某试剂，配制成 1L 溶液，其浓度表示为 0.1000mol/L。

10. 常用危险化学品按其主要危险特性分为哪几类？

11. 废液处理的依据是什么？怎样处理含铬的废液？

12. 燃烧的基本条件是什么？

13. 怎样避免化学烧伤、腐蚀和中毒？

14. 人为什么会触电？人触电伤害程度与哪些因素有关？

15. 分析检验中的质量保证包含哪些内容？建立质量保证体系有何重要意义？

16. 什么是国际标准？什么是国外先进标准？

17. 什么是标准物质？标准物质分成几大类？标准物质的主要用途是什么？

18. 试查阅下列化工产品的国家标准或行业标准，分别指出其产品检验所需采用的分析方法。

工业丙酮　碳酸钠　浓硝酸　过氧化氢　冰醋酸　乙酰乙酸乙酯

19. 试从互联网上检索第 18 题所列化工产品的标准编号及相关说明。

20. 何谓等同采用、等效采用和参照采用？

二、选择题

1. 实验室中常用的铬酸洗液是由哪两种物质配制的？（　　　）

　A. K_2CrO_4 和浓 H_2SO_4　　　B. K_2CrO_4 和浓 HCl

　C. $K_2Cr_2O_7$ 和浓 HCl　　　　D. $K_2Cr_2O_7$ 和浓 H_2SO_4

2. 对某试样进行三次平行测定，得 CaO 的平均含量为 30.6%，而真实含量为 30.3%，则 30.6%－30.3%＝0.3% 为（　　　）。

　A. 相对误差　　B. 相对偏差　　C. 绝对误差　　D. 绝对偏差

3. 滴定管在记录读数时，小数点后应保留（　　　）位。

　A. 1　　B. 2　　C. 3　　D. 4

4. 实验室安全守则中规定，严格任何（　　　）入口或接触伤口，不能用（　　　）代替餐具。

　　A. 食品，烧杯　　B. 药品，玻璃仪器　　C. 药品，烧杯　　D. 食品，玻璃仪器

5. 使用浓盐酸、浓硝酸，必须在（　　）中进行。

　　A. 大容器　　B. 玻璃器皿　　C. 耐腐蚀容器　　D. 通风橱

6. 现需要配制 0.1000mol/L $K_2Cr_2O_7$ 溶液，下列量器中最合适的量器是（　　）。

　　A. 容量瓶　　B. 量筒　　C. 刻度烧杯　　D. 酸式滴定管

7. 优级纯试剂的标签颜色是（　　）。

　　A. 红色　　B. 蓝色　　C. 玫瑰红色　　D. 深绿色

8. 属于常用的灭火方法是（　　）。

　　A. 隔离法　　B. 冷却法　　C. 窒息法　　D. 以上都是

9. 下列论述中错误的是（　　）。

　　A. 方法误差属于系统误差　　　　B. 系统误差包括操作误差

　　C. 系统误差呈正态分布　　　　D. 系统误差具有单向性

10. 用 15mL 的移液管移出的溶液体积应记为（　　）。

　　A. 15mL　　B. 15.0mL　　C. 15.00mL　　D. 15.000mL

11. 按被测组分含量来分，分析方法中常量组分分析指含量（　　）。

　　A. <0.1%　　B. >0.1%　　C. <1%　　D. >1%

12. 分析用水的电导率应小于（　　）。

　　A. 6.0μS/cm　　B. 5.5μS/cm　　C. 5.0μS/cm　　D. 4.5μS/cm

13. 化学烧伤中，酸的蚀伤应用大量的水冲洗，然后用（　　）冲洗，再用水冲洗。

　　A. 0.3mol/L HAc 溶液　　B. 2% $NaHCO_3$ 溶液

　　C. 0.3mol/L HCl 溶液　　D. 2% NaOH 溶液

14. 贮存易燃易爆、强氧化性物质时，最高温度不能高于（　　）。

　　A. 20℃　　B. 10℃　　C. 30℃　　D. 0℃

15. 下列药品需要用专柜由专人负责贮存的是（　　）。

　　A. KOH　　B. KCN　　C. $KMnO_4$　　D. 浓 H_2SO_4

16. 若电器着火不宜选用（　　）灭火。

　　A. 1211灭火器　　B. 泡沫灭火器　　C. 二氧化碳灭火器　　D. 干粉灭火器

17. 下面有关废渣的处理错误的是（　　）。

　　A. 毒性小、稳定、难溶的废渣可深埋地下　　B. 汞盐沉淀残渣可用焙烧法回收汞

　　C. 有机物废渣可倒掉　　　　D. AgCl 废渣可送国家回收银部门

18. 蒸馏或回流易燃低沸点液体时，操作错误的是（　　）。

　　A. 在烧瓶内加数粒沸石防止液体暴沸　　B. 加热速度宜慢不宜快

　　C. 用明火直接加热烧瓶　　　　D. 烧瓶内液体不宜超过烧瓶1/2容积

19. 有关汞的处理错误的是（　　）。

　　A. 汞盐废液先调节 pH 至 8～10，加入过量的 Na_2S 后再加入 $FeSO_4$ 生成 HgS、FeS 共沉淀，再作回收处理

　　B. 洒落在地上的汞可用硫黄粉盖上，干后清扫

　　C. 实验台上的汞可采用适当措施收集在有水的烧杯中

　　D. 散落过汞的地面可喷洒 20% $FeCl_2$ 水溶液，干后清扫

20. 有效数字是指实际上能测量得到的数字，只保留末一位（　　）数字，其余数字均

为准确数字。

　　A. 可疑　　B. 准确　　C. 不可读　　D. 可读

21. 检验报告是检验机构计量测试的（　　）。

　　A. 最终结果　　B. 数据汇总　　C. 分析结果的记录　　D. 向外报出的报告

22. 一个样品分析结果的准确度不好，但精密度好，可能存在（　　）。

　　A. 操作失误　　B. 记录有差错　　C. 使用试剂不纯　　D. 随机误差大

23. 铬酸洗液经使用后氧化能力降低至不能使用，可将其加热除去水分后再加（　　），待反应完全后，滤去沉淀物即可使用。

　　A. 硫酸亚铁　　B. 高锰酸钾粉末　　C. 碘　　D. 盐酸

24. 将置于普通干燥器中保存的 $Na_2B_4O_7 \cdot 10H_2O$ 作为基准物质用于标定盐酸的浓度，则盐酸的浓度将（　　）。

　　A. 偏高　　B. 偏低　　C. 无影响　　D. 不能确定

25. 普通分析用水 pH 应在（　　）。

　　A. 5～6　　B. 5～6.5　　C. 5～7.0　　D. 5～7.5

26. 在国家、行业标准的代号与编号 GB/T 18883—2002 中 GB/T 是指（　　）。

　　A. 强制性国家标准　　B. 推荐性国家标准

　　C. 推荐性化工部标准　　D. 强制性化工部标准

27. 标准是对（　　）事物和概念所做的统一规定。

　　A. 单一　　B. 复杂性　　C. 综合性　　D. 重复性

28. 我国的标准分为（　　）级。

　　A. 4　　B. 5　　C. 3　　D. 2

29. 从下列标准中选出必须制定为强制性标准的是（　　）。

　　A. 国家标准　　B. 分析方法标准　　C. 食品卫生标准　　D. 产品标准

30. GB/T 7686—2016《化工产品中砷含量测定的通用方法》是一种（　　）。

　　A. 方法标准　　B. 卫生标准　　C. 安全标准　　D. 产品标准

31. 从下列符号中选出英国国家标准（　　）、日本工业标准（　　）和美国国家标准（　　）。

　　A. ANSI　　B. JIS　　C. BS　　D. NF

32. 技术内容相同，编号方法完全相对应，此种采用国际标准的程度属于（　　）。

　　A. 等效采用　　B. 等同采用　　C. 引用　　D. 参照采用

33. 国家标准有效期一般为（　　）年。

　　A. 2 年　　B. 3 年　　C. 5 年　　D. 10 年

34. 国际标准化组织的代号是（　　）。

　　A. SOS　　B. IEC　　C. ISO　　D. WTO

35. 标准的（　　）是标准制定过程的延续。

　　A. 编写　　B. 实施　　C. 修改　　D. 发布

36. 企业标准代号是（　　）。

　　A. GB　　B. GB/T　　C. ISO　　D. Q/XX

37.《中华人民共和国标准化法》的实施时间是（　　）。

　　A. 1989 年 1 月 1 日　　B. 1989 年 4 月 1 日

　　C. 1990 年 1 月 1 日　　D. 1990 年 4 月 1 日

38. 根据《中华人民共和国标准化法》，对需要在全国范围内统一的技术要求，应当制定（   ）。

    A. 国家标准   B. 统一标准   C. 同一标准   D. 固定标准

39. 化工行业的标准代号是（   ）。

    A. MW   B. HG   C. YY   D. DB/T

40. 一切从事科研、生产、经营的单位和个人（   ）执行国家标准中的强制性标准。

    A. 必须   B. 一定   C. 选择性   D. 不必

41. GB/T 18883—2002 中的 18883 是指（   ）。

    A. 顺序号   B. 制定年号   C. 发布年号   D. 有效期

三、计算题

1. 滴定管的读数误差为 ± 0.01 mL。若滴定用去标准溶液 35.00mL，相对误差是多少？若用去标准溶液 20.00mL，相对误差又是多少？这说明什么问题？

2. 光度法测定水中铁含量（mg/L），平行 5 次测得数据为 0.48、0.37、0.47、0.40、0.43。试求算术平均值、平均偏差、相对平均偏差和标准偏差。

3. 分析软锰矿标样中锰的含量，测得锰的质量分数为：37.45%、37.20%、37.50%、37.30%、37.25%。已知标准值为 37.41%。求分析结果的绝对误差、相对误差、平均偏差、相对平均偏差。

4. 在钙的测定中，测得试样中钙的质量分数分别为：31.32%、31.28%、31.27%、31.30%、31.40%。试用 Q 检验法判断 31.40% 是否应该舍弃。置信度要求为 90%。

5. 按有效数字的运算规则，计算下列各式的结果：

(1) $\dfrac{51.38}{8.709 \times 0.09460}$ (2) $\sqrt{\dfrac{1.5 \times 10^{-3} \times 6.1 \times 10^{-8}}{3.3 \times 10^{-5}}}$ (3) $\dfrac{1.20 \times (112 - 1.240)}{5.4375}$

(4) $(1.21 \times 3.18) + 4.8 \times 10^{-4} - (0.0121 \times 0.00814)$

6. 欲配制质量分数为 25% 的硝酸（$\rho_2 = 1.115$ g/mL）溶液 500mL，需质量分数为 67% 的浓硝酸（$\rho_1 = 1.40$ g/mL）多少毫升？加水多少毫升？如何配制？

第二章　化工分析基本操作技术

第一节　天平及其使用

　　天平是化学检验常用的称量仪器。天平的种类很多，根据称量的准确度可分为两大类，即托盘天平和分析天平。

一、托盘天平

　　托盘天平又称台秤。其操作简便快速、称样量大，但称量精度不高，一般能称准到0.1g 或 0.01g，可用于精确度要求不高的称量。

　　1. 托盘天平的构造

　　托盘天平的构造如图 2-1 所示。它由天平横梁、支承横梁的天平座、放置称量物和砝码的秤盘、平衡螺杆、平衡螺母、指针、刻度盘、游码标尺及游码等部件组成。刻度标尺上的每大格为 1g，一大格又分为若干小格，每一小格为 0.1g 或 0.2g。托盘天平根据最大载荷可分为 100g、200g、500g、1000g、2000g 等五种规格。

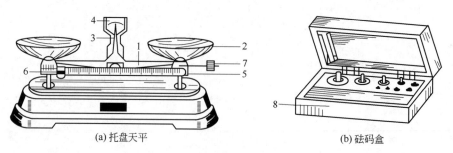

(a) 托盘天平　　　　　　　　(b) 砝码盒

图 2-1　托盘天平

1—横梁；2—秤盘；3—指针；4—刻度盘；5—游码标尺；

6—游码；7—调零螺母；8—砝码盒

2. 托盘天平的使用

① 调节天平零点。使用前，应先将游码拨至刻度尺左端"0"处，观察指针的摆动情况。

若指针在刻度盘左与右两边摆动的格数几乎相等，或者停止摆动时指针指在刻度盘的中线上，则表示天平处于平衡状态（此时指针的休止点叫零点），此时天平可以使用。否则，先用调零螺母调准零点后方可使用。

② 称量。左盘放被称物品，右盘放砝码。加砝码时，先加大砝码，若偏大，再换小砝码，最后用游码调节，直至指针在刻度盘左右两端摆动的格数几乎相等为止（此时指针的休止点叫停点或平衡点）。把砝码和游码的数值加在一起，就是左盘中物品的质量（读准至0.1g）。

③ 称量结束工作。称量完毕，把砝码放回砝码盒中，将游码退到刻度"0"处，将秤盘清扫干净。

3. 注意事项

① 不可把药品直接放在秤盘上（而应放在称量纸上）称量，而潮湿或具有腐蚀性的药品应在洁净干燥的小烧杯中或表面皿上称量。

② 天平的砝码必须用镊子取放。

二、分析天平

分析天平的种类很多，根据其结构，可分为等臂天平和不等臂天平。根据秤盘的多少，又可分为等臂单盘天平、等臂双盘天平和不等臂单盘天平。等臂双盘天平是最常见的一种；不等臂天平几乎都是单盘天平。可根据实验的要求合理选用。这里主要介绍常用的电光天平和电子天平。

1. 电光天平

最常用的电光天平是半自动电光天平和全自动电光天平，两者都是等臂双盘天平。一般能称准至0.1mg，适用于精确度要求较高的称量。一般化学检验中所用电光天平的最大载荷为200g，最小分度值为0.1mg或0.05mg。

（1）称量原理

各种等臂天平都是根据杠杆原理设计制成的。设有一杠杆（见图2-2），支点为B，A、C两点所受的力分别为Q和P，Q为被称量物体的质量，P是砝码的质量。当杠杆平衡时，支点两边的力矩相等，即$Q \overline{AB} = P \overline{BC}$。对于等臂天平，支点两边的臂长相等，即$\overline{AB} = \overline{BC}$，则$Q = P$，即在等臂天平处于平衡状态时，被称物体的质量等于砝码的质量。这就是等臂天平的称量原理。

图2-2 杠杆原理示意图

（2）结构

半自动电光天平和全自动电光天平的结构分别见图2-3和图2-4。

① 横梁。它是天平的重要部件，一般由质轻、坚固、膨胀系数小的铝合金制成，起平衡和承载物体的作用。横梁上装有三个玛瑙刀子，其中一个装在正中间的称为中刀或支点刀，刀刃向下。两边为边刀，刀刃向上。三个刀刃同处在一个水平面上，刀刃锋利，无崩缺。要特别注意保护天平的刀刃，使其不受外力冲击并减小磨损。

横梁下部为指针，指针下端装有微分标牌，经光学系统放大后成像于投影屏上。横梁上有重心砣，重心砣上下移动可改变横梁重心位置，用于调整天平的灵敏度（出厂时已调整

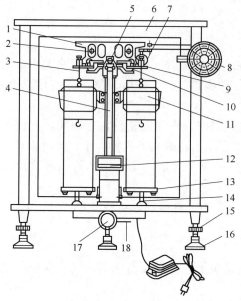

图 2-3　半自动电光天平

1—天平梁（横梁）；2—平衡螺丝；3—吊耳；
4—指针；5—支点架；6—天平箱（框罩）；
7—环码；8—指数盘；9—承重刀；10—支
架；11—阻尼内筒；12—投影屏；13—秤
盘；14—盘托；15—螺丝脚；16—垫脚；
17—开关旋钮（升降枢）；18—微动调节杆

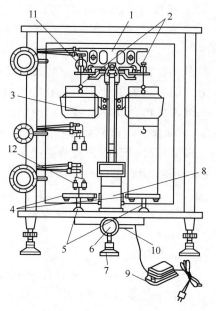

图 2-4　全自动电光天平

1—天平梁（横梁）；2—吊耳；3—阻尼
内筒；4—秤盘；5—盘托；6—开关旋钮
（升降枢）；7—垫脚；8—光源；9—变
压器；10—微动调节杆；11—环码
（毫克组）；12—砝码（克组）

好，不要自己调整）。横梁左右两边对称孔内装有平衡螺丝，用以调节天平空载时的平衡位置（即零点）。

　　② 悬挂系统。该系统由吊耳、阻尼器和秤盘组成。吊耳下部挂有阻尼器内筒，又叫活动阻尼筒，它与固定在立柱上的阻尼器外筒之间有一均匀的间隙，当天平摆动时，筒内外空气运动的摩擦阻力使横梁在摆动 1~2 个周期后迅速停下来（故称为空气阻尼器）。秤盘吊挂于吊钩上，由铜合金镀铬制成。吊耳、阻尼筒、秤盘都有区分左右的标记，常用的是左"1"、右"2"或左"·"、右"··"。

　　③ 立柱部分。立柱是空心柱体，垂直固定在底板上，天平制动器的升降拉杆穿过立柱空心孔带动大小托翼上下运动。立柱上端中央固定中刀垫。

　　④ 制动系统。制动系统的作用是保护天平的刀刃使其保持锋利和避免因冲击力产生崩缺。当开关旋钮关闭时，天平轴销上的偏心轮处于最高点，升降拉杆带动托翼向上运动，托起天平横梁和吊耳，这时天平处于"休止"状态，天平的三个刀和刀垫间有一个均匀缝隙（刀缝），一般要求边刀缝为 0.15~0.2mm，中刀缝 0.25~0.3mm。同时两个托盘也升起，将秤盘微微托住。此时可以加减砝码和称量物。当慢慢打开开关旋钮时，托翼下降，边刀和中刀先后接触刀垫，托盘同时下降，天平进入自由摆动状态，在阻尼器作用下十几秒内即可停下来。在天平两边未达到平衡时，且不可全开天平，以防天平倾斜太大，使吊耳脱落刀刃损坏。

　　⑤ 光学读数系统。开启天平接通电源后，灯泡亮，光源通过光学系统将微分标尺上的分度线放大并反射到光屏上，读出标尺投影。标尺刻度线中间为零，左负右正。光屏中央有一条垂直刻度线，标尺投影与该线重合，即为天平的平衡点。通过移动投影屏调节杆可以进

行小范围的零点调节。微分标尺刻度线有 10 个大格（双向刻度的天平有 $-10\sim+10$ 共 20 个大格），1 大格相当于 1mg，每一大格又分为 10 小格，因此光屏上可读出 0.1mg 值。读数方法如图 2-5 所示。

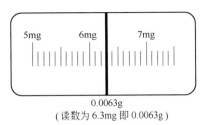

0.0063g
（读数为 6.3mg 即 0.0063g）

图 2-5　微分标尺在投影屏上的读数

⑥ 砝码与机械加码装置。部分机械加码天平 1g 以上的砝码用镊子夹取，1g 以下的砝码做成环状，挂在加码杆上，转动加码指数盘，使加码杆按指数盘的读数，把环码加到吊耳上的环码承受片上。环码（又叫圈码）共有 10mg、10mg、20mg、50mg、100mg、100mg、200mg、500mg 八个，可组合成 $10\sim990$mg 的任意数值。

所有砝码都由机械加码装置进行加减的天平就是全机械加码天平，它的机械加码装置在天平左侧，自上而下分为三组，其结构与部分机械加码天平相似。

⑦ 外框部分。外框用以保护天平，使之不受灰尘、热源、水蒸气、气流等外界条件的影响。外框是木制框架，镶有玻璃，天平前门供安装和清洁、修理天平用，称量时不用。天平的两个旁门供称量时使用，左门用于取放称量物，右门用于取放砝码。底板下有三个水平调整脚，前两个可调，后一个不可调。天平的水准器一般采用水平泡，安装在底板上或立柱后面。

（3）使用方法

电光天平是精密仪器。进入天平室后，对照天平号坐在自己使用的天平前，按下述方法进行操作。

① 准备工作。取下天平罩，折叠整齐放在规定的地方。操作者戴上细纱手套，面对天平端坐。记录本放在天平前面，存放和接受称量物的器皿放在物盘左侧的台面上，砝码盒放在右侧的台面上。

② 检查。检查天平各个部件是否都处于正常位置。指数盘是否对准零位，砝码是否齐全。察看天平秤盘和底板是否清洁，若不清洁可用软毛刷轻轻扫净。检查天平是否处于水平位置。从正上方向下目视水平仪，若气泡不在水平仪的中心，可旋转底板下面的前两个螺丝脚，使气泡处在水平仪中央位置。

③ 调整天平零点。关闭天平门，接通电源，旋转升降枢旋钮，观察投影光屏，若微分标尺上的"0"刻度不与光屏上的标线重合，可拨动投影屏调节杆使其重合。使用拨杆不能调至零点时，可细心调整天平横梁上的平衡螺丝，直至微分标尺上的"0"刻度对准光屏上的标线为止。

④ 粗称。对于初学者或要求控制称量范围时，应将装有被称物品的称量瓶，先用托盘天平进行粗称。粗称一般能准确到 0.2g。参照粗称的质量可以缩短用分析天平的称量时间。

⑤ 称量。将被称物品（如 20g）放在左盘中央，用镊子先取 20g 砝码放在右盘中央，关上左右天平门。用左手慢慢半开天平开关旋钮，以指针偏转方向或光标移动方向判断两盘轻重。要记住"指针总是偏向轻盘或光标总是向重盘方向移动"。如指针向左倾斜，表示砝码太重，轻轻关闭天平，改换 10g 砝码试之；如指针向右偏斜，表示物品比 10g 重，此时物品的质量一定在 $10\sim20$g 之间，再在右盘加 5g 砝码（注意大砝码放在秤盘中央）试之。在加克组砝码时可不关闭右门，克组砝码试好后，关好侧门。转动机械加码装置的指数盘试毫克组砝码，先试几百毫克组，再试几十毫克组，转动指数盘时动作要轻，不要停放在两个数字

之间。在天平两盘质量相差较大时，不可全开天平，以免吊耳脱落，损坏刀刃。调整砝码差数在 10mg 以内时（注意在加环码时，天平应处在休止状态），全开开关旋钮，等投影屏上标尺的像慢慢停止移动后即可读数。一般调整指数盘使投影屏上读数在 0～＋10mg，而不是指在 0～10mg。所称物体的质量为：克组砝码的质量（先从砝码盒空位求得，放回砝码时再核对一遍）加上指数盘指示的百位、十位毫克数及投影屏上指出的毫克数（读准至 0.1mg 即可）。

⑥ 读数与记录。待指针停止摆动后，在投影光屏上读取微分标尺读数（0～10mg 范围）。根据克组砝码读数（先读盒中空位，再与盘中砝码核对）、加码指数盘读数和微分标尺读数，得出被称物品质量，立即用钢笔或圆珠笔记在记录本上。例如，一次称量中克组砝码用了 2g、2g、5g、10g 四个；环码指数盘读数为 630mg，光屏读数为 ＋4.8mg，则被称物品的质量应记为 19.6348g。

⑦ 关闭天平。关闭天平开关旋钮，取出天平盘上的物体和砝码，砝码放在规定的空位中，将指数盘归零。这时应检查一下天平零点变动情况，如果超过 2 小格，则应重称。最后，切断电源，将砝码盒放回天平箱顶部，罩好天平罩，将天平台收拾干净，填写天平使用记录本。

（4）天平使用注意事项

① 同一实验应使用同一台天平和砝码。

② 称量前后应检查天平是否完好，并保持天平清洁，如在天平内洒落药品应立即清理干净，以免腐蚀天平。

③ 天平载重不得超过最大负荷，被称物应放在干燥清洁的器皿中称量，挥发性、腐蚀性物体必须放在密封加盖的容器中称量。

④ 不要把热的或过冷的物体放到天平上称量，应在物体和天平室温度一致后进行称量。

⑤ 被称物体和砝码应放在秤盘中央，开门、取放物体、砝码时必须休止天平，转动天平停动手钮要缓慢均匀。

⑥ 称量完毕应及时取出所称样品，把砝码放回盒中。指数盘转到零位，关好天平各门，检查天平零点，拔下电源插头，罩上防尘罩，进行登记。

⑦ 搬动天平时应卸下秤盘、吊耳、横梁等部件，天平零件不得拆散作它用。

⑧ 搬动或拆装天平后应检查天平性能。

2. 电子天平

（1）电子天平的称量原理

电子天平是最新一代的天平，它是依据电磁力平衡原理制成的。现以 MD 系列电子天平为例说明其称量原理。

由电磁学可知，当把通电导线放在磁场中时，导线将产生电磁力，力的方向可以用左手定则来判定。当磁场强度不变时，力的大小与流过线圈的电流强度成正比。如果使重物的重力方向向下，电磁力的方向向上，与之相平衡，则通过导线的电流与被称物体的质量成正比。图 2-6 为 MD 系列电子天平结构示意图。

秤盘通过连杆支架与线圈相连，线圈置于磁场中。秤盘及被称物体的重力通过连杆支架作用于线圈

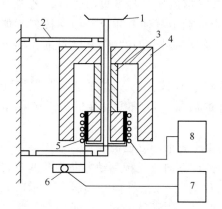

图 2-6　MD 系列电子天平结构示意图
1—秤盘；2—簧片；3—磁钢；4—磁回路体；5—线圈及线圈架；6—位移传感器；7—放大器；8—电流控制电路

上，方向向下。线圈内有电流通过，产生一个向上作用的电磁力，与秤盘重力方向相反，大小相等。位移传感器处于预定的中心位置，当秤盘上的物体质量发生变化时，位移传感器检出位移信号，经调节器和放大器改变线圈的电流直至线圈回到中心位置为止。通过数字显示出物体的质量。

（2）电子天平的特点

① 电子天平支承点采用弹性簧片，没有机械天平的宝石或玛瑙刀子，采用数字显示方式代替指针刻度式显示。使用寿命长，性能稳定，灵敏度高，操作方便。

② 电子天平利用电磁力平衡原理，称量时全量程不用砝码。放上被称物后，在几秒钟内即达到平衡，显示读数，称量速度快，精度高。

③ 电子天平一般具有内部校正功能。天平内部装有标准砝码，使用校准功能时，标准砝码被启用，天平的微处理器将标准砝码的质量值作为校准标准，数秒钟内即能完成天平的自动校验，校验天平无需任何额外器具。

④ 电子天平是高智能化的衡量器具，其内装有稳定性监测器，达到稳定时才输出数据，重现性、准确性达到百分之百；可在全量程范围内实现去皮重、累加、超载显示、故障报警等。

⑤ 电子天平具有质量电信号输出，抗干扰能力强，可在振动环境下保持良好的稳定性，这是机械天平无法做到的。它可以连接打印机、计算机，实现称量、记录和计算的自动化。

（3）电子天平的使用方法

电子天平对天平室和天平台的要求与机械天平相同，同时应远离带有磁性或能产生磁场的物体和设备。图 2-7 是电子天平外形及各部件图（ES-J 系列）。清洁天平各部件后，调节水平，依次将防尘隔板、防风环、盘托、秤盘放上。连接电源线。

操作步骤如下：

① 接通电源，预热 30min。

② 检查天平是否水平，由水平仪判断。

③ 按下开/关键，显示屏很快出现"0.0000g"。

④ 将物品放到秤盘上，关上防风门。待显示屏上的数字稳定并出现质量单位"g"后，即可读数，记录称量结果。操纵相应的按键可以实现"去皮""增重""减重"等称量功能。

⑤ 称量完毕，取下被称物。如要继续使用，可按下"开/关"键（但不拔下电源插头），让天平处于待

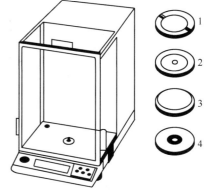

图 2-7　电子天平外形及各部件图
1—秤盘；2—盘托；3—防风环；
4—防尘隔板

命状态，这时显示屏上数字消失，左下角出现一个"0"，再称样时只需按下"开/关"键就可以使用。如果长时间不用，应拔下电源插头，盖上防尘罩。

（4）使用注意事项

① 电子天平在安装之后、称量之前必须进行校准。因为用电子天平称出的物质的质量是由被称物质的质量产生的重力通过传感器转换成电信号获得的。称量结果实质上是被称物质重力的大小，故与重力加速度 g 有关，这种影响使称量值随纬度的增高而增加，随海拔的升高而减小。因此，电子天平在安装后或移动位置后必须进行校准。

② 电子天平开机后需要预热较长一段时间（至少 0.5h 以上），才能进行正式称量。

③ 电子天平自重较小，容易发生位移，所以使用时动作要轻缓，要经常检查水平是否改变。

④ 长时间不使用的电子天平应每隔一段时间通电一次，以保持电子元器件干燥，特别是湿度大时更应经常通电。

三、称量试样方法

1. 直接称量法

按照前述称量的一般程序检查调整好天平后，先称出清洁干燥的表面皿的质量，再用牛角勺取试样放在表面皿上，称出表面皿和试样的总质量。两次称量质量之差为被称物的质量。直接称量法适用于在空气中没有吸湿性、不与空气反应的试样或洁净干燥的器皿、棒状或块状的金属等固体样品的称量。

2. 固定质量称量法

此法用于称取指定质量的物质。适合于称取本身不易吸水并在空气中性质稳定的物质，如金属、矿石和某些结晶状态试剂等。该称量方法是先称出器皿质量，然后加入固定质量的砝码，再用牛角勺将试样慢慢加入盛试样的器皿（或称量纸）中。开始加样时，天平应处于半开状态。当所加试样与指定的质量相差不到 10mg 时，全开天平，小心地将盛有试样的牛角勺伸向秤盘的容器上方 2～3cm 处，勺的另一端顶在掌心上；用拇指、中指及掌心拿稳角勺，并用食指轻弹勺柄，将试样慢慢抖入容器中（见图 2-8），直至天平达到平衡。

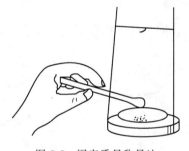

图 2-8　固定质量称量法

图 2-9　称量瓶拿法

3. 差减称量法

此法适用于易吸水、易氧化、易与 CO_2 反应的物质或连续多份试样的称取。该称量方

图 2-10　试样敲击方法

法是首先将适量的试样装入洁净干燥的称量瓶中，用洁净的小纸条套在称量瓶上（见图 2-9），将称量瓶放在天平秤盘中心，设称得其质量为 $m_1(g)$。取出称量瓶，用左手将其置于承接试样的容器（烧杯或锥形瓶）上方，右手用小纸片夹住瓶盖柄，打开瓶盖。将称量瓶慢慢向下倾斜，用瓶盖轻轻敲击瓶口，让试样慢慢落入容器内（如图 2-10 所示），不要把试样撒落在容器外。估计倾出的试样接近所需要量时，一边继续敲击瓶口，一边慢慢将瓶身竖直。盖好瓶盖，放回天平盘上再称量其质量，设此时称得的质量为 $m_2(g)$，则称出试样的质量为 $(m_1-m_2)g$。注意称量时应检查所倾出的试样质量是否在称量范围内；若不在，应重复上面的操作，直到倾出的试样质量达到要求为止。

第二节　玻璃仪器及其他用具

玻璃仪器是分析测试常用的仪器。它透明性好，化学性质稳定，耐酸碱，热稳定性好，有良好的绝缘性。玻璃的化学成分主要是 SiO_2、CaO、Na_2O、K_2O。含有较高 B_2O_3 的玻璃属于特硬或硬质玻璃，称为高硼硅酸盐玻璃，具有较高的热稳定性，耐酸，可制作加热用玻璃仪器，如烧杯、烧瓶等；含有较低 B_2O_3 并加入一定量 ZnO 的玻璃称为软质玻璃，这种玻璃透明性好，可制作量器、滴定管等。HF、浓碱，特别是热浓碱对玻璃有腐蚀作用，所以不能用玻璃器皿长期盛装 HF 和浓碱溶液。

一、常用玻璃仪器

化学分析实验室使用的玻璃仪器种类繁多。表 2-1 列出了一些常用玻璃仪器。

表 2-1　常用玻璃仪器

名　称	规　格	主要用途	注意事项
烧杯	25mL、50mL、100mL、400mL、500mL、800mL、1000mL	配制溶液,溶解处理试样	用火焰直接加热时,应使用石棉网
烧瓶	平底、圆底,单口、双口及三口等, 容积 250mL、500mL、1000mL、2500mL	加热及蒸馏用,反应容器	不能直接用火焰加热,可用球形电炉等加热
锥形瓶　碘量瓶	50mL、100mL、250mL、300mL、500mL	滴定用,碘量瓶用于碘量法中	具塞锥形瓶要保持原配
凯氏烧瓶	50mL、100mL、250mL、300mL、500mL	消解试样用	加热时瓶口不要对着自己和他人
广口瓶　细口瓶	30mL、60mL、125mL、250mL、500mL、1000mL,无色、棕色	细口瓶用于盛液体试剂;广口瓶用于盛固体试剂。棕色瓶用于盛装见光会分解的试样和试剂	不能在瓶中配制溶液,磨口瓶不能存碱液

名　称	规　格	主要用途	注意事项
滴瓶	30mL、60mL、125mL、250mL，无色、棕色	用于盛装指示剂溶液等	
高形　矮形 称量瓶	容积　高　直径 /mL　/mm　/mm 矮形 10　25　35 15　25　40 30　30　50 高形 10　40　25 20　50　30	矮形用于测定水分,在烘箱中烘干样品;高形用于称量试样、基准物	烘干时磨口盖不要盖严,要留有间隙
长颈　短颈 漏斗	短颈:口径(mm)50、60,颈长(mm)90、120 长颈:口径(mm)50、60,颈长(mm)150 锥体均为60°	短颈用于一般过滤;长颈用于定量分析过滤	
球形　锥形　筒形 分液漏斗	50mL、125mL、250mL、500mL、1000mL,球形、锥形、筒形	用于分离两种互不相溶的液体	磨口原配,倒置后从活塞边孔对齐放气
玻璃砂芯漏斗	40mL、60mL、140mL,滤板代号 $P_{1.6} \sim P_{40}$	P_{40} 适于粗颗粒晶形沉淀及胶体沉淀过滤;P_{16} 适于细颗粒沉淀过滤;$P_{1.6}$、P_4 适于细菌过滤	抽滤,不能过热,不能过滤含 HF 及碱液的沉淀,用后立即洗涤
砂芯坩埚	10mL、15mL、30mL,其他规格同玻璃砂芯漏斗	称量分析中过滤沉淀	抽滤,不能过热,不能过滤含 HF 及碱液的沉淀,用后立即洗涤

名　称	规　格	主要用途	注意事项
抽滤瓶	250mL、500mL、1000mL	抽滤用	不能加热
离心试管　普通试管 试管	普通试管:10mL、20mL 离心试管:5mL、10mL、15mL 具刻度和不具刻度	定性分析检验离子用;离心试管还用于离心机分离沉淀	试管可加热,不能骤冷;离心试管用水浴加热
比色管	10mL、25mL、50mL、100mL,带刻度和不带刻度,具塞子或不具塞子	目视比色用	不能加热
表面皿	直径:45mm、60mm、75mm、90mm、100mm、120mm	盖烧杯用	
研钵	直径:70mm、90mm、105mm	研磨固体试剂及试样	不能研磨硬度大于玻璃的物质及起反应的物质,防热、防撞击
酒精灯	容量:100mL、150mL、200mL	加热试管,封口毛细管和安瓿球	装酒精不能超过4/5,不能吹灭,盖上盖帽灭火
干燥器　真空干燥器 干燥器	直径:150mm、180mm、210mm,无色、棕色两种。分干燥器和真空干燥器两种	保存冷却烘干过的称量瓶、试样及坩埚	底部放干燥剂,盖磨口涂凡士林油,不可将过热物体放入。放入较热物体后,随时推开盖子放气

名　　称	规　　格	主 要 用 途	注 意 事 项
比重计	1 套 20 支，相对密度在 0.70～1.84，分度值为 0.001	测量各种液体的相对密度	应将待测液体倒入量筒中测定

二、常用其他用具

1. 玛瑙研钵

玛瑙是一种天然石英，具有很高的硬度，性质稳定，与大多数化学试剂不反应，用它制作的研钵称为玛瑙研钵。玛瑙研钵价格昂贵，使用时要小心，避免破损。用后应使用稀 HCl 处理，再用水冲洗，自然晾干。不能烘干或用红外灯加热，否则会炸裂。

2. 瓷制器皿

瓷制器皿耐高温，化学稳定性高，灼烧失重小，价格便宜。瓷制器皿不能用碱熔法分解试样，它易被 $NaOH$、Na_2CO_3 和 KOH 所分解。表 2-2 列出常用瓷制器皿。

表 2-2　常用瓷制器皿

名　　称	规　　格	用　　途
瓷坩埚	20mL、25mL、30mL、50mL	灼烧沉淀、高温处理试样
布氏漏斗	直径：51mm、67mm、85mm、106mm	与抽滤瓶合用，减压过滤用
蒸发器	带把和不带把，30mL、60mL、100mL、250mL	灼烧分子筛、载体，蒸发溶液
瓷舟	长：30mm、50mm	盛装试样，燃烧法测 C、S 等
瓷管	内径：22mm、25mm 长：610mm、760mm	用于高温管式炉测定试样
研钵	直径：60mm、100mm、150mm、200mm	研磨固体试样

3. 石英制品

石英玻璃由天然石英加工而成，分为半透明石英和透明石英制品。石英玻璃的优点是熔点高（＞1700℃），能承受温度的剧烈变化，即使将红热的石英制品投入水中也不会破损；缺点是耐强碱能力差，也能被 HF 腐蚀。

常用的石英制品有石英管、石英舟、石英坩埚、石英烧杯、石英比色皿等。

4. 金属器皿

（1）铂坩埚

铂的熔点为 1773.5℃，与大多数试剂不起作用，耐熔融碱金属碳酸盐及 HF 的腐蚀。使用铂坩埚应遵守下述规则：

① 铂较软，应轻拿轻放，避免与尖锐物体碰撞；

② 在煤气灯上加热应在氧化焰上加热，避免在还原性火焰上加热生成易脆的 PtC；

③ 红热铂不能放在水中，以免产生裂纹；

④ 高温红热的铂和其他金属接触易生成合金，必须用坩埚钳夹取；

⑤ 不能用铂坩埚溶解成分不明的试样，以免损坏。

（2）银坩埚

银的熔点为 960℃，不宜用煤气灯加热，只能在电炉或高温炉中加热，不受碱腐蚀，易受酸浸蚀。适宜在≤600℃用碱熔法分解试样；但不能分解含硫试样。Al、Zn、Sn、Pb、Hg 等金属能使熔融试样时的银坩埚变脆。

（3）镍坩埚

镍的熔点为 1455℃，强碱和镍几乎不反应，可用于 KOH、NaOH、Na_2O_2 法熔融分解试样。镍溶于酸，不能用酸浸出试样。

5. 塑料制品

塑料是一种高分子材料，其优点是耐酸碱性好，吸附性能小。缺点是耐热性和强度差。

常用的塑料制品有烧杯、试剂瓶、洗瓶、漏斗等。

三、常用量器

量器指能准确量取液体体积的玻璃仪器。有滴定管、容量瓶、移液管、量筒和量杯等。

1. 滴定管

滴定管是准确测量放出液体体积的玻璃仪器。滴定管按其用途可分为酸式滴定管和无塞滴定管两种。酸式滴定管下端有活塞来控制滴液，主要用于盛装中性、酸性和氧化性标准溶液，不能盛放碱液，因磨口玻璃活塞会被碱类溶液腐蚀，放置久了会粘连住。无塞滴定管下端用一段软胶管连接管身和管尖端，管内有直径略大于软胶管内径的玻璃球。A 级滴头不得更换，B 级滴头可以更换，主要用于盛装碱性标准溶液，但不能盛装 $AgNO_3$、$KMnO_4$、I_2 等氧化剂标准溶液，因为软胶管易被氧化而变脆。近年来又制成了聚四氟乙烯酸碱两用滴定管，其旋塞是用聚四氟乙烯材料做成的，耐腐蚀、不用涂油、密封性好。

滴定管按其体积可分为常量滴定管、半微量和微量滴定管。常量滴定管体积为 25mL、50mL、100mL 三种，分度值为 0.1mL，用于常量组分分析；半微量滴定管体积为 10mL，分度值 0.05mL；微量滴定管体积有 1mL、2mL、5mL 三种，分度值为 0.01mL，后二者常用于半微量和微量分析。

滴定管按其结构可分为普通滴定管和自动滴定管。普通滴定管用来装在空气中稳定的标准溶液，而自动滴定管常用来装在空气中不稳定的标准溶液如费休试剂。

　　滴定管按其颜色可分为无色和棕色两种，棕色滴定管用来装见光易分解的标准溶液，如 I_2、$KMnO_4$、$AgNO_3$ 等标准溶液。滴定管如图 2-11 所示，规格见表 2-3。

(a) 具塞滴定管
1—量管；2—流液口；
3—直通活塞

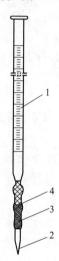

(b) 无塞滴定管
1—量管；2—流液口；
3—胶管；4—玻璃球

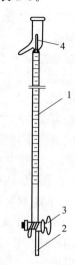

(c) 三通活塞自动定零位滴定管
1—量管；2—流液口；
3—三通活塞；4—定零位装置

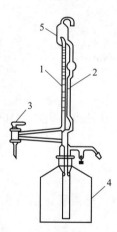

(d) 侧边三通活塞自动定零位滴定管
1—量管；2—回水管；3—三通活塞；
4—储流瓶；5—定零位装置

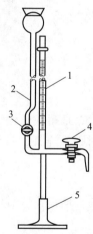

(e) 座式滴定管
1—量管；2—注液管；3—进水活塞；
4—出水活塞；5—底座

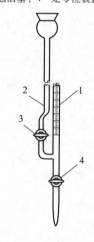

(f) 夹式滴定管
1—量管；2—注液管；
3—进水活塞；4—出水活塞

图 2-11　滴定管

表 2-3　滴定管规格

形式	标称容量 /mL	分度值 /mL	容量允差(20℃)/mL	
			A 级	B 级
常量滴定管	25	0.1	±0.04	±0.08
	50	0.1	±0.05	±0.10
	100	0.1	±0.10	±0.20
半微量滴定管	10	0.05	±0.025	±0.050
微量滴定管	1	0.01	±0.010	±0.020
	2	0.01	±0.010	±0.020
	5	0.02	±0.010	±0.020

2. 移液管

移液管是用于吸取一定量准确体积的量器。它分为无刻度和有刻度两类，如图 2-12 所示。无刻度移液管［见图 2-12(a)］中间部分为膨大形，上部标有环形标线，下部为尖端放出液体。无刻度移液管为完全流出式，即溶液全部放出。有刻度移液管［见图 2-12(b) 和图 2-12(c)］整个管子粗细均匀，标有刻度。有刻度移液管分为完全流出式、吹出式和不完全流出式，常用的是前两种。

3. 容量瓶

容量瓶体积准确，在分析测定中用于精确计量溶液体积，配制一定体积的标准溶液，如图 2-13 所示。容量瓶颈部刻有环形标线，瓶体有 20℃字样，说明该容量瓶在 20℃时的标称容量。规格有 5mL、10mL、25mL、50mL、100mL、250mL、500mL、1000mL、2000mL 等。容量瓶为非标准磨口，必须和原磨口塞配用。容量瓶只适宜配制溶液，不适宜长期存放溶液。

4. 量筒和量杯

量筒和量杯如图 2-14 所示，常用于配制非标准滴定溶液时量取体积。规格有 5mL、10mL、25mL、50mL、100mL、250mL 等。量筒和量杯在使用时不能加热和骤冷，也不能在量筒和量杯中配制溶液。

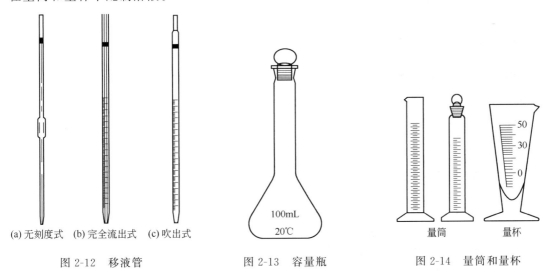

(a) 无刻度式　(b) 完全流出式　(c) 吹出式

图 2-12　移液管　　　　　　　图 2-13　容量瓶　　　　　　　图 2-14　量筒和量杯

第三节　试样采取与处理

一、采样原则

采样的基本目的是从被检总体物料中在机会均等的情况下取得有代表性的样品。

1. 采样目的

化工分析可能遇到的分析对象是多种多样的，有固体、液体和气体，有均匀的和不均匀的。采样目的可分为下列几种情况。

（1）技术方面目的

确定原材料、中间产品、成品的质量；中间生产工艺的控制；测定污染程度、来源；未知物的鉴定等。

（2）商业方面目的

确定产品等级、定价；验证产品是否符合合同规定；确定产品是否满足用户质量要求。

（3）法律方面目的

检查物料是否符合法律要求；确定生产中是否泄漏，有毒有害物质是否超标准；为了确定法律责任，配合法庭调查；仲裁测定等。

（4）安全方面目的

确定物料的安全性；分析事故原因的检测；对危险物料安全性分类的检测等。

2. 采样方案和记录

采样方案内容包括待检总体物料的范围；确定采样单元；确定采样数目、部位和采样量；采样工具和采样方法；试样处理加工方法及安全措施。

记录内容包括试样名称、采样地点和部位、编号、数目、采样日期、采样人等。

二、液体试样的采取

1. 样品类型

（1）部位样品

从物料特定部位或在物料流的特定部位和时间取得一定数量或大小的样品，它是代表瞬时或局部环境的一种样品。

（2）表面样品

在物料的表面取得的样品。

（3）底部样品

在物料最低点取得的样品。

（4）上、中、下部样品

在液面下相当于某一确定体积 $\left[\text{如总体积的} \dfrac{1}{6}\left(\dfrac{1}{2}、\dfrac{5}{6}\right)\right]$ 处取得的一种部位样品。

（5）平均样品

将一组部位（上、中、下）样品混合均匀的样品。

2. 采样方法

（1）常温下流动液体的采样

① 件装容器物料的采样。随机从各件中采样，混合均匀作为代表样品。

② 罐和槽车物料采样。采得部位样品混合均匀作为代表样品。

③ 管道物料采样。周期性地从管道上的取样阀采样。最初流出的液体弃去，然后取样。

（2）稍加热成流动液体的采样

对于这类试样的采样，最好从交货方在罐装容器后的现场采取液体样品。当条件不允许时，只好在收货方将容器放入热熔室中，使产品全部熔化后采液体样品或劈开包装采固体样品。

（3）黏稠液体的采样

由于这类产品在容器中难以混匀，最好从交货容器罐装过程中采样，或是通过搅拌达到均匀状态时采部位样品，混合均匀为代表样品。

（4）液化气体的采样

低碳烃类的石油液化气、有毒化工液化气体液氯及低温液化气体产品液氮和液氧等的采样，必须使用一些特定的采样设备，采样方法严格按照有关规定进行。

三、气体试样的采取

1. 样品类型

采取的气体样品类型有部位样品、混合样品、间断样品和连续样品。

2. 采样方法

（1）常压下取样

当气体压力近于大气压力时，常用改变封闭液面位置的方法引入气体试样，或用流水抽气管抽取，如图2-15(a)、（b）所示。封闭液一般采用氯化钠或硫酸钠的酸性溶液，以降低气体在封闭液中的溶解度。

（2）正压下取样

当气体压力高于大气压力时，只需开放取样阀，气体就会流入取样容器中。如气体压力过大，在取样管和取样容器之间应接入缓冲器。正压下取样常用的取样容器是橡皮球胆或塑料薄膜球。

（3）负压下取样

负压较小的气体，可用流水抽气管吸取气体试样。当负压较大时，必须用真空瓶取样。图2-15(c)为常用的真空瓶。取样前先用真空泵将瓶内空气抽出（压力降至$8\sim13kPa$），称量空瓶质量。取完气样以后再称量，增加的质量即为气体试样的质量。

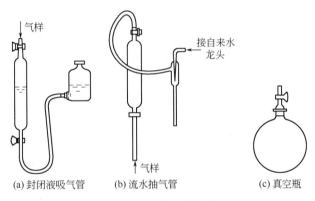

(a) 封闭液吸气管　　　(b) 流水抽气管　　　(c) 真空瓶

图 2-15　气体取样容器

同理，在采取气体试样之前，必须用样气将取样容器进行置换。气体样品取来后，应立即进行分析。

四、固体试样的采取与制备

对于组成较为均匀的固体化工产品、金属等取样比较简单。对一些颗粒大小不匀、组成比较复杂的物料，必须按照一定的程序进行采样。

（1）采样数目

对于单元物料，按表2-4确定采样单元数；对于散装物料，批量少于2.5t，采样数为7单元（点）；批量在$2.5\sim80t$，采样数为$\sqrt{物料量\ (t)\times20}$（取整数）；批量大于80t，采样单元数（点）为40。

表 2-4　采样数目的确定

总体物料单元数	采 样 数	总体物料单元数	采 样 数	总体物料单元数	采 样 数
1～10	全部	102～125	15	255～296	20
11～49	11	126～151	16	297～343	21
50～64	12	152～181	17	344～394	22
65～81	13	182～216	18	395～450	23
82～101	14	217～254	19	451～512	24

（2）采样方法

① 粉末、小颗粒物料采样。采取件装物料用探子或类似工具，按一定方向，插入一定深度取定向样品；采取散装静止物料，用勺、铲从物料一定部位沿一定方向采取部位样品；采取散装运动物料，用铲子从皮带运输机随机采取截面样品。

② 块状物料采样。可以将大块物料粉碎混匀后，按上面方法采样。如果要保持物料原始状态，可按一定方向采取定向样品。

③ 可切割物料采样。采用刀子在物料一定部位截取截面样品或一定形状的几何样品。

④ 需特殊处理的物料。物料不稳定、易与周围环境成分（如空气水分等）反应的物料，放射性物料及有毒物料的采取应按有关规定或产品说明要求采样。

（3）样品制备

① 样品制备基本原则。不破坏样品的代表性；不改变样品组成和不受污染；缩减样品量同时缩减粒度；根据样品性质确定制备步骤。

② 制备技术。包括粉碎、过筛、混合、缩分四个步骤。粗样经破碎、过筛、混合和缩分后，制成分析试样。常用的缩分法为四分法：将试样混匀后，堆成圆锥形，略为压平，通过中心分为四等份，把任意对角的两份弃去，其余对角的两份收集在一起混匀，如图 2-16 所示。这样每经一次处理，试样就缩减了一半。根据需要可将试样再粉碎和缩分，直到留下所需量为止。在试样粉碎过程中，应避免混入杂质，过筛时不能弃去未通过筛孔的粗颗粒，而应再磨细后使其通过筛孔，以保证所得试样能代表整个物料的平均组成。

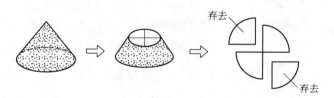

图 2-16　四分法缩分试样

最后采取样品量，分为两等份，一份供检验用，一份供备份用，每份为检验用量的 3 倍。

（4）试样的溶解

定量分析的大多数方法都需要把试样制成溶液。有些样品溶解于水；有些可溶于酸；有些可溶于有机溶剂；有些既不溶于水、酸，又不溶于有机溶剂，则需经熔融，使待测组分转变为可溶于水或酸的化合物。

① 水。多数分析项目是在水溶液中进行的，水又最易纯制。因此，凡是能在水中溶解的样品，如相当数量的无机盐和部分有机物，都可以用水作溶剂，将它们制成水溶液。有时在水中加入少量酸，以防止某些金属阳离子水解而产生沉淀。

② 有机溶剂。许多有机样品易溶于有机溶剂。例如，有机酸类易溶于碱性有机溶剂，有机碱类易溶于酸性有机溶剂；极性有机化合物易溶于极性有机溶剂，非极性有机化合物易溶于非极性有机溶剂。常用的有机溶剂有醇类、酮类、芳香烃和卤代烃等。

③ 无机酸。各种无机酸常用于溶解金属、合金、碳酸盐、硫化物和一些氧化物。常用

的酸有盐酸、硝酸、硫酸、高氯酸、氢氟酸等。在金属活动性顺序中,氢以前的金属以及多数金属的氧化物和碳酸盐,皆可溶于盐酸。盐酸中的 Cl^- 可与很多金属离子生成稳定的配离子。硝酸具有氧化性,它可以溶解金属活动性顺序中氢以后的多数金属,几乎所有的硫化物及其矿石皆可溶于硝酸。硫酸沸点高(338℃),可在高温下分解矿石、有机物或用于逐去易挥发的酸。用一种酸难以溶解的样品,可以采用混合酸,如 $HCl+HNO_3$、H_2SO_4+HF、$H_2SO_4+H_3PO_4$ 等。

④ 熔剂。对于难溶于酸的样品,可加入某种固体熔剂,在高温下熔融,使其转化为易溶于水或酸的化合物。常用的碱性熔剂有 Na_2CO_3、$NaOH$、Na_2O_2 或其混合物,它们用于分解酸性试样,如硅酸盐、硫酸盐等。常用的酸性熔剂有 $K_2S_2O_7$ 或 $KHSO_4$,它们用于分解碱性或中性试样,如 TiO_2、Al_2O_3、Cr_2O_3、Fe_3O_4 等,可使其转化为可溶性硫酸盐。

第四节 滴定分析基本操作

滴定分析的基本操作是指在滴定分析过程中滴定管、容量瓶和移液管等计量仪器的使用技术。

一、滴定管的使用

1. 滴定管使用前的准备

(1) 滴定管的洗涤

无明显油污、不太脏的滴定管,可直接用自来水冲洗(不可用去污粉刷洗,以免划伤内壁,影响体积的准确测量)。若有油污不易洗净时,可用铬酸洗液洗涤,洗涤时将酸式滴定管内的水尽量除去,关闭活塞,倒入 10～15mL 洗液于滴定管中,两手平端滴定管,边转动边向管口倾斜,直至洗液布满全部管壁为止,立起后打开活塞,将洗液放回原瓶中(铬酸洗液只要不发生颜色变化可以反复使用)。洗液放出后,先用自来水冲洗,再用蒸馏水淋洗3～4 次,洗净的滴定管其内壁应完全被水均匀地润湿而不挂水珠。否则,应再用洗液浸洗,直到洗净为止。

碱式滴定管的洗涤方法与酸式滴定管基本相同。不同的是胶管不能直接接触铬酸洗液。为此,最简单的方法是将胶管连同尖嘴部分一起拔下,滴定管下端套上一个滴瓶塑料帽,装入洗液浸洗,然后用自来水冲洗,用蒸馏水淋洗 3～4 次备用。

(2) 活塞涂油

活塞涂油(涂一薄层凡士林或真空油脂)的目的是使酸式滴定管活塞与塞套密合不漏水,转动灵活。方法是:将活塞取下,用干净的纸或布把活塞和塞套内壁擦干(如果活塞孔内存有油垢堵塞,可用细金属丝轻轻剔去;如管尖被油脂堵塞,可先用水充满全管,然后将管尖置于热水中使其熔化,再突然打开活塞,将其冲走)。用手指蘸少量凡士林在活塞的两头涂上一薄层,在紧靠活塞孔两旁不要涂凡士林,以免堵住活塞孔。涂完,把活塞放回塞套内向同一方向旋转活塞几次,使凡士林分布均匀呈透明状态。然后用橡皮圈套住,防止活塞滑出。碱式滴定管不涂油,只要将洗净的胶管、尖嘴和滴定管主体部分连接好即可。

(3) 滴定管的试漏

酸式滴定管:关闭活塞,装入蒸馏水至一定刻线,直立滴定管约 2min。仔细观察刻线上的液面是否下降、滴定管下端有无水滴滴下、活塞隙缝中有无水渗出，然后将活塞转动180°后等待 2min 再观察。如有漏水现象重新擦干涂油。

　　碱式滴定管：装蒸馏水至一定刻线，直立滴定管约 2min，仔细观察刻线上的液面是否下降或滴定管下端尖嘴上有无水滴滴下。若有应调换胶管中的玻璃珠，再进行试漏。

　　（4）装溶液和赶气泡

　　处理好的滴定管即可装入操作溶液。为了确保操作溶液浓度不变，首先将试剂瓶中的操作溶液摇匀，使凝结在瓶内壁上的液珠混入溶液。操作溶液应小心地直接倒入滴定管中，不得用其他容器（如烧杯、漏斗等）转移溶液。其次用待装的操作溶液淋洗滴定管 2～3 次，每次用量约 10mL，从下口放出少量（约 1/3）以洗涤尖嘴部分，然后关闭活塞，横持滴定管并慢慢转动，使溶液与整个管内壁接触，最后将溶液从管口全部倒出弃去（不要打开活塞，以防活塞上的油脂进入管内）。如此淋洗 2～3 次后，便可装入操作溶液至 "0" 刻线以上，然后转动活塞使溶液迅速冲下排出下端存留的气泡，再调节液面至 0.00mL 处。

　　碱式滴定管赶气泡的方法是将胶管向上翘起，用力捏挤玻璃珠使溶液从尖嘴喷出，如图2-17 所示，以排除藏在玻璃珠附近的气泡（必须对光检查胶管内气泡是否完全赶尽）。赶尽气泡后再调节液面至 0.00mL 处。

　　2. 滴定管的使用

　　（1）滴定操作

　　滴定管使用之前必须严格检查，确保不漏。将滴定管垂直地夹于滴定管架上的滴定管夹上。酸式滴定管的滴定操作是左手握管下端进行滴定。即左手的拇指在管前，食指和中指在管后，手指略微弯曲，轻轻向内扣住活塞，手心空握，如图 2-18 所示，以免活塞松动或可能顶出活塞使溶液从活塞缝隙中渗出。滴定时转动活塞，控制溶液流出速度，要求做到能逐滴放出并能使溶液成悬而未滴的状态，即练习加半滴溶液的技术。

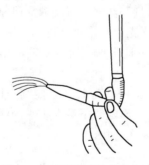

图 2-17　碱式滴定管排气泡　　　　　　　图 2-18　酸式滴定管握姿

　　碱式滴定管的滴定操作是左手的拇指在前，食指在后，捏住胶管中玻璃珠所在部位稍上处，向手心方向捏挤玻璃珠与胶管之间形成一条缝隙，溶液即可流出，如图 2-19 所示。但注意不能捏挤玻璃珠下方的胶管，以免当松开手时空气进入而形成气泡。

　　滴定前，先记下滴定管液面的初读数，如果是 0.00mL，也可以不记。用小烧杯内壁碰一下悬在滴定管尖端的液滴。

　　滴定时，应使滴定管尖嘴部分插入锥形瓶口（或烧杯口）下 1～2cm 处。滴定速度不能太快，以每秒 3～4 滴为宜，切不可成液柱流下。边滴边摇锥形瓶（或用玻璃棒搅拌烧杯中溶液）。在整个滴定过程中，左手一直不能离开活塞任溶液自流。摇动锥形瓶时，要注意勿使溶液溅出，勿使瓶口碰滴定管口，也不要使瓶底碰白瓷板，不要前后振动，如图 2-20 所

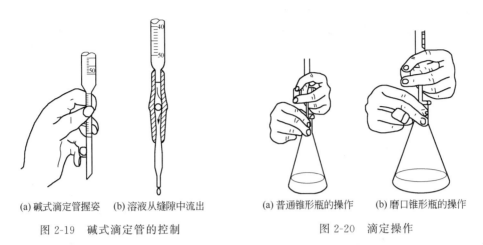

(a) 碱式滴定管握姿　　(b) 溶液从缝隙中流出　　　　(a) 普通锥形瓶的操作　　(b) 磨口锥形瓶的操作

图 2-19　碱式滴定管的控制　　　　　　　图 2-20　滴定操作

示。临近终点时，应 1 滴或半滴地加入，并用洗瓶吹入少量水冲洗锥形瓶内壁，使附着在瓶壁上的溶液全部流下，然后摇动锥形瓶，观察终点是否已达到（为便于观察，可在锥形瓶下放一块白瓷板），如终点未到，继续滴定，直至准确到达终点为止。

（2）读数

为了获得正确的读数数据，应按下列要求完成。

① 注入溶液或放出溶液后，需等待 0.5～1min 后才能读数（使附着在内壁上的溶液流下）。

② 滴定管应垂直地夹在滴定台上读数，或用两手指拿住滴定管的上端使其垂直后读数。

③ 对于无色溶液或浅色溶液，应读弯月面下缘实线的最低点，即读数时视线与弯月面下缘实线的最低点在同一水平面上，如图 2-21(a)、(b) 所示。对于有色溶液，应使视线与液面两侧的最高点相切，如图 2-21(c) 所示。初读数和终读数应采用同一基准。

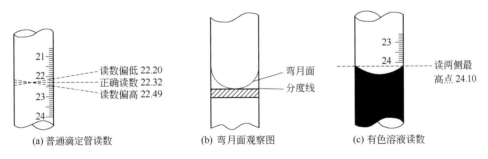

(a) 普通滴定管读数　　　　　(b) 弯月面观察图　　　　　(c) 有色溶液读数

图 2-21　滴定管读数

④ 有一种蓝线衬背的滴定管，它的读数方法（对无色溶液）与上述不同，无色溶液有两个弯月面相交于滴定管蓝线的某一点，使液面呈现三角交叉点，读数时视线应在交叉点与刻度相交的同一水平面上，如图 2-22 所示。对有色溶液读数方法与上述普通滴定管相同。

⑤ 滴定时，最好每次都从 0.00mL 开始，这样可固定在某一段体积范围内滴定，减小测量误差。读数必须准确到 0.01mL。

⑥ 对于初学者，可采用读数卡来协助读数，读数卡可用黑纸或涂有黑长方形（约

3cm×1.5cm）的白纸制成，读数时，将读数卡放在滴定管背后，使黑色部分在弯月面下约1mm处，此时即可看到弯月面的反射层成为黑色，然后读此黑色弯月面下缘的最低点，如图2-23所示。

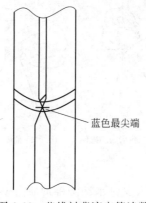

图 2-22　蓝线衬背滴定管读数

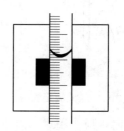

图 2-23　借黑纸卡读数

3. 注意事项

① 在添加完溶液或滴定完毕时，不要立即调整零点或读数，而应放置0.5~1min，以使管壁附着的溶液流下来，使读数准确可靠。

② 完成滴定后，倒去管内剩余溶液，用水洗净，装入蒸馏水至刻度以上，用大试管套在管口上。这样，下次使用前可不必再用洗液清洗。

③ 酸式滴定管长期不用时，活塞部分应垫上纸。否则，时间一久，塞子不易打开。碱式滴定管不用时，胶管应拔下，蘸些滑石粉保存。

二、容量瓶的使用

1. 容量瓶的准备

容量瓶在使用前应先检查瓶塞是否漏水，其方法是加自来水至标线附近，塞紧瓶塞。用食指按住塞子，将瓶倒立2min，如图2-24所示。用干滤纸片沿瓶口缝隙处检查看有无水渗出。如果不漏水，将瓶直立，旋转瓶塞180°，塞紧，再倒立2min，如仍不漏水则可使用。

图 2-24　容量瓶试漏

检验合格的容量瓶应洗涤干净。洗涤方法、原则与洗涤滴定管相同。洗净的容量瓶内壁应均匀润湿，不挂水珠，否则必须重洗。

必须保持瓶塞与瓶子的配套，标以记号或用细绳、橡皮筋等把它系在瓶颈上，以防跌碎，或与其他瓶塞混乱。

2. 容量瓶的操作

由固体物质配制溶液时，准确称取一定量的固体物质，置于小烧杯中，加水或其他溶剂使其全部溶解（若难溶，可盖上表面皿，加热溶解，但须放冷后才能转移），定量转移入容量瓶中。转移时，将玻璃棒伸入容量瓶中，使其下端靠住瓶颈内壁，上端不要碰瓶口，烧杯嘴紧靠玻璃棒，使溶液沿玻璃棒和内壁流入，如图2-25（a）所示。溶液全部转移后，将玻璃棒稍向上提起，同时使烧杯直立，将玻璃棒放回烧杯。用洗瓶中的蒸馏水吹洗玻璃棒和烧杯内壁，将洗涤液也转移至容量瓶中。如此重复洗涤多次（至少3次）。完成定量转移后，加水至容量瓶容积的 3/4 左右时，将容量瓶摇动几周（勿倒转），使溶液初步混匀。然后把容量瓶平放在桌上，慢慢加水到接近标线 1cm 左右，等待 1～2min，使黏附在瓶颈内壁的溶液流下。用细长滴管伸入瓶颈接近液面处，眼睛平视标线，加水至弯液面下缘最低点与标线相切。立即塞上干的瓶塞，按图 2-25(b) 握持容量瓶的姿势（对于容积小于 100mL 的容量瓶，只用左手操作即可），将容量瓶倒转，使气泡上升到顶。将瓶正立后，再次倒立振荡，如此重复 10～20 次，使溶液混合均匀。最后放正容量瓶，打开瓶塞，使其周围的溶液流下，重新塞好塞子，再倒立振荡 1～2 次，使溶液全部充分混匀。

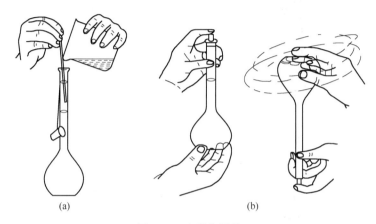

图 2-25　容量瓶操作

3. 使用注意事项

① 不要用容量瓶长期存放配好的溶液。配好的溶液如果需要长期存放，应该转移到干净的磨口试剂瓶中。

② 容量瓶长期不用时，应该洗净，把塞子用纸垫上，以防时间久后，塞子打不开。

③ 热溶液必须冷却至室温后，才能稀释到标线，否则会造成体积误差。

④ 容量瓶不得在烘箱中烘干，也不能用任何方法加热。

⑤ 不能用手掌握住瓶身，以免体温造成液体膨胀，影响容积的准确性。

三、移液管的使用

1. 移液管的洗涤

移液管和吸量管较脏时（内壁挂水珠）可用铬酸洗液洗涤。方法是右手持移液管或吸量管，管的下口插入洗液中，左手拿洗耳球，先把球内空气挤出，然后把球的尖端接在移液管或吸量管的上口处，缓慢地松开左手手指，将洗液吸入管内直至上升到刻度以上部分，稍等片刻后，将洗液放回原瓶中。如果需要较长时间处理（一般吸量管需要这样做），则应准备一个高型玻璃筒或大量筒，在筒内底部铺些玻璃毛，将吸量管置于筒中，筒内装有足量的洗液（能将吸量管浸没），筒口用玻璃片盖上。浸泡一段时间后，取出吸量管，沥尽洗液，用自来水冲洗，再用蒸馏水淋洗干净。洗净的标志是内壁不挂水珠。干净的移液管和吸量管应放置在洁净的移液管架上。

2. 吸取溶液

在用洗净的吸量管吸取溶液之前，为避免吸量管尖端上残留的水滴进入所要移取的溶液中，使溶液的浓度改变，应先用滤纸将吸量管尖端内外的水吸干。然后再用少量要移取的溶液置换 3 次，以保证转移的溶液浓度不变。用右手的拇指和中指捏住移液管或吸量管的上端，将管的下口插入欲取溶液至少 10mm 深（插入不要太浅或太深，太浅会产生吸空，把溶液吸到洗耳球内弄脏溶液，太深又会在管外沾附溶液过多），左手拿洗耳球，先捏瘪排出球中空气，迅速将球口对准吸量管的上口，按紧勿使漏气。慢慢松开左手，当液面上升到标线以上时，迅速用右手食指按紧吸量管管口（同时移开吸耳球），如图 2-26 所示。右手的食指应稍带潮湿，便于调节液面。

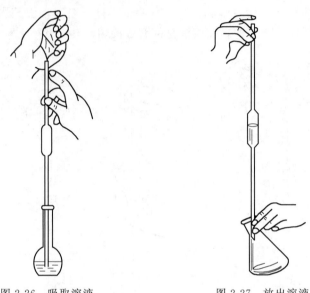

图 2-26　吸取溶液　　　　　　　　图 2-27　放出溶液

3. 调节液面

将吸量管提离液面，垂直地拿着吸量管并使出口尖端仍靠在盛溶液器皿的内壁上，略为放松食指（有时可微微转动移液管或吸量管），使管内溶液慢慢从下口流出，直至溶液的弯月面底部与标线相切为止，立即用食指压紧管口。将尖端的液滴靠壁去掉，移出移液管或吸量管，插入承接溶液的器皿中。

4. 放出溶液

承接溶液的器皿如是锥形瓶，应使锥形瓶倾斜，约呈 15°，保持移液管或吸量管垂直，管下端紧靠锥形瓶内壁，放开食指，让溶液沿瓶壁流下，如图 2-27 所示。流完后管尖端接触瓶内壁约 15s（A 级）后，再将移液管或吸量管移去。残留在管末端的少量溶液，不可用外力强使其流出，因校准移液管或吸量管时已考虑了末端保留溶液的体积。

管上标有"吹"字，即溶液将流尽时，应将下尖残留液吹出，不允许保留。

5. 注意事项

① 移液管使用后及时洗涤干净，放在移液管架上，以免尖端碰碎。移液管不能在烘箱中烘干。

② 为了减小测量误差，吸量管每次都应以最上面刻度为起始点，往下放出所需体积，而不是放出多少体积就吸取多少体积。

③ 移液管与容量瓶常配合使用，因此使用前常作两者的相对体积的校准。

四、容量仪器校准

容量仪器校准的必要性在于其容积与它的标示值并不完全符合，这对于准确度要求较高的分析工作尤其重要，因此在保证高准确度的检测中必须对使用的容量仪器进行校正。

容量检定前须对量器进行清洗，清洗的方法为：用重铬酸钾的饱和溶液和浓硫酸的混合液（调配比例为 1∶1）或 20％发烟硫酸进行清洗。然后用水冲净，器壁上不应有挂水等沾污现象，使液面与器壁接触处形成正常弯月面。清洗干净的被检量器须在检定前 4h 放入实验室内。

依据 JJG 196—2006《常用玻璃量器检定规程》，校正方法采用衡量法和容量比较法两种。

衡量法（称量法）是取一只容量大于被检玻璃量器的洁净有盖称量杯，称得空杯质量，然后将被检玻璃量器内的纯水放入称量杯后，称得纯水质量 m（瓶加水的质量与空瓶质量差），将温度计插入被检量瓶中，测量纯水的温度，读数应准确到 0.1℃。玻璃量器在标准温度 20℃时的实际容量按下式计算：

$$V_{20} = \frac{m(\rho_B - \rho_A)}{\rho_B(\rho_W - \rho_A)}[1 + \beta(20 - t)] \tag{2-1}$$

式中　V_{20}——标准温度 20℃时被检玻璃量器的实际容量，mL；

　　　ρ_B——砝码密度，取 8.00g/cm³；

　　　ρ_A——测定时实验室内的空气密度，取 0.0012g/cm³；

　　　ρ_W——蒸馏水 t℃时的密度，g/cm³；

　　　β——被检玻璃量器的体胀系数，℃⁻¹；

　　　t——检定时蒸馏水的温度，℃；

　　　m——被检玻璃量器内所能容纳水的表观质量，g。

为简便计算过程，也可将式(2-1)简化为下列形式：

$$V_{20} = mK(t) \tag{2-2}$$

其中：$K(t) = \frac{\rho_B - \rho_A}{\rho_B(\rho_W - \rho_A)}[1 + \beta(20 - t)]$

$K(t)$ 值列于表 2-5。根据测定的质量值 m 和测定水温所对应的 $K(t)$ 值，即可由式(2-2)求出被检玻璃量器在 20℃时的实际容量。

表 2-5　常用玻璃量器衡量法 $K(t)$ 值表

表 2-5（1）（钠钙玻璃体胀系数 25×10⁻⁶℃⁻¹，空气密度 0.0012g/cm³）

水温/℃	0.0	0.1	0.2	0.3	0.4	0.5	0.6	0.7	0.8	0.9
15	1.00208	1.00209	1.00210	1.00211	1.00213	1.00214	1.00215	1.00217	1.00218	1.00219
16	1.00221	1.00222	1.00223	1.00225	1.00226	1.00228	1.00229	1.00230	1.00232	1.00233
17	1.00235	1.00236	1.00238	1.00239	1.00241	1.00242	1.00244	1.00246	1.00247	1.00249
18	1.00251	1.00252	1.00254	1.00255	1.00257	1.00258	1.00260	1.00262	1.00263	1.00265
19	1.00267	1.00268	1.00270	1.00272	1.00274	1.00276	1.00277	1.00279	1.00281	1.00283
20	1.00285	1.00287	1.00289	1.00291	1.00292	1.00294	1.00296	1.00298	1.00300	1.00302
21	1.00304	1.00306	1.00308	1.00310	1.00312	1.00314	1.00315	1.00317	1.00319	1.00321
22	1.00323	1.00325	1.00327	1.00329	1.00331	1.00333	1.00335	1.00337	1.00339	1.00341
23	1.00344	1.00346	1.00348	1.00350	1.00352	1.00354	1.00356	1.00359	1.00361	1.00363
24	1.00366	1.00368	1.00370	1.00372	1.00374	1.00376	1.00379	1.00381	1.00383	1.00386
25	1.00389	1.00391	1.00393	1.00395	1.00397	1.00400	1.00402	1.00404	1.00407	1.00409

表 2-5（2）（硼硅玻璃体胀系数 $10\times10^{-6}℃^{-1}$，空气密度 $0.0012g/cm^3$）

水温/℃	0.0	0.1	0.2	0.3	0.4	0.5	0.6	0.7	0.8	0.9
15	1.00200	1.00201	1.00203	1.00204	1.00206	1.00207	1.00209	1.00210	1.00212	1.00213
16	1.00215	1.00216	1.00218	1.00219	1.00221	1.00222	1.00224	1.00225	1.00227	1.00229
17	1.00230	1.00232	1.00234	1.00235	1.00237	1.00239	1.00240	1.00242	1.00244	1.00246
18	1.00247	1.00249	1.00251	1.00253	1.00254	1.00256	1.00258	1.00260	1.00262	1.00264
19	1.00266	1.00267	1.00269	1.00271	1.00273	1.00275	1.00277	1.00279	1.00281	1.00283
20	1.00285	1.00286	1.00288	1.00290	1.00292	1.00294	1.00296	1.00298	1.00300	1.00303
21	1.00305	1.00307	1.00309	1.00311	1.00313	1.00315	1.00317	1.00319	1.00322	1.00324
22	1.00327	1.00329	1.00331	1.00333	1.00335	1.00337	1.00339	1.00341	1.00343	1.00346
23	1.00349	1.00351	1.00353	1.00355	1.00357	1.00359	1.00362	1.00364	1.00366	1.00369
24	1.00372	1.00374	1.00376	1.00378	1.00381	1.00383	1.00386	1.00388	1.00391	1.00394
25	1.00397	1.00399	1.00401	1.00403	1.00405	1.00408	1.00410	1.00413	1.00416	1.00419

容量比较法：将标准玻璃量器用配制好的洗液进行清洗，然后用水冲洗，使标准玻璃量器内无积水现象，液面与器壁能形成正常的弯月面，将被检玻璃量器和标准玻璃量器安装到容量比较法检定装置上（参见 JJG 196—2006《常用玻璃量器检定规程》），排除检定装置内的空气，检查所有活塞是否漏水，调整标准玻璃量器的流出时间和零位，将被检玻璃量器的容量与标准玻璃量器的容量进行比较，观察被检玻璃量器的容量示值是否在允许范围内。

1. 滴定管的校正

① 取洁净烧杯盛放校正用水，取洁净干燥的 50mL 具塞锥形瓶，与待校正滴定管同放置在天平室 1h 以上，测量水的温度。

② 精密称得洁净干燥的 50mL 空具塞锥形瓶的质量。

③ 将要校正的洁净滴定管装入水至最高标线以上约 5cm 处，垂直夹在滴定管架上。

④ 缓慢地将液面调到零位，同时排除流液口中的空气，移去流液口的最后一滴水珠。

⑤ 完全开启活塞，使水充分地从流液口流出，当液面降至 10mL 分度线以上约 5mm 处时，等待 30s，然后 10s 内将液面调至 10mL 分度线上，随即将滴定管尖端与锥形瓶内壁接触，收集管尖余滴，读数（准确到 0.01mL），并记录。

⑥ 将锥形瓶玻璃塞盖上，再称得质量，两次质量之差即为放出水的质量，然后从表 2-5 中查得实验温度时水的 $K(t)$ 值，再由式（2-2）计算出滴定管在 20℃ 时的实际容量（mL）和校正值 [即实际容量与滴定管放出水的体积（毫升）数之差]。

例：在 21℃ 时由滴定管中放出 10.03mL 水，其质量为 10.04g。由表 2-5 查得实验温度 21℃ 时水的 $K(t)$ 值为 1.00304，根据式（2-2）：

$$V_{20}=10.04\times1.00304=10.07mL，校正值=10.07-10.03=+0.04mL$$

以滴定管校正值为纵坐标，滴定管读数的体积（毫升）数为横坐标，画出滴定曲线，滴定时从滴定曲线查出校正值，加上观察值即为实际滴定值。

⑦ 检定点为：

10mL：半容量和总容量两点，即 0～5mL、0～10mL 两点。

25mL：0～5mL、0～10mL、0～15mL、0～20mL、0～25mL 五点。

50mL：0～10mL、0～20mL、0～30mL、0～40mL、0～50mL 五点。

根据所得数据，查表 2-6，符合 A 级标准。碱式滴定管的校正方法与酸式滴定管相同。滴定管计量要求一览表见表 2-6。

表 2-6　滴定管计量要求一览表

标称容量/mL		5	10	25	50
分度值/mL		0.02	0.05	0.1	0.1
容量允差/mL	A	±0.010	±0.025	±0.04	±0.05
	B	±0.020	±0.050	±0.08	±0.10
流出时间/s	A	30～45		45～70	60～90
	B	20～45		35～70	50～90
等待时间/s		30			

2. 单标线吸量管和分度吸量管的校正

将清洗干净的吸量管垂直放置，充水至最高标线以上约 5mm 处，擦去吸量管流液口外面的水，缓缓地将液面调整到被检分度线上，移去流液口的最后一滴水珠；同时观察水温，读数准确到 0.1℃，取一只容量大于被检吸量管容器的带盖称量杯，称得空杯的质量，将流液口与称量杯内壁接触，称量杯倾斜 30°，使水充分地流入称量杯中。对于流出式吸量管，当水流至流液口口端不流时，近似等待 3s，随即用称量杯移去流液口的最后一滴水珠（口端保留残留液）。对于吹出式吸量管，当水流至称量杯口端不流时，随即将流液口残留液排出。将被检吸量管内的纯水放入称量杯后，称得纯水质量（m）。从表 2-5 中查得该温度时水的 $K(t)$ 值，用水的 $K(t)$ 值乘水的质量，就是该吸量管的容积（mL）。

对分度吸量管除计算各检点容量误差外，还应计算任意两点之间的最大误差。

单标线吸量管计量要求应符合表 2-7 的规定。分度吸量管的标称容量和零至任意分量，以及任意两检点之间的最大误差，在标准温度 20℃时，容量允差均应符合表 2-8 的规定。

表 2-7　单标线吸量管计量要求一览表

标称容量/mL		1	2	3	5	10	15	20	25	50	100
容量允差/mL	A	±0.007	±0.010	±0.015		±0.020	±0.025	±0.030		±0.05	±0.08
	B	±0.015	±0.020	±0.030		±0.040	±0.050	±0.060		±0.01	±0.16
流出时间/s	A	7～12		15～25		20～30		25～35		30～40	35～45
	B	5～12		10～25		15～30		20～35		25～45	30～45

表 2-8　分度吸量管计量要求一览表

标称容量/mL	分度值/mL	容量允差/mL				流出时间/s			
		流出式		吹出式		流出式		吹出式	
		A	B	A	B	A	B	A	B
0.5	0.005	—	—	±0.005	±0.010	4～8		2～5	
	0.01								
	0.02								
1	0.01	±0.008	±0.015	±0.008	±0.010	4～10		3～6	
2	0.02	±0.012	±0.025	±0.012	±0.010	4～12			
5	0.05	±0.025	±0.050	±0.025	±0.010	6～14		5～10	
10	0.1	±0.05	±0.10	±0.05	±0.010	7～17			
25	0.2	±0.10	±0.20	—		11～21		—	
50	0.2	±0.10	±0.20	—		15～25			

3. 容量瓶的校正

（1）衡量法（绝对校正法）

将洗净、干燥、带塞的容量瓶准确称量（空瓶质量）。注入蒸馏水至标线，记录水温（读数应准确到 0.1℃），用滤纸条吸干瓶颈内壁水滴，盖上瓶塞称量，两次称量之差即为容量瓶容纳的水的质量。由表 2-5 中查得该温度时水的 $K(t)$ 值，根据式(2-2) 计算出该容量瓶 20℃时的真实容积数值，并求出校正值。将校正值与表 2-9 比较，判定其是否符合相应的标准等级。

表 2-9　单标线容量瓶计量要求一览表

标称容量/mL		2	5	10	25	50	100	200	250	500	1000	2000
容量允差 /mL	A	±0.015	±0.020	±0.020	±0.03	±0.05	±0.10	±0.15	±0.15	±0.25	±0.40	±0.60
	B	±0.030	±0.040	±0.040	±0.06	±0.10	±0.20	±0.30	±0.30	±0.50	±0.80	±1.20

（2）容量比较法（相对校正法）

在很多情况下，容量瓶与移液管是配合使用的，因此，重要的不是要知道所用容量瓶的绝对容积，而是容量瓶与移液管的容积比是否正确。例如，250mL 容量瓶的容积是否为 25mL 移液管所放出的液体体积的 10 倍。一般只需要做容量瓶与移液管的相对校正即可。校正方法是将容量瓶洗净晾干，用洁净的移液管吸取蒸馏水注入该容量瓶中。假如容量瓶容积为 250mL，移液管为 25mL，则共吸 10 次，观察容量瓶中水的弯月面是否与标线相切，若不相切表示有误差，一般应将容量瓶晾干后再重复校正一次，如果仍不相切，可在容量瓶颈上做一新标记，以后配合该支移液管使用时，以此标记为准。

实验 1　分析天平称量操作练习

一、目的与要求

1. 熟悉分析天平的构造、性能及使用方法，了解分析天平各部件所处的位置；通过练习，初步掌握直接称量法和差减法的称量操作技术；培养准确、整齐、简明地记录实验原始数据的习惯；

2. 掌握天平零点和灵敏度的测定；

3. 检查学生预习报告和在实验过程中的数据记录、有效数字的表达以及误差的计算，及时指出存在的错误，使学生养成良好的学习风气。

二、仪器与试剂

部分机械加码分析天平，10mg 环码，托盘天平，坩埚，表面皿，称量瓶，牛角匙，小烧杯。

碳酸钠。

三、实验内容

1. 检查

按照称量的一般程序检查分析天平，理解各部件的作用，并调好天平的零点。

2. 天平灵敏度的测定

调好零点后，在天平的物盘上加 10mg 环码，观察平衡点。根据测得数据计算天平空载时灵敏度 E 和空载分度值 e。测定两次。

3. 直接法称量铜片

在托盘天平上粗称表面皿和已编号的铜片质量。再将表面皿放在分析天平上准确称出其质量；将铜片放到表面皿上称出铜片和表面皿的总质量。

4. 差减法称量固体样品

将干燥清洁的称量瓶先放在托盘天平上粗称，加入约 1g 固体碳酸钠粉末，盖好瓶盖。然后拿到分析天平上准确称量，记下质量（m_1）。按差减称样法向已编号的小烧杯中敲入 0.2～0.3g 碳酸钠，再准确称出称量瓶和剩余试样的质量（m_2）。以同样的方法连续称出三份试样。

四、记录与计算

1. 灵敏度测定

次　序	加 10mg 后平衡点	灵敏度/（分度/mg）	分度值/（mg/分度）
1			
2			

2. 直接称量法

物品	表面皿	表面皿＋铜片	铜片
质量/g			
称量后天平零点/格			

3. 差减称量法

试样编号	1#	2#	3#
称量瓶＋试样 m_1/g			
倾样后称量瓶＋试样 m_2/g			
试样质量 m_1-m_2/g			

五、思考与讨论

1. 为什么每次称量前和称量后都必须测定天平的零点？本次实验前后天平零点变动多少？

2. 总结一下差减法称量样品的注意事项。

3. 使用天平时，为什么要强调先关闭天平，再加减物品或砝码？

实验 2　滴定分析仪器基本操作

一、目的与要求

1. 掌握滴定分析仪器的洗涤方法和使用方法；

2. 熟悉滴定管、容量瓶和移液管的规格和性能；

3. 初步掌握滴定管、容量瓶和移液管的使用方法。

二、仪器与试剂

滴定管，容量瓶，移液管，锥形瓶，烧杯，量筒，洗耳球。

Na_2CO_3 固体。

三、实验内容

1. 认领、清点仪器

按实验仪器单认领、清点滴定分析仪器。

2. 滴定分析仪器基本操作练习

（1）滴定管的使用

① 洗涤。无明显油污、不太脏的滴定管，可直接用自来水冲洗或用肥皂水、洗衣粉水泡洗（不可用去污粉刷洗，以免划伤内壁，影响体积的准确测量）。若有油污不易洗净时，可用铬酸洗液洗涤，洗涤时将酸式滴定管内的水尽量除去，关闭活塞，倒入 $10\sim15mL$ 洗液于滴定管中，两手端住滴定管，边转动边向管口倾斜，直至洗液布满全部管壁为止，立起后打开活塞，将洗液放回原瓶中（铬酸洗液只要不发生颜色变化可以反复使用）。洗液放出后，先用自来水冲洗，再用蒸馏水淋洗 $3\sim4$ 次，洗净的滴定管其内壁应完全被水均匀地润湿而不挂水珠。

碱式滴定管的洗涤方法与酸式滴定管基本相同。不同的是胶管不能直接接触铬酸洗液。为此，最简单的方法是将胶管连同尖嘴部分一起拔下，滴定管下端套上一个滴瓶塑料帽，装入洗液洗涤，然后用自来水冲洗，用蒸馏水淋洗 $3\sim4$ 次备用。

② 滴定管的涂油。方法是：将活塞取下，用干净的纸或布把活塞和塞套内壁擦干（如果活塞孔内存有油垢堵塞，可用细金属丝轻轻剔去；如管尖被油脂堵塞，可先用水充满全管，然后将管尖置于热水中使其熔化，再突然打开活塞，将其冲走）。用手指蘸少量凡士林在活塞的两头涂上一薄层，在紧靠活塞孔两旁不要涂凡士林，以免堵住活塞孔。涂完，把活塞放回塞套内向同一方向旋转活塞几次，使凡士林分布均匀呈透明状态。然后用橡皮圈套住，防止活塞滑出。碱式滴定管不涂油，只要将洗净的胶管、尖嘴和滴定管主体部分连接好即可。

③ 滴定管的试漏。酸式滴定管：关闭活塞，装入蒸馏水至一定刻线，直立滴定管约 $2min$。仔细观察刻线上的液面是否下降、滴定管下端有无水滴滴下、活塞缝隙中有无水渗出，然后将活塞转动 $180°$ 后等待 $2min$ 再观察，如有漏水现象重新擦干涂油。

碱式滴定管：装蒸馏水至一定刻线，直立滴定管约 $2min$，仔细观察刻线上的液面是否下降或滴定管下端尖嘴上有无水滴滴下。若有应调换胶管中的玻璃珠，再进行试漏。

④ 装溶液和赶气泡。处理好的滴定管先用待装的标准溶液淋洗滴定管 $2\sim3$ 次，每次用约 $10mL$，从下口放出少量（约 $1/3$）以洗涤尖嘴部分，然后关闭活塞（酸式），横持滴定管并慢慢转动，使溶液与整个管内壁接触，最后将溶液从管口全部倒出弃去（不要打开活塞，以防活塞上的油脂进入管内）。如此淋洗 $2\sim3$ 次后，装入标准溶液至"0"刻线以上，然后转动活塞使溶液迅速冲下排出下端存留的气泡，再调节液面至 $0.00mL$ 处。

碱式滴定管赶气泡的方法是将胶管向上翘起，用力捏挤玻璃珠使溶液从尖嘴喷出。排除气泡后再调节液面至 $0.00mL$ 处。

⑤ 滴定。先记下滴定管液面的初读数。用小烧杯内壁碰一下悬在滴定管尖端的液滴。

滴定时，滴定管尖嘴部分应插入锥形瓶口（或烧杯口）下 1~2cm 处。开始滴定速度以每秒 3~4 滴为宜，随着滴定终点的接近，由每秒 3~4 滴的滴速改变为一滴一滴间断式的滴定，边滴边摇（向同一方向作圆周旋转，而不应前后振动）。近终点时加入 1/2 滴或 1/4 滴，并用洗瓶以少量的水将附着在瓶内壁上的滴定液冲入锥形瓶中，观察终点是否已达到。如终点未到，继续滴定，直到滴定至终点为止。

⑥ 滴定管的读数。读数的原则：注入溶液或放出溶液，需等待 0.5~1min 后读数；坚持初读数和终读数方法一致；保持滴定管垂直地夹在滴定台上或用大拇指和食指拿住滴定管的上端垂直读数。

a. 对于普通滴定管内装无色溶液或浅色溶液，读弯月面下缘实线的最低点，如图 2-21 (b) 所示。

b. 对于普通滴定管内装深色溶液，读取液面两侧的最高点，如图 2-21(c) 所示。

c. 对于蓝线滴定管内装无色溶液或浅色溶液，读取液面三角交叉点与刻度相切处，如图 2-22 所示；对于深色溶液，读数方法与普通滴定管相同。

⑦ 结束滴定。完成滴定后，倒去管内剩余溶液，用水洗净，装入蒸馏水至刻度以上，用大试管套在管口上或倒置夹在滴定管架上。酸式滴定管长期不用时，活塞部分应垫上纸。否则，时间一久，塞子不易打开；碱式滴定管不用时胶管应拔下，蘸些滑石粉保存。

（2）容量瓶的使用（练习 250mL 容量瓶的使用）

① 检查、洗涤、试漏。

② 试液转移、定容、混匀。

③ 用毕后洗净，在瓶口和瓶塞间夹一纸片，放在指定位置。

（3）移液管和吸量管的使用

① 检查移液管的质量及有关标志，移液管的上管口应平整，流液口没有破损；主要标志应有商标、标准温度、标称容量及单位、移液管的级别、有无规定等待时间。

② 移液管的洗涤依次用自来水、洗涤剂或铬酸洗液、自来水洗涤至不挂水珠，再用蒸馏水淋洗 3 次以上。

③ 移液操作练习。

④ 洗净移液管，放置在移液管架上。

四、思考与讨论

1. 酸式滴定管涂油越多越好吗？涂油的目的是什么？

2. 如何正确使用容量瓶？容量瓶可以在烘箱中加热吗？

3. 使用移液管应注意哪些？是否应该将最后的管留液吹下？

4. 滴定管正确操作的步骤有哪些？

5. 你在实验中遇到了哪些问题？这些问题是怎样解决的？

实验 3　滴定分析仪器的校准

一、目的与要求

1. 了解滴定分析仪器校准的意义；

2. 能够对滴定管、容量瓶和移液管进行校准；

3. 能够正确使用校正曲线，并应用于实验中。

二、仪器与试剂

1. 常用滴定分析仪器；
2. 具塞锥形瓶（50mL），洗净晾干；
3. 温度计（分度值 0.1℃）；
4. 95%乙醇。

三、实验内容

1. 滴定管的校准（称量法）

洗净一支 50mL 的酸式滴定管，用滤纸擦干外壁。注入蒸馏水至标线以上约 5mm 处，竖直夹在滴定管架上，等待 30s 后调节液面至 0.00mL。

取一只洗净晾干的 50mL 具塞锥形瓶，在天平上称准至 0.001g。从滴定管向锥形瓶中按刻度值依次放出 10mL、20mL、30mL、40mL、50mL 蒸馏水（若校准 25mL 滴定管每次放出 5mL 左右）。每次放出蒸馏水至被校分度线以上约 5mm 处时，等待 30s，然后在 10s 内将液面调节至被校分度线，随即用锥形瓶内壁靠下挂在尖嘴下的液滴，立即盖上瓶塞进行称量。测量水温后，从表 2-5 中查出该温度下的 $K(t)$ 值，利用 $V_{20} = mK(t)$ 计算被校分度线的实际体积，再计算出相应的校正值（$\Delta V =$ 实际体积 $-$ 标称容量）。以滴定管被校分度线的标称容量为横坐标、相应的校正值为纵坐标，用直线连接各点绘出校正曲线。

2. 移液管、容量瓶的相对校准

将 250mL 容量瓶洗净、晾干（可用少量乙醇润洗内壁后倒挂在漏斗架上控干），用洗净的 25mL 移液管准确吸取蒸馏水，放入容量瓶中，注意不要使水滴落在容量瓶瓶颈的磨口处。平行移取 10 次，仔细观察容量瓶中水的弯月面下缘是否与标线相切。若正好相切，说明移液管与容量瓶体积之比为 1∶10，可以用原标线；若不相切，另作一标记（贴一平直的窄纸条使纸条上沿与弯月面相切）。待容量瓶晾干后再校准一次，若连续两次实验相符，在纸条上贴一块透明胶布保护此标记。以后该容量瓶与移液管即可按所贴标记配套使用。

四、数据处理

滴定管校准记录（供参考）

水温_____℃　　$K(t) =$ _____

滴定管读数 /mL	（瓶+水）的 质量/g	标称容量 /mL	纯水的 质量/g	实际容量 /mL	校准值 /mL

五、思考与讨论

1. 如何绘制校正曲线，滴定管的校正曲线的作用是什么？

2. 你对校正值的作用评价如何？

思考题与习题

一、简答题

1. 部分机械加码分析天平由哪些部件构成？各部件的作用如何？

2. 用部分机械加码分析天平称量一物品质量时，用了 20g、5g 两个砝码，指数盘读数为 260mg，投影屏上读数为＋3.4mg，问该物品的质量是多少？

3. 在同一实验的称量操作中，为什么要使用同一盒砝码？

4. 电子天平安装以后，为什么要进行校准后才能使用？

5. 称量固体试样的方法有几种？分别适用于什么情况？

6. 分析天平的灵敏度越高，是否称量的准确度越高？为什么？

7. 把物品或砝码从秤盘上取下或放上去，为什么必须休止天平？

8. 在减量称量法称取样品的过程中，若称量瓶内的试样吸湿，对称量会造成什么误差？

9. 采样的原则是什么？如何溶解固体试样？

10. 量器指的是什么？分别指出滴定管、移液管、容量瓶和量筒或量杯的用途。

11. 试样的溶解方法有哪些？

12. 滴定管中装无色、有色溶液如何读数？对于蓝线衬背滴定管应如何读数？

二、选择题

1. 使用分析天平时，加减砝码和取放物体必须休止天平，这是为了（　　）。

　　A. 防止天平盘的摆动　　　B. 减少玛瑙刀口的磨损

　　C. 增加天平的稳定性　　　D. 加快称量速度

2. 制备好的试样应贮存于（　　）中，并贴上标签。

　　A. 广口瓶　　　B. 烧杯　　　C. 称量瓶　　　D. 干燥器

3. 下面不宜加热的仪器是（　　）。

　　A. 试管　　　B. 坩埚　　　C. 蒸发皿　　　D. 移液管

4. 使用分析天平较快停止摆动的部件是（　　）。

　　A. 吊耳　　　B. 指针　　　C. 阻尼器　　　D. 平衡螺丝

5. 有关称量瓶的使用错误的是（　　）。

　　A. 不可作反应器　　　　B. 不用时要盖紧盖子

　　C. 盖子要配套使用　　　D. 用后要洗净

6. 指出下列滴定分析操作中，规范的操作是（　　）。

　　A. 滴定之前，用待装标准溶液润洗滴定管三次

　　B. 滴定时摇动锥形瓶有少量溶液溅出

　　C. 在滴定前，锥形瓶应用待测液淋洗三次

　　D. 滴定管加溶液不到零刻度 1cm 时，用滴管加溶液到溶液弯月面最下端与 "0" 刻度相切

7. 没有磨口部件的玻璃仪器是（　　）。

A. 碱式滴定管　　B. 碘瓶　　C. 酸式滴定管　　D. 称量瓶

8. 欲配制 0.2mol/L 的 H_2SO_4 溶液和 0.2mol/L 的 HCl 溶液，应选用（　　）量取浓酸。

A. 量筒　　B. 容量瓶　　C. 酸式滴定管　　D. 移液管

9. 将称量瓶置于烘箱中干燥时，应将瓶盖（　　）。

A. 横放在瓶口上　　B. 盖紧　　C. 取下　　D. 任意放置

10. 当电子天平显示（　　）时，可进行称量。

A. 0.0000　　B. CAL　　C. TARE　　D. OL

11. （　　）只能量取一种体积。

A. 吸量管　　B. 移液管　　C. 量筒　　D. 量杯

12. 若滴定管有油污，可用（　　）洗涤后，依次用自来水冲洗、蒸馏水洗涤三遍备用。

A. 去污粉　　B. 铬酸洗液　　C. 强碱溶液　　D. 都不对

13. 分样器的作用是（　　）。

A. 破碎样品　　B. 分解样品　　C. 缩分样品　　D. 掺和样品

14. 工业废水样品采集后，保存时间愈短，则分析结果（　　）。

A. 愈可靠　　B. 愈不可靠　　C. 无影响　　D. 影响很小

15. 从随机不均匀物料采样时，可（　　）。

A. 分层采样，并尽可能在不同特性值的各层中采出能代表该层物料的样品

B. 在物料流动线上采样，采样的频率应高于物料特性值的变化频率，切忌两者同步

C. 随机采样，也可非随机采样

D. 任意部位进行，注意不带进杂质，避免引起物料的变化

16. 液体平均样品是指（　　）。

A. 一组部位样品

B. 容器内采得的全液位样品

C. 采得的一组部位样品按一定比例混合而成的样品

D. 均匀液体中随机采得的样品

17. 对某一商品煤进行采样时，以下三者所代表的煤样关系正确的是（　　）。

A. 子样＜总样＜采样单元　　B. 采样单元＜子样＜总样

C. 子样＜采样单元＜总样　　D. 总样＜采样单元＜子样

18. 已知以 1000t 煤为采样单元时，最少子样数为 60 个，则一批原煤 3000t，应采取最少子样数为（　　）。

A. 180 个　　B. 85 个　　C. 123 个　　D. 104 个

第三章 滴定分析

学习目标

    1. 掌握滴定分析所必备的条件和常用的分析方法；

    2. 较熟练地运用等物质的量反应规则进行滴定分析的计算；

    3. 掌握滴定分析中标准滴定溶液的制备及其浓度表示方法。

重点与难点

    1. 滴定分析基本计算；

    2. 标准滴定溶液的浓度表示方法和制备。

第一节　滴定分析的条件和方法

滴定分析是将已知准确浓度的标准滴定溶液通过滴定管滴加到试样溶液中，与待测组分进行定量的化学反应，达到化学计量点时根据消耗标准滴定溶液的体积和浓度计算待测组分的含量。如反应

$$a\text{A}+b\text{B}\Longrightarrow c\text{C}+d\text{D}$$

这种已知准确浓度的标准滴定溶液称为标准溶液，也称为滴定剂。用滴定管将标准滴定溶液滴加到待测溶液中的操作过程称为滴定。把滴入的标准滴定溶液恰与待测组分的物质的量相当时的作用点称为化学计量点。为了确定化学计量点，常在被滴定溶液中加入一种辅助试剂，由它的颜色变化作为达到化学计量点的信号而终止滴定，这种辅助试剂称为指示剂。在滴定过程中，指示剂发生颜色变化停止滴定时称为滴定终点，简称终点。由于指示剂不一定恰好在化学计量点时变色，所以滴定终点与化学计量点也时常不一致，由此引起的误差称为终点误差。终点误差是滴定分析误差的主要来源之一。因此，只有选择合适的指示剂，才能使滴定终点尽可能接近化学计量点。

一、滴定分析的基本条件

能够直接用于滴定分析的化学反应必须具备：滴定反应按化学式计量关系定量进行；滴定反应必须进行完全；滴定反应速率快并有能显示滴定终点到达的方法。具备此条件的反应均可以用标准滴定溶液直接滴定被测物质，此种滴定方式称为直接滴定。当滴定分析的基本条件不能同时具备时，可以采用其他滴定方式来继续完成滴定。这将在后续课程内容中介绍。

二、滴定分析方法

按照标准滴定溶液与被测组分之间发生化学反应类型的不同，滴定分析方法可分为以下四种。

1. 酸碱滴定法

酸碱滴定法以酸碱间的质子传递反应为基础，测定碱和碱性物质或测定酸和酸性物质。

其反应实质可表示为：

$$H_3^+O + OH^- \rightleftharpoons 2H_2O$$

$$HA(酸) + OH^- \rightleftharpoons A^- + H_2O$$

$$A^-(碱) + H_3^+O \rightleftharpoons HA + H_2O$$

滴定剂常用 HCl 和 NaOH 溶液。

2. 配位滴定法

配位滴定法以生成配位化合物的反应为基础，测定的是金属离子。滴定剂常用乙二胺四乙酸二钠盐（缩写为 EDTA）溶液。如：

$$M^{n+} + W^{4-} \longrightarrow MW^{n-4}$$

式中　M^{n+}——金属离子；

　　　W^{4-}——EDTA 的阴离子。

3. 氧化还原滴定法

氧化还原滴定法以氧化还原反应为基础，测定各种还原性和氧化性物质含量，以及一些能与氧化剂或还原剂起定量反应的物质含量。如用高锰酸钾标准滴定溶液滴定二价铁离子，其反应式如下：

$$MnO_4^- + 5Fe^{2+} + 8H^+ \longrightarrow Mn^{2+} + 5Fe^{3+} + 4H_2O$$

4. 沉淀滴定法

沉淀滴定法以生成难溶物质的反应为基础，测定卤化物的含量。滴定剂为硝酸银溶液。例如：

$$Cl^- + Ag^+ \longrightarrow AgCl\downarrow$$

滴定分析通常适用于常量组分（含量≥1%）测定，有时也用于测定微量组分。滴定分析具有简便、快速、准确、应用范围广等特点，测定的相对误差通常为 0.1%～0.2%。因此，沉淀滴定法在企业生产和科学实验中具有广泛的实用性。

第二节　标准滴定溶液

在滴定分析中，不论采用何种滴定分析方法，都必须使用标准滴定溶液，并通过标准滴定溶液的浓度和用量来计算待测组分的含量。因此正确地配制标准滴定溶液、准确地标定其浓度，对于滴定分析过程的质量控制意义重大。

一、标准滴定溶液浓度的表示方法

标准滴定溶液浓度的表示方法通常有以下两种。

1. 物质的量浓度

滴定分析所用标准滴定溶液的组成通常用物质的量浓度表示。物质的量浓度（c）简称浓度。物质 A 作为溶质时，其物质的量浓度 c_A 定义为 A 的物质的量 n_A 与溶液的体积 V 之比，单位是 mol/L。

$$c_A = \frac{n_A}{V} \tag{3-1}$$

按照 SI 制和我国法定单位制，物质的量的单位是摩尔（mol）。它是一系统的物质的量，该系统中所包含的基本单元数与 0.012kg ^{12}C 的原子数目相等。使用摩尔时基本单元应予指明，可以是原子、分子、离子、电子及其他粒子，或是这些粒子的特定组合。因此在表示物质的量、物质的量浓度和摩尔质量时，必须同时指明基本单元。

在滴定分析中，为了便于计算分析结果，规定了标准滴定溶液和待测物质选取基本单元的原则：酸碱反应以给出或接受一个 H^+ 的特定组合作为基本单元；氧化还原反应以给出或接受一个电子的特定组合作为基本单元；EDTA 配位反应和卤化银沉淀反应通常以参与反应物质的分子或离子作为基本单元。例如：

$c(NaOH)=0.1mol/L$，表示每升溶液中含有氢氧化钠 4.0g，基本单元是氢氧化钠分子。

$c\left(\frac{1}{2}H_2SO_4\right)=1.000mol/L$，表示每升溶液中含有硫酸 49.04g，基本单元是硫酸分子的二分之一。

$c\left(\frac{1}{6}K_2Cr_2O_7\right)=0.100mol/L$，表示在酸性介质中，每升溶液含有重铬酸钾 4.903g，基本单元是重铬酸钾分子的六分之一。

2. 滴定度

在工厂实验室的例常分析中，有时采用滴定度表示标准滴定溶液的浓度。滴定度是指每毫升标准滴定溶液相当于待测组分的质量，用 $T_{待测组分/标准滴定溶液}$ 表示，单位是 g/mL。例如，用 $K_2Cr_2O_7$ 标准滴定溶液测定铁含量时，$T_{Fe/K_2Cr_2O_7}=0.005238g/mL$，表示 1mL $K_2Cr_2O_7$ 标准滴定溶液可将 0.005238g Fe^{2+} 氧化成 Fe^{3+}。如果计算水中铁的质量，只要用滴定度乘以滴定用去的标准滴定溶液体积就可以得到（$m=TV$），计算十分方便。

二、标准滴定溶液的配制与标定

标准滴定溶液的配制分为直接配制法和间接配制法。

1. 直接配制法

在天平上准确称取已计算好质量的基准物质，溶解后在容量瓶中定容，摇匀。根据称量基准物质的质量和溶液的体积计算出该标准滴定溶液的准确浓度。

例如，配制 $c\left(\frac{1}{6}K_2Cr_2O_7\right)=0.1000mol/L$ 的标准滴定溶液 500mL，就是在分析天平上准确称取计算量的基准物质 $K_2Cr_2O_7$，溶解在蒸馏水中，移入 500mL 容量瓶中，小心用蒸馏水稀释至刻度，摇匀。由称量的 $K_2Cr_2O_7$ 质量和稀释后溶液的体积计算出 $K_2Cr_2O_7$ 标准滴定溶液的浓度。

能用直接法配制标准滴定溶液的物质称为基准物质或基准试剂。基准物质必须符合下列要求。

① 纯度高。一般要求纯度在 99.9% 以上；其杂质含量应少到滴定分析所允许的误差限度以下。

② 组成恒定。物质组成与化学式完全符合。

③ 性质稳定。在空气中不吸收水分和二氧化碳，不被空气中的氧所氧化，在烘干时不分解等。

基准物质不仅能直接配制成标准滴定溶液，而且更多的是用来标定间接法配制溶液的准确浓度。常用的基准物质及其干燥条件和标定对象列于表 3-1。

2. 间接配制法

有些物质不符合基准物质的条件，如浓盐酸易挥发，氢氧化钠易吸收空气中的水分和二氧化碳，这些物质的标准滴定溶液必须采用间接法配制。

表 3-1　常用基准物质的干燥条件和标定对象

名　称	化学式	干　燥　条　件	标定对象
碳酸钠	Na_2CO_3	$270\sim300℃(2\sim2.5h)$	酸
邻苯二甲酸氢钾	$KHC_8H_4O_4$	$110\sim120℃(1\sim2h)$	碱
重铬酸钾	$K_2Cr_2O_7$	研细，$105\sim110℃(3\sim4h)$	还原剂
溴酸钾	$KBrO_3$	$120\sim140℃(1.5\sim2h)$	还原剂
碘酸钾	KIO_3	$120\sim140℃(1.5\sim2h)$	还原剂
三氧化二砷	As_2O_3	$105℃(3\sim4h)$	氧化剂
草酸钠	$Na_2C_2O_4$	$130\sim140℃(1\sim1.5h)$	氧化剂
碳酸钙	$CaCO_3$	$105\sim110℃(2\sim3h)$	EDTA
锌	Zn	依次用$(1+3)$HCl、水、乙醇洗后，置干燥器中保存	EDTA
氧化锌	ZnO	$800\sim900℃(2\sim3h)$	EDTA
氯化钠	NaCl	$500\sim650℃(40\sim45min)$	$AgNO_3$
氯化钾	KCl	$500\sim650℃(40\sim45min)$	$AgNO_3$

　　首先用原装试剂先配制成接近所需浓度的溶液，然后准确称取一定量的基准物质，溶解后用配制的溶液滴定，根据基准物质的质量和配制溶液所消耗的体积，求出该溶液的准确浓度。这种利用基准物质来确定另一溶液准确浓度的操作过程称为标定。也可以用已知准确浓度的其他标准滴定溶液来标定待确定溶液的浓度。

　　例如，欲配制浓度为 0.1mol/L 的盐酸标准滴定溶液，可先量取适量浓盐酸，先配成大约为这个浓度的溶液，然后准确称取一定量的基准物质如碳酸钠，溶解后用配制的盐酸溶液滴定。根据化学计量点时盐酸溶液的用量和碳酸钠的质量，计算出所配制盐酸的准确浓度；或者用已知准确浓度的 NaOH 标准溶液进行标定，这样也可以求出盐酸的准确浓度。

第三节　滴定分析基本计算

一、等物质的量反应规则

　　在滴定反应中，参加反应的两种物质之间其物质的量相等。即组分 A 物质的量 n_A 和组分 B 物质的量 n_B 相等。此规则称为等物质的量反应规则，这是滴定分析定量计算的基础。

$$n_A = n_B \tag{3-2}$$

$$c_A V_A = c_B V_B \tag{3-3}$$

式中　n_A——组分 A 的物质的量，mol；

　　　n_B——组分 B 的物质的量，mol；

　　　c_A——组分 A 的物质的量浓度，mol/L；

　　　c_B——组分 B 的物质的量浓度，mol/L；

　　　V_A——组分 A 的体积，L 或 mL；

　　　V_B——组分 B 的体积，L 或 mL。

　　若 m_B、M_B 分别代表组分 B 的质量（g）和摩尔质量（g/mol），则组分 B 的物质的量为：

$$n_B = \frac{m_B}{M_B} \tag{3-4}$$

当组分 B 与标准滴定溶液 A 反应完全时，有：

$$c_A V_A = \frac{m_B}{M_B} \tag{3-5}$$

设试样质量为 m，则试样中组分 B 的质量分数（通常以％表示）为：

$$w_B = \frac{m_B}{m} = \frac{c_A V_A M_B}{m} \times 100\% \tag{3-6}$$

若试样溶液体积为 V，则试样中组分 B 的质量浓度（g/L）为：

$$\rho_B = \frac{m_B}{V} = \frac{c_A V_A M_B}{V} \tag{3-7}$$

在分析实践中，有时不是滴定全部试样溶液，而是取其中一部分进行滴定。这种情况应将 m 或 V 乘以适当的分数。如将质量为 m 的试样溶解后定容为 250.0mL，取出 25.00mL 进行滴定，则每份被滴定的试样质量应是 $m \times \frac{25}{250}$。如果在滴定中做了空白试验，则公式中的 V_A 项应减去空白值 V_0，即为 $V_A - V_0$。

二、标准溶液浓度调整的计算

有时配制的标准溶液浓度经标定后不在所要求的浓度范围内，此时可采用下面公式计算。

1. 标准溶液的稀释

配成的溶液浓度大于确定浓度时，按下式计算应补加水的体积：

$$V = \frac{c_0 - c}{c} V_0 \tag{3-8}$$

式中　V——需补加水的体积，mL；

　　　V_0——调整前标准溶液的体积，mL；

　　　c_0——调整前标准溶液的浓度，mol/L；

　　　c——调整后标准溶液的浓度，mol/L。

2. 标准溶液的增浓

当配制的浓度太小时，按下式计算应补加浓溶液的体积：

$$V_1 = \frac{c - c_0}{c_1 - c} V_0 \tag{3-9}$$

式中　V_1——应补加浓溶液的体积，mL；

　　　c_1——较浓标准溶液的浓度，mol/L；

　　　c_0——调整前较稀标准溶液的浓度，mol/L；

　　　V_0——调整前较稀标准溶液的体积，mL；

　　　c——调整后标准溶液的浓度，mol/L。

三、计算实例

【例 3-1】　滴定 30.00mL 氢氧化钠溶液，用去 0.1000mol/L HCl 标准溶液 31.50mL。求该氢氧化钠溶液的物质的量浓度和质量浓度。

解　按式(3-3) 有：

$$c(HCl)V(HCl) = c(NaOH)V(NaOH)$$

$$0.1000 \times 31.50 = c(\text{NaOH}) \times 30.00$$
$$c(\text{NaOH}) = 0.1050(\text{mol/L})$$

按式(3-7)有：

$$\rho(\text{NaOH}) = \frac{c(\text{HCl})V(\text{HCl})M(\text{NaOH})}{V} = \frac{0.1000 \times 31.50 \times 10^{-3} \times 40.00}{30.00 \times 10^{-3}} = 4.200(\text{g/L})$$

答：该氢氧化钠溶液的物质的量浓度为 0.1050mol/L，质量浓度为 4.200g/L。

【例 3-2】　现有 0.1034mol/L 标准溶液 2000mL，要稀释成 0.1000mol/L 浓度，应加入多少毫升水？

解　$c_0 = 0.1034\text{mol/L}$，$V_0 = 2000\text{mL}$，$c = 0.1000\text{mol/L}$，按式(3-8)有：

$$V = \frac{0.1034 - 0.1000}{0.1000} \times 2000 = 68(\text{mL})$$

答：需要补加 68mL 水。

【例 3-3】　现有 $c\left(\frac{1}{6}\text{K}_2\text{Cr}_2\text{O}_7\right) = 0.09240\text{mol/L}$ 标准溶液 1000mL，要将它的浓度调整为 0.1000mol/L，需要补加 0.1500mol/L 标准溶液多少毫升？

解　从题意得知 $c_0 = 0.09240\text{mol/L}$，$V_0 = 1000\text{mL}$，$c_1 = 0.1500\text{mol/L}$，$c = 0.1000\text{mol/L}$，按式(3-9)有：

$$V_1 = \frac{0.1000 - 0.09240}{0.1500 - 0.1000} \times 1000 = 152(\text{mL})$$

答：故应向 1000mL 的 $\text{K}_2\text{Cr}_2\text{O}_7$ 标准溶液中补加 152mL 较浓溶液，可配制成 0.1000mol/L 的标准溶液。

【例 3-4】　称取工业硫酸 1.840g，以水定容于 250.0mL 容量瓶中，摇匀。移取 25.00mL，用 $c = 0.1044\text{mol/L}$ 氢氧化钠溶液滴定，消耗 34.41mL。求试样中 H_2SO_4 的质量分数（以%表示）。

解　从题意得知硫酸的基本单元为 $\frac{1}{2}\text{H}_2\text{SO}_4$；实际被滴定的试样质量为 $m \times \frac{25.00}{250.0}$，按式(3-6)有：

$$w(\text{H}_2\text{SO}_4) = \frac{c(\text{NaOH})V(\text{NaOH})M\left(\frac{1}{2}\text{H}_2\text{SO}_4\right)}{m \times \dfrac{25.00}{250.0}} \times 100\%$$

$$= \frac{0.1044 \times 34.41 \times 10^{-3} \times \frac{1}{2} \times 98.08}{1.840 \times \dfrac{25.00}{250.0}} \times 100\%$$

$$= 95.75\%$$

答：试样中 H_2SO_4 的质量分数为 95.75%。

【例 3-5】　欲配制 $c\left(\frac{1}{6}\text{K}_2\text{Cr}_2\text{O}_7\right) = 0.1000\text{mol/L}$ 的重铬酸钾标准滴定溶液 500.0mL，应称取基准试剂 $\text{K}_2\text{Cr}_2\text{O}_7$ 多少克？

解　按式(3-5)有：

$$c\left(\frac{1}{6}\text{K}_2\text{Cr}_2\text{O}_7\right)V(\text{K}_2\text{Cr}_2\text{O}_7) = \frac{m(\text{K}_2\text{Cr}_2\text{O}_7)}{M\left(\frac{1}{6}\text{K}_2\text{Cr}_2\text{O}_7\right)}$$

则
$$m(K_2Cr_2O_7) = c\left(\frac{1}{6}K_2Cr_2O_7\right)V(K_2Cr_2O_7)M\left(\frac{1}{6}K_2Cr_2O_7\right)$$
$$= 0.1000 \times 500.0 \times 10^{-3} \times 49.03$$
$$= 2.452(g)$$

答：应称取基准试剂 $K_2Cr_2O_7$ 2.452g。

【例3-6】　用基准草酸钠标定高锰酸钾溶液。称取 0.2215g $Na_2C_2O_4$，溶于水后加入适量硫酸酸化，然后用高锰酸钾溶液滴定，用去 30.67mL。求高锰酸钾溶液的物质的量浓度。

解　滴定反应为：
$$5C_2O_4^{2-} + 2MnO_4^- + 16H^+ \longrightarrow 2Mn^{2+} + 8H_2O + 10CO_2 \uparrow$$

反应中一分子 $Na_2C_2O_4$ 给出 2 个电子，基本单元为 $\frac{1}{2}Na_2C_2O_4$；一分子 $KMnO_4$ 获得 5 个电子，基本单元为 $\frac{1}{5}KMnO_4$。按式(3-5) 有：

$$c\left(\frac{1}{5}KMnO_4\right)V(KMnO_4) = \frac{m(Na_2C_2O_4)}{M\left(\frac{1}{2}Na_2C_2O_4\right)}$$

$$c\left(\frac{1}{5}KMnO_4\right) = \frac{0.2215}{30.67 \times 10^{-3} \times \frac{1}{2} \times 134.0}$$

$$= 0.1078(mol/L)$$

答：高锰酸钾溶液的物质的量浓度为 0.1078mol/L。

【例3-7】　计算 $c(HCl) = 0.1015mol/L$ 的 HCl 溶液对 Na_2CO_3 的滴定度。

解　根据滴定度的定义有：
$$c_A = \frac{T \times 10^{-3}}{M_B}$$

则
$$T_{Na_2CO_3/HCl} = c(HCl) \times 10^{-3} \times M\left(\frac{1}{2}Na_2CO_3\right)$$
$$= 0.1015 \times 10^{-3} \times 53.00$$
$$= 0.005380(g/mL)$$

答：HCl 溶液对 Na_2CO_3 的滴定度为 0.005380g/mL。

【例3-8】　已知浓硫酸的密度 ρ 为 1.84g/mL，其中 H_2SO_4 的质量分数 w 为 95.6%，今取该硫酸 5.00mL，稀释至 1000mL，计算所配溶液的浓度 $c\left(\frac{1}{2}H_2SO_4\right)$ 及 $c(H_2SO_4)$。

解　5.00mL 浓硫酸中含硫酸的质量为：
$$m(H_2SO_4) = \rho V w = 1.84 \times 5.00 \times 95.6\% = 8.80 \ (g)$$

稀释后溶液中所含硫酸的质量不变，由式(3-5) 有：
$$\frac{m(H_2SO_4)}{M\left(\frac{1}{2}H_2SO_4\right)} = c\left(\frac{1}{2}H_2SO_4\right)V(H_2SO_4)$$

其中 $M\left(\frac{1}{2}H_2SO_4\right) = 49.04g/mol$，故有：

$$c\left(\frac{1}{2}H_2SO_4\right) = \frac{m(H_2SO_4)}{M\left(\frac{1}{2}H_2SO_4\right)V(H_2SO_4)}$$

$$=\frac{8.80}{49.04\times1000\times10^{-3}}$$
$$=0.179(mol/L)$$

又由 $M(H_2SO_4)=98.08g/mol$ 有：

$$c(H_2SO_4)=0.0897(mol/L)$$

答：所配硫酸溶液的浓度 $c\left(\frac{1}{2}H_2SO_4\right)$ 为 0.179mol/L，$c(H_2SO_4)$ 为 0.0897mol/L。

思考题与习题

一、简答题

1. 什么是基准物质？它有什么用途？

2. 用于滴定分析的化学反应必须具备哪些条件？

3. 说明下列名词的含义。

质量　物质的量　物质的量浓度　摩尔质量　滴定度　化学计量点　滴定终点　标准滴定溶液

4. 什么是等物质的量反应规则？各种滴定反应如何选取基本单元？

5. 在标定溶液时，如何确定基准物质的称样量？

二、选择题

1. 物质的量的单位是（　　）。

A. g　　B. kg　C. mol　　D. mol/L

2. 用同一浓度的 NaOH 标准溶液分别滴定体积相等的 H_2SO_4 溶液和 HAc 溶液，消耗的体积相等，说明 H_2SO_4 溶液和 HAc 溶液的浓度关系是（　　）。

A. $c(H_2SO_4)=c(HAc)$　　B. $c(H_2SO_4)=2c(HAc)$

C. $2c(H_2SO_4)=c(HAc)$　　D. $4c(H_2SO_4)=c(HAc)$

3. 直接法配制标准溶液必须使用（　　）。

A. 基准试剂　　B. 化学纯试剂　　C. 分析纯试剂　　D. 优级纯试剂

4. 在 $CH_3OH+6MnO_4^-+8OH^-\longrightarrow 6MnO_4^{2-}+CO_3^{2-}+6H_2O$ 反应中，CH_3OH 的基本单元是（　　）。

A. CH_3OH　　B. $\frac{1}{2}CH_3OH$　　C. $\frac{1}{3}CH_3OH$　　D. $\frac{1}{6}CH_3OH$

5. 可用于直接配制标准溶液的是（　　）。

A. $KMnO_4$（A.R.）　　　　　B. $K_2Cr_2O_7$（A.R.）

C. $Na_2S_2O_3\cdot5H_2O$（A.R.）　　D. NaOH（A.R.）

6. 指出下列滴定分析操作中，规范的操作是（　　）。

A. 滴定之前，用待装标准溶液润洗滴定管三次

B. 滴定时摇动锥形瓶有少量溶液溅出

C. 在滴定前，锥形瓶应用待测液淋洗三次

D. 滴定管加溶液不到零刻度1cm时，用滴管加溶液到溶液弯月面最下端与"0"刻度相切

7. 滴定度 $T_{s/x}$ 是与用 1mL 标准溶液相当的（　　）表示的浓度。

A. 被测物的体积　　　　B. 被测物的质量（g）

C. 标准液的质量（g）　　D. 溶质的质量（g）

8. 以下基准试剂使用前，干燥条件不正确的是（　　）。

A. 无水 Na_2CO_3　270～300℃　　B. ZnO　800℃

C. $CaCO_3$　800℃　　　　　　　D. 邻苯二甲酸氢钾　105～110℃

三、计算题

1. 500mL H_2SO_4 溶液中含有 4.904g H_2SO_4，求 $c(H_2SO_4)$ 及 $c\left(\frac{1}{2}H_2SO_4\right)$。

2. 已知浓盐酸的密度 ρ 为 1.19g/mL，其中 HCl 的质量分数约 37%，求 HCl 的物质的量浓度。欲配制 1L 浓度为 0.2mol/L 的 HCl 溶液，应取浓盐酸多少毫升？

3. 在 100mL $c(NaOH)=0.0800$mol/L 的 NaOH 溶液中，应加入多少毫升 $c(NaOH)=0.500$mol/L 的 NaOH 溶液，使最终浓度恰为 0.200mol/L？

4. 有 NaOH 溶液，其浓度 $c(NaOH)=0.5450$mol/L，问取该溶液 100.0mL，需加水多少毫升可配成浓度 $c(NaOH)=0.5000$mol/L 的溶液？

5. 标定某一盐酸，要使消耗的 $c(HCl)=0.1$mol/L 的盐酸约为 30mL，应称取无水碳酸钠多少克？

6. 标定氢氧化钠溶液时，准确称取基准物质邻苯二甲酸氢钾 0.4101g 溶于水，滴定用去该氢氧化钠溶液 36.70mL，求 $c(NaOH)$。

7. 密度 ρ 为 1.055g/mL 的醋酸样品 20.00mL，需 40.30mL $c(NaOH)=0.3024$mol/L 的 NaOH 溶液滴定至终点，求样品中 CH_3COOH 的质量分数（以%表示）。

8. 测定工业纯碱中 Na_2CO_3 的含量时，称取样品 0.3040g，用 0.2000mol/L HCl 标准溶液滴定。问大约需消耗 HCl 标准滴定溶液多少毫升？

9. 称取基准无水碳酸钠 5.364g，用水溶解后准确稀释至 500mL，求该溶液的准确浓度。

10. 称取 0.5185g 含有水溶性氯化物的样品，用 0.1000mol/L $AgNO_3$ 标准溶液滴定，消耗了 44.20mL。求样品中氯化物的质量分数（以%表示）。

11. 称取工业草酸（$H_2C_2O_4 \cdot 2H_2O$）1.680g，溶解于 250mL 容量瓶中，移取 25.00mL，以 0.1045mol/L NaOH 溶液滴定，消耗 24.65mL。求工业草酸的纯度。

12. 用基准草酸钠标定 $c\left(\frac{1}{5}KMnO_4\right)=0.1$mol/L 的高锰酸钾溶液（在酸性介质中），为使高锰酸钾溶液消耗量在 30mL 左右，应称取草酸钠多少克？

13. 测定氯化锌试剂的纯度时，称取样品 0.4776g，溶于水后控制溶液 pH=6，以二甲酚橙作指示剂，用浓度为 0.1024mol/L 的 EDTA 标准滴定溶液 34.20mL 滴定至终点。求该试剂中 $ZnCl_2$ 的质量分数（以%表示）。

14. 欲用 0.200mol/L $AgNO_3$ 溶液配制成浓度为 0.0500mol/L 的溶液 500mL，应取 0.100mol/L $AgNO_3$ 溶液多少毫升？

15. 取 3.00mL 醋酸溶液稀释至 250mL，取出 25.00mL，用 $c(NaOH)=0.2000$mol/L 的 NaOH 标准溶液滴定，消耗 23.40mL。求醋酸溶液的质量浓度。

第四章　酸碱滴定法

学习目标

　　1. 掌握酸碱滴定法的基本原理；

　　2. 明确缓冲溶液的缓冲原理和选择原则；

　　3. 会配制常用的酸碱指示剂和混合指示剂，懂得指示剂的变色原理及指示剂的选择；

　　4. 了解酸碱滴定的突跃特征，掌握影响各类酸碱滴定突跃范围的因素；

　　5. 通过实验掌握滴定终点的判断，并能够在实际应用中根据测定对象选择不同的滴定方法，求出待测组分的含量。

重点与难点

　　1. 酸碱滴定的基本原理、测定条件及应用；

　　2. 酸碱滴定曲线；

　　3. 酸碱滴定方式返滴定、间接滴定，待测组分含量的计算方法。

第一节　方法简介

　　酸碱滴定法又称中和滴定法，是以酸碱之间质子传递反应为基础的滴定分析方法。酸碱反应速率快，反应过程简单，副反应较少，很好地满足滴定分析对化学反应的要求。酸碱滴定法常采用强酸、强碱为滴定剂，使酸碱反应完全，由多种酸碱指示剂来指示滴定终点，测定能与酸碱直接或间接发生质子传递反应的物质。

一、酸碱质子理论

1. 酸碱质子理论

　　酸碱质子理论指出凡是能给出质子（H^+）的物质都是酸；凡是能接受质子的物质都是碱。酸给出质子后生成相应的碱称为该酸的共轭碱，碱接受质子后生成相应的酸称为该碱的共轭酸，由给出和接受质子而发生的共轭关系的一对酸碱称为共轭酸碱对，简称酸碱对。

　　例如：

$$HA（酸） \Longrightarrow H^+ + A^-（共轭碱）$$

　　其中 HA 是 A^- 的共轭酸，A^- 是 HA 的共轭碱。酸性越强，其共轭碱越弱；酸性越弱，其共轭碱越强。

　　根据酸碱质子理论，酸碱可以是中性分子，也可以是阳离子或阴离子。酸或碱又是相对的，在不同的共轭酸碱对中有时是酸、有时是碱，这类物质称为两性物质，同时与本身和溶剂的性质也有关。常见共轭酸碱对见表 4-1。

表 4-1　常见共轭酸碱对

酸		共 轭 碱	
名　　称	化 学 式	化 学 式	名　　称
高氯酸	$HClO_4$	ClO_4^-	高氯酸根
硫酸	H_2SO_4	HSO_4^-	硫酸氢根
硫酸氢根	HSO_4^-	SO_4^{2-}	硫酸根
盐酸	HCl	Cl^-	氯离子
硝酸	HNO_3	NO_3^-	硝酸根
磷酸	H_3PO_4	$H_2PO_4^-$	磷酸二氢根
醋酸	CH_3COOH	CH_3COO^-	醋酸根
碳酸	H_2CO_3	HCO_3^-	碳酸氢根
氢硫酸	H_2S	HS^-	硫氢根
铵离子	NH_4^+	NH_3	氨
水	H_2O	OH^-	氢氧根

2. 酸碱反应

酸碱反应的实质是两对共轭酸碱对之间的质子转移，它是由两个酸碱半反应组成的。例如，HAc 在水溶液中的解离为：

$$HAc + H_2O \Longrightarrow H_3^+O + Ac^-$$
酸1　碱2　　酸2　碱1

通常为了书写方便，将上述反应化简为：

$$HAc \Longrightarrow H^+ + Ac^-$$

HAc 的水溶液表现出的酸性，是由于 HAc 和水溶剂之间发生了质子转移的反应，其仍然是一个完整的酸碱反应。

再如，NH_3 在水溶液中的反应为：

$$NH_3 + H_2O \Longrightarrow NH_4^+ + OH^-$$
碱2　酸1　　酸2　碱1

反应化简为：

$$NH_3 \cdot H_2O \Longrightarrow NH_4^+ + OH^-$$

NH_3 的水溶液表现出的碱性，是由于 NH_3 和水溶剂之间发生了质子转移反应。

由此可知，酸碱质子理论中酸碱反应的实质是质子的转移。上述两个反应中，水分子既可以接受质子，又可以提供质子，是两性物质。

发生在溶剂水分子之间的质子转移作用称为水的质子自递反应，实际上也是酸碱反应。

$$H_2O + H_2O \Longrightarrow H_3^+O + OH^-$$
酸1　碱2　　酸2　碱1

用离解平衡常数 K_a、K_b 的大小来衡量酸碱在水溶液中反应进行的程度。K_a 或 K_b 值越大，表明酸（碱）与水之间的质子转移反应越完全，即该酸（碱）的酸（碱）性越强；反之亦然。

酸、碱质子的传递过程，可以在水溶液或非水溶剂等条件下进行。

二、酸碱水溶液 pH 的计算

1. 酸的浓度和酸度

酸度是指溶液中 H^+ 的活度或浓度，常用 pH 表示。酸的浓度是指单位体积溶液中所含某种酸的物质的量浓度，包括未解离的和已解离的溶质的浓度（mol/L）。平衡浓度指在平衡状态时，溶质或溶质各种存在形式的浓度（mol/L），以符号"［ ］"表示。

同样碱度与碱的浓度也是完全不同的，溶液的碱度常用 pH 或 pOH 来表示。

2. 酸碱水溶液中 pH 的计算

各种不同类型的酸碱溶液的［H^+］（pH）计算公式可参见无机化学中的相关章节。常用酸碱水溶液中［H^+］的计算见表 4-2。由 $pH=-\lg[H^+]$ 可计算出相应的 pH。

表 4-2　常用酸碱水溶液中［H^+］的计算

类　别	公　式
一元强酸	$[H^+]=c_a$
二元强酸	$[H^+]=2c_a$
一元弱酸	$[H^+]=\sqrt{cK_a}$
二元弱酸	$[H^+]=\sqrt{c_aK_{a1}}$
两性物质	酸式盐　$[H^+]=\sqrt{K_{a1}K_{a2}}$ 弱酸弱碱盐　$[H^+]=\sqrt{K_aK'_a}$（K'_a为弱碱的共轭酸的解离常数，K_a为弱酸的解离常数）
一元强碱	$[OH^-]=c_b$
二元强碱	$[OH^-]=2c_a$
一元弱碱	$[OH^-]=\sqrt{K_bc_b}$
二元弱碱	$[OH^-]=\sqrt{K_{b1}c_b}$

公式中的 K_a、K_b、c_a、c_b 分别代表弱酸、弱碱的解离常数和浓度，K_{a1}、K_{a2}、K_{b1} 分别代表多元弱酸的一级、二级解离常数和多元弱碱的一级解离常数。

【例 4-1】　计算 $c(HAc)=0.1mol/L$ HAc 溶液的 pH。

解　由附录 3 查得 HAc 的 $K_a=1.75\times10^{-5}$，则：

$$[H^+]=\sqrt{0.1\times1.75\times10^{-5}}$$
$$=1.32\times10^{-3}\ (mol/L)$$
$$pH=2.88$$

答：0.1mol/L HAc 溶液的 pH 为 2.88。

【例 4-2】　将 $c(HAc)=0.1mol/L$ HAc 溶液稀释一倍，计算此稀溶液的 pH。

解　溶液稀释一倍后浓度为原来的 1/2，即 0.05mol/L，则：

$$[H^+]=\sqrt{0.05\times1.75\times10^{-5}}$$
$$=9.35\times10^{-4}\ (mol/L)$$
$$pH=3.03$$

答：此稀溶液稀释一倍后的 pH 为 3.03。

从上述两例可看出，弱酸虽稀释一倍，但它的［H^+］并未按比例减小，因为稀释后它的解离度增大了。

【例 4-3】　计算 $c(NH_3)=0.2mol/L$ 的 NH_3 水溶液的 pH。

解　由附录 3 中查得 NH_3 的 $K_b=1.8\times10^{-5}$，则：

$$[OH^-]=\sqrt{0.2\times1.8\times10^{-5}}=1.90\times10^{-3}\ (mol/L)$$
$$pOH=2.72$$
$$pH=14.00-2.72=11.28$$

答：0.2mol/L NH_3 水溶液的 pH 为 11.28。

三、缓冲溶液

1. 缓冲溶液组成及作用原理

酸碱缓冲溶液是一种对溶液酸度起稳定作用的溶液。向溶液中加入少量酸、碱以及稀释，都能使溶液的酸度基本上稳定不变。缓冲溶液这种能抵抗外加少量酸、碱或稀释而使溶液的 pH 不发生变化的性质称为缓冲作用。

缓冲溶液一般由弱酸和弱酸盐（如 HAc-NaAc）、弱碱和弱碱盐（如 NH_3-NH_4Cl），以及不同碱度的酸式盐等组成。高浓度的强酸、强碱也可以作为缓冲溶液。

以 HAc 和 NaAc 所组成的缓冲体系为例，说明缓冲溶液的作用原理。溶液中 NaAc 完全解离成 Na^+ 和 Ac^-，HAc 部分解离为 H^+ 和 Ac^-。

$$NaAc \longrightarrow Na^+ + Ac^-$$
$$HAc \rightleftharpoons H^+ + Ac^-$$

如果在这种溶液中加入少量强酸 HCl，HCl 全部解离，加入的 H^+ 就与溶液中的 Ac^- 结合成难以解离的 HAc，HAc 的解离平衡向左移动，使溶液中的 H^+ 浓度增加不多，pH 变化很小；如果加入少量的强碱 NaOH，则加入的 OH^- 与溶液中 H^+ 结合成 H_2O 分子，引起 HAc 分子继续解离，即平衡向右移动，使溶液中 H^+ 浓度的降低也不多，pH 变化仍很小；如果加水稀释，虽然 HAc 的浓度降低了，但它的解离度增大了，也使溶液中 H^+ 基本不变。因此缓冲溶液具有调节控制溶液酸度的能力。

（1）缓冲容量

缓冲溶液的缓冲作用都是有一定限度的，每一种缓冲溶液只具有一定的缓冲能力。缓冲容量是衡量缓冲溶液缓冲能力大小的尺度，一般以每升缓冲溶液中加入一个单位量的强酸或强碱所引起溶液 pH 的变化（ΔpH）来表示。ΔpH 越小，缓冲容量越大。

缓冲容量的大小与缓冲溶液的总浓度和组分浓度比有关。

① 缓冲溶液中缓冲组分的总浓度（即弱酸和它的共轭碱的浓度之和或弱碱和它的共轭酸的浓度之和）越大，缓冲容量就越大。

② 同一种缓冲溶液，缓冲组分的总浓度相同时，组分浓度比 $\left(\dfrac{c_{HA}}{c_{A^-}}或\dfrac{c_B}{c_{BH^+}}\right)$ 越接近于1，缓冲容量越大。

（2）缓冲范围

缓冲溶液所能控制的 pH 范围称为缓冲溶液的缓冲范围。缓冲溶液的缓冲作用都有一定的有效范围，这个范围一般在 pK_a 两侧各一个 pH 单位。对酸式缓冲溶液，则 $pH=pK_a\pm1$；对碱式缓冲溶液，则 $pH=pK_w-(pK_b\pm1)$。

例如，HAc-NaAc 缓冲体系，$pK_a=4.74$，其缓冲范围是 $pH=4.74\pm1$，即 $3.74\sim5.74$；NH_3-NH_4Cl 缓冲体系，$pK_b=4.74$，其缓冲范围是 $pH=14.00-(4.74\pm1)$，即 $8.26\sim10.26$。

（3）缓冲溶液的选择

选择缓冲溶液时，应满足以下条件：

① 缓冲溶液对测定反应没有干扰,与滴定溶液和被测组分不发生反应。

② 应有足够的缓冲容量,即缓冲组分的浓度要大一些(一般在 0.01~1mol/L 之间)。

③ 其 pH 应在所要求稳定的酸度范围之内。即组成缓冲体系的酸的 pK_a(或组成缓冲体系的碱的 pK_w-pK_b)应等于或接近所需的 pH。

例如,需要 pH=5.0 左右的缓冲溶液,则可选择 HAc-NaAc 体系,因 HAc 的 $pK_a=4.74$,与所需 pH 接近。同理,若需要 pH 为 9.5 左右的缓冲溶液,可选择 NH_3-NH_4Cl 体系,因 NH_3 的 $pK_b=4.74$,$pH=pK_w-pK_b=14.0-4.74=9.26$。若分析反应要求溶液的酸度在 pH=0~2 或 pH=12~14 的范围内,则可用强酸或强碱控制溶液的酸度。

2. 缓冲溶液 pH 的计算方法

由弱酸 HA 及其共轭碱 A^- 组成的缓冲溶液,使用如下公式计算:

$$[H^+]=K_a\frac{c_{HA}}{c_{A^-}}$$

$$pH=pK_a+\lg\frac{c_{A^-}}{c_{HA}} \qquad (4\text{-}1)$$

由弱碱 B 及其共轭酸 BH^+ 组成的缓冲溶液,可用如下公式计算:

$$[OH^-]=K_b\frac{c_B}{c_{BH^+}}$$

$$pH=pK_w-pK_b+\lg\frac{c_{B^-}}{c_{BH^+}} \qquad (4\text{-}2)$$

式中 K_a(或 K_b)——弱酸(或弱碱)的解离常数;

c_{HA}(或 c_{A^-})——弱酸(或共轭碱 A^-)的浓度,mol/L;

c_B(或 c_{BH^+})——弱碱(或共轭酸 BH^+)的浓度,mol/L。

由高浓度的强酸(或强碱)构成的缓冲溶液,分别用强酸或强碱 pH 计算方法求得。

【例 4-4】 要配制 pH=6 的 HAc-NaAc 缓冲溶液 1000mL,已称取 NaAc 100g,问需要加浓度为 15mol/L 的 HAc 多少毫升? $K_a=1.8\times10^{-5}$,$M(NaAc)=53.5g/mol$。

解 由 $[H^+]=K_a\dfrac{c_{HA}}{c_{A^-}}$ $c(NaAc)=\dfrac{100}{53.5\times1000\times10^{-3}}=1.87(mol/L)$

得 $c(HAc)=\dfrac{[H^+]c(NaAc)}{K_a}=\dfrac{1.0\times10^{-6}\times1.87}{1.8\times10^{-5}}=0.1(mol/L)$

需加 HAc 的体积为 $\dfrac{0.1\times1000}{15}=6.7(mL)$

答:需要加浓度为 15mol/L 的 HAc 6.7mL。

3. 缓冲溶液的配制

普通缓冲溶液的配制见表 4-3。标准缓冲溶液的配制见表 4-4。

表 4-3 普通缓冲溶液的配制

组 成	pH	配 制 方 法
HCl	1.0	0.1mol/L HCl
HCl	2.0	0.01mol/L HCl
NaAc-HAc	3.6	取 NaAc 4.8g 溶于适量水中,加 6mol/L HAc 134mL,用水稀释至 500mL
NaAc-HAc	4.0	取 NaAc 16g 和 60mL 冰醋酸溶于 100mL 水中,用水稀释至 500mL

续表

组 成	pH	配 制 方 法
NaAc-HAc	4.3	取 NaAc 20.4g 和 25mL 冰醋酸溶于适量水中，用水稀释至 500mL
NaAc-HAc	4.5	取 NaAc 30g 和 30mL 冰醋酸溶于适量水中，用水稀释至 500mL
NaAc-HAc	5.0	取 NaAc 60g 和 30mL 冰醋酸溶于适量水中，用水稀释至 500mL
NaAc-HAc	5.7	取 NaAc 60.3g 溶于适量水中，加 6mol/L HAc 13mL，用水稀释至 500mL
NH_4Ac	7.0	取 NH_4Ac 77g 溶于适量水中，用水稀释至 500mL
NH_4Cl-$NH_3\cdot H_2O$	7.5	取 NH_4Cl 66g 溶于适量水中，加浓氨水 1.4mL，用水稀释至 500mL
NH_4Cl-$NH_3\cdot H_2O$	8.0	取 NH_4Cl 50g 溶于适量水中，加浓氨水 3.5mL，用水稀释至 500mL
NH_4Cl-$NH_3\cdot H_2O$	8.5	取 NH_4Cl 40g 溶于适量水中，加浓氨水 8.8mL，用水稀释至 500mL
NH_4Cl-$NH_3\cdot H_2O$	9.0	取 NH_4Cl 35g 溶于适量水中，加浓氨水 24mL，用水稀释至 500mL
NH_4Cl-$NH_3\cdot H_2O$	9.5	取 NH_4Cl 30g 溶于适量水中，加浓氨水 65mL，用水稀释至 500mL
NH_4Cl-$NH_3\cdot H_2O$	10.0	取 NH_4Cl 27g 溶于适量水中，加浓氨水 175mL，用水稀释至 500mL
NH_4Cl-$NH_3\cdot H_2O$	11.0	取 NH_4Cl 3g 溶于适量水中，加浓氨水 207mL，用水稀释至 500mL
NaOH	12.0	0.01mol/L NaOH
NaOH	13.0	0.1mol/L NaOH

表 4-4 标准缓冲溶液的配制

标准缓冲溶液	不同温度下的 pH					配 制 方 法
	15℃	20℃	25℃	30℃	38℃	
0.05mol/L 草酸三氢钾	1.672	1.675	1.679	1.683	1.691	称取(54±3)℃下烘干 4～5h 的草酸三氢钾 12.71g，溶于 1L 水中
25℃饱和酒石酸氢钾	—	—	3.557	3.552	3.548	在(25±5)℃下，在磨口玻璃瓶中装入 20g 酒石酸氢钾，溶于 1L 水中，振荡，用倾注法取上层清液
0.05mol/L 邻苯二甲酸氢钾	3.999	4.002	4.008	4.015	4.030	称取(115±5)℃下烘干 2～3h 的邻苯二甲酸氢钾 10.21g，溶于 1L 水中
0.025mol/L KH_2PO_4 和 0.025mol/L Na_2HPO_4	6.900	6.881	60865	6.853	60840	称取(115±5)℃下烘干 2～3h 的 KH_2PO_4 3.40g 和 Na_2HPO_4 3.55g，溶于 1L 水中
0.008695mol/L KH_2PO_4 和 0.03043mol/L Na_2HPO_4	7.448	7.429	7.413	7.400	7.384	称取(115±5)℃下烘干 2～3h 的 KH_2PO_4 1.179g 和 Na_2HPO_4 4.30g，溶于 1L 水中
0.01mol/L 硼砂	9.276	9.225	9.180	9.139	9.081	称取硼砂 3.81g(不能烘)，溶于 1L 水中
25℃饱和氢氧化钙	12.810	12.627	12.454	12.289	12.043	在(25±5)℃下，在 1L 磨口玻璃瓶中装入氢氧化钙 5～10g，溶于 1L 水中，振荡，用抽滤法取清液

第二节 酸碱指示剂

　　酸碱滴定分析中，确定滴定终点的方法一般有仪器法与指示剂法两种。指示剂法是借助加入的酸碱指示剂在化学计量点附近颜色的变化来确定滴定终点的。这种方法简单、方便，是确定终点的基本方法。

一、指示剂变色原理和变色范围

1.酸碱指示剂的变色原理

酸碱指示剂是指在不同 pH 的溶液中显示不同颜色的有机弱酸或有机弱碱，其酸式与共轭碱式具有明显不同的颜色。当溶液的 pH 改变时，指示剂得到质子由碱式转化为酸式，或失去质子由酸式变为碱式，由于结构上的改变，从而引起颜色的变化。

（1）甲基橙指示剂

甲基橙（缩写 MO）是一种有机弱碱，属碱型指示剂，其酸式和碱式均有颜色，故称为双色指示剂。它在水溶液中的解离平衡为：

$(CH_3)_2N$—⟨benzene⟩—$N=N$—⟨benzene⟩—SO_3^- $\underset{OH^-}{\overset{H^+}{\rightleftharpoons}}$ $(CH_3)_2\overset{+}{N}$=⟨ring⟩=N—$\overset{H}{N}$—⟨benzene⟩—SO_3^-

黄色（偶氮式）　　　　　　　　　　　　　　　　红色（醌式）

增大溶液的酸度，甲基橙以醌式形式存在，溶液呈红色；降低溶液的酸度，甲基橙以偶氮形式存在，溶液显黄色。

（2）酚酞指示剂

酚酞（缩写 PP）是有机弱酸，属酸型指示剂，其碱式形式有颜色，而酸式形式为无色，故称为单色指示剂。它在水溶液中的解离平衡为：

无色分子（内酯式）　　　　　无色　　　　　无色离子　　　　　红色离子

在酸性溶液中，酚酞以无色的酸式形式存在。随溶液的酸度减小，酚酞转化为醌式结构而呈红色；反之，则由红色变为无色。

值得注意的是，指示剂以酸式或碱式形式存在并不表明此时溶液一定呈酸性或碱性。

2. 指示剂的变色范围

以弱酸型指示剂 HIn 为例说明指示剂的变色范围。其中酸式 HIn（甲色）和碱式 In^-（乙色）在溶液的解离平衡为：

$$HIn \rightleftharpoons H^+ + In^-$$

$$K_{HIn} = \frac{[H^+][In^-]}{[HIn]} \qquad 则 \qquad \frac{[In^-]}{[HIn]} = \frac{K_{HIn}}{[H^+]}$$

溶液的颜色是由 $\frac{[In^-]}{[HIn]}$ 的比值来决定的。对于某一指示剂，在一定条件下 K_{HIn} 是一个常数，因此仅随溶液 $[H^+]$ 的变化而改变。一般来说，如果 $\frac{[In^-]}{[HIn]} \geqslant 10$，$pH \geqslant pK_{HIn} + 1$，则看到的是乙色；如果 $\frac{[In^-]}{[HIn]} \leqslant 0.1$，$pH \leqslant pK_{HIn} - 1$，则看到的是甲色；当 $\frac{[In^-]}{[HIn]} = 1$ 时，$pH = pK_{HIn}$，称为指示剂的理论变色点，此时溶液颜色为甲和乙的混合色。这一颜色变化的 pH 范围，即 $pH = pK_{HIn} \pm 1$，称为指示剂的变色范围。

指示剂实际的变色范围是由人眼目测确定的，与理论值 $pK_{HIn} \pm 1$ 并不完全一致，因为人眼对各种颜色的敏感程度不同，指示剂两种颜色的强度不同。如甲基橙的 $pK_{HIn} = 3.4$，理论变色范围应为 $pH = 2.4 \sim 4.4$，实际测量为 $pH = 3.1 \sim 4.4$。因人眼对于红色较对黄色更为敏感，在黄色中辨别出红色比较容易，而从红色中辨别出黄色比较困难，因此甲基橙的实际变色范围在 pH 较小的一端就较为短一些。常见酸碱指示剂溶液的配制方法及变色范围见表 4-5。

表 4-5　常见酸碱指示剂溶液的配制方法及变色范围

指 示 剂	浓度及配制方法	变色范围	pK_{HIn}	颜色变化
百里酚蓝(酸)	1g/L,0.1g 溶于 100mL 20%乙醇中	1.2～2.8	1.7	红—黄
甲基黄	1g/L,0.1g 溶于 100mL 90%乙醇中	2.9～4.0	3.3	红—黄
甲基橙	1g/L,0.1g 溶于 100mL 水中	3.1～4.4	3.4	红—黄
溴酚蓝	1g/L,0.1g 溶于 100mL 20%乙醇中	3.0～4.6	4.1	黄—紫
甲基红	1g/L,0.1g 溶于 100mL 60%乙醇中	4.4～6.2	5.0	红—黄
溴百里酚蓝	1g/L,0.1g 溶于 100mL 20%乙醇中	6.0～7.6	7.3	黄—蓝
中性红	1g/L,0.1g 溶于 100mL 60%乙醇中	6.8～8.0	7.4	红—黄橙
百里酚蓝(碱)	1g/L,0.1g 溶于 100mL 20%乙醇中	8.0～9.6	8.9	黄—蓝
酚酞	10g/L,1g 溶于 100mL 60%乙醇中	8.2～10.0	9.1	无色—红
百里酚酞	1g/L,0.1g 溶于 100mL 90%乙醇中	9.4～10.6	10.0	无色—蓝

指示剂的变色范围越窄越好，使溶液的 pH 稍有变化就使指示剂的颜色突变，从而提高测定结果的准确度。

在滴定过程中，不要求指示剂由酸式色完全转变为碱式色或者相反，只需在指示剂的变色范围内找出能产生明显变色的点，由此指示滴定终点。

3. 指示剂变色范围的影响因素

（1）指示剂的用量

指示剂的用量影响指示剂的颜色变化。在滴定过程中必须控制指示剂的用量来提高终点变色敏锐程度。

对于双色指示剂（如甲基橙），由其解离可以看出，指示剂用量的多少，不影响指示剂变色点的 pH；但指示剂用量太多，颜色变化不明显，且指示剂本身也消耗一些滴定剂，引起误差。

对于单色指示剂，指示剂用量的多少对它的变色范围有影响。如酚酞的酸式无色，碱式红色。若观察红色形式酚酞的最低浓度为 c_0，它应该是不变的。假设指示剂的总浓度为 c，由指示剂的解离平衡式可以看出：

$$\frac{K_a}{[H^+]} = \frac{[In^-]}{[HIn]} = \frac{c_0}{c - c_0}$$

若 c 增大，而 K_{HIn} 和 c_0 是定值，因此 H^+ 浓度增大，即指示剂在较低的 pH 变色。如在 50～100mL 溶液中加 2～3 滴 0.1%酚酞，pH≈9 时出现微红色；而在同样情况下加 10 滴酚酞，则在 pH≈8 时出现微红色。

（2）温度

指示剂解离常数和水的质子自递常数随温度的变化而变化，则指示剂的变色范围亦随之改变。对碱型指示剂的影响较酸型指示剂更为明显，如在 18℃ 时，甲基橙的变色范围为 3.1～4.4；而在 100℃ 时，则为 2.5～3.7。若酸碱滴定在加热煮沸下进行，必须使溶液冷却后再加指示剂。

（3）中性电解质

因中性电解质的存在会使溶液的离子强度增大，使得指示剂的解离常数发生改变，进而影响其变色范围。电解质的存在还影响指示剂对光的吸收，使其颜色的强度发生变化，因此滴定中应避免有大量中性电解质的存在。

（4）溶剂

溶剂不同，介电常数和酸碱性不同，影响指示剂的解离常数和变色范围。例如，甲基橙在水溶液中 $pK_{HIn}=3.4$，而在甲醇中则为 3.8。

二、常用的酸碱指示剂

1. 单一指示剂

（1）酚酞类

这类指示剂有酚酞、百里酚酞（又名麝香草酞）和 α-萘酚酞等。

酚酞类是有机弱酸，酸型呈内酯式结构，为无色；碱型呈醌式结构，为红色。醌式结构在碱性溶液中不稳定，慢慢变为无色甲醇式结构，褪色。

（2）偶氮化合物类

这类指示剂有甲基橙、甲基红、中性红和刚果红等。

此类化合物是有机弱碱（偶氮式），为黄色；酸型呈醌式结构，为红色。

（3）磺代酚酞类

这类指示剂有酚红、甲酚红、溴酚蓝、溴甲酚紫和溴百里酚蓝等。它们都是有机弱酸。

2. 混合指示剂

混合指示剂是将两种指示剂或一种指示剂和一种惰性染料组合而成的，利用颜色的互补原理，使指示剂颜色转变更为敏锐。例如，溴甲酚绿和甲基红混合指示剂，是由两种指示剂混合而成的。溴甲酚绿酸型色为黄色，碱型色为蓝色；而甲基红酸型色为红色，碱型色为黄色。二者混合后，颜色发生如下变化：

当溴甲酚绿（pK_{HIn} 为 3.8～5.4，黄—蓝）和甲基红（pK_{HIn} 为 4.4～6.2，红—黄）混合后，黄+红显橙色，蓝+黄显绿色。在溶液 $pH=5.1$ 时，由于绿色和橙色相互叠合显灰色，颜色变化十分明显，使变色范围缩为变色点。可见，混合指示剂的变色范围更窄，变色敏锐，易于辨别。在滴定过程中，有时需将滴定终点限制在很窄的 pH 范围内，为此可以采用混合指示剂。表 4-6 列出几种常用混合酸碱指示剂的配比、变色点 pH 和颜色变化。

表 4-6　常用混合酸碱指示剂

混合指示剂组成	配　比	变色点 pH	颜色变化
1g/L 甲基黄乙醇溶液 1g/L 亚甲基蓝乙醇溶液	1+1	3.3	蓝紫—绿
1g/L 甲基橙溶液 2.5g/L 靛蓝二磺酸钠溶液	1+1	4.1	紫—黄绿
1g/L 溴甲酚绿乙醇溶液 2g/L 甲基红乙醇溶液	3+1	5.1	酒红—绿
2g/L 甲基红乙醇溶液 2g/L 亚甲基蓝乙醇溶液	3+2	5.4	红紫—绿
1g/L 溴甲酚绿钠盐溶液 1g/L 氯酚红钠盐溶液	1+1	6.1	黄绿—蓝紫
1g/L 中性红乙醇溶液 1g/L 亚甲基蓝乙醇溶液	1+1	7.0	蓝紫—绿
1g/L 甲酚红钠盐溶液 1g/L 百里酚蓝钠盐溶液	1+3	8.3	黄—紫

第三节　滴定曲线及指示剂的选择

为了给酸碱滴定反应选择合适的指示剂，必须了解滴定过程中溶液 pH 的变化，特别是化学计量点（滴定终点）附近 pH 的变化。在酸碱滴定过程中，溶液中 $[H^+]$ 随着滴定剂的加入而逐渐变化的情况可用相应的滴定曲线直观地表示出来。滴定曲线就是在滴定过程中用来描述加入不同量标准滴定溶液（或不同中和百分数）时溶液 pH 变化的曲线。

一、强酸或强碱的滴定

强碱和强酸反应的平衡常数很大，反应十分完全，强碱强酸的滴定最符合滴定分析对化学反应的要求，最容易得到准确的滴定结果。

以 0.1000mol/L NaOH 标准滴定溶液滴定 20.00mL（V_1）0.1000mol/L HCl 溶液为例，说明强酸或强碱的滴定。设滴定中加入 NaOH 溶液的体积为 $V(mL)$，滴定过程分为四个阶段。

1. 滴定前

滴定前溶液的组成为 HCl，溶液的 pH 由 HCl 溶液的浓度决定：

$$[H^+]=c(HCl)=0.1000mol/L \qquad pH=1.00$$

2. 滴定至化学计量点前

滴定至化学计量点前时溶液的组成为 HCl-NaCl，溶液中 $[H^+]$ 取决于剩余 HCl 的浓度：

$$[H^+]=\frac{V_1-V}{V_1+V}c(HCl)$$

当滴入 19.98mL NaOH 溶液时（相对误差为 -0.1%）：

$$[H^+]=\frac{20.00-19.98}{20.00+19.98}\times0.1000$$

$$=5.0\times10^{-5}(mol/L)$$

$$pH=4.30$$

3. 化学计量点时

化学计量点时溶液的组成为 NaCl，溶液呈中性，H^+ 来自水的解离：

$$[H^+]=[OH^-]=\sqrt{K_w}=1.0\times10^{-7}(mol/L)$$

$$pH=7.00$$

4. 化学计量点后

化学计量点后溶液的组成为 NaCl-NaOH，溶液的 pH 由过量 NaOH 的浓度决定：

$$[OH^-]=\frac{V-V_1}{V+V_1}c(NaOH)$$

当滴入 20.02mL NaOH 溶液时（相对误差为 +0.1%）：

$$[OH^-]=\frac{20.02-20.00}{20.00+20.02}\times0.1000$$

$$=5.0\times10^{-5}(mol/L)$$

$$pOH=4.30 \qquad pH=9.70$$

按上述方式进行计算的结果列入表 4-7 中。以滴定剂 NaOH 的加入量（或滴定百分数）为横坐标、溶液的 pH 为纵坐标，绘制滴定曲线，如图 4-1 所示。

表 4-7　NaOH 溶液滴定 HCl 溶液

加入 NaOH 的体积/mL	HCl 被滴定的百分数/%	过量 NaOH 溶液的百分数/%	$[H^+]$	pH
0.00	0.00		1.0×10^{-1}	1.00
18.00	90.00		5.3×10^{-3}	2.28
19.80	99.00		5.0×10^{-4}	3.30
19.98	99.90		5.0×10^{-5}	4.30
20.00	100.00	0.00	1.0×10^{-7}	7.00
20.02		0.10	2.0×10^{-10}	9.70
20.20		1.00	2.0×10^{-11}	10.70
22.00		10.00	2.1×10^{-12}	11.68
40.00		100.00	3.0×10^{-13}	12.52

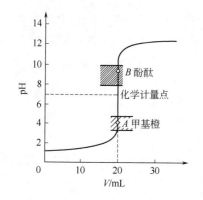

图 4-1　NaOH 溶液滴定 HCl
溶液的滴定曲线

由图 4-1 和表 4-7 可知，在滴定过程中的不同阶段，随着滴定剂 NaOH 的加入，溶液 pH 变化的大小不同，即缓慢、突跃、缓慢，因被滴定溶液的缓冲容量在不断地变化。从滴定开始至滴入 18.00mL NaOH 溶液时，HCl 被滴定了 90%，溶液 pH 仅增加了 1.3 个单位，说明一定浓度的强酸对控制溶液酸碱度具有缓冲作用。因为 pH<2 正是强酸的缓冲容量最大的区域，故此段曲线比较平坦。随着滴定剂的继续加入，溶液中 $[H^+]$ 降低较快，其缓冲作用减小，pH 增大加快。滴入 NaOH 溶液 19.98mL 时，HCl 被滴定了 99.9%，溶液的 pH 将增大 2 个单位（pH=4.30），滴定曲线的斜率也变大。从 19.98mL 到 20.02mL，总共加入 0.04mL NaOH 溶液（一滴），滴定曲线就发生了由量变到质变的转折，溶液从酸性（pH=4.30）急剧变化到碱性（pH=9.70），H^+ 浓度减小了近 2.5×10^5 倍，这种在化学计量点附近溶液中 $[H^+]$ 发生显著变化的现象称为滴定的 pH 突跃。仅仅在计量点前后相对误差为 -0.1%～+0.1% 的范围内，pH 变化了 5.4 个单位，在滴定曲线上出现了近于垂直的一段，它所包括的 pH 范围称为滴定突跃范围，这种转折在滴定分析中具有十分重要的意义。此后继续加入 NaOH 溶液，随着溶液中 OH^- 浓度的增大，pH 的变化减缓，滴定曲线又趋于平坦，这是由于强碱逐渐发挥其缓冲作用的缘故。在加入 NaOH 为 18.00～22.00mL 的范围内，在滴定突跃的两端，滴定曲线的变化是对称的。

若用 HCl 标准滴定溶液滴定 NaOH 溶液（条件与前相同），是一条什么样的滴定曲线？滴定突跃又是怎样的变化？

强碱与强酸的相互滴定具有较大的滴定突跃，其大小与滴定剂和被滴定物的浓度有关。浓度越大，滴定突跃越大；浓度越小，滴定突跃也越小。例如，用 1.000mol/L NaOH 溶液滴定 20.00mL 1.000mol/L HCl 溶液，突跃范围为 pH=3.3～10.7，说明强酸、强碱溶液的浓度各增大 10 倍，滴定突跃范围则向上下两端各延伸一个 pH 单位。若 NaOH 和 HCl 的浓度均为 0.01000mol/L，则突跃范围为 pH=5.3～8.7，如图 4-2 所示。

指示剂的选择原则：一是指示剂的变色范围全部或部分地落入滴定突跃范围内；二是指示剂的变色要明显且变色点尽量靠近化学计量点。例如，用 0.1000mol/L NaOH 标准滴定溶液滴定 0.1000mol/L HCl 溶液，其 pH 突跃范围为 4.30～9.70，可选择甲基红、甲基橙与酚酞作指示剂。如果选择甲基橙作指示剂，当溶液颜色由橙色变为黄色时，溶液的 pH 为

4.0，滴定误差小于 0.1%。实际分析时，为更好地判断终点，通常选用酚酞作指示剂，因其终点颜色由无色变成浅红色，非常容易辨别。如果用 0.1000mol/L HCl 标准滴定溶液滴定 0.1000mol/L NaOH 溶液，可选择酚酞或甲基红作指示剂。倘若仍然选择甲基橙作指示剂，则当溶液颜色由黄色转变成橙色时，pH 为 4.0，滴定误差将有 +0.2%。实际分析时，为了进一步提高滴定终点的准确性以及更好地判断终点（如用甲基红，终点颜色由黄变橙，人眼不易把

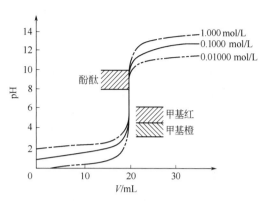

图 4-2 不同浓度的强碱滴定强酸的滴定曲线

握；若用酚酞，则由红色褪至无色，也不易判断），通常选用混合指示剂溴甲酚绿-甲基红，终点时颜色由绿经浅灰变为暗红，容易观察。

二、弱酸或弱碱的滴定

弱酸、弱碱的滴定反应由于平衡常数值较小，故反应的完全程度要低一些。

以 0.1000mol/L NaOH 标准滴定溶液滴定 20.00mL（V_1）0.1000mol/L HAc 溶液为例，说明弱酸或弱碱的滴定。设滴定中加入 NaOH 溶液的体积为 V mL，滴定过程分为四个阶段。

1. 滴定前

滴定前溶液中的 H^+ 主要来自 HAc 解离。根据弱酸 pH 计算，得

$$[H^+]=\sqrt{c_0 K_a}=\sqrt{0.1000\times1.8\times10^{-5}}=1.3\times10^{-3}(mol/L)$$
$$pH=2.89$$

2. 滴定至化学计量点前

滴定至化学计量点前溶液的组成为 HAc 及其共轭碱 Ac^-，其 pH 由 HAc-NaAc 缓冲体系决定：

$$[H^+]=K_a\frac{[HAc]}{[Ac^-]}$$

当滴入 19.98mL NaOH 标准滴定溶液时：

$$[HAc]=\frac{0.1000\times(20.00-19.98)}{20.00+19.98}=5.0\times10^{-5}(mol/L)$$

$$[Ac^-]=\frac{0.1000\times19.98}{20.00+19.98}=5.0\times10^{-2}(mol/L)$$

$$[H^+]=1.8\times10^{-5}\times\frac{5.0\times10^{-5}}{5.0\times10^{-2}}=1.8\times10^{-8}(mol/L)$$

$$pH=7.74$$

3. 化学计量点时

化学计量点时产物是 NaAc，$c(Ac^-)=0.05000mol/L$（溶液的体积增大一倍），且溶液的 pH 主要由 Ac^- 的解离所决定。因为 $K_b=K_w/K_a=5.6\times10^{-10}$，于是

$$[OH^-]=\sqrt{c_{Ac^-}K_b}=\sqrt{0.05000\times5.6\times10^{-10}}=5.3\times10^{-6}(mol/L)$$

$$pOH = 5.28 \qquad pH = 8.72$$

4. 化学计量点后

化学计量点后溶液由 OH^- 和 Ac^- 组成，即强碱与弱碱的混合溶液。由于 NaOH 的存在抑制了 Ac^- 的解离，溶液的 pH 主要由过量的 NaOH 决定。当滴入 20.02mL NaOH 溶液时（相对误差为 $+0.1\%$）：

$$[OH^-] = \frac{20.02 - 20.00}{20.00 + 20.02} \times 0.1000 = 5.0 \times 10^{-5} (mol/L)$$

$$pOH = 4.30 \qquad pH = 9.70$$

滴定过程中溶液的 pH 计算结果列于表 4-8 中。滴定曲线如图 4-3 所示。

表 4-8　以 0.1000mol/L NaOH 溶液滴定 20.00mL 0.1000mol/L HAc 溶液

加入 NaOH 溶液的体积/mL	HAc 被滴定的百分数/%	过量 NaOH 的百分数/%	$[H^+]$	pH
0.00	0.00		1.3×10^{-3}	2.88
18.00	90.00		2.0×10^{-6}	5.70
19.80	99.00		1.8×10^{-7}	6.74
19.98	99.90		1.8×10^{-8}	7.74
20.00	100.00	0.00	1.9×10^{-9}	8.72
20.02		0.10	2.0×10^{-10}	9.70
20.20		1.00	2.0×10^{-11}	10.70
22.00		10.00	2.1×10^{-12}	11.68
40.00		100.00	5.0×10^{-13}	12.52

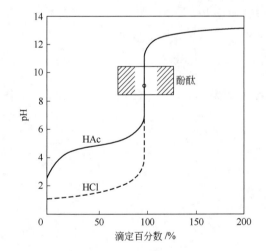

图 4-3　NaOH 标准滴定溶液滴定
HAc 溶液的滴定曲线

0.1000mol/L NaOH 滴定相同浓度 20.00mL HAc 时溶液的 pH 与滴定 HCl 相比较，NaOH 滴定 HAc 的滴定曲线有如下特点。

① 滴定曲线起始点的 pH 为 2.89，高于前者 1.89 个 pH 单位，这是由于 HAc 为弱酸。

② 当未达到计量点时，在 HAc 被滴定约 10% 之前和 90% 以后，溶液的 pH 随滴定剂的加入上升较快，滴定曲线的斜率较大；在上述范围之间滴定曲线上升的趋势减缓，这与 $HAc-Ac^-$ 溶液缓冲容量的大小变化有关。在加入 NaOH 溶液 2.00～18.00mL 的范围内，HAc 被滴定了 80%，但溶液的 pH 仅增大约 2 个 pH 单位（3.80～5.70），因为此时正处于 $HAc-Ac^-$ 体系的缓冲范围之内，缓冲作用较强。

③ 在计量点时由于滴定产物 Ac^- 的解离作用，溶液已呈碱性，pH=8.72，可见被滴定的酸越弱，其共轭碱的碱性越强，计量点的 pH 越大。

④ 滴定突跃范围约 2 个 pH 单位（7.74～9.70），较 NaOH 滴定等浓度 HCl 溶液滴定的突跃范围（4.30～9.70）减小了很多，这与反应的完全程度较低是一致的。因此只能选择在碱性范围内变色的指示剂，如酚酞、百里酚酞来指示终点。对于强酸滴定弱碱，可用类似方式进行处理。

用指示剂法直接准确滴定弱酸（或弱碱）的条件是 $c_0 K_a \geqslant 10^{-8}$（或 $c_0 K_b \geqslant 10^{-8}$）且 $c_0 \geqslant 10^{-3} \, \text{mol/L}$。

三、多元酸及多元酸盐的滴定

多元酸及多元酸盐的滴定比一元酸碱的滴定复杂，因为它们在水溶液中的解离是分步进行的。

1. 强碱滴定多元酸

以二元酸为例，当 $c_a K_{a_1} \geqslant 10^{-8}$，$c_a K_{a_2} \geqslant 10^{-8}$ 且 $K_{a_1}/K_{a_2} \geqslant 10^5$ 时可分步滴定。产生两个滴定突跃，得到两个滴定终点；当 $c_a K_{a_1} \geqslant 10^{-8}$，$c_a K_{a_2} < 10^{-8}$ 且 $K_{a_1}/K_{a_2} \geqslant 10^5$ 时，第一级解离的 H^+ 可被滴定，第二级解离的 H^+ 不能被滴定，产生一个滴定突跃，得到一个滴定终点；当 $c_a K_{a_1} \geqslant 10^{-8}$，$c_a K_{a_2} \geqslant 10^{-8}$ 且 $K_{a_1}/K_{a_2} < 10^5$ 时，第一、第二级解离的 H^+ 同时被滴定，此时两个滴定突跃将混在一起，产生一个滴定突跃，得到一个滴定终点。

图 4-4 所示的是 0.1000mol/L NaOH 标准滴定溶液滴定 20.00mL 0.1000mol/L H_3PO_4 溶液的滴定曲线。从图中可以看出，由于中和反应交叉进行，使化学计量点附近曲线倾斜，滴定突跃较短，且第二化学计量点附近的突跃较第一化学计量点附近的突跃还短。正因为突跃范围小，使得终点变色不够明显，因而导致终点准确度较差。

2. 强酸滴定多元酸盐

以二元碱为例，当 $c_b K_{b_1} \geqslant 10^{-8}$，$c_b K_{b_2} \geqslant 10^{-8}$ 且 $K_{b_1}/K_{b_2} \geqslant 10^5$ 可分步滴定。产生两个滴定突跃，得到两个滴定终点；当 $c_b K_{b_1} \geqslant 10^{-8}$，$c_b K_{b_2} < 10^{-8}$ 且 $K_{b_1}/K_{b_2} \geqslant 10^5$ 时，第一级解离的 OH^- 可被滴定，第二级解离的 OH^- 不能被滴定，产生一个滴定突跃，得到一个滴定终点；当 $c_b K_{b_1} \geqslant 10^{-8}$，$c_b K_{b_2} \geqslant 10^{-8}$ 且 $K_{b_1}/K_{b_2} < 10^5$ 时，第一、第二级解离的 OH^- 均被滴定，滴定时两个滴定突跃将混在一起，产生一个滴定突跃，得到一个滴定终点。

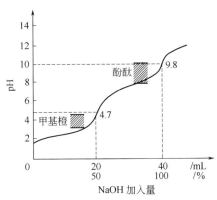

图 4-4　0.1000mol/L NaOH 标准
滴定溶液滴定 0.1000mol/L
H_3PO_4 溶液的滴定曲线

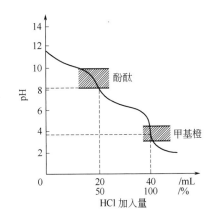

图 4-5　0.1000mol/L HCl 标准滴定溶液滴定
0.1000mol/L Na_2CO_3
溶液的滴定曲线

图 4-5 所示为 0.1000mol/L HCl 标准滴定溶液滴定 20.00mL 0.1000mol/L Na_2CO_3 溶液的滴定曲线。第一化学计量点时，HCl 与 Na_2CO_3 反应生成 $NaHCO_3$。

第二化学计量点时，$NaHCO_3$ 继续与 HCl 反应，生成 H_2CO_3（CO_2 和 H_2O）。

第四节　酸碱滴定方式和应用

一、直接滴定

直接滴定可测定强酸或强碱性物质及弱酸（$c_aK_a \geqslant 10^{-8}$）或弱碱（$c_bK_b \geqslant 10^{-8}$）性物质。

1. 工业醋酸的测定

工业醋酸（CH_3COOH）是一种有机弱酸，主要用于有机合成、合成纤维、染料、医药、农药等工业。因其乙酸含量较高，可用强碱标准溶液进行直接滴定。

测定时用具塞称量瓶称取约 2.5g 试样，精确至 0.0002g。置于已盛有 50mL 无二氧化碳蒸馏水的 250mL 锥形瓶中，加 0.5mL 酚酞指示液，用氢氧化钠标准滴定溶液滴定至微粉红色，保持 5s 不褪色为终点。根据消耗的氢氧化钠标准滴定溶液的体积求出工业醋酸的含量。

2. 混合碱的分析

（1）烧碱中 $NaOH$ 和 Na_2CO_3 含量的测定

氢氧化钠俗称烧碱，在生产和贮存过程中，由于吸收空气中的 CO_2 而生成 Na_2CO_3，因此，经常要对烧碱进行 $NaOH$ 和 Na_2CO_3 的测定。一般采用双指示剂法。

双指示剂法是指采用两种指示剂得到两个滴定终点的方法。测定时准确称取一定量试样，溶解后以酚酞为指示剂，用浓度为 c 的 HCl 标准溶液滴定至终点。然后加入甲基橙并继续滴至终点，前后消耗 HCl 溶液的体积分别为 V_1 和 V_2。滴定过程见图 4-6。

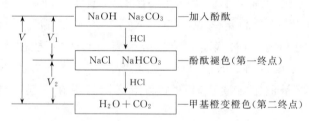

图 4-6　HCl 溶液双指示剂法滴定烧碱

由图 4-6 可知，$V_1 > V_2$，滴定 $NaOH$ 用去 HCl 溶液的体积为 $V_1 - V_2$，滴定 Na_2CO_3 用去的体积为 $2V_2$。若混合碱试样质量为 m，则：

$$w(NaOH) = \frac{c(HCl)(V_1 - V_2)M(NaOH)}{m \times 1000} \times 100\%$$

$$w(Na_2CO_3) = \frac{c(HCl) \cdot 2V_2 \cdot M\left(\frac{1}{2}Na_2CO_3\right)}{m \times 1000} \times 100\%$$

可见 $V_1 > V_2$ 时，混合碱的组成为 $NaOH$ 和 Na_2CO_3。

双指示剂法虽然操作简便，但因在第一计量点时酚酞变色不明显（由红色到微红），误差在 1% 左右。若要求提高测定的准确度，可改用下述的氯化钡法。

先取一份试样溶液，以甲基橙作指示剂，用 HCl 标准溶液滴定至橙色，测得的是碱的总量，设消耗 HCl 标准溶液的体积为 V_1。另取等体积试液，加入 $BaCl_2$ 溶液，待 $BaCO_3$ 沉淀析出后，以酚酞作指示剂，用 HCl 标准溶液滴定至终点，设用去的体积为 V_2，此时反应的是 $NaOH$ 量。则：

$$w(Na_2CO_3) = \frac{c(HCl)(V_1 - V_2)M\left(\frac{1}{2}Na_2CO_3\right)}{m \times 1000} \times 100\%$$

（2）纯碱中 Na_2CO_3 和 $NaHCO_3$ 含量的测定

测定纯碱中 Na_2CO_3 和 $NaHCO_3$ 的含量，亦可以采用双指示剂法。由图 4-7 可知，此时消耗 HCl 标准溶液的体积有 $V_2 > V_1$ 的关系。

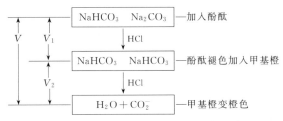

图 4-7　HCl 溶液双指示剂法滴定纯碱

$$w(Na_2CO_3) = \frac{c(HCl) \cdot 2V_1 \cdot M\left(\frac{1}{2}Na_2CO_3\right)}{m \times 1000} \times 100\%$$

$$w(NaHCO_3) = \frac{c(HCl)(V_2 - V_1)M(NaHCO_3)}{m \times 1000} \times 100\%$$

可见 $V_1 < V_2$ 时，混合碱的组成为 Na_2CO_3 和 $NaHCO_3$。

也可采用氯化钡法。测定时首先加入过量的 NaOH 标准溶液，将试液中的 $NaHCO_3$ 完全转变成 Na_2CO_3，然后用 $BaCl_2$ 溶液沉淀 Na_2CO_3，再以酚酞为指示剂，用 HCl 标准滴定溶液滴定剩余的 NaOH。设 V_1、V_2 分别为 HCl、NaOH 所消耗的体积，则：

$$w(NaHCO_3) = \frac{[c(NaOH)V_2 - c(HCl)V_1]M(NaHCO_3)}{m \times 1000} \times 100\%$$

另取等体积试液，以甲基橙为指示剂用 HCl 标准溶液滴定碱的总量，设用去 HCl 标准溶液的体积为 V，则：

$$w(Na_2CO_3) = \frac{\{c(HCl)V - [c(NaOH)V_2 - c(HCl)V_1]\}M\left(\frac{1}{2}Na_2CO_3\right)}{m \times 1000} \times 100\%$$

氯化钡法虽然烦琐，但避免了双指示剂法中酚酞指示终点不明显的缺点，所以测定结果比较准确。

二、返滴定

氨水的分析采用返滴定法。因为氨水是弱碱，可以用 HCl 标准溶液直接滴定；但因氨易挥发，如果直接滴定会导致测定结果偏低。因此，常用返滴定法测定。

先加入一定量过量的 HCl 标准滴定溶液，使氨水与 HCl 反应，再用 NaOH 标准滴定溶液滴定剩余的 HCl。化学计量点时，由于存在 NH_4Cl，pH 为 5.3，故可选择甲基红作指示剂。

三、间接滴定

1. 硼酸的测定

硼酸是极弱的酸，$K_a = 5.8 \times 10^{-10}$，不能用强碱直接进行滴定，可用置换滴定法。硼酸与某些多元醇（如甘露醇或甘油）反应后生成配合酸，这种配合酸的 K_a 为 10^{-6} 左右，以酚酞作指示剂，再用 NaOH 标准滴定溶液滴定。

$$2\begin{array}{c} \text{R-C-OH} \\ | \\ \text{R-C-OH} \\ | \\ \text{H} \end{array} + H_3BO_3 \Longleftrightarrow \left[\begin{array}{c} \text{H} \quad\quad \text{H} \\ \text{R-C-O} \quad \text{O-C-R} \\ | \quad\quad B \quad\quad | \\ \text{R-C-O} \quad \text{O-C-R} \\ \text{H} \quad\quad \text{H} \end{array}\right]^- H^+ + 3H_2O$$

2. 铵盐的测定

常见的铵盐如 NH_4Cl、$(NH_4)_2SO_4$ 等都是很弱的酸，$K_a = 5.6 \times 10^{-6}$，不能用强碱标准溶液进行直接滴定，可采用间接方法测定。

（1）蒸馏法

准确称取一定量的铵盐试样，置于蒸馏瓶中。加入过量的浓碱溶液，加热使 NH_3 逸出，并用过量的 H_3BO_3 溶液吸收，然后用 HCl 标准滴定溶液滴定 H_3BO_3 吸收液。

$$NH_4^+ + OH^- \longrightarrow NH_3 \uparrow + H_2O$$

$$NH_3 + H_3BO_3 \longrightarrow NH_4^+ + H_2BO_3^-$$

$$H^+ + H_2BO_3^- \longrightarrow H_3BO_3$$

终点的产物是 H_3BO_3 和 NH_4^+（混合弱酸），$pH \approx 5$，可用甲基红作指示剂。

除硼酸外，还可用过量的 HCl 标准溶液吸收 NH_3，然后以甲基红作指示剂，再用 NaOH 标准溶液返滴定剩余的 HCl。试样中氮的含量用下式计算：

$$w(N) = \frac{[c(HCl)V(HCl) - c(NaOH)V(NaOH)]M(N)}{m \times 1000} \times 100\%$$

式中　　　　　　m——试样的质量，g；

$c(NaOH)$，$c(HCl)$——NaOH 与 HCl 标准溶液的浓度，mol/L；

$V(NaOH)$，$V(HCl)$——消耗 NaOH 与 HCl 标准溶液的体积，mL。

土壤和有机化合物（如蛋白质、生物碱和其他含氮化合物）中的氮，经过一定的处理后（在无水 $CuSO_4$ 或其他催化剂存在下，将试样在浓硫酸中加热消化），可使各种含氮化合物分解并转变成铵盐，然后再按上述蒸馏法进行测定，测得的是试样中的总含氮量，测定结果用不同的方式来表示。这种方法即克达尔定氮法，该方法准确，在有机化合物分析中有着广泛的应用。对于含氧化态氮的化合物，如用硝基或偶氮基化合物，在煮沸消化之前还需用还原剂 Fe^{2+} 或 $S_2O_3^{2-}$ 等处理，才能使其中的氮完全转化成 NH_4^+。

（2）甲醛法

甲醛与 NH_4^+ 作用，按化学计算关系定量生成 H^+ 和质子化的六亚甲基四胺（$K_a = 7.1 \times 10^{-6}$）。

$$4NH_4^+ + 6HCHO \longrightarrow (CH_2)_6N_4H^+ + 3H^+ + 6H_2O$$

以酚酞为指示剂，用 NaOH 标准滴定溶液滴定。如试样中含有游离酸，则事先应以甲基红作指示剂，用碱中和。甲醛法简便快速，在工农业生产中被广泛使用。在常见的铵盐中，NH_4HCO_3 含量的测定可以用 HCl 标准溶液直接滴定而得，但不能用甲醛法测定。试样中氮的含量用下式计算：

$$w(N) = \frac{c(NaOH)V(NaOH)M(N)}{m \times 1000} \times 100\%$$

3. 酯类的测定

将酯类与已知准确浓度并过量的 NaOH 溶液共热，使其发生皂化反应：

$$CH_3COOC_2H_5 + NaOH \longrightarrow CH_3COONa + C_2H_5OH$$

待反应完全以后，以酚酞作指示剂，用 HCl 标准滴定溶液滴定过量的碱，即可测得碱的含量。

实验 4　氢氧化钠标准滴定溶液的制备

一、目的与要求

1. 掌握用邻苯二甲酸氢钾标定氢氧化钠溶液的原理和方法；
2. 熟练减量法称取基准物质的方法；
3. 熟练滴定操作和用酚酞指示剂判断滴定终点。

二、实验原理

固体氢氧化钠具有很强的吸湿性，且易吸收空气中的水分和二氧化碳，因而常含有 Na_2CO_3，且含少量的硅酸盐、硫酸盐和氯化物，因此不能直接配制成准确浓度的溶液，只能配制成近似浓度的溶液，然后用基准物质进行标定，以获得准确的浓度。

由于氢氧化钠溶液中碳酸钠的存在，会影响酸碱滴定的准确度，在精确的测定中应配制不含 Na_2CO_3 的 NaOH 溶液并妥善保存。

用邻苯二甲酸氢钾标定氢氧化钠溶液的反应式为：

$$\begin{array}{c}\text{COOK}\\\text{COOH}\end{array} + \text{NaOH} \underset{}{\overset{酚酞}{\rightleftharpoons}} \begin{array}{c}\text{COOK}\\\text{COONa}\end{array} + H_2O$$

由反应可知，1mol $KHC_8H_4O_4$ 与 1mol NaOH 完全反应。到达化学计量点时，溶液呈碱性，pH 约为 9，可选用酚酞作指示剂，滴定至溶液由无色变为浅粉色，30s 不褪色即为滴定终点。

三、仪器与试剂

滴定装置。

氢氧化钠固体，酚酞指示液（10g/L 乙醇溶液），邻苯二甲酸氢钾基准物。

四、实验内容

1. NaOH 溶液的配制

在托盘天平上用表面皿迅速称取 2.2～2.5g NaOH 固体于小烧杯中，以少量蒸馏水洗去表面可能含有的 Na_2CO_3。用一定量的蒸馏水溶解，倾入 500mL 试剂瓶中，加水稀释到 500mL，用胶塞盖紧，摇匀［或加入 0.1g $BaCl_2$ 或 $Ba(OH)_2$ 以除去溶液中可能含有的 Na_2CO_3］，贴上标签，待标定。

2. NaOH 溶液的标定

在分析天平上准确称取三份已在 105～110℃ 干燥至恒重的基准物质邻苯二甲酸氢钾 0.4～0.6g 于 250mL 锥形瓶中，各加煮沸后刚刚冷却的水使之溶解（如没有完全溶解，可稍微加热）。滴加 2 滴酚酞指示液，用欲标定的氢氧化钠溶液滴定至溶液由无色变为微红色，30s 不消失即为终点。记下氢氧化钠溶液消耗的体积。要求三份标定的相对平均偏差应小于 0.2%。

五、数据处理

$$c(\text{NaOH}) = \frac{m(\text{KHC}_8\text{H}_4\text{O}_4) \times 1000}{V(\text{NaOH})M(\text{KHC}_8\text{H}_4\text{O}_4)}$$

式中　$c(\text{NaOH})$——NaOH 标准溶液的浓度，mol/L；

$m(\text{KHC}_8\text{H}_4\text{O}_4)$——邻苯二甲酸氢钾的质量，g；

$M(\text{KHC}_8\text{H}_4\text{O}_4)$——邻苯二甲酸氢钾的摩尔质量，g/mol；

$V(\text{NaOH})$——滴定时消耗 NaOH 标准溶液的体积，mL。

六、注意事项

配制 NaOH 溶液，以少量蒸馏水洗去固体 NaOH 表面可能含有的碳酸钠时，不能用玻璃棒搅拌，操作要迅速，以免氢氧化钠溶解过多而减小溶液浓度。

七、思考与讨论

1. 配制不含碳酸钠的氢氧化钠溶液有几种方法？

2. 怎样得到不含二氧化碳的蒸馏水？

3. 称取氢氧化钠固体时，为什么要迅速称取？

4. 用邻苯二甲酸氢钾标定氢氧化钠，为什么用酚酞而不用甲基橙作指示剂？

5. 标定氢氧化钠溶液，可用基准物 $\text{KHC}_8\text{H}_4\text{O}_4$，也可用盐酸标准溶液。试比较此两种方法的优缺点。

6. $\text{KHC}_8\text{H}_4\text{O}_4$ 标定 NaOH 溶液的称取量如何计算？为什么要确定 0.4~0.6g 的称量范围？

7. 如果 NaOH 标准溶液在保存过程中吸收了空气中的 CO_2，用该标准滴定溶液标定 HCl，以甲基橙为指示剂，用 NaOH 溶液原来的浓度进行计算是否会引入误差？若用酚酞为指示剂进行滴定，又怎样？请分析一下原因。

实验 5　食醋中总酸量的测定

一、目的与要求

1. 掌握食醋中总酸量的测定原理；

2. 正确判断用酚酞指示剂指示终点的方法；

3. 熟练掌握滴定操作技巧。

二、实验原理

对于液体样品，一般不称其质量而量其体积，测定结果以 1L 或 100mL 液体中所含被测物质来表示（g/L 或 g/100mL）。如果样品的浓度大，应在滴定前作适当稀释。食醋的主要成分是醋酸（HAc），还有少量其他弱酸（如乳酸等）。用 NaOH 滴定时，凡是 $K_a >$ 10^{-7} 的酸均被滴定，因此测出的是总酸量，其含量以醋酸表示。

用 NaOH 滴定醋酸的反应式为：

$$\text{CH}_3\text{COOH} + \text{NaOH} \longrightarrow \text{CH}_3\text{COONa} + \text{H}_2\text{O}$$

化学计量点时的 pH 约为 8.7，应选用酚酞作指示剂，终点时溶液由无色变为粉红色。食醋中含 HAc 3％～5％，应稀释（约 5 倍）后再进行滴定。

三、仪器与试剂

滴定装置。

NaOH 标准溶液（0.1mol/L），酚酞乙醇溶液（0.2％），食醋试样。

四、实验内容

1. 食醋溶液的准备

用移液管准确吸取 10.00mL 食醋样品，放入 250mL 容量瓶中，用新煮沸的蒸馏水定容，摇匀。

2. 食醋溶液的测定

用 25mL 移液管按规定吸出 3 份稀释好的试液，分别放入 3 只锥形瓶中，各加入约 80mL 新煮沸的蒸馏水及 2 滴酚酞指示剂，用标准 NaOH 标准滴定溶液滴定至颜色由黄色变为粉红色，且在 30s 内不褪色为终点。

五、数据处理

一般用 100mL 食醋中含醋酸的质量（g）来表示食醋的总酸量（g/100mL）。

$$食醋的总酸量 = c(NaOH)V(NaOH) \times \frac{M(HAc)}{1000} \times \frac{250}{V_{试样} \times 25} \times 100$$

式中　$c(NaOH)$——NaOH 标准滴定溶液的浓度，mol/L；

　　　$V(NaOH)$——NaOH 标准滴定溶液消耗的体积，mL；

　　　$M(HAc)$——HAc 的摩尔质量，g/mol；

　　　$V_{试样}$——食醋试样的体积，mL。

六、注意事项

1. 滴定终点的观察。
2. 试液的移取要准确。

七、思考与讨论

1. 以 NaOH 溶液滴定 HAc 溶液，属于哪种滴定类型？
2. 测定结果为什么不是醋酸含量，而是食醋的总酸量？
3. 测定食醋含量时，为什么选用酚酞作指示剂？能否选用甲基橙或甲基红作指示剂？
4. 酚酞指示剂由无色变为微红时，溶液的 pH 为多少？变红的溶液在空气中放置后又会变为无色的原因是什么？

实验 6　盐酸标准滴定溶液的制备

一、目的与要求

1. 熟悉减量法称取基准物的操作方法；

2. 学习用无水 Na_2CO_3 标定 HCl 溶液的方法；

3. 熟练滴定操作和滴定终点的判断。

二、实验原理

市售盐酸（分析纯）密度为 1.19g/mL，HCl 的质量分数为 37%，其物质的量浓度约为 12mol/L。浓盐酸易挥发，不能直接配制成准确浓度的盐酸溶液。因此，常将浓盐酸稀释成所需的近似浓度，然后用基准物质进行标定。

当用无水 Na_2CO_3 为基准试剂标定 HCl 溶液的浓度时，由于 Na_2CO_3 易吸收空气中的水分，因此使用前应在 270～300℃ 条件下干燥至恒重，密封保存在干燥器中。称量时的操作应迅速，防止再吸水而产生误差。标定 HCl 时的反应式为：

$$2HCl + Na_2CO_3 \longrightarrow 2NaCl + CO_2 \uparrow + H_2O$$

滴定时，以甲基橙作指示剂，滴定至溶液由黄色变为橙色为滴定终点。

三、仪器与试剂

滴定装置。

盐酸（相对密度 1.19），无水 Na_2CO_3 基准物质，甲基橙水溶液（1g/L）。

四、实验内容

1. HCl 溶液的配制

通过计算求出配制 500mL 0.1mol/L HCl 溶液所需浓盐酸（相对密度 1.19，约 12mol/L）的体积。然后用小量筒取此量的浓盐酸，倾入预先盛有一定体积蒸馏水的试剂瓶中，加水稀释至 500mL，盖好瓶塞，摇匀并贴上标签，待标定（考虑到浓盐酸的挥发性，配制时所取 HCl 的量应比计算的量适当多些）。

2. HCl 溶液的标定

（1）用甲基橙指示液指示终点

用称量瓶按差减法准确称取已烘干的基准物质无水碳酸钠 0.15～0.28g 三份，分别放入 250mL 锥形瓶中。各加入 25mL 蒸馏水使其溶解，加甲基橙指示液 1 滴，用 HCl 溶液滴定至溶液由黄色变为橙色即为终点（近终点时，将溶液加热煮沸除去 CO_2，冷却后继续滴定至终点）。记下消耗 HCl 标准滴定溶液的体积。

（2）用溴甲酚绿-甲基红混合指示液指示终点

准确称取已烘干的基准物质无水碳酸钠 0.15～0.2g 三份，分别放入 250mL 锥形瓶中。各加入 50mL 蒸馏水溶解，加 10 滴溴甲酚绿-甲基红混合指示液，用欲标定的 0.1mol/L HCl 溶液滴定至溶液由绿色变成暗红色，煮沸 2min，冷却后继续滴定至溶液呈暗红色，记下消耗的 HCl 标准滴定溶液的体积。

五、数据处理

$$c(HCl) = \frac{m(Na_2CO_3) \times 1000}{V(HCl)M\left(\frac{1}{2}Na_2CO_3\right)}$$

式中　$c(HCl)$——HCl 标准溶液的浓度，mol/L；

　　　$V(HCl)$——滴定时消耗 HCl 标准溶液的体积，mL；

$m(Na_2CO_3)$——无水 Na_2CO_3 基准物质的质量，g；

$M\left(\dfrac{1}{2}Na_2CO_3\right)$——$\dfrac{1}{2}Na_2CO_3$ 基准物质的摩尔质量，g/mol。

六、注意事项

1. 标定时，一般采用小份标定。在标准溶液浓度较稀（如 0.01mol/L），基准物质摩尔质量较小时，若采用小份称样误差较大，可采用大份标定，即稀释法标定。

2. 无水碳酸钠标定 HCl 溶液，在接近滴定终点时，应剧烈摇动锥形瓶加速 H_2CO_3 分解；或将溶液加热至沸，以赶除 CO_2，冷却后再滴定至终点。

七、思考与讨论

1. HCl 标准滴定溶液能否采用直接法配制？为什么？
2. 配制 HCl 溶液时，量取浓盐酸的体积是如何计算的？
3. 标定盐酸溶液时，基准物质无水碳酸钠的质量是如何计算的？若用稀释法标定，需称取的碳酸钠质量又如何计算？
4. 无水碳酸钠所用的蒸馏水的体积，是否需要准确量取？为什么？
5. 碳酸钠作为基准物质标定盐酸溶液时，为什么不用酚酞作指示剂？
6. 除用无水碳酸钠作基准物质标定盐酸溶液外，还可用什么作基准物？有何优点？选用何种指示剂？
7. 为什么移液管必须用所移取的溶液润洗，而锥形瓶则不用所装溶液润洗？

实验 7　混合碱的测定

一、目的与要求

1. 掌握双指示剂法测定烧碱中各组分含量的原理和方法；
2. 利用双指示剂法判断混合碱的组成。

二、实验原理

氢氧化钠俗称烧碱，在生产和存放过程中，常因吸收空气中的 CO_2 而含有少量杂质 Na_2CO_3。烧碱中 NaOH 及 Na_2CO_3 含量测定的方法，常采用双指示剂法。

双指示剂法是先以酚酞为指示剂，用 HCl 标准滴定溶液滴定试液，溶液由红色变为无色时，到达第一化学计量点(pH＝8.3)，此时消耗 HCl 标准滴定溶液的体积为 V_1(mL)。再加入甲基橙指示剂，继续用 HCl 标准溶液滴定，溶液由黄色变为橙色，到达第二化学计量点(pH＝3.89)，消耗 HCl 标准滴定溶液的体积为 V_2(mL)，连续滴定 V_2 包括 V_1。根据两次滴定消耗的体积 V_1 及 V_2 分别计算出 NaOH 及 Na_2CO_3 的含量。

三、仪器与试剂

滴定装置。

烧碱试样，HCl 标准溶液（0.1mol/L），酚酞指示液（10g/L 乙醇溶液），甲基橙指示液（1g/L 水溶液），甲酚红-百里酚蓝混合指示液 [0.1g 甲酚红溶于 100mL 50％乙醇中；

0.1g 百里酚蓝指示剂溶于 100mL 20％乙醇中；甲酚红＋百里酚蓝（1＋3）〕。

四、实验内容

1. 烧碱试样的准备

在分析天平上准确称取烧碱试样 1.5～2.0g 于 250mL 烧杯中，加水使之溶解后，定量转入 250mL 容量瓶中，用水稀释至刻度，充分摇匀。

2. 混合碱的测定

移取试液 25.00mL（三份）于 250mL 锥形瓶中，各加入 2 滴酚酞指示液，用 $c(HCl)=0.1mol/L$ 的盐酸标准滴定溶液滴定，边滴加边充分摇动（避免局部 Na_2CO_3 直接被滴至 H_2CO_3），滴定至溶液由红色恰好褪至无色为止，此时即为终点，记下所消耗 HCl 标准滴定溶液的体积 V_1。然后再加 2 滴甲基橙指示液，继续用上述盐酸标准滴定溶液滴定至溶液由黄色恰好变为橙色，即为终点，记下所消耗 HCl 标准滴定溶液的体积 V_2。计算试样中各组分的含量。

五、数据处理

$$w(NaOH)=\frac{c(HCl)(2V_1-V_2)\times10^{-3}M(NaOH)}{m\times\frac{25}{250}}\times100\%$$

$$w(Na_2CO_3)=\frac{c(HCl)\times2(V_2-V_1)\times10^{-3}M\left(\frac{1}{2}Na_2CO_3\right)}{m\times\frac{25}{250}}\times100\%$$

式中　　$c(HCl)$——HCl 标准滴定溶液的浓度，mol/L；

　　　　V_1——酚酞终点消耗 HCl 标准滴定溶液的体积，mL；

　　　　V_2——甲基橙终点消耗 HCl 标准滴定溶液的体积，mL；

　　$M(NaOH)$——NaOH 的摩尔质量，g/mol；

$M\left(\frac{1}{2}Na_2CO_3\right)$——$\frac{1}{2}Na_2CO_3$ 的摩尔质量，g/mol；

　　　　m——烧碱试样的质量，g。

六、注意事项

当滴定接近第一终点时，要充分摇动锥形瓶，滴定的速度不能太快，防止滴定液 HCl 局部过浓，否则 Na_2CO_3 会直接被滴定成 CO_2。

七、思考与讨论

1. 欲测定碱液的总碱度，应利用何种指示剂？

2. 采用双指示剂法测定混合碱，在同一份溶液中测定，试判断下列情况中混合碱存在的成分是什么？

(1) $V_1=0$，$V_2>0$　　(2) $V_1=V_2>0$　　(3) $V_1>0$，$V_2=0$　　(4) $V_1>V_2$　　(5) $V_2>V_1$

3. 现有含 HCl 和 CH_3COOH 的试液，欲测定其中 HCl 及 CH_3COOH 的含量，试拟定分析方案。

4. 如何称取混合碱试样？如果样品是碳酸钠和碳酸氢钠的混合物，应如何测定其含量？

实验 8　工业甲醛含量的分析

一、目的与要求

1. 掌握工业甲醛中甲醛含量的测定方法；
2. 掌握置换滴定的操作方法。

二、实验原理

HCHO 与过量的 Na_2SO_3 发生反应，生成定量的碱，用百里酚酞作指示剂，用 H_2SO_4 标准溶液滴定，间接地测出 HCHO 的含量。反应式为：

$$HCHO + Na_2SO_3 + H_2O \longrightarrow (CH_2OH)SO_3Na + NaOH$$
$$H_2SO_4 + 2NaOH \longrightarrow Na_2SO_4 + 2H_2O$$

三、仪器与试剂

滴定装置。

工业甲醛试样，H_2SO_4 标准溶液 $\left[c\left(\dfrac{1}{2}H_2SO_4\right) = 1.0000mol/L\right]$，百里酚酞指示剂 $[1g/L$ 酒精（20%）溶液]，Na_2SO_3 溶液 $[1mol/L$（新制）]。

四、实验内容

在 250mL 锥形瓶中，加入 50mL 1mol/L Na_2SO_3 溶液和 3 滴百里酚酞指示剂，用 $c\left(\dfrac{1}{2}H_2SO_4\right) = 1.0000mol/L$ 的 H_2SO_4 标准溶液中和至浅蓝色（不计量）。

用吸量管吸取 HCHO 试样 3.00mL，移入已中和的上述 1mol/L 的 Na_2SO_3 溶液中，再用 $c\left(\dfrac{1}{2}H_2SO_4\right) = 1.0000mol/L$ 的 H_2SO_4 标准溶液滴定溶液至蓝色恰好褪去为终点。平行测定三次。

五、数据处理

$$\rho(HCHO) = \dfrac{c\left(\dfrac{1}{2}H_2SO_4\right)V(H_2SO_4)M(HCHO)}{V_{试样}}$$

式中　$\rho(HCHO)$——工业甲醛的质量体积浓度，g/L；

$\quad c\left(\dfrac{1}{2}H_2SO_4\right)$——$H_2SO_4$ 标准溶液的浓度，mol/L；

$\quad V(H_2SO_4)$——H_2SO_4 标准溶液消耗的体积，mL；

$\quad M(HCHO)$——HCHO 的摩尔质量，30.03g/mol；

$\quad V_{试样}$——甲醛试样的体积，mL。

六、注意事项

1. 取用甲醛试样的安全。

2. 使用浓硫酸的安全。

七、思考与讨论

1. 简述工业甲醛中甲醛含量的测定方法。

2. Na_2SO_3 溶液为什么要先中和？中和时消耗 H_2SO_4 的体积为什么不计？

3. Na_2SO_3 溶液为何现用现配？

思考题与习题

一、简答题

1. 酸碱质子理论中酸、碱的定义分别是什么？酸碱反应的实质是什么？

2. 在常温下，酚酞、甲基橙的 pH 变色范围各为多少？

3. 说明混合指示剂的特点，并说明混合指示剂对提高酸碱滴定的准确度有何益处。

4. 简述测定烧碱中 $NaOH$ 和 Na_2CO_3 含量时的原理和操作方法。

5. 选择酸碱指示剂的基本原则是什么？

6. 在下列各组酸碱物质中，哪些属于共轭酸碱对？

(1) NaH_2PO_4-Na_3PO_4　　(2) H_2SO_4-SO_4^{2-}　　(3) H_2CO_3-CO_3^{2-}

(4) NH_4Cl-$NH_3 \cdot H_2O$　　(5) HAc-Ac^-　　(6) $(CH_2)_6N_4H^+$-$(CH_2)_6N_4$

7. 判断在下列 pH 溶液中，指示剂显什么颜色。

(1) 在 pH=3.5 的溶液中滴入甲基红指示液。

(2) 在 pH=7.0 的溶液中滴入溴甲酚绿指示液。

(3) 在 pH=4.0 的溶液中滴入甲基橙指示液。

(4) 在 pH=10.0 的溶液中滴入甲基橙指示液。

(5) 在 pH=6.0 的溶液中滴入甲基红和溴甲酚绿混合指示液。

8. 用 $c(NaOH)$=0.1mol/L NaOH 标准滴定溶液滴定下列各种酸能出现几个滴定突跃？各选何种指示剂？

(1) CH_3COOH　　　　(2) $H_2C_2O_4 \cdot 2H_2O$　　　　(3) H_3PO_4

9. 缓冲溶液为什么具有缓冲作用？

10. 某种溶液滴入酚酞呈无色，滴入甲基红呈黄色。指出该溶液的 pH 范围。

11. 有一碱性溶液，可能是 $NaOH$、$NaHCO_3$ 或 Na_2CO_3，或其中两者的混合物，用双指示剂法进行测定。开始用酚酞作指示剂，消耗 HCl 体积为 V_1，再用甲基橙作指示剂，又消耗 HCl 体积为 V_2，V_1 与 V_2 关系如下，试判断上述溶液的组成。

(1) $V_1 > V_2$，$V_2 \neq 0$　　(2) $V_1 < V_2$，$V_1 \neq 0$　　(3) $V_1 = V_2 \neq 0$

(4) $V_1 > V_2$，$V_2 = 0$　　(5) $V_1 < V_2$，$V_1 = 0$

二、选择题

1. 用基准无水碳酸钠标定 0.100mol/L 盐酸，宜选用 (　　) 作指示剂。

　A. 溴钾酚绿-甲基红　　B. 酚酞　　C. 百里酚蓝　　D. 二甲酚橙

2. 用 $c(HCl)$=0.1mol/L HCl 溶液滴定 $c(NH_3)$=0.1mol/L 氨水溶液，化学计量点时溶液的 pH 为 (　　)。

A. 等于 7.0　　B. 小于 7.0　　C. 等于 8.0　　D. 大于 7.0

3. 欲配制 pH＝10.0 的缓冲溶液应选用的一对物质是（　　）。

A. HAc($K_a=1.8\times10^{-5}$)-NaAc　　　　B. HAc-NH$_4$Ac

C. NH$_3$·H$_2$O($K_b=1.8\times10^{-5}$)-NH$_4$Cl　　D. KH$_2$PO$_4$-Na$_2$HPO$_4$

4. (1＋5)H$_2$SO$_4$，这种体积比浓度表示方法的含义是（　　）。

A. 水和浓 H$_2$SO$_4$ 的体积比为 1∶6　　B. 水和浓 H$_2$SO$_4$ 的体积比为 1∶5

C. 浓 H$_2$SO$_4$ 和水的体积比为 1∶5　　D. 浓 H$_2$SO$_4$ 和水的体积比为 1∶6

5. 双指示剂法测混合碱，加入酚酞指示剂时，消耗 HCl 标准滴定溶液的体积为 15.20mL；加入甲基橙作指示剂，继续滴定又消耗了 HCl 标准溶液 25.72mL，那么溶液中存在（　　）。

A. NaOH＋Na$_2$CO$_3$　　B. Na$_2$CO$_3$＋NaHCO$_3$　　C. NaHCO$_3$　　D. Na$_2$CO$_3$

三、计算题

1. 用 0.1000mol/L NaOH 标准溶液滴定 20.00mL 0.1000mol/L HCl，当 NaOH 加入量为 19.98mL 时，溶液的 pH 为多少？

2. 用 0.1000mol/L NaOH 标准溶液滴定 20.00mL 0.1000mol/L HAc 时，计算滴定到化学计量点时的 pH 为多少？

3. 计算下列溶液的 pH。

(1) 0.0100mol/L 的 HCl 溶液

(2) 0.2000mol/L 的 HAc 溶液

(3) 0.2000mol/L 的 NaOH 溶液

(4) 0.2000mol/L 的 NH$_3$·H$_2$O 溶液

(5) 20g NaAc 固体与 1.0mol/L 的 HAc 溶液 150mL 混合，稀释至 1L

(6) 100mL 1mol/L 的 HCl 与 200mL 1.5mol/L 的 NH$_3$·H$_2$O 溶液混合，稀释至 1L

4. 欲配制 1L pH＝10.00 的 NH$_3$-NH$_4$Cl 缓冲溶液，现有 250mL 10mol/L 的 NH$_3$·H$_2$O 溶液，还需要称取 NH$_4$Cl 固体多少克？

5. 某混合碱试样可能含有 NaOH、Na$_2$CO$_3$、NaHCO$_3$ 中的一种或两种。称取该试样 0.3019g，用酚酞作指示剂，滴定用去 0.1035mol/L 的 HCl 标准滴定溶液 20.10mL；再加入甲基橙指示液，继续以同一 HCl 标准滴定溶液滴定，一共用去 HCl 溶液 47.70mL。试判断试样的组成并计算各组分的含量。

6. 称取 Na$_2$CO$_3$ 和 NaHCO$_3$ 的混合试样 0.7650g，加适量的水溶解，以甲基橙作指示剂，用 0.2000mol/L 的 HCl 标准滴定溶液滴定至终点时，消耗 HCl 标准滴定溶液 50.00mL。如改用酚酞作指示剂，用上述 HCl 标准滴定溶液滴定至终点，还需消耗多少毫升 HCl 标准滴定溶液？

7. 用酸碱滴定法测定工业硫酸的含量。称取硫酸试样 1.8095g，配制成 250mL 的溶液，移取 25mL 该溶液，以甲基橙作指示剂，用浓度为 0.1233mol/L 的 NaOH 标准滴定溶液滴定，到达终点时消耗 NaOH 标准滴定溶液 31.42mL，试计算该工业硫酸中 H$_2$SO$_4$ 的质量分数。

8. 测定硅酸盐中 SiO$_2$ 的含量。称取试样 5.000g，用氢氟酸溶解处理后，用 4.0726mol/L 的 NaOH 标准滴定溶液滴定，到达终点时消耗 NaOH 标准滴定溶液 28.42mL，试计算该硅酸盐中 SiO$_2$ 的质量分数。

第五章　配位滴定法

第一节　概　　述

配位滴定法是以形成稳定配合物的配位反应为基础的滴定分析方法。主要用于测定金属离子或与金属离子定量反应的物质。常用的配位剂是 EDTA。配位滴定法也常称为 EDTA 滴定法。

一、配位滴定法的特点

配位滴定法应具备的条件是：生成配合物的稳定常数要足够大；反应要按一定的反应式定量进行；配位反应速率要快；有适当方法指示滴定终点。

配位滴定反应的配位剂有无机配位剂和有机配位剂。无机配位剂的缺点是与金属离子形成配合物的稳定性较差，且逐级配位，使化学计量关系难以确定，无法准确计算，因此使用得不多。目前应用最广泛的是有机配位剂，特别是含有二乙酸氨基 $[-N(CH_2COOH)_2]$ 的氨羧配位剂。在氨羧配位剂分子中含有 2 个氨基和 4 个羧基两种强配位体，是一种多基配体（或称配位剂），能和许多金属离子形成稳定的可溶性螯合配合物。其中乙二胺四乙酸及其二钠盐（简称 EDTA）应用最广。

乙二胺四乙酸是一种四元酸，习惯用 H_4Y 表示。在水溶液中，EDTA 分子中互为对角线的两个羧基上的 H^+ 转移到 N 原子上，形成双偶极离子。其结构式如下：

$$^-OOCH_2C \diagdown \diagup CH_2COOH$$
$$N-CH_2-CH_2-N$$
$$HOOCH_2C \diagup \diagdown CH_2COO^-$$

乙二胺四乙酸是一种无毒、无臭、具有酸味的白色结晶粉末，微溶于水，22℃时每 100mL 水仅能溶解 0.02g，难溶于酸和一般有机溶剂（如无水乙醇、丙酮、苯等），但易溶于氨水、NaOH 等碱性溶液。在配位滴定中，由于乙二胺四乙酸的溶解度小，通常使用它的二钠盐，用 $Na_2H_2Y \cdot 2H_2O$ 表示，习惯上也称作 EDTA。$Na_2H_2Y \cdot 2H_2O$ 的水溶性较好（在 22℃时，每 100mL 水可溶解 11.1g），室温下，此溶液的浓度约 0.3mol/L，pH 约为 4.4。在配位滴定中，通常配制成 $0.01 \sim 0.1$mol/L 的标准溶液。EDTA 配位滴定法的特点归纳如下。

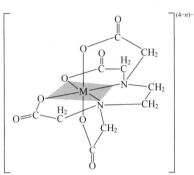

图 5-1　EDTA-M 螯合物
的立体结构

（1）可以测定几乎所有的金属离子

EDTA 分子中含有 6 个可配位原子，它既可以作为四基配位体，也可以作为六基配位体，能与绝大多数金属离子形成螯合物，为提高配位滴定选择性增加了难度，所以在配位滴定中的干扰较严重，需设法消除。

（2）配位滴定产物的稳定性强

EDTA 与大多数金属离子配位时，可形成具有多个五元环的螯合物（见图 5-1）。因螯合效应的影响，大多数的 EDTA-M 螯合物具有很高的稳定性。实验证明，由 5 个原子组成的五元环以及由 6 个原子组成的六元环的张力小，故稳定性高，而且是环数愈多，稳定性就愈高。

（3）化学计量关系简单、恒定

因 EDTA 分子中含有 6 个配位原子，而多数金属离子的配位数不超过 6，因此 EDTA 与大多数金属离子以 1 : 1 的配位比形成配合物；只有极少数高价金属离子与 EDTA 配位时，配位比不是 1 : 1。EDTA 配合物的配位比恒定、简单的特点为定量计算提供了极大的方便。

（4）配位反应速率快

因 EDTA 分子中含有 4 个亲水的羧氧基团，且配合物多带有电荷，生成的配合物易溶于水，使滴定反应能在水溶液中进行且反应速率快。

（5）滴定终点易于判断

多数金属与 EDTA 形成的配合物无色。无色的金属离子与 EDTA 形成的配合物为无色，如 ZnY^{2-}、AlY^-、CaY^{2-}、MgY^{2-} 等均为无色，有利于指示剂指示终点；有色的金属离子与 EDTA 形成的配合物其颜色更深，如 CuY^{2-} 为深蓝色，NiY^{2-} 为蓝色，MnY^{2-} 为紫红色，FeY^- 为黄色等，在滴定这些离子时，应尽量使其浓度较低，以免影响指示剂指示终点。

配位滴定法受外界条件的影响较大，其中酸度对 EDTA-M 螯合物稳定性的影响最大。因为 EDTA 的有效浓度越大，形成的配合物越稳定。而有效浓度受酸度的影响很大，在配位滴定中要合理选择并严格控制滴定的酸度条件。

二、配位化合物的稳定常数

配位反应的进行程度可用配位平衡常数衡量，配位平衡常数常用稳定常数来表示。配位剂 EDTA 与溶液中的金属离子 M 配位生成 MY 螯合物，反应通式为：

$$M + Y \longrightarrow MY$$

当达到平衡时，其平衡常数可表达为：

$$K_{MY} = \frac{[MY]}{[M][Y]} \tag{5-1}$$

式中 K_{MY}——MY 的稳定常数；

[MY]——EDTA-M 螯合物的浓度，mol/L；

[M]——未配合的金属离子的浓度，mol/L；

[Y]——未配合的 EDTA 阴离子的浓度，mol/L。

K_{MY} 值在给定温度下为一常数，也叫绝对稳定常数，见表 5-1。绝对稳定常数 K_{MY} 没有考虑浓度、酸度、其他配位剂或干扰离子的存在等外界条件的影响。然而，实际反应的条件是复杂的，除主反应外，常伴有酸效应、配位反应、干扰离子效应等副反应发生。

表 5-1   EDTA 与常见金属离子形成的配合物的绝对稳定常数

阳离子	$\lg K_{MY}$	阳离子	$\lg K_{MY}$	阳离子	$\lg K_{MY}$
Na^+	1.66	Ce^{4+}	15.98	Cu^{2+}	18.80
Li^+	2.79	Al^{3+}	16.3	Ga^{2+}	20.3
Ag^+	7.32	Co^{2+}	16.31	Ti^{3+}	21.3
Ba^{2+}	7.86	Pt^{2+}	16.31	Hg^{2+}	21.8
Mg^{2+}	8.69	Cd^{2+}	16.49	Sn^{2+}	22.1
Sr^{2+}	8.73	Zn^{2+}	16.50	Th^{4+}	23.2
Be^{2+}	9.20	Pb^{2+}	18.04	Cr^{3+}	23.4
Ca^{2+}	10.69	W^{3+}	18.09	Fe^{3+}	25.1
Mn^{2+}	13.87	VO^+	18.1	U^{4+}	25.8
Fe^{2+}	14.33	Ni^{2+}	18.60	Bi^{3+}	27.94
La^{3+}	15.50	VO^{2+}	18.8	Co^{3+}	36.0

同一配位体与不同离子形成的配合物可以根据其稳定常数的大小判断 MY 的稳定性。当两种配位剂与同一金属离子形成配合物时，稳定常数大的配位剂可以将稳定常数小的配位剂从配合物中置换出来。

第二节   酸度对配位滴定的影响

一、EDTA 的存在形式

EDTA 是一个四元酸，在溶液中的解离平衡如下：

$$H_4Y \rightleftharpoons H^+ + H_3Y^-   \qquad K_1 = 10^{-2.0}   \qquad pK_1 = 2.0$$

$$H_3Y^- \rightleftharpoons H^+ + H_2Y^{2-}   \qquad K_2 = 10^{-2.67}   \qquad pK_2 = 2.67$$

$$H_2Y^{2-} \rightleftharpoons H^+ + HY^{3-}   \qquad K_3 = 10^{-6.16}   \qquad pK_3 = 6.16$$

$$HY^{3-} \rightleftharpoons H^+ + Y^{4-}   \qquad K_4 = 10^{-10.26}   \qquad pK_4 = 10.26$$

可见，在溶液中 EDTA 是以 H_4Y、H_3Y^-、H_2Y^{2-}、HY^{3-}、Y^{4-} 等 5 种形式存在的（若溶液的酸度很高，它的两个羧基可再接受 H^+ 形成 H_5Y^+、H_6Y^{2+}，EDTA 将以 7 种形式存在）。在不同 pH 时，EDTA 的主要存在形式见表 5-2。

表 5-2   不同 pH 时 EDTA 的主要存在形式

溶液 pH	EDTA 的主要存在形式	溶液 pH	EDTA 的主要存在形式
<2.0	H_4Y	6.16～10.26	HY^{3-}
2.0～2.67	H_3Y^-	>10.26	Y^{4-}
2.67～6.16	H_2Y^{2-}		

只有在 pH>10.26 时，EDTA 才主要以 Y^{4-} 形式存在。在各种形式中，Y^{4-} 最易与金属离子直接配位，形成的配合物最稳定，故溶液酸度越低，即 pH 越大，Y^{4-} 形式组分的比

例越大，EDTA 的配位能力就越强。因此溶液的酸度就成为影响配位滴定的一个主要因素。EDTA 在溶液中各种形式与溶液 pH 的关系见图 5-2。

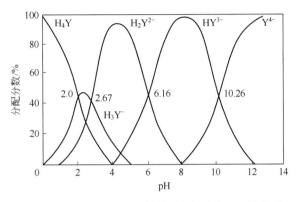

图 5-2　EDTA 在溶液中各种形式与溶液 pH 的关系

二、酸度对配位滴定的影响

酸度对配位平衡的影响可用下式表示：

$$M^{n+} + Y^{4-} \rightleftharpoons MY^{n-4}$$

$$-H^+ \Updownarrow +H^+$$

$$HY^{3-} 、 H_2Y^{2-} 、 H_3Y^- 、 \cdots$$

这种由于 H^+ 的存在，使 EDTA 参加主反应能力降低的现象称为酸效应。由 H^+ 引起副反应时的副反应系数称为酸效应系数 $\alpha_{Y(H)}$，酸效应影响的程度可用酸效应系数来表示。$\alpha_{Y(H)}$ 与酸度的关系为：

$$\alpha_{Y(H)} = 1 + \frac{[H^+]}{K_4} + \frac{[H^+]^2}{K_4 K_3} + \frac{[H^+]^3}{K_4 K_3 K_2} + \frac{[H^+]^4}{K_4 K_3 K_2 K_1} \tag{5-2}$$

EDTA 在不同的 pH 条件下的 $\alpha_{Y(H)}$ 值，见表 5-3。酸效应系数与绝对稳定常数、条件稳定常数（K'_{MY}）的关系为：

$$K'_{MY} = \frac{K_{MY}}{\alpha_{Y(H)}} \tag{5-3}$$

表 5-3　**EDTA 在不同 pH 时的 $\lg\alpha_{Y(H)}$**

pH	$\lg\alpha_{Y(H)}$	pH	$\lg\alpha_{Y(H)}$	pH	$\lg\alpha_{Y(H)}$
0.0	23.64	3.8	8.85	7.4	2.88
0.4	21.32	4.0	8.44	7.8	2.47
0.8	19.08	4.4	7.64	8.0	2.27
1.0	18.01	4.8	6.84	8.4	1.87
1.4	16.02	5.0	6.45	9.0	1.28
1.8	14.27	5.4	5.69	9.5	0.83
2.0	13.51	6.0	4.98	10.0	0.45
2.4	12.19	6.0	4.65		

条件稳定常数 K'_{MY} 是考虑了酸效应因素的稳定常数，那么 K'_{MY} 究竟多大才能用于配位滴定呢？按配位滴定符合滴定分析误差的要求（$\lg K'_{MY}$ 不能小于 8），配位滴定定量进行的条件是：

$$\lg K'_{MY} = \lg K_{MY} - \lg\alpha_{Y(H)} \geqslant 8 \qquad 即 \lg\alpha_{Y(H)} \leqslant \lg K_{MY} - 8 \tag{5-4}$$

运用这个结论，就可计算出用 EDTA 滴定金属离子时应控制的最高酸度即最低 pH。

【**例 5-1**】 计算在通常条件下，用 EDTA 滴定 Fe^{3+}、Al^{3+}、Ca^{2+} 等金属离子时，所允许的最低 pH。

解 查 EDTA 螯合物稳定常数表，得：

$$\lg K_{FeY} = 25.1 \qquad \lg K_{AlY} = 16.3 \qquad \lg K_{CaY} = 10.7$$

由式（5-4）计算得：

对 Fe^{3+} $\lg \alpha_{Y(H)} \leqslant 25.1 - 8 \leqslant 17.1$

对 Al^{3+} $\lg \alpha_{Y(H)} \leqslant 16.3 - 8 \leqslant 8.3$

对 Ca^{2+} $\lg \alpha_{Y(H)} \leqslant 10.7 - 8 \leqslant 2.7$

再查表 5-3，分别得到各自允许的最低 pH：Fe^{3+} 为 pH$\geqslant$1.1；Al^{3+} 为 pH$\geqslant$4.0；Ca^{2+} 为 pH$\geqslant$7.6。

用上述方法可以计算出不同的金属离子用 EDTA 滴定时所允许的最低 pH，并绘制成曲线，称为酸效应曲线，见图 5-3。

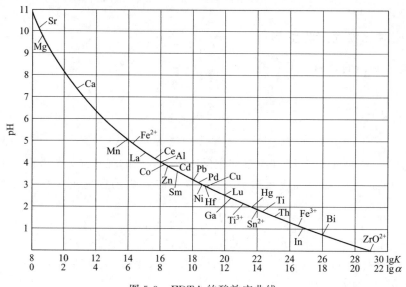

图 5-3 EDTA 的酸效应曲线

从酸效应曲线可以看出：各种金属离子的 $\lg K_{MY}$ 不同，测定要求的最小 pH 也不同。稳定性较低即 $\lg K_{MY}$ 较小的离子，测定时溶液的 pH 可高一些，反之溶液的 pH 要低一些。位于曲线下方离子的 $\lg K_{MY}$ 大于曲线上方离子的 $\lg K_{MY}$，如果被测离子 M 位于曲线的上方，而共存离子 N 位于曲线的下方，则 N 离子一定对 M 离子的测定产生干扰；反之，若 M 离子位于 N 离子的下方，当 $\lg(c_M K_{MY}) - \lg(c_N K_{NY}) \geqslant 5$ 时，可控制酸度消除 N 离子的干扰。因此，当有数种离子共存时，利用控制溶液酸度的方法，有可能在同一溶液中进行选择滴定或连续滴定。

应当注意，$Na_2 H_2 Y$ 标准溶液与金属离子反应时，会释放出 H^+ 而使溶液的 pH 降低，为了避免其影响，实际控制溶液的 pH 应大于计算或查得的最小 pH。但溶液的 pH 又不宜太大，否则会使金属离子产生羟基配位效应。可见配位滴定中选择合适的酸度十分重要。

一般情况下，配位滴定曲线下限起点的高低，取决于金属离子的原始浓度 $c(M)$；曲线上限的高低则取决于配合物的 $\lg K'_{MY}$ 值。因此，滴定曲线突跃范围的大小取决于被滴定金属离子的浓度及配合物的条件稳定常数。由于酸度是影响条件稳定常数的重要因素，因此，影响配位滴定突跃的主要因素是条件稳定常数与溶液的酸度以及被滴定金属离子的浓度。通常条件稳定常数 K'_{MY} 越大，突跃越大；酸度越高，突跃越小；金属离子浓度越大，突跃越大。但是，浓度越大，终点误差也会相应增大，故容量分析适用的浓度范围为 $0.02\sim0.05\mathrm{mol/L}$。

第三节　金属指示剂

一、金属指示剂的作用原理

金属指示剂是具有酸碱指示剂性质的有机配位剂。在一定的 pH 条件下能与金属离子形成与其本身显著不同颜色的配合物而指示滴定终点。由于它能够指示出溶液中金属离子浓度的变化情况，故也称为金属离子指示剂，简称金属指示剂。

若以 M 表示金属离子，In 表示指示剂的阴离子，Y 表示滴定剂 EDTA。

$$M+In \Longrightarrow MIn$$

（A 色）　　（B 色）

滴定至化学计量点前，加入的 EDTA 首先与未和指示剂反应的游离金属离子反应：

$$M+Y \Longrightarrow MY$$

随着滴定的进行，溶液中游离金属离子的浓度在不断地下降。当反应快达到计量点时，游离的金属离子已消耗殆尽，再加入的 EDTA 就会夺取 MIn 中的金属离子，释放出指示剂，溶液由 B 色变为 A 色，表示终点到达：

$$MIn+Y \Longrightarrow MY+In$$

（B 色）　　　　　　（A 色）

金属指示剂在溶液中存在下列平衡：

$$MIn \Longrightarrow M+In$$

由于金属指示剂（In）多是有机弱酸或弱碱，因此存在酸效应：

$$K'_{MIn}=\frac{[MIn]}{[M][In]}=\frac{K_{MIn}}{\alpha_{In(H)}}$$

$$\lg K'_{MIn}=pM+\lg\frac{[MIn]}{[In]} \tag{5-5}$$

由式(5-5) 看出，当 $[MIn]=[In]$ 时，溶液呈现 MIn 与 In 的混合色，称为指示剂的变色点。即指示剂变色点时的 pM 等于金属指示剂与金属离子形成的有色配合物的 $\lg K'_{MIn}$，$\lg K'_{MIn}=pM$。

一般金属指示剂的变色点不确定，因为指示剂与金属离子 M 的有色配合物（MIn）的条件稳定常数 K'_{MIn} 随溶液 pH 的变化而变化，指示剂的变色点也就随溶液 pH 的不同而不同。所以，在实验条件下，选择金属指示剂时，尽量使指示剂的变色点与化学计量点一致。

二、常用的金属指示剂

1. 常用的金属指示剂

（1）铬黑 T

铬黑 T 的化学名称是 1-（1-羟基-2-萘偶氮基）-6-硝基-2-萘酚-4-磺酸钠，简称 EBT，属偶氮染料，可用 NaH_2In 表示，是一种有机弱酸盐，在水溶液中存在下列平衡：

$$H_2In^- \xrightleftharpoons[]{pK_{a1}=6.3} HIn^{2-} \xrightleftharpoons[]{pK_{a2}=11.6} In^{3-}$$

（紫红色）　　　　（蓝色）　　　　（橙色）

pH＜6.3　pH＝6.3～11.6　pH＞11.6

铬黑 T 能与许多金属离子（如 Ca^{2+}、Mg^{2+}、Zn^{2+}、Cd^{2+}、Pb^{2+}、Hg^{2+} 等）形成红色配合物。在 pH＜6.3 和 pH＞11.6 的溶液中，由于指示剂本身接近红色，故不能使用。根据酸碱指示剂的变色原理（pH＝pK_a±1），pH 为 7.3～10.6 时，铬黑 T 溶液呈蓝色，从理论上讲，在这个 pH 范围内，铬黑 T 都可以作为金属离子指示剂使用。实验表明，使用铬黑 T 的最适宜酸度是 pH 为 9.0～10.5。Al^{3+}、Fe^{3+}、Ti^{4+} 等离子的封闭可用三乙醇胺消除；Co^{2+}、Ni^{2+}、Cu^{2+} 等离子的封闭可用 KCN 消除。在碱性溶液中，空气中的 O_2 以及 $Mn(Ⅳ)$、Ce^{4+} 等能将铬黑 T 氧化并褪色，加入盐酸羟胺或抗坏血酸等还原剂可防止其氧化。

在实际应用中，通常把铬黑 T 与纯净的中性盐（如 NaCl、KNO_3 等）按 1∶100 的比例混合，直接使用。也可以用 1％的乳化剂 OP（聚乙二醇辛基苯基醚）和 0.001％的 EBT 配成水溶液，可使用两个月。

（2）二甲酚橙

二甲酚橙（XO）为多元酸，属三苯甲烷类显色剂。其化学名称为 3,3′-双［N,N-二（羧甲基)-氨甲基]-邻甲酚磺酞。二甲酚橙为易溶于水的紫色结晶。它有 6 级酸式解离。其中 H_6In 至 H_2In^{4-} 都是黄色，HIn^{5-} 至 In^{6-} 为红色。在 pH 为 5～6 时，二甲酚橙主要以 H_2In^{4-} 形式存在。H_2In^{4-} 的酸碱解离平衡如下：

$$H_2In^{4-} \xrightleftharpoons[]{pK_{a5}=6.3} H^+ + HIn^{5-}$$

（黄色）　　　　　　　（红色）

当 pH＞6.3 时呈红色；pH＜6.3 时呈黄色。二甲酚橙与金属离子形成的配合物都是紫红色，因此，它只适合在 pH＜6.3 的酸性溶液中使用。许多金属离子可用二甲酚橙作指示剂直接滴定。例如，ZrO^{2+}（pH＜1），Bi^{3+}（pH 为 1～2），Th^{4+}（pH 为 2.3～3.5），Pb^{2+}、Zn^{2+}、Cd^{2+}、Hg^{2+}、La^{3+}、W^{3+}（pH 为 5.0～6.0）等，终点由红紫色转变为亮黄色，变色敏锐。

Al^{3+}、Fe^{3+}、Ni^{2+}、Ti^{4+} 等离子对二甲酚橙有封闭作用。其中 Al^{3+}、Ti^{4+} 可用氟化物掩蔽，Ni^{2+} 可用邻二氮菲掩蔽；Fe^{3+} 可用抗坏血酸还原。

二甲酚橙通常配成 0.5％的水溶液，可稳定 2～3 周。

（3）钙指示剂

钙指示剂简称 NN 或钙红，也属偶氮染料。其化学名称为 2-羟基-1-(2-羟基-4-磺酸基-1-萘偶氮基)-3-萘甲酸。纯的钙指示剂（可用符号 Na_2H_2In 表示）为紫黑色粉末，在水溶液中有下列酸碱平衡：

$$H_2In^{2-} \rightleftharpoons HIn \rightleftharpoons In^{4-}$$

（酒红色）　　（蓝色）　　（淡粉红色）

pH＜8　　　8～13　　　＞13

钙指示剂在酸度为 pH＝8～13 的溶液中呈蓝色。它与 Ca^{2+} 等离子形成红色配合物，通常在 pH 为 12～13 时，用钙指示剂指示终点（蓝色）测定钙。在此条件下测定 Ca^{2+}，不仅终点颜色变化明显，而且试液中即使有 Mg^{2+} 共存也不会干扰 Ca^{2+} 的测定，因为此时 Mg^{2+} 已生成 $Mg(OH)_2$ 沉淀而析出。

钙指示剂受封闭情况与铬黑 T 相似，但可用 KCN 和三乙醇胺联合掩蔽而消除。

纯的固态钙指示剂性质稳定，但它的水溶液和乙醇溶液都不稳定，故一般用固体试剂与 NaCl 按 1：100 的比例混合后使用。一些常用金属指示剂的主要应用列于表 5-4。

表 5-4　常用金属指示剂

指示剂	使用的 pH 范围	可直接滴定的金属离子	颜色变化		备注
			In	MIn	
铬黑 T（简称 EBT）	9.0～10	Ca^{2+}、Mg^{2+}、Zn^{2+}、Cd^{2+}、Pb^{2+}、Hg^{2+}	蓝色	红色	Al^{3+}、Fe^{3+}、Co^{2+}、Ni^{2+}、Cu^{2+}、Ti^{4+}等封闭铬黑 T
二甲酚橙（简称 XO）	<6.3	pH<1，ZrO^{2+} pH=1～2，Bi^{3+} pH=2.3～3.5，Th^{4+} pH = 5.0 ～ 6.0，Pb^{2+}、Zn^{2+}、Cd^{2+}、Hg^{2+}、La^{3+}、W^{3+}	黄色	紫红色	Al^{3+}、Fe^{3+}、Ni^{2+}、Ti^{4+}等封闭二甲酚橙
钙指示剂（简称 NN 或钙红）	12～13	Ca^{2+}	蓝色	红色	Al^{3+}、Fe^{3+}、Co^{2+}、Ni^{2+}、Cu^{2+}、Ti^{4+}、Mn^{2+}等封闭钙指示剂
酸性铬蓝 K	8～13	pH=10，Ca^{2+}、Mg^{2+}、Zn^{2+} pH=13，Ca^{2+}	蓝色	红色	
磺基水杨酸	2～4	Fe^{3+}	无色	紫红色	FeW^-呈黄色
溴酚红	7.0～8.0	Cd^{2+}、Co^{2+}、Mg^{2+}、Mn^{2+}、Ni^{3+}	蓝紫色	红色	
	2.0～3.0	Bi^{3+}	红色	橙黄色	
	4.0	Pb^{2+}	蓝色	红色	
	4.0～6.0	Re^{3+}	浅蓝	红色	
偶氮胂Ⅲ	10.0	Ca^{2+}、Mg^{2+}	蓝色	红色	

2．金属指示剂具备的基本条件

（1）颜色上的区别

在滴定的 pH 范围内，金属指示剂（In）自身的颜色与金属离子生成配合物（MIn）的颜色有明显的区别。

（2）生成的 MIn 具有一定的稳定性

MIn 的稳定性应略低于 M-EDTA（MY）的稳定性，二者的稳定常数相差 100 倍以上，否则 EDTA 不能夺取 MIn 中的 M，在终点时看不到溶液颜色的改变。但 MIn 的稳定性又不能比 MY 的低得太多，否则会导致终点过早出现，变色也不敏锐。

（3）指示剂有一定的选择性

在一定条件下只对某一种（或几种）离子发生显色反应，又要有一定的普遍性，即改变滴定条件时，也能作其他离子滴定时的指示剂。这样就能在连续滴定两种或两种以上离子时，避免加入多种指示剂而发生颜色干扰。

（4）具有广泛的应用性

指示剂本身以及指示剂与金属离子生成的配合物（MIn）不仅易溶于水，而且还应反应迅速并具有良好的变色可逆性。

3．金属指示剂在使用中存在的现象

（1）封闭现象

金属指示剂应在化学计量点附近变色敏锐。有时当配位滴定进行到化学计量点时，稍过量的滴定剂并不能夺取 MIn 中的金属离子，因而使指示剂在计量点附近不发生颜色变化，即有的指示剂与某些金属离子生成很稳定的配合物（MIn），其稳定性超过了相应的金属离子与 EDTA 的配合物（MY），即 $\lg K_{MIn} > \lg K_{MY}$。如滴定 Mg^{2+} 时有少量 Al^{3+}、Fe^{3+} 杂质存在，到达化学计量点仍不能变色，这种现象称为指示剂的封闭现象。若封闭现象是由溶液中存在的某种金属离子而不是被测金属离子本身造成的，可加入适当的掩蔽剂，消除其干扰；若封闭现象是由被测离子本身引起的，可先加入过量的 EDTA，然后用返滴定法滴定。

Al^{3+}、Fe^{3+} 对铬黑 T 的封闭可加三乙醇胺予以消除；Cu^{2+}、Co^{2+}、Ni^{2+} 可用 KCN 掩蔽；Fe^{3+} 也可先用抗坏血酸还原为 Fe^{2+}，再加 KCN 掩蔽。若干扰离子的量太大，则需预先分离除去。

（2）僵化现象

有些指示剂本身或其金属离子配合物的水溶性比较差，使得在终点时溶液变色缓慢而使终点拖长，这种现象称为指示剂的僵化现象。一般采取加入适当的有机溶剂或加热，增大其溶解度，使指示剂变色敏锐。例如，用 PAN 作指示剂时，经常加入乙醇或在加热条件下滴定。

（3）氧化变质现象

金属离子指示剂含有不同数量的双键，易被日光、氧化剂、空气等作用而变质，特别是在水溶液中，金属指示剂的稳定性更差，日久会变质。有些金属离子对指示剂的氧化分解有催化作用。例如，铬黑 T 在 $Mn(\mathrm{IV})$、Ce^{4+} 存在下，仅数秒钟就分解褪色。

金属指示剂若配成固体混合物则较稳定，保存时间较长，通常直接使用由中性盐（如 NaCl、KNO_3 等）按一定比例（一般是质量比为 1:100）混合后的固体试剂，也可在指示剂溶液中加入还原剂（如盐酸羟胺、抗坏血酸等）进行保护。指示剂溶液配制后，不要放置得时间太长，最好是现用现配。例如，铬黑 T 和钙指示剂，常用固体 NaCl 或 KCl 作稀释剂来配制。

第四节　配位滴定方式和应用

一、单组分含量的测定

单组分含量的测定是指溶液中只有一种待测金属离子的测定。对于这种类型的测定，常用以下几种滴定方式。

1. 直接滴定法

当被测金属离子与 EDTA 的配位反应完全符合配位滴定要求时，可将试样处理成溶液后，直接调节 pH，加入必要的试剂和指示剂，直接用 EDTA 标准滴定溶液滴定。这种方法简便、快速、准确。

例如，水中钙镁含量（又称硬度）的测定。水的硬度是指水中除碱金属以外的全部金属离子的浓度，是水质分析的重要指标。测定时用碱性缓冲溶液 NH_3-NH_4Cl 作调试液（pH=10），以铬黑 T（EBT）为指示剂，用 EDTA 标准滴定溶液滴定，终点时溶液由红色变为蓝色（见实验 10）。用 EDTA 标准滴定溶液直接滴定的某些金属离子及所用指示剂颜色变化参见表 5-4。

2. 返滴定法

返滴定法是在适当酸度的试液中先加入过量的已知准确浓度的 EDTA 标准滴定溶液，

再用另一种金属离子的标准滴定溶液滴定剩余的 EDTA，根据两种标准滴定溶液的浓度和用量，可计算出被测物质的含量。此法适用于金属离子与 EDTA 反应速率慢、在滴定的 pH 条件下发生水解、直接滴定时无合适的指示剂和待测离子对指示剂有封闭作用等情况。

例如，铝盐混凝剂中 Al^{3+} 含量的测定。Al^{3+} 与 EDTA 生成配合物的反应速率缓慢，对指示剂有封闭作用，又易水解，因此，一般用返滴定法进行测定。往试液中加入过量的 EDTA 标准滴定溶液，调节 pH＝3.5（避免 Al^{3+} 在高 pH 条件下发生水解），加热煮沸使 Al^{3+} 与 EDTA 配位完全，冷却后调 pH＝5～6，加入指示剂二甲酚橙，用 Zn^{2+} 标准滴定溶液返滴定剩余的 EDTA，终点时溶液由黄色变为红色。

3. 置换滴定法

置换滴定方式有两种：一种是可以在试液中加入一种能与待测金属离子形成更稳定配合物的配位剂，将待测金属离子与 EDTA 配合物中的 EDTA 置换出来，置换出来的 EDTA 再用其他金属离子标准溶液进行滴定；另一种是在试液中加入一种金属离子的配合物 NL，配合物中的金属离子 N 与被测的金属离子 M 之间发生置换反应，置换出符合化学计量关系的该配合物中的金属离子 N，然后用 EDTA 标准滴定溶液滴定 N 离子，从而求得 M 离子的含量。

例如，银币中 Ag 的测定。Ag^+ 与 EDTA 的配合物不稳定，不能用 EDTA 直接滴定，此时可采用置换滴定法进行测定。在含 Ag^+ 的试液中加入过量的已知准确浓度的 $[Ni(CN)_4]^{2-}$ 标准滴定溶液，反应如下：

$$2Ag^+ + [Ni(CN)_4]^{2-} \longrightarrow 2[Ag(CN)_2]^- + Ni^{2+}$$
$$Ni^{2+} + H_2Y^{2-} \longrightarrow NiY^{2-} + 2H^+$$

反应完成后，在 pH＝10.0 的氨性缓冲溶液中，以紫脲酸铵作指示剂，用 EDTA 滴定置换出来的 Ni^{2+}，根据 Ag^+ 和 Ni^{2+} 的换算关系，即可求得 Ag^+ 的含量。

4. 间接滴定法

一些金属离子（如 Li^+、K^+、Na^+）与 EDTA 的配合物稳定性小，或者一些非金属离子（如 SO_4^{2-}、PO_4^{3-}）不与 EDTA 反应，故不能用直接滴定方式进行滴定，可采用间接滴定方式测定。

例如，K^+ 可沉淀为 $K_2NaCo(NO_2)_6 \cdot 6H_2O$，将沉淀过滤溶解后，用 EDTA 滴定其中的 Co^{2+}，就可间接求出 K^+ 的含量。

又如，SO_4^{2-} 含量的测定。SO_4^{2-} 不能与 EDTA 配位，常采用间接滴定法进行测定。即在含 SO_4^{2-} 的溶液中加入过量的已知准确浓度的 $BaCl_2$ 标准滴定溶液，使 SO_4^{2-} 与 Ba^{2+} 充分反应生成 $BaSO_4$ 沉淀，剩余的 Ba^{2+} 用 EDTA 标准滴定溶液滴定，用铬黑 T 作指示剂。由于 Ba^{2+} 与铬黑 T 的配合物不够稳定，终点颜色变化不明显，因此，实验时常加入已知量的 Mg^{2+} 标准溶液，以提高测定的准确性。

SO_4^{2-} 的质量分数可用下式求得：

$$w(SO_4^{2-}) = \frac{[c(Ba^{2+})V(Ba^{2+}) + c(Mg^{2+})V(Mg^{2+}) - c(EDTA)V(EDTA)]M(SO_4^{2-})}{m_s} \times 100\%$$

二、多组分含量的测定

当溶液中同时有几种待测金属离子共存，且都能与 EDTA 形成稳定的配合物时，可以通过控制溶液酸度或掩蔽与解蔽的方法分别测出各组分含量。

1. 控制溶液酸度

根据 EDTA 的酸效应曲线，若溶液中 M 和 N 金属离子浓度相近（或 $c_M = c_N$），同时它们与 EDTA 形成配合物的稳定常数满足 $\lg(c_M K_{MY}) - \lg(c_N K_{NY}) \geqslant 5$，则可选择性地通过控制溶液酸度的方法滴定待测离子 M，而共存离子 N 在此酸度下不被滴定。

【例 5-2】 能否用 EDTA 标准滴定溶液准确滴定浓度均为 0.01mol/L 的 Bi^{3+}、Pb^{2+} 混合液中的 Bi^{3+}？应如何控制酸度范围？

解 查表 5-1 得，$\lg K_{BiY} = 27.94$，$\lg K_{PbY} = 18.04$，则：

$$\Delta \lg K = 27.94 - 18.04 = 9.90 > 5$$

由于 $\lg(c_{Bi} K_{BiY}) - \lg(c_{Pb} K_{PbY}) \geqslant 5$，故可利用控制酸度的方法选择滴定 Bi^{3+}，而 Pb^{2+} 不干扰。

具体做法是：首先调节溶液的 pH 为 1，以二甲酚橙作指示剂，Bi^{3+} 与指示剂形成紫红色配合物，用 EDTA 标准滴定溶液滴定 Bi^{3+}；在滴定 Bi^{3+} 之后的溶液中，加六亚甲基四胺溶液，调节溶液 pH 为 5~6，此时 Pb^{2+} 与二甲酚橙形成紫红色配合物，再用 EDTA 标准滴定溶液继续滴定至黄色，即为滴定 Pb^{2+} 的终点，从而分别求出 Bi^{3+}、Pb^{2+} 的含量。

2. 掩蔽和解蔽

如果试液中待测金属离子 M 和 N 与 EDTA 配合物的稳定常数相差不大，即 $\lg K_{MY} - \lg K_{NY} < 5$，上述控制溶液酸度分步滴定的方法就不适用了。这种情况下，对于金属离子含量的测定，需要采用掩蔽和解蔽的方法。

掩蔽是利用加入一种能与某种金属离子形成更稳定配合物的试剂，以达到消除该离子干扰的目的，所用试剂称为掩蔽剂。解蔽是掩蔽的逆过程，即加入某种试剂，使被掩蔽的离子重新回到试液中，所用试剂称为解蔽剂。

例如，用 EDTA 滴定 Zn^{2+}（共存离子 Al^{3+}），因 $\lg K_{AlY} = 16.3$，$\lg K_{ZnY} = 16.5$，二者相差不大，要测定 Zn^{2+}，Al^{3+} 会产生干扰，可加入 NH_4F 作为掩蔽剂，Al^{3+} 与 F^- 形成稳定配合物 $[AlF_6]^{3-}$，调节溶液 pH = 5~6，即可用 EDTA 滴定 Zn^{2+}。再如，铜合金中锌的测定，就是在已掩蔽的 $[Zn(CN)_4]^{2-}$ 溶液中加入甲醛溶液使 $[Zn(CN)_4]^{2-}$ 解蔽，释放出的 Zn^{2+} 再用 EDTA 滴定。

常用的掩蔽法有沉淀掩蔽法、氧化还原掩蔽法和配位掩蔽法等。表 5-5 中列出了一些常用的配位掩蔽剂使用的条件及掩蔽的离子。

表 5-5　一些常用的配位掩蔽剂

名　　称	pH	被掩蔽离子	备　　注
KCN	>8	Ag^+、Zn^{2+}、Cd^{2+}、Hg^{2+}、Tl^+、Ni^{2+}、Cu^{2+}、Co^{2+} 及铂族元素	有剧毒
	6	Ni^{2+}、Cu^{2+}、Co^{2+}	
三乙醇胺（TEA）	10	Al^{3+}、Ti^{4+}、Sn^{4+}、Fe^{3+}	与 KCN 并用，可提高掩蔽效果
	11~12	Fe^{3+}、Al^{3+} 及少量 Mn^{2+}	
NH_4F	4~6	Al^{3+}、Ti^{4+}、Sn^{4+}、Zr^{2+}、W^{6+} 等	
	10	Al^{3+}、Mg^{2+}、Ca^{2+}、Sr^{2+}、Ba^{2+} 及稀土元素	除铝外均生成难溶氟化物沉淀
铜试剂（DDTC）	10	能与 Cu^{2+}、Bi^{3+}、Cd^{2+}、Pb^{2+}、Hg^{2+} 生成沉淀，其中 Cu-DDTC 为褐色，Bi-DDTC 为黄色，故其存在量分别小于 2mg 和 10mg	

续表

名　称	pH	被掩蔽离子	备　注
2,3-二巯基丙醇(BAL)	10	Bi^{3+}、Zn^{2+}、Cd^{2+}、Pb^{2+}、Hg^{2+}、Sn^{4+}、Ag^+、As^{3+}及少量Fe^{3+}、Ni^{2+}、Cu^{2+}、Co^{2+}	
酒石酸	1.2	Sb^{3+}、Sn^{4+}、Fe^{3+}及5mg以下的Cu^{2+}	在抗坏血酸存在下
	2	Sn^{4+}、Mn^{2+}	
	5.5	Fe^{3+}、Al^{3+}、Sn^{4+}、Ca^{2+}	
	6~7.5	Fe^{3+}、Al^{3+}、Mg^{2+}、Cu^{2+}、Mo^{4+}、Sb^{3+}	
	10	Fe^{3+}、Sn^{4+}	

实验 9　EDTA 标准滴定溶液的制备

一、目的与要求

1. 掌握间接法配制 EDTA 标准滴定溶液的原理和方法；
2. 熟悉铬黑 T(EBT) 的配制方法、应用条件和终点颜色判断。

二、实验原理

在 pH＝10 的 NH_3-NH_4Cl 缓冲溶液中，以铬黑 T(EBT) 作指示剂，用配制的 EDTA 溶液直接滴定基准物质 ZnO，终点由红色变为纯蓝色。

三、仪器与试剂

滴定装置。

EDTA 二钠盐（$Na_2H_2Y \cdot 2H_2O$），HCl（浓 HCl，1＋2），氨水（1＋1），NH_3-NH_4Cl 缓冲溶液（pH＝10，称取固体 NH_4Cl 5.4g，加水 20mL，加浓氨水 35mL，溶解后，以水稀释成 100mL，摇匀备用），铬黑 T（称取 0.25g 固体铬黑 T、2.5g 盐酸羟胺，以 50mL 无水乙醇溶解），氧化锌基准试剂（在 900℃灼烧至恒重）。

四、实验内容

1. 配制 EDTA 溶液（0.02mol/L）

称取分析纯 $Na_2H_2Y \cdot 2H_2O$ 3.7g，溶于 300mL 水中，加热溶解，冷却后转移至试剂瓶中，稀释至 500mL，充分摇匀，待标定。

2. 标定 EDTA 溶液

(1) Zn^{2+} 标准溶液 $[c(Zn^{2+})＝0.02mol/L]$ 的配制

准确称取基准物质 ZnO 0.4g，溶于 2mL 浓 HCl 和 25mL 水中，必要时加热促其溶解，定量转入 250mL 容量瓶中，稀释至刻度，摇匀。

$$c(Zn^{2+}) = \frac{m(ZnO)}{M(ZnO) \times 250 \times 10^{-3}}$$

式中　$c(Zn^{2+})$——Zn^{2+}标准溶液的浓度，mol/L；

$\qquad m(ZnO)$——基准物质 ZnO 的质量，g；

$\qquad M(ZnO)$——ZnO 的摩尔质量，g/mol。

（2）标定 EDTA 溶液

用移液管移取 25.00mL Zn^{2+} 标准溶液于 250mL 锥形瓶中，加 20mL 水，滴加（1+1）氨水至刚出现浑浊，此时 pH 约为 8，然后加入 10mL NH_3-NH_4Cl 缓冲溶液，加入铬黑 T 指示液 4 滴，用待标定的 EDTA 溶液滴定，当溶液由红色变为纯蓝色即为终点，记下消耗 EDTA 的体积。平行滴定 3 次，取平均值计算 EDTA 溶液的准确浓度。

五、数据处理

$$c(\text{EDTA}) = \frac{cV}{V(\text{EDTA})}$$

式中　　$c(\text{EDTA})$——EDTA 标准滴定溶液的浓度，mol/L；

c——Zn^{2+} 标准溶液的浓度，mol/L；

V——Zn^{2+} 标准溶液的体积，mL；

$V(\text{EDTA})$——滴定时消耗 EDTA 标准滴定溶液的体积，mL。

六、注意事项

1. 以基准物质配制 Zn^{2+}，要使基准物质溶解完全，且要全部转移至容量瓶中。

2. 滴加（1+1）氨水调整溶液酸度时要逐滴加入，且边加边摇动锥形瓶，防止滴加过量，以出现浑浊为限。滴加过快时，可能会使浑浊立即消失，误以为还没有出现浑浊。

3. 加入 NH_3-NH_4Cl 缓冲溶液后应尽快滴定，不宜放置过久。

七、思考与讨论

1. 配制 EDTA 标准滴定溶液为什么使用乙二胺四乙酸二钠而不使用乙二胺四乙酸？

2. 用氨水调节溶液 pH 时发生什么现象？写出反应方程式。

3. 为什么在调节溶液 pH=7～8 以后，再加入 NH_3-NH_4Cl 缓冲溶液？

实验 10　工业用水中钙镁总量的测定

一、目的与要求

1. 掌握用配位滴定法直接测定水中钙镁总量的原理和方法；

2. 掌握钙指示剂的应用条件和终点颜色判断。

二、实验原理

水的硬度测定包括水的总硬度和钙、镁硬度两种。前者是测定钙镁总量，后者是分别测定钙和镁的含量。

钙镁总量的测定：用 NH_3-NH_4Cl 缓冲溶液控制水样 pH=10，以铬黑 T 为指示剂，用三乙醇胺掩蔽 Fe^{3+}、Al^{3+} 等共存离子，用 Na_2S 消除 Cu^{2+}、Pb^{2+} 等离子的影响，用 EDTA 标准溶液直接滴定 Ca^{2+} 和 Mg^{2+}，终点时溶液由红色变为纯蓝色。

钙和镁含量的测定：用 NaOH 调节水试样 pH=12，Mg^{2+} 形成 $Mg(OH)_2$ 沉淀，用 EDTA 标准溶液直接滴定 Ca^{2+}，采用钙指示剂，终点时溶液由红色变为蓝色。镁硬度则可由总硬度与钙硬度之差求得。

三、仪器与试剂

滴定装置。

工业用水试样，EDTA 标准滴定溶液（0.02mol/L），铬黑 T，刚果红试纸，NH_3-NH_4Cl 缓冲溶液（pH＝10），钙指示剂，NaOH 溶液（4mol/L，160g 固体 NaOH 溶于 500mL 水中，冷却至室温，稀释至 1000mL），HCl 溶液（1＋1），三乙醇胺（200g/L），Na_2S 溶液（20g/L）。

四、实验内容

1. 钙镁总量的测定

用 50mL 移液管移取水试样 50.00mL，置于 250mL 锥形瓶中，加 1～2 滴 HCl 酸化（用刚果红试纸检验变蓝紫色），煮沸数分钟赶除 CO_2。冷却后，加入 3mL 三乙醇胺溶液、5mL NH_3-NH_4Cl 缓冲溶液、1mL Na_2S 溶液、3 滴铬黑 T 指示液，立即用 $c(EDTA)＝$ 0.02mol/L 的 EDTA 标准滴定溶液滴定至溶液由红色变为纯蓝色即为终点，记下消耗 EDTA 标准滴定溶液的体积 V_1。平行测定三次，取平均值，计算水样的钙镁总量。

2. 钙和镁含量的测定

用 50mL 移液管移取水试样 50.00mL，置于 250mL 锥形瓶中，加入刚果红试纸（pH 为 3～5，颜色由蓝变红）一小块。加入盐酸酸化，至试纸变蓝紫色为止。煮沸 2～3min，冷却至 40～50℃，加入 4mol/L NaOH 溶液 4mL，再加少量钙指示剂，以 $c(EDTA)＝$ 0.02mol/L 的 EDTA 标准滴定溶液滴定至溶液由红色变为蓝色即为终点，记下消耗 EDTA 标准滴定溶液的体积 V_2。平行测定三次，取平均值，计算水样的钙含量。

五、数据处理

钙镁总量：

$$\rho(CaCO_3)＝\frac{c(EDTA)V_1M(CaCO_3)}{V}\times10^3$$

或

$$度(°)＝\frac{c(EDTA)V_1M(CaO)}{V\times10}\times10^3$$

钙含量：

$$\rho(CaCO_3)＝\frac{c(EDTA)V_2M(CaCO_3)}{V}\times10^3$$

式中　$\rho(CaCO_3)$——水样的钙镁总量、钙含量，mg/L；

$c(EDTA)$——EDTA 标准滴定溶液的浓度，mol/L；

V_1——测定钙镁总量时消耗 EDTA 标准滴定溶液的体积，mL；

V_2——测定钙含量时消耗 EDTA 标准滴定溶液的体积，mL；

V——水样的体积，mL；

$M(CaCO_3)$——$CaCO_3$ 的摩尔质量，g/mol；

$M(CaO)$——CaO 的摩尔质量，g/mol。

六、注意事项

1. 滴定速度不能过快，接近终点时要慢，以免滴定过量。

2. 加入 Na_2S 后，若生成的沉淀较多，需将沉淀过滤。

3. 铬黑 T 指示液不能长期保存。

4. NH_3-NH_4Cl 缓冲溶液易挥发，故临时加入。

七、思考与讨论

1. 测定钙含量时为什么加盐酸？加盐酸应注意什么？

2. 以测定 Ca^{2+} 为例，写出终点前后的各反应式。说明指示剂颜色变化的原因。

3. 用氨水调节溶液 pH 时，先出现白色沉淀，后又溶解，解释现象，并写出反应方程式。

思考题与习题

一、简答题

1. 什么叫酸效应？什么叫酸效应系数？酸效应对配位平衡有何影响？

2. 酸效应曲线的作用有哪些？

3. 为什么在配位滴定中必须控制好溶液的酸度？

4. 什么叫金属指示剂？金属指示剂的作用原理是什么？它应该具备哪些条件？试举例说明。

5. 为什么配位滴定的指示剂只能在一定的 pH 范围内使用？

6. 有时要使用两种指示剂分别标定 EDTA，为什么？

7. EDTA 与金属配位时，有什么特点？

8. 什么是配合物的条件稳定常数？有何作用？绝对稳定常数与条件稳定常数有何区别？

9. Cu^{2+}、Zn^{2+}、Cd^{2+}、Ni^{2+} 等离子均能与 NH_3 形成配合物，为什么不能以氨水为滴定剂用配位滴定法来测定这些离子？

10. 假设 Mg^{2+} 和 EDTA 的浓度皆为 10^{-2} mol/L，在 pH=6 时，镁与 EDTA 配合物的条件稳定常数是多少（不考虑羟基配位等副反应）？

11. 什么是金属指示剂的僵化现象和封闭现象？

12. 铬蓝黑 R（EBR）指示剂的 H_2In^{2-} 是红色，HIn^{2-} 是蓝色，In^{3-} 是橙色。它的 $pK_{a_2}=7.3$，$pK_{a_3}=13.5$。它与金属离子形成的配合物 MIn 是红色。试问指示剂在不同 pH 范围各呈什么颜色？变化点的 pH 是多少？它在什么 pH 范围内能用作金属离子指示剂？

13. 两种金属离子 M 和 N 共存时，什么条件下才可用控制酸度的方法进行分别滴定？

14. 怎样判断某金属离子能否用 EDTA 滴定？怎样判断共存金属离子是否干扰滴定？

15. 浓度为 2.0×10^{-2} mol/L 的 Th^{4+}、La^{3+} 混合溶液，欲用 0.02000 mol/L EDTA 分别滴定，试问：

(1) 有无可能分步滴定？

(2) 若在 pH=3.0 时滴定 Th^{4+}，能否直接准确滴定？

(3) 滴定 Th^{4+} 后，是否可能滴定 La^{3+}？讨论滴定 La^{3+} 适宜的酸度范围，已知 $La(OH)_3$ 的 $K_{sp}=10^{-18.8}$。

(4) 滴定 La^{3+} 时选择何种指示剂较为适宜？为什么？已知 pH≤2.5 时，La^{3+} 不与二甲酚橙显色。

16. 配制和标定 EDTA 标准滴定溶液时，对所用试剂和水有何要求？

17. 能用于标定 EDTA 的基准试剂很多，具体实验中应怎样加以选择？

二、选择题

1. EDTA 与金属离子多数是以（　　）的关系配合。

　　A. 1∶5　　　B. 1∶4　　　C. 1∶2　　　D. 1∶1

2. 在配位滴定中，直接滴定法的条件包括（　　）。

　　A. $\lg cK'_{MY} \leqslant 8$ 　　　　　　　　　B. 溶液中无干扰离子

　　C. 有变色敏锐且无封闭作用的指示剂　　　D. 反应在酸性溶液中进行

3. 测定水中钙硬时，Mg^{2+} 的干扰是用（　　）消除的。

　　A. 控制酸度法　　　B. 配位掩蔽法　　　C. 氧化还原掩蔽法　　　D. 沉淀掩蔽法

4. 配位滴定中加入缓冲溶液的原因是（　　）。

　　A. EDTA 配位能力与酸度有关　　　　　　　B. 金属指示剂有其使用的酸度范围

　　C. EDTA 与金属离子反应过程中会释放出 H^+　　　D. K'_{MY} 会随酸度改变而改变

5. 在直接配位滴定法中，终点时，一般情况下溶液显示的颜色为（　　）。

　　A. 被测金属离子与 EDTA 配合物的颜色

　　B. 被测金属离子与指示剂配合物的颜色

　　C. 游离指示剂的颜色

　　D. 金属离子与指示剂配合物和金属离子与 EDTA 配合物的混合色

6. 用 EDTA 测定 SO_4^{2-} 时，应采用的方法是（　　）。

　　A. 直接滴定　　　B. 间接滴定　　　C. 返滴定　　　D. 连续滴定

7. 配位滴定中，使用金属指示剂二甲酚橙，要求溶液的酸度条件是（　　）。

　　A. pH＝6.3～11.6　　　B. pH＝6.0　　　C. pH＞6.0　　　D. pH＜6.0

8. 在 Fe^{3+}、Al^{3+}、Ca^{2+}、Mg^{2+} 混合溶液中，用 EDTA 测定 Fe^{3+}、Al^{3+} 的含量时，为了消除 Ca^{2+}、Mg^{2+} 的干扰，最简便的方法是（　　）。

　　A. 沉淀分离法　　　B. 控制酸度法　　　C. 配位掩蔽法　　　D. 溶剂萃取法

9. EDTA 滴定金属离子 M，MY 的绝对稳定常数为 K_{MY}，当金属离子 M 的浓度为 0.01mol/L 时，下列 $\lg \alpha_{Y(H)}$ 对应的 pH 是滴定金属离子 M 的最高允许酸度的是（　　）。

　　A. $\lg \alpha_{Y(H)} \geqslant \lg K_{MY} - 8$　　　　B. $\lg \alpha_{Y(H)} = \lg K_{MY} - 8$

　　C. $\lg \alpha_{Y(H)} \geqslant \lg K_{MY} - 6$　　　　D. $\lg \alpha_{Y(H)} \leqslant \lg K_{MY} - 3$

三、计算题

1. 称取 0.5000g 煤试样，熔融并使其中硫完全氧化成 SO_4^{2-}。溶解并除去重金属离子后，加入 0.05000mol/L $BaCl_2$ 20.00mL，使生成 $BaSO_4$ 沉淀。过量的 Ba^{2+} 用 0.02500mol/L EDTA 滴定，用去 20.00mL。计算试样中硫的质量分数。

2. 称取 0.5000g 铜锌镁合金，溶解后配成 100.0mL 试液。移取 25.00mL 试液，调至 pH＝6.0，用 PAN 作指示剂，用 37.30mL 0.05000mol/L EDTA 标准溶液滴定 Cu^{2+} 和 Zn^{2+}。另取 25.00mL 试液，调至 pH＝10.0，加 KCN 掩蔽 Cu^{2+} 和 Zn^{2+} 后，用 4.10mL 等浓度的 EDTA 标准溶液滴定 Mg^{2+}。然后再滴加甲醛解蔽 Zn^{2+}，又用上述 EDTA 标准溶液 13.40mL 滴定至终点。计算试样中铜、锌、镁的质量分数。

3. 称取含 Fe_2O_3 和 Al_2O_3 的试样 0.2000g，将其溶解，在 pH＝2.0 的热溶液（50℃左

右）中，以磺基水杨酸作指示剂，用 0.02000mol/L EDTA 标准溶液滴定试样中的 Fe^{3+}，用去 18.16mL，然后将试样调至 pH=3.5，加入上述 EDTA 标准溶液 25.00mL，并加热煮沸。再调试液 pH=4.5，以 PAN 作指示剂，趁热用 $CuSO_4$ 标准溶液（每毫升含 $CuSO_4$·$5H_2O$ 0.005000g）返滴定，用去 8.12mL。计算试样中 Fe_2O_3 和 Al_2O_3 的质量分数。

4. 称取不纯的氯化钡试样 0.2000g，溶解后加入 40.00mL 浓度为 0.1000mol/L 的 EDTA 标准滴定溶液，待 Ba^{2+} 与 EDTA 配位后，再以 NH_3-NH_4Cl 缓冲溶液调节至 pH=10，以铬黑 T 为指示剂，用 0.1000mol/L 的 $MgSO_4$ 标准滴定溶液滴定过量的 EDTA，用去 31.00mL。求试样中 $BaCl_2$ 的质量分数。

5. 测定某装置冷却用水中钙镁总量时，吸取水样 100mL，以铬黑 T 为指示剂，在 pH=10 时，用 $c(EDTA)=0.0200mol/L$ 标准滴定溶液滴定，终点消耗了 5.26mL。求以 $CaCO_3$ 表示的钙镁总量（mg/L）。

第六章　沉淀滴定与称量分析法

第一节　概　　述

沉淀滴定法是利用沉淀反应来进行滴定分析的方法。称量分析法是利用沉淀反应，使待测组分生成难溶化合物沉淀析出，沉淀经过滤、洗涤、烘干或灼烧和称量，求得被测组分含量的方法。

沉淀滴定法和称量分析法都是以物质的沉淀反应为基础的分析方法。为了掌握这两类方法的理论知识和操作技能，必须对沉淀与溶解平衡有关的问题进行讨论。

一、溶度积原理

在水中绝对不溶的物质是不存在的，物质在水（溶剂）中溶解能力的大小通常用溶解度来表示。对于难溶电解质来说，在一定温度下的溶解度是一定值，其溶解所形成的离子浓度也是一定值，这时难溶电解质溶液中离子浓度的乘积就是一个常数。这个常数称为溶度积，用 K_{sp} 表示。例如，$AgCl(s) \rightleftharpoons Ag^+ + Cl^-$，在一定温度下，当 AgCl 溶解和沉淀的速率相等时，也就是 AgCl 的溶解-沉淀处于平衡状态时，则有 $K_{sp,AgCl} = [Ag^+][Cl^-]$，其中 $[Ag^+]$、$[Cl^-]$ 分别表示饱和溶液中 Ag^+、Cl^- 的离子浓度，$K_{sp,AgCl}$ 称为 AgCl 的溶度积常数，简称溶度积。

溶度积与其他平衡常数一样，除与温度有关外还与物质的溶解性有关。K_{sp} 越小，该物质越难溶，溶解度越小。

利用 K_{sp} 可以判断沉淀的生成和溶解。对于某一难溶电解质溶液，其离子浓度之积（离子积）用 Q_c 表示，当 $Q_c = K_{sp}$ 时，沉淀和溶解处于平衡状态，溶液饱和，无沉淀生成，原有沉淀也不溶解；当 $Q_c > K_{sp}$ 时，溶液过饱和，有沉淀生成；当 $Q_c < K_{sp}$ 时，为不饱和溶液，无沉淀生成，原有沉淀溶解。

二、分步沉淀

在滴定分析溶液中往往同时含有几种离子，当加入同一种沉淀剂时，不同离子生成难溶电解质依次产生沉淀，这种现象称为分步沉淀。究竟溶液中哪种离子先沉淀，哪种离子后沉淀呢？应用 K_{sp} 原理可以判断离子生成沉淀的先后顺序，离子积先达到溶度积的离子先产生沉淀，反之就后生成沉淀。

【例 6-1】 在 $c(Cl^-)=c(CrO_4^{2-})=0.10mol/L$ 的 Cl^- 和 CrO_4^{2-} 混合溶液中，加入 $AgNO_3$ 沉淀剂，试判断 $AgCl$ 和 Ag_2CrO_4 分步沉淀的次序。

解 $AgNO_3$ 和 Cl^-、CrO_4^{2-} 的反应分别是：

$$Ag^+ + Cl^- \rightleftharpoons AgCl \qquad K_{sp}=1.8\times10^{-10}$$

$$2Ag^+ + CrO_4^{2-} \rightleftharpoons Ag_2CrO_4 \qquad K_{sp}=2.0\times10^{-12}$$

分别计算开始生成 $AgCl$ 和 Ag_2CrO_4 沉淀时所需 Ag^+ 的最小浓度：

$$K_{sp}=[Ag^+][Cl^-]$$

$$[Ag^+]=\frac{K_{sp}}{[Cl]^-}=\frac{1.8\times10^{-10}}{0.10}=1.8\times10^{-9}(mol/L)$$

$$K_{sp}=[Ag^+]^2[CrO_4^{2-}]$$

$$[Ag^+]=\sqrt{\frac{K_{sp}}{[CrO_4^{2-}]}}=\sqrt{\frac{2.0\times10^{-12}}{0.10}}=4.5\times10^{-6}(mol/L)$$

可见，生成 $AgCl$ 沉淀所需 $[Ag^+]$ 比生成 Ag_2CrO_4 沉淀所需 $[Ag^+]$ 小得多，所以加入沉淀剂 $AgNO_3$ 溶液时，$[Ag^+]$ 与 $[Cl^-]$ 的乘积先达到 $AgCl$ 的溶度积，则 $AgCl$ 先沉淀出来。

利用分步沉淀过程，可以使混合离子相互分离或连续滴定。

三、沉淀的转化

一种难溶电解质在沉淀剂的作用下，转化生成另一种更难溶的电解质的现象，称为沉淀的转化。沉淀的转化是使难溶电解质溶解的一种方法。例如，用福尔哈德法测定烧碱中氯化钠含量时，若不采取掩蔽措施，在用 NH_4SCN 标准滴定溶液滴定过量的 $AgNO_3$ 时，由于 $AgSCN$ 的溶度积（$K_{sp}=1.8\times10^{-12}$）小于 $AgCl$ 的溶度积（$K_{sp}=1.8\times10^{-10}$），NH_4SCN 不仅与溶液中的 Ag^+ 作用析出 $AgSCN$ 沉淀，而且还能将原已沉淀的 $AgCl$ 溶解发生沉淀转化，最后导致测试结果偏低。

沉淀能否转化的关键取决于两种沉淀溶度积的相对大小。两者 K_{sp} 相差越大，沉淀之间越容易转化，且溶度积大的沉淀向溶度积小的沉淀方向转化。利用沉淀转化作用，可以解决一些实际问题，如锅炉内 $CaSO_4$ 的清除。

四、沉淀的吸附

沉淀形成时，溶液中的其他组分或多或少地被夹杂在沉淀中，使沉淀被污染，影响沉淀的纯度，也影响分析测试结果的准确度。产生这种影响的主要原因是共沉淀和后沉淀形成所致。

1. 共沉淀

当沉淀从溶液中析出时，溶液中某些可溶性的杂质也同时沉淀下来的现象，叫做共沉淀。共沉淀现象是致使沉淀被玷污、引起沉淀不纯的主要因素，是称量分析法中误差的主要来源之一。共沉淀主要有表面吸附、吸留、包夹和生成混晶。

（1）表面吸附

表面吸附是在沉淀的表面上吸附了杂质，是沉淀表面离子电荷的不完全平衡产生自由静电力场而产生的。因沉淀表面静电引力作用吸引了溶液中带相反电荷的离子，使沉淀微粒表面带有电荷，形成吸附层。吸附层上带电荷的微粒又吸引溶液中带相反电荷的离子，构成电中性的分子，沉淀表面吸附了杂质分子。沉淀表面积越大，吸附的杂质量越多；杂质的离子浓度越大，吸附的量越多；溶液的温度越高，吸附的杂质量越少。

（2）吸留和包夹

由于在沉淀过程中沉淀生成速度太快，沉淀表面吸附的杂质离子来不及离开，就被生成的沉淀覆盖而包藏在沉淀内部的现象称为吸留，若包在沉淀内部的是母液则称为包夹。吸留是一种吸附，具有选择性，符合吸附规律；包夹无选择性，包夹的杂质可能有母液中的各种离子、分子。用洗涤的方法不能除去吸留和包夹的杂质，常用重结晶或陈化的方法进行纯化。

（3）生成混晶

当杂质离子与构晶离子的半径相近，且形成的晶体结构相同时，杂质离子进入晶核排列中生成混晶。混晶的生成使沉淀严重不纯，常在沉淀前先将杂质分离除去，而避免生成混晶。

2. 后沉淀

后沉淀是指在沉淀析出后，溶液中某些杂质离子慢慢沉积到原沉淀上的现象。沉淀在试液中放置时间越长，后沉淀引入杂质的量越多。例如，有 Mg^{2+} 存在时，以 $(NH_4)_2C_2O_4$ 沉淀 Ca^{2+}，Mg^{2+} 易形成稳定的 MgC_2O_4 过饱和溶液而不立即析出；但在形成 CaC_2O_4 沉淀后，MgC_2O_4 会在沉淀的表面上析出。析出 MgC_2O_4 的量随溶液放置时间的增长而增多。因此，为防止后沉淀的发生，应缩短沉淀与母液共置的时间。

在称量分析法中，共沉淀和后沉淀现象对测定结果影响较大，应尽量克服和避免。

五、沉淀完全的条件

同离子效应、盐效应、酸效应、配位效应等因素是影响沉淀完全的条件。

1. 同离子效应

沉淀反应达到平衡后，当沉淀剂过量时，与沉淀组成相同的离子浓度增大，沉淀的溶解度减小的现象，称为同离子效应。

例如，25°C 时，$BaSO_4$ 在水中的溶解度为 $s = [Ba^{2+}] = [SO_4^{2-}] = \sqrt{K_{sp}} = \sqrt{1.1 \times 10^{-10}} = 1.0 \times 10^{-5} mol/L$，若使溶液中 $[SO_4^{2-}]$ 增至 $0.1 mol/L$，则 $BaSO_4$ 的溶解度为 $s = [Ba^{2+}] = \dfrac{K_{sp}}{[SO_4^{2-}]} = \dfrac{1.1 \times 10^{-10}}{0.1} = 1.1 \times 10^{-9} mol/L$，即加入同离子 SO_4^{2-} 时 $BaSO_4$ 的溶解度减小至原来的万分之一。

在称量分析法中，通常加入过量沉淀剂，利用同离子效应使被测组分沉淀完全。但沉淀剂的加入量过多，会发生盐效应、酸效应及配位效应等，反而会使沉淀的溶解度增大。通常沉淀剂过量 $50\% \sim 100\%$；对于灼烧时不易挥发除去的沉淀剂通常过量 $20\% \sim 30\%$。

2. 盐效应

在难溶电解质的饱和溶液中，加入其他易溶强电解质，使难溶电解质的溶解度比同温度时在纯水中的溶解度增加的现象，称为盐效应。

产生盐效应的原因是当强电解质的浓度增大到一定程度时，离子间的作用力增大，从而牵制难溶电解质的形成，引起难溶电解质沉淀的溶解度增大。盐效应和同离子效应同时存在，当沉淀溶解度很小时，盐效应的影响非常小，可以忽略不计；当沉淀的溶解度较大时，盐效应的影响必须注意。

3. 酸效应

溶液的酸度对沉淀溶解度的影响，称为酸效应。产生酸效应的原因是沉淀的构晶离子与溶液中的 H^+ 或 OH^- 发生了副反应，使沉淀反应平衡向右移动，致使沉淀的溶解度增大。通过计算可知，在 pH＝5 和 pH＝2 时，沉淀 CaC_2O_4 的溶解度分别为 $s=4.8\times10^{-5}\,mol/L$ 和 $s=6.1\times10^{-4}\,mol/L$，即 CaC_2O_4 在 pH＝2 的溶液中的溶解度约是在 pH＝5 的溶液中的溶解度的 13 倍。

酸效应的影响与沉淀类型有关。对于弱酸盐沉淀（如碳酸盐、草酸盐等），应在较低的酸度下进行沉淀；对于强酸盐沉淀（如 AgCl 等），溶液的酸度对沉淀的溶解度影响不大；但对于硫酸盐沉淀，因 H_2SO_4 的 K_{a_2} 不大，溶液的酸度太高时，沉淀的溶解度增大且还伴随盐效应的影响。

4. 配位效应

在进行沉淀反应时，若溶液中存在能与沉淀的离子形成配合物的配位剂，则反应向沉淀溶解的方向进行，使沉淀溶解度增大，这种现象称为配位效应。配位剂的浓度愈大，生成的配合物愈稳定，沉淀的溶解度愈大。

在称量分析法中，有时沉淀剂本身就是配位剂，既有同离子效应，降低沉淀的溶解度，又有配位效应，增大沉淀的溶解度。若沉淀剂适当过量，同离子效应起主导作用，沉淀的溶解度降低；若沉淀剂过量太多，则配位效应起主导作用，沉淀的溶解度反而增大。

总之，在称量分析法中由于各种效应的影响，要严格控制沉淀剂的用量，控制溶液的酸度，选择辅助试剂时，要注意配位效应对沉淀溶解度的影响。

5. 其他因素

（1）温度

一般来说，沉淀的溶解度随温度的升高而增大，因沉淀溶解反应绝大部分是吸热反应。对于一些在热溶液中溶解度较大的沉淀，为了避免因沉淀溶解而引起损失，应在热溶液中进行沉淀反应，在室温下进行过滤和洗涤，如 CaC_2O_4、$MgNH_4PO_4$ 等；对于溶解度很小、冷却后又很难过滤和洗涤的沉淀，应在热溶液中趁热过滤沉淀，并用热洗涤液进行洗涤。

（2）溶剂

无机物沉淀绝大部分是离子型晶体，其在水中的溶解度一般比在有机溶剂中大；当采用有机沉淀剂时，沉淀在有机溶剂中的溶解度较大。

（3）沉淀颗粒

溶解度与沉淀颗粒大小有关。晶体颗粒大，溶解度小；晶体颗粒小，溶解度大。

六、选择沉淀剂和称样量

1. 选择沉淀剂

（1）沉淀剂的分类

按物质的组成不同，沉淀剂可分为无机沉淀剂和有机沉淀剂。由于无机沉淀剂的选择性较差、沉淀溶解度较大、吸附杂质较多，且不易过滤和洗涤，目前应用较少。有机沉淀剂与无机沉淀剂比较，具有以下特点。

① 选择性高。在一定条件下，只与少数离子起沉淀反应。

② 沉淀的溶解度小。有机沉淀剂的疏水性强、溶解度较小，有利于沉淀完全。

③ 沉淀吸附杂质少。有机沉淀剂的极性小、吸附杂质离子少，易于获得纯净的沉淀。

④ 沉淀称量形式的摩尔质量大。被测组分在称量形式中占的百分比小，有利于提高分析结果的准确度；沉淀的组成恒定，经烘干后就可称量，简化称量分析法的操作。

应该注意，有机沉淀剂一般在水中的溶解度较小；有些沉淀的组成不恒定。

（2）有机沉淀剂

按作用原理不同，有机沉淀剂可以分为生成螯合物的沉淀剂即螯合剂和生成离子缔合物的沉淀剂即缔合剂。

① 螯合剂。能形成螯合物沉淀的有机沉淀剂，至少应具有两种基团：一种是酸性基团，如—OH、—COOH、＝NOH、—SH 和—SO_3H 等，其中的 H^+ 可被金属离子置换；另一种是碱性基团，如—NH_2、＝NH、＝N—、C＝O 及 C＝S 等，基团中具有未被共用的电子对，与金属离子形成配位键。

② 缔合剂。阴离子和阳离子以较强的静电引力相结合而形成的化合物，叫作离子缔合物。例如，四苯硼酸阴离子与 K^+ 的反应 $K^+ + B(C_6H_5)_4^- \longrightarrow KB(C_6H_5)_4$，$KB(C_6H_5)_4$ 溶解度很小，组成恒定，烘干后即可直接称量，所以 $NaB(C_6H_5)_4$ 是测定 K^+ 的较好沉淀剂。

常用有机沉淀剂可参考有关书籍和资料，这里不作详细介绍。

（3）沉淀剂的选择原则

① 选择性好。选用的沉淀剂只能与待测组分生成沉淀，而与试液中的其他组分不起作用。例如，丁二酮肟和 H_2S 都可以沉淀 Ni^{2+}，但在测定 Ni^{2+} 时常用前者。

② 生成溶解度最小的沉淀。所选的沉淀剂应能使待测组分沉淀完全。例如，难溶的钡化合物有 $BaCO_3$、$BaCrO_4$、BaC_2O_4 和 $BaSO_4$，根据其溶解度可知 $BaSO_4$ 溶解度最小，因此以 $BaSO_4$ 的形式沉淀 Ba^{2+} 比生成其他难溶化合物所引起的误差小。

③ 易挥发或经灼烧易除去。沉淀中带有的沉淀剂即便未洗净，经烘干或灼烧也可除去。

④ 选用溶解度较大的沉淀剂。可以减少沉淀对沉淀剂的吸附作用。例如，利用生成难溶钡盐化合物沉淀 SO_4^{2-} 时，应选 $BaCl_2$ 作沉淀剂，而不用 $Ba(NO_3)_2$。这是因为 $Ba(NO_3)_2$ 的溶解度比 $BaCl_2$ 小，$BaSO_4$ 吸附 $Ba(NO_3)_2$ 比吸附 $BaCl_2$ 严重。

2. 称样量

称量分析法中称取试样量的多少，主要取决于沉淀类型。对于生成体积小、易过滤和易洗涤的晶形沉淀，可多称取一些试样；对于生成体积较大、不易过滤和不易洗涤的无定形沉淀，称取的试样量要少一些。一般晶形沉淀的质量应在 0.3～0.5g 之间；无定形沉淀的质量在 0.1～0.2g 之间为宜。可根据不同类型沉淀的质量范围，计算出试样的称取量。

【例 6-2】　测定 $BaCl_2 \cdot H_2O$ 试样中 Ba^{2+} 的含量，使 Ba^{2+} 沉淀为 $BaSO_4$，应称取多少克 $BaCl_2 \cdot H_2O$ 试样？

解　首先知道生成的 $BaSO_4$ 沉淀是晶形沉淀，然后根据晶形沉淀质量的要求应在 0.3～0.5g 之间，假如以 0.4g 为基准，设需 $BaCl_2 \cdot H_2O$ xg。

$$BaCl_2 \cdot H_2O \longrightarrow BaSO_4$$

$$244.3 \qquad\qquad 233.4$$

$$x \qquad\qquad 0.4$$

$$x=\frac{244.3\times0.4}{233.4}=0.42(\mathrm{g})$$

答：应称取 $BaCl_2\cdot H_2O$ 试样的质量为 0.4g 左右。

第二节　沉淀滴定法

沉淀滴定法是以沉淀反应为基础的滴定分析方法。沉淀滴定法除了要求反应定量进行外，还必须具备沉淀反应迅速，反应选择性好，反应按一定的化学计量关系定量进行，有适当的方法指示滴定终点，生成的沉淀纯净、组成恒定、溶解度小，且沉淀的吸附现象不妨碍终点的确定。由于受到这些条件的限制，实际上能用于沉淀滴定的反应不多，最常用的是生成难溶银盐的"银量法"。

一、莫尔法

1. 滴定原理

在中性或弱碱性条件下，用铬酸钾作指示剂，用 $AgNO_3$ 标准滴定溶液直接滴定 Cl^- 和 Br^-。以测定 Cl^- 为例，反应如下：

化学计量点前　　　　$Ag^+ + Cl^- \Longleftrightarrow AgCl\downarrow$　（白色）

化学计量点后　　　$2Ag^+ + CrO_4^{2-} \Longleftrightarrow Ag_2CrO_4\downarrow$（砖红色）

根据分步沉淀原理，由于 AgCl 的溶解度比 Ag_2CrO_4 小，在滴定过程中首先析出 AgCl 沉淀，当 AgCl 定量沉淀后，稍过量的滴定剂 $AgNO_3$ 与指示剂 K_2CrO_4 反应，生成砖红色的 Ag_2CrO_4 沉淀，以指示滴定终点。

2. 滴定条件

（1）指示剂用量

当指示剂 K_2CrO_4 浓度过高时，终点出现过早且溶液颜色较深，影响终点观察，使分析结果偏低；浓度过低，终点出现过迟，使分析结果偏高。因此要控制 K_2CrO_4 浓度，以减小终点误差，获得准确的分析结果。根据溶度积原理，在化学计量点：

$$[Ag^+]=[Cl^-]=\sqrt{K_{sp,AgCl}}=\sqrt{1.8\times10^{-10}}=1.3\times10^{-5}(\mathrm{mol/L})$$

这时，若恰好析出 Ag_2CrO_4 沉淀，则所需 CrO_4^{2-} 的浓度应为：

$$[CrO_4^{2-}]=\frac{2.0\times10^{-12}}{(1.3\times10^{-5})^2}=1.2\times10^{-2}(\mathrm{mol/L})$$

由于 K_2CrO_4 溶液的黄色影响终点的观察，其实际用量一般为 $0.003\sim0.005\mathrm{mol/L}$，即在 100mL 溶液中加入 50g/L K_2CrO_4 溶液 $1\sim2$mL。

由于实际加入的 K_2CrO_4 溶液的浓度比上面计算所需的小，因此要能生成 Ag_2CrO_4 沉淀，所需 Ag^+ 的浓度就较高。当滴定物浓度均为 0.1mol/L 时，终点误差为 +0.06%，不影响分析结果的准确度；如果滴定物浓度降至 0.01mol/L，则误差可达 +0.6%，超出滴定分析所允许的误差范围。这种情况下，则需要校正指示剂的空白值，以减小误差。

（2）溶液的酸度

莫尔法滴定所需的适宜酸度条件为中性或弱碱性。

在酸性溶液中，因为 Ag_2CrO_4 易溶于酸，降低了 CrO_4^{2-} 的浓度，使 Ag_2CrO_4 沉淀出现过迟，甚至不生成沉淀。

在强碱性溶液中，会有褐色 Ag_2O 沉淀析出：

$$Ag^+ + OH^- \longrightarrow AgOH\downarrow$$

$$2Ag^+ + 2OH^- \longrightarrow Ag_2O\downarrow(褐色) + H_2O$$

在氨性溶液中，能形成银氨配离子而使 AgCl 及 Ag_2CrO_4 的溶解度增大，影响测定结果。

$$Ag^+ + 2NH_3 \longrightarrow [Ag(NH_3)_2]^+$$

因此，滴定时溶液的 pH 控制在 $6.5\sim10.5$ 为宜。若溶液酸性太强，可用 $Na_2B_4O_7 \cdot 10H_2O$、$NaHCO_3$ 或 $CaCO_3$ 中和；若溶液碱性太强，可用稀硝酸中和后再进行滴定。另外，有 NH_4^+ 存在时，滴定的 pH 范围应控制在 $6.5\sim7.2$ 之间。

（3）滴定时应剧烈摇动

由于先产生的 AgCl 沉淀容易吸附溶液中的 Cl^-，溶液中 Cl^- 浓度低，会导致滴定终点提前出现，从而引入误差，因此，滴定时应剧烈摇动，以减少吸附。用莫尔法测定 Br^- 吸附现象更为严重。

（4）莫尔法的干扰离子

凡是能与 Ag^+ 生成沉淀或配合物的阴离子，如 PO_4^{3-}、AsO_4^{3-}、SO_3^{2-}、S^{2-}、CO_3^{2-}、$C_2O_4^{2-}$，或能与 CrO_4^{2-} 生成沉淀的阳离子，如 Pb^{2+}、Ba^{2+} 等，都干扰测定。有色离子，如 Cu^{2+}、Ni^{2+}、Co^{2+} 等的存在会影响终点的观察；在中性或碱性溶液中发生水解的离子，如 Fe^{3+}、Al^{3+}、Bi^{3+}、Sn^{4+} 也干扰测定。应对它们进行预先分离，以免干扰测定或影响观察滴定终点。

莫尔法主要用于测定 Cl^-、Br^- 和 Ag^+。当 Cl^- 和 Br^- 共存时，测得的结果是它们的总量。测定 Ag^+ 时，需用返滴定法，即向试液中加入过量的 NaCl 标准溶液，然后再用 $AgNO_3$ 标准溶液滴定剩余量的 Cl^-。若直接滴定，由于指示剂已与 Ag^+ 生成 Ag_2CrO_4 沉淀，Ag_2CrO_4 转化为 AgCl 的速率缓慢，滴定终点难以确定。

莫尔法不宜测定 I^- 和 SCN^-，因为滴定生成的 AgI 和 AgSCN 会强烈吸附 I^- 和 SCN^-，使滴定终点过早出现，造成较大的滴定误差。

二、福尔哈德法

1. 滴定原理

在酸性（HNO_3）介质中，用铁铵矾 $[NH_4Fe(SO_4)_2 \cdot 12H_2O]$ 作指示剂，用 NH_4SCN（或 KSCN）为标准溶液滴定的银量法称为福尔哈德法。根据滴定方式的不同，福尔哈德法分为直接滴定法和返滴定法两种。

（1）直接滴定法——测银

用 NH_4SCN 标准滴定溶液滴定 Ag^+，产生 AgSCN 沉淀。化学计量点后，稍微过量的 SCN^- 就与指示剂 Fe^{3+} 生成 $[Fe(SCN)]^{2+}$ 红色配离子。反应如下：

化学计量点前　　　　　$Ag^+ + SCN^- \rightleftharpoons AgSCN\downarrow(白色)$

化学计量点后　　　　　$Fe^{3+} + SCN^- \rightleftharpoons [FeSCN]^{2+}(红色)$

（2）返滴定法——测卤素

向试液中加入过量的 $AgNO_3$ 标准溶液，待 $AgNO_3$ 与被测物质反应完全后，剩余的 Ag^+ 再用 NH_4SCN 标准溶液回滴，以铁铵矾作指示剂，滴定到溶液浅红色出现时为终点。如 Cl^- 的测定，反应如下：

$$Ag^+ + Cl^- \rightleftharpoons AgCl\downarrow(白色) \qquad K_{sp} = 1.8\times10^{-10}$$

化学计量点前　　$Ag^+ + SCN^- \rightleftharpoons AgSCN\downarrow(白色) \qquad K_{sp} = 1.0\times10^{-12}$

化学计量点后　　$SCN^- + Fe^{3+} \rightleftharpoons [FeSCN]^{2+}(红色) \qquad K = 200$

2. 滴定条件

(1) 指示剂用量

当滴定至计量点时，要求正好生成 [FeSCN]$^{2+}$ 以确定终点，要能观察到 [FeSCN]$^{2+}$ 的颜色，[FeSCN]$^{2+}$ 的浓度要达到 6×10^{-6} mol/L，此时 $[Fe^{3+}] = 0.04$ mol/L，Fe^{3+} 使溶液呈较深的橙黄色，影响终点的观察。通常保持 $[Fe^{3+}]$ 在 0.015 mol/L 时误差很小。

(2) 溶液的酸度

在 0.1～1 mol/L 的 HNO_3 介质中进行测定。在酸性溶液中进行滴定是福尔哈德法的最大优点，使在中性或弱碱性介质中能与 Ag^+ 产生沉淀的阴离子都不干扰滴定，增加方法的选择性。$NH_4Fe(SO_4)_2 \cdot 12H_2O$ 指示剂中 Fe^{3+} 主要以 $[Fe(H_2O)_6]^{3+}$ 存在，此时 Fe^{3+} 颜色较浅。如果酸度较低，Fe^{3+} 发生水解，形成颜色较深的 $[Fe(H_2O)_5(OH)]^{2+}$、$[Fe(H_2O)_4(OH)_2]^+$ 等，影响终点观察；如果酸度更低，甚至产生 $Fe(OH)_3$ 沉淀；若酸度过高，会使 SCN^- 浓度减小。

(3) 滴定时应充分摇动

在滴定过程中，AgSCN 沉淀具有强烈的吸附作用，所以会有部分 Ag^+ 被吸附，使指示剂过早显色，测定结果偏低。滴定时必须充分摇动溶液，使被吸附的 Ag^+ 及时释放出来减少吸附。

(4) 福尔哈德法的干扰离子

一些强氧化剂、氮的低价氧化物及铜盐、汞盐等能与 SCN^- 反应，干扰测定，应预先分离。

此法可用于测定 Cl^-、Br^-、I^- 和 Ag^+ 等。值得注意的是 Cl^- 的测定，因为在滴定的同一溶液中，存在着两种不同的沉淀 AgCl($K_{sp} = 1.8 \times 10^{-10}$) 和 AgSCN($K_{sp} = 1.0 \times 10^{-12}$)，由于 AgSCN 的溶度积小于 AgCl 的溶度积，因此在化学计量点后，过量的 SCN^- 能与 AgCl 沉淀发生反应，使 AgCl 转化为 AgSCN。

$$AgCl + SCN^- \Longrightarrow AgSCN \downarrow + Cl^-$$

因此当滴定到溶液红色出现时，随着不停地摇动溶液，生成的红色又逐渐地消失。如果继续滴定到持久性红色，必然多消耗 NH_4SCN 溶液，使测得的 Cl^- 含量偏低。为避免转化反应的发生，可在滴入 NH_4SCN 标准滴定溶液之前，加入一定量密度比水大的有机试剂，如硝基苯或邻苯二甲酸二丁酯。用力摇动使 AgCl 沉淀进入有机试剂层，与被滴定的溶液隔开，再用 NH_4SCN 标准滴定溶液返滴定。测定 Br^- 及 I^- 时，由于 $K_{sp,AgBr} = 5.0 \times 10^{-13}$ 和 $K_{sp,AgI} = 8.3 \times 10^{-17}$，均小于 AgSCN 的溶度积，故无需采取上述措施。但是测定 I^- 时，由于指示剂中的 Fe^{3+} 能将 I^- 氧化为 I_2，使测定结果偏低，故应在加入 $AgNO_3$ 后再加入指示剂。

福尔哈德法除用于测定可溶性无机物外，还可以测定一些有机卤化物中的卤素含量，如农药敌百虫含量、润滑油添加剂中氯的测定等。

三、法扬司法

1. 吸附指示剂的作用原理

法扬司法是以吸附指示剂确定滴定终点的一种银量法。吸附指示剂是一类有机染料，多数为有机弱酸，在溶液中可解离为具有一定颜色的阴离子，此阴离子容易被带正电荷的胶体沉淀所吸附，吸附后分子结构改变，从而引起颜色的改变，指示终点到达。现以 $AgNO_3$ 标准溶液滴定 Cl^- 为例，说明荧光黄指示剂的作用原理。

荧光黄是一种有机弱酸（HFI），在溶液中解离为黄绿色的阴离子 FI^-，而呈黄绿色。

$$HFI \rightleftharpoons FI^- + H^+$$

化学计量点前，生成的 AgCl 沉淀优先吸附溶液中剩余的 Cl^- 而带负电荷，荧光黄阴离子 FI^- 受排斥而不被吸附，溶液呈黄绿色。化学计量点后，AgCl 沉淀胶粒因吸附过量构晶离子 Ag^+ 而带正电荷，从而吸附荧光黄阴离子 FI^-，使溶液颜色变为粉红色，指示终点到达。

$$(AgCl) \cdot Ag^+ + FI^- \rightleftharpoons (AgCl) \cdot AgFI$$
$$\text{（黄绿色）} \qquad\qquad \text{（粉红色）}$$

2. 注意事项

（1）呈胶体状态沉淀

吸附指示剂颜色的变化是由于沉淀的表面吸附引起的。为使终点变色明显，要求沉淀的比表面要大，即沉淀的颗粒要小。滴定中要防止胶状沉淀的凝聚，通常加入糊精、淀粉以保护胶体，使沉淀微粒处于高度分散状态，使更多的沉淀表面暴露在外面，有利于对指示剂的吸附，使终点变色敏锐。在滴定前适当稀释溶液，有利于使沉淀保持胶体状态。

（2）溶液浓度适当

溶液浓度不宜太稀，若溶液浓度太稀，则沉淀量很少，使终点不明显。例如，用 $AgNO_3$ 测定 Cl^- 时，其浓度要求在 0.005mol/L 以上，测定 Br^-、I^-、SCN^- 时灵敏度稍高，浓度为 0.001mol/L 时，仍可被准确滴定。

（3）保持一定酸度

吸附指示剂大多是有机弱酸，用于指示终点颜色变化的是其解离出的阴离子，为使指示剂以阴离子形式存在，必须控制适当的酸度。如荧光黄的 $pK_a = 7$，只能在中性或弱碱性（pH=7~10）溶液中使用，荧光黄可解离出较多的 FI^-；若 pH 小于 7，则主要以 HFI 存在，而 HFI 不能被沉淀吸附，故无法指示终点。溶液的最高酸度由指示剂的解离常数决定，解离常数大，酸度可大些。

（4）吸附性能要适当

滴定选用的指示剂，其阴离子被沉淀吸附的能力要略小于被测离子被沉淀吸附的能力，否则，指示剂将在化学计量点前变色。如果沉淀对其吸附能力太小，指示剂变色不敏锐，使终点拖后。卤化银对卤素离子及几种常用吸附指示剂的吸附能力的次序为：

$$I^- > \text{二甲基二碘荧光黄} > Br^- > \text{曙红} > Cl^- > \text{荧光黄}$$

由此可见，若测定 Cl^- 时应选择荧光黄作指示剂，如果选用曙红，则在化学计量点前就被 AgCl 沉淀胶粒吸附，终点提前出现；测定 Br^- 时，曙红可作指示剂，而不能选用二甲基二碘荧光黄；测定 I^- 时，二甲基二碘荧光黄则是良好的指示剂。

（5）避免光照

卤化银遇光易分解为金属银，使沉淀转变为灰黑色，影响终点观察，故滴定过程中应避免强光照射。

法扬司法用 $AgNO_3$ 标准滴定溶液直接测定 Cl^-、Br^-、I^-、Ag^+、SCN^-，一般在弱酸性和弱碱性条件下进行，方法简便，终点亦明显，较为准确，但糊精和淀粉均易变质，须使用新鲜的溶液。反应条件较为严格，要注意溶液的酸度、浓度及胶体的保护等问题。吸附指示剂价格昂贵，且需要根据溶液的 pH 选择使用。各种吸附指示剂及其使用条件可查阅有关分析化学手册。

第三节 称量分析法

称量分析法通过分析天平称量和计算而得到分析结果，不使用标准溶液，其准确度较高，但手续烦琐费时，难以测定微量组分，目前已逐渐为其他分析方法所代替。但某些常量元素如硫、硅、钨以及水分、灰分和挥发分等的精确测定仍在采用。有时用称量分析法校准测定结果和仲裁分析。

一、试样的溶解与沉淀

1. 试样的溶解

在称量分析法中，溶解或分解试样的方法取决于试样及待测组分的性质。因此，根据试样的性质选择适当的溶剂，将试样制成溶液。不溶于水的试样，一般采用酸溶法、碱溶法或熔融法。在溶解样品过程中，必须确保待测组分全部溶解而无损失，同时注意所加入的溶剂不应干扰以后的分析。

具体做法是将准确称取的样品，放入一洁净的烧杯中，溶剂沿杯壁加入，盖上表面皿，轻轻摇动，必要时可加热促其溶解；但温度不可太高，以防溶液溅失。如溶样时有气体产生，可将样品用水润湿，通过烧杯嘴和表面皿间的缝隙慢慢注入溶剂，作用完全后用洗瓶冲洗表面皿凸面并使之流入烧杯内。试样溶解过程操作必须十分小心，避免溶液损失和溅出。

2. 沉淀的类型与生成沉淀的条件

（1）沉淀的类型

将试样处理成试液，通过加入适当的沉淀剂，使被测组分以适当的沉淀形式析出。常见的沉淀有晶形沉淀和无定形沉淀两类。

① 晶形沉淀。晶形沉淀的颗粒最大，其直径在 $0.1 \sim 1 \mu m$ 之间。在沉淀内部，离子按晶体结构有规则地进行排列，因而结构紧密，整个沉淀所占的体积较小，极易沉降于容器底部。如 $BaSO_4$、$MgNH_4PO_4$ 等。

② 无定形沉淀。无定形沉淀的颗粒最小，其直径大约在 $0.02 \mu m$ 以下。沉淀内部离子排列杂乱无章，并且包含有大量水分子，因而结构疏松，体积庞大，难以沉降。如 $Fe(OH)_3$、$Al(OH)_3$ 等，也常写成 $Fe_2O_3 \cdot nH_2O$、$Al_2O_3 \cdot nH_2O$。

（2）生成沉淀的条件

不同类型的沉淀其沉淀条件是不同的，下面分别说明。

① 晶形沉淀的条件。为获得较大的沉淀颗粒，避免沉淀的溶解损失，应采取以下沉淀条件。

a. 稀溶液。沉淀作用应在适当稀的溶液中进行。在沉淀过程中，稀溶液的过饱和度不大，均相作用不显著，容易得到大颗粒的晶形沉淀。另外由于溶液中杂质的浓度小，共沉淀减少，沉淀纯净。溶液的浓度过稀，沉淀易溶解损失。

b. 搅拌。在不断搅拌下缓慢地加入沉淀剂。当沉淀剂加入到试液中时，因来不及扩散，在两种溶液混合处沉淀剂的浓度比溶液中其他地方的浓度高，这种现象称为局部过浓，使部分溶液的相对过饱和度变大，致使均相成核、颗粒较小、形成纯度较差的沉淀。

c. 热溶液。沉淀作用在热溶液中进行。加热使沉淀的溶解度略有增加，以降低溶液的相对过饱和度，以利于生成粗大的结晶颗粒，减少沉淀对杂质的吸附。在沉淀作用完毕后，将溶液冷却至室温，然后再进行过滤，防止沉淀在热溶液中溶解损失。

d. 陈化。沉淀完毕后让沉淀留在母液中放置一段时间，这个过程叫作陈化。由于在同样条件下，小晶粒比大晶粒溶解度大，对大晶粒为饱和溶液时，小晶粒却未达到饱和，所以小晶粒就要溶解。这样，溶液中构晶离子就在大晶粒上沉积，沉积到一定程度后，溶液对大晶粒为过饱和溶液时，对小晶粒又为不饱和溶液，又要溶解。如此反复进行，小晶粒逐渐消失，大晶粒结晶不断生长。在陈化时，可以使不完整的晶粒转变为较完整的晶粒，亚稳态沉淀转变成稳定态沉淀，并驱出已吸附的杂质。经过陈化后得到比较完整、纯净、溶解度较小的沉淀。陈化作用对伴随有混晶共沉淀的沉淀，不一定能提高纯度；对伴随有后沉淀的沉淀，不但不能提高纯度，有时反而会降低纯度。因此，在实际操作时是否进行陈化和如何陈化，应当根据沉淀的类型和性质而定。

② 无定形沉淀的条件。无定形沉淀一般溶解度很小、颗粒微小、体积庞大，不仅吸收杂质多而且难以过滤和洗涤，甚至容易形成胶体溶液无法沉淀出来。对于无定形沉淀，主要是设法加速沉淀微粒凝聚以获得紧密沉淀、减少杂质吸附和防止形成胶体溶液。

a. 浓、热溶液。沉淀作用应在比较浓的溶液中进行。溶液浓度大，离子的水合程度减小，得到的沉淀含水量少、体积较小、结构较紧密。为减少吸附杂质，沉淀后应立刻加入大量的热水冲稀母液，使被吸附的一部分杂质转入溶液；在热溶液中进行能够减小离子的水合程度，有利于得到含水量少、结构较紧密的沉淀，防止胶体的生成，减少沉淀表面对杂质的吸附。

b. 电解质。溶液中可加入适当的电解质或胶体。电解质能中和胶体微粒的电荷，降低其水化程度，有利于胶体微粒凝聚，但应选用铵盐等易挥发性的盐类。或加入另一种与胶体带相反电荷的胶体，可促使胶体微粒凝聚。

c. 搅拌、不陈化。不断搅拌有利于无定形沉淀的生成。这类沉淀一经放置，将会失去水分而聚集得十分紧密，不易洗涤除去所吸附的杂质。沉淀完毕后，静置数分钟，使沉淀下沉后立即趁热过滤，不必陈化。

无定形沉淀一般含杂质的量较多，必要时进行再沉淀。

3. 沉淀纯化的措施

(1) 选择适当的分析程序

当分析试液中被测组分含量较低而杂质含量较高时，应首先沉淀被测组分。如果先分离杂质，则由于大量沉淀的生成会使少量被测组分随之共沉淀，从而引起分析结果不准确。

(2) 降低易被吸附的杂质离子浓度

对于易被吸附的杂质离子，可采用适当的掩蔽方法或改变杂质离子价态来降低其浓度。

(3) 选择适当的洗涤剂进行洗涤

吸附作用是可逆过程。用适当的洗涤剂通过洗涤交换的方式，可洗去沉淀表面吸附的杂质离子。选择的洗涤剂必须是在灼烧或烘干时容易挥发除去的物质。为了提高洗涤沉淀的效率，同体积的洗涤剂应尽可能分多次洗涤，即遵循"少量多次"的洗涤原则。

(4) 进行再沉淀

将沉淀过滤洗涤之后溶解，使沉淀中残留的杂质进入溶液，再进行第二次沉淀，这种操作叫作再沉淀。再沉淀对除去吸留的杂质特别有效。

(5) 选择适当的沉淀条件

沉淀的吸附作用与沉淀颗粒的大小、沉淀的类型、温度和陈化过程等都有关系。

4. 沉淀的操作

无论是晶形沉淀还是无定形沉淀，在沉淀过程中为了使沉淀完全和纯净，必须按照沉淀类型规定的操作条件进行，同时必须要有"量"的意识。

在进行沉淀操作时，左手拿滴管加入沉淀剂，右手持玻璃棒不断搅拌溶液，搅拌时玻璃棒不要碰烧杯壁和烧杯底。不得将玻璃棒拿出烧杯，以防损失沉淀。

沉淀后应检查沉淀是否完全，即在上层清液中沿杯壁加入一滴沉淀剂，观察滴落处是否出现浑浊，如出现浑浊，需再补加沉淀剂，直至无浑浊出现为止。

二、沉淀的过滤与洗涤

过滤的目的是将沉淀从母液中分离出来，通过洗涤获得纯净的沉淀。对于需要灼烧的沉淀常用滤纸过滤；而对于那些不适合用灼烧处理的沉淀或只需烘干即可称量的沉淀，可采用微孔玻璃坩埚（或漏斗）过滤。

1. 用滤纸过滤

（1）滤纸的选择

称量分析中使用的滤纸为定量滤纸，每张滤纸灼烧后的灰分在 0.1mg 以下，故又称"无灰滤纸"。按滤纸孔隙大小分为快速、中速和慢速三种。根据沉淀的量、沉淀颗粒的大小

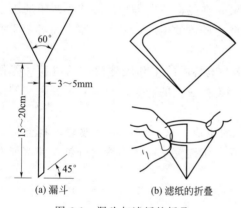

图 6-1 漏斗与滤纸的折叠

和沉淀的性质选择滤纸。如 $BaSO_4$、CaC_2O_4 等细晶形沉淀，可用直径较小（7～9cm）、紧密的慢速滤纸过滤；$Fe_2O_3 \cdot xH_2O$ 为疏松的无定形沉淀，沉淀体积大，难于过滤和洗涤，应选用直径较大（9～11cm）、疏松的快速滤纸；$MgNH_4PO_4$ 等沉淀为粗粒晶形沉淀，可选用中速滤纸。

（2）漏斗的选择与滤纸的折叠

称量分析通常采用颈长为 15～20cm、漏斗锥体角为 60°、颈的直径为 3～5mm、出口处磨成 45°的长颈漏斗，如图 6-1(a) 所示。

滤纸放入漏斗前，一般按四折法折叠。折叠滤纸的手要洗净擦干，先把滤纸对折并按紧一半，然后再对折但不要按紧，滤纸的折叠如图 6-1(b) 所示（半边为一层，另半边为三层）。把折成圆锥形的滤纸放入漏斗中。滤纸的大小应低于漏斗边缘 0.5～1cm，若高出漏斗边缘，可剪去一圈。观察折好的滤纸是否能与漏斗内壁紧密贴合，若未贴合紧密可以适当改变滤纸折叠角度，直至与漏斗贴紧把第二次的折边折紧。取出圆锥形滤纸，将半边为三层滤纸的外层滤纸折角撕下一块，保留撕下部分，放在干燥的表面皿上，留作擦拭烧杯内残留的沉淀时用。

滤纸放入漏斗后，用手按住滤纸三层的一边，用洗瓶加水润湿滤纸，用手指轻压滤纸，赶去滤纸与漏斗壁间的气泡，然后加水至滤纸边缘，这时漏斗颈内应全部充满水，形成"水柱"。若水柱做不成，可用手指堵住漏斗下口，稍掀起滤纸的一边，用洗瓶向滤纸和漏斗间的空隙内加水，直到漏斗颈及锥体的一部分被水充满，然后边按紧滤纸边慢慢松开下面堵住出口的手指，此时水柱应该形成。具有水柱的漏斗，由于水柱的重力产生的抽滤作用，加快了过滤的速度。

（3）沉淀的过滤

做好水柱的漏斗放在漏斗架上，下面用一个洁净的烧杯承接滤液，即使滤液不要，应考

虑到在过滤过程中，万一有沉淀渗滤，或滤纸意外破裂，滤液还可以重新过滤。为了防止滤液外溅，一般都将漏斗颈出口斜口长的一侧贴紧烧杯内壁。漏斗位置的高低，以过滤过程中漏斗颈的出口不接触滤液为度。

图 6-2　倾泻法过滤

　　沉淀过滤一般分为三个步骤：首先用倾泻法过滤上层清液，并将烧杯中的沉淀作初步洗涤，然后把沉淀转移到漏斗中，最后清洗烧杯和洗涤漏斗上的沉淀。过滤操作如图 6-2 所示。

　　将烧杯移到漏斗上方，轻轻提起玻璃棒，将玻璃棒下端轻碰一下烧杯壁，使悬挂的液滴流回烧杯中，将烧杯嘴与玻璃棒贴紧，玻璃棒直立，下端接近三层滤纸的一边，慢慢倾斜烧杯，使上层清液沿玻璃棒流入漏斗中，每次最多加到滤纸边缘以下约 5mm 位置，以免少量沉淀因毛细作用可能"爬出"滤纸到漏斗上，造成损失。当停止倾注时，应沿玻璃棒将烧杯嘴往上提，逐渐使烧杯直立，等玻璃棒和烧杯由相互垂直变为几乎平行时，将玻璃棒离开烧杯嘴而移入烧杯中，以避免留在棒端及烧杯嘴上的液体流到烧杯外壁。玻璃棒放回原烧杯时，勿将清液搅混，也不要靠在烧杯嘴处，因嘴处沾有少量沉淀，如此重复操作，直至上层清液倾完为止。

　　在上层清液倾注完了以后，在烧杯中作初步洗涤。在沉淀上每次沿玻璃棒加 20～30mL 蒸馏水或洗涤液，充分搅拌，放置，待沉淀下降后，用倾泻法过滤。此阶段洗涤的次数根据沉淀的类型而定，晶形沉淀洗 3～4 次，无定形沉淀洗 5～6 次。每次应尽可能把洗涤液倾尽再加第二份洗涤液。

　　2. 用微孔玻璃坩埚（或漏斗）过滤

　　有些沉淀不能与滤纸一起灼烧，因其易被还原，如 AgCl 沉淀。有些沉淀不需灼烧，只需烘干即可称量，如丁二肟镍沉淀等。在这种情况下，可使用微孔玻璃坩埚或微孔玻璃漏斗过滤，如图 6-3 所示。

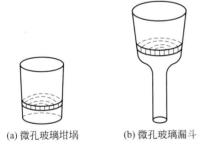

(a) 微孔玻璃坩埚　　　　(b) 微孔玻璃漏斗

图 6-3　微孔玻璃坩埚和漏斗

　　微孔玻璃坩埚有几种型号。一般用 P_{16} 或 P_{10} 号过滤细晶形沉淀（相当于慢速滤纸）；用 P_{40} 号过滤一般的晶形沉淀（相当于中速滤纸）。

　　采用微孔玻璃坩埚过滤，常用抽滤法。在抽滤瓶口配一个橡胶垫圈，插入坩埚，瓶侧的支管用橡皮管与水流泵相连，进行减压过滤，如图 6-4 所示。过滤结束时，先去掉抽滤瓶上的胶管，然后关闭水泵，以免水倒吸入抽滤瓶中。

　　微孔玻璃坩埚使用前一般先用盐酸或硝酸处理，然后用水抽洗干净，烘干备用。用过的玻璃坩埚应立即用适当的洗涤液洗净，用纯水抽洗干净，烘干备用。

　　微孔玻璃坩埚可在 105～180℃ 下烘干。测定时，空的微孔玻璃坩埚应在烘干沉淀的温度下烘至恒重。

　　微孔玻璃坩埚（或漏斗）耐酸不耐碱，因此，不可用强碱处理，也不适于过滤强碱溶液。

　　3. 沉淀的转移和洗涤

　　转移沉淀的方法是在烧杯中进行最后一次洗涤时，先加少量洗涤液将沉淀搅拌混合（洗

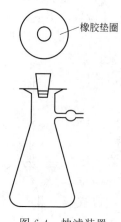

橡胶垫圈

图 6-4　抽滤装置

图 6-5　沉淀的转移

涤液的加入量应不超过漏斗一次能容纳的量，一般加入 10～15mL），然后立即将沉淀连同洗涤液一起转移到滤纸上，如此重复 2～3 次，然后将玻璃棒横放在烧杯口上，玻璃棒下端比烧杯口长出 2～3cm，左手食指按住玻璃棒，大拇指在前，其余手指在后，拿起烧杯，放在漏斗上方，倾斜烧杯使玻璃棒仍指向三层滤纸的一边，用洗瓶冲洗烧杯壁上附着的沉淀，使之全部转移入漏斗中，如图 6-5 所示。最后用保存的小块滤纸擦拭玻璃棒，再放入烧杯中，用玻璃棒按住滤纸将烧杯壁上的沉淀擦下，把滤纸块放在漏斗中与沉淀合并，最后用洗瓶吹洗一次。

　　洗涤沉淀是为了洗去沉淀表面吸附的杂质和混杂在沉淀中的母液。洗涤时要尽量减小沉淀的溶解损失和避免形成胶体，需选择合适的洗涤液。选择原则是对于溶解度很小又不易形成胶体的沉淀，用蒸馏水洗涤；对于溶解度较大的晶形沉淀，用沉淀剂的稀溶液洗涤，但沉淀剂必须在烘干或灼烧时易挥发或易分解除去；对于溶解度较小而又能形成胶体的沉淀，应用易挥发的电解质稀溶液洗涤。用热涤液洗涤，则过滤较快，且能防止形成胶体，但溶解度随温度升高而增大较快的沉淀不能用热洗涤液洗涤。洗涤必须连续进行，一次完成，不能将沉淀放置太久，尤其是一些非晶形沉淀，放置凝聚后，不易洗净。

　　洗涤沉淀时，既要将沉淀洗净，又不能增加沉淀的溶解损失。同体积的洗涤液，采用少量多次、尽量沥干的洗涤原则，用适当少的洗涤液分多次洗涤，每次加洗涤液前使前次洗涤液尽量流尽，以提高洗涤效果。

　　在沉淀的过滤和洗涤操作中，为缩短分析时间和提高洗涤效率，都应采用倾泻法。

三、沉淀的烘干与干燥和灼烧

　　1. 沉淀的烘干

　　烘干是指在 250℃ 以下进行的热处理，其目的是除去沉淀上所沾的洗涤液，以免在灼烧沉淀时因冷热不均而使坩埚破裂。

　　如用微孔玻璃坩埚过滤沉淀，只需按指定温度在恒温干燥箱中干燥即可。一般根据沉淀的性质确定烘干温度。第一次烘干沉淀的时间较长，约 2h；第二次烘干时间可短些，为 45min～1h。沉淀烘干后，取出稍冷，置于干燥器中冷却至室温后称量。反复烘干、称量，直至恒重为止。

　　2. 沉淀的干燥和灼烧

将过滤所得的沉淀连同滤纸放在已恒重的瓷坩埚内进行干燥和灼烧。在马弗炉中灼烧沉淀前，一般先在电炉上将滤纸和沉淀烘干。带有沉淀的坩埚直立放在电炉上，坩埚盖半掩于坩埚上，使沉淀和滤纸慢慢干燥。在干燥过程中，温度不能太高，干燥不能急，否则瓷坩埚与水滴接触易炸裂。

滤纸和沉淀干燥后，继续加热，使滤纸炭化。但应防止滤纸着火燃烧，以免沉淀微粒飞失。如果滤纸着火，立即将坩埚盖盖好，让火焰自行熄灭。绝不许用嘴吹灭。

滤纸炭化后，逐渐增高温度，并用坩埚钳不断转动坩埚，使滤纸灰化，将碳素燃烧成二氧化碳而除去的过程称为灰化。滤纸若灰化完全，应不再呈黑色。

应当注意，有的沉淀在滤纸燃烧时，由于空气不足发生部分还原，可在灼烧前用几滴浓硝酸或硝酸铵饱和溶液润湿滤纸，以帮助滤纸在灰化时迅速氧化。

将灰化好、带有沉淀的坩埚移入马弗炉中灼烧，将坩埚直立，先放在打开炉门的炉膛口预热后，再送至炉膛中盖上坩埚盖，但要错开一点。在要求的温度下灼烧一定时间，直至恒重，通常在马弗炉中灼烧沉淀时，第一次灼烧时间为 30min 左右，第二次灼烧 15～20min。带沉淀的坩埚，连续两次称量结果相差在 0.2mg 以内才算达到恒重。

灼烧的温度和时间随沉淀的性质而定，但最后都应灼烧至恒重，即连续两次灼烧后质量之差不超过 0.2mg。灼烧好的沉淀连同容器，应该稍冷后放入干燥器中冷却至室温，再进行称量。

四、分析结果的计算

称量分析法中，沉淀形式与称量形式可能相同，也可能不相同。但都要依据称量形式的质量计算分析结果。

例如，某试样中钡和铁的测定：

$$
\begin{array}{ccc}
& \text{沉淀形式} & \text{称量形式} \\
Ba^{2+} \longrightarrow & BaSO_4 \longrightarrow & BaSO_4 \\
Fe^{3+} \longrightarrow & Fe(OH)_3 \longrightarrow & Fe_2O_3
\end{array}
$$

试样中钡和铁的质量分数的计算公式分别为：

$$
w(Ba) = \frac{m(BaSO_4) \times \dfrac{M(Ba)}{M(BaSO_4)}}{m_s} \times 100\%
$$

$$
w(Fe) = \frac{m(Fe_2O_3) \times \dfrac{2M(Fe)}{M(Fe_2O_3)}}{m_s} \times 100\%
$$

【例 6-3】 用 $BaSO_4$ 称量法测定黄铁矿中硫的含量时，称取试样 0.2436g，最后得到 $BaSO_4$ 沉淀 0.5218g，计算试样中硫的质量分数。

解 待测组分硫的摩尔质量为 $M(S)$，称量形式硫酸钡的摩尔质量为 $M(BaSO_4)$，则：

$$
\begin{aligned}
w(S) &= \frac{m \times \dfrac{M(S)}{M(BaSO_4)}}{m_s} \times 100\% \\
&= \frac{0.5218 \times 32.06/233.4}{0.2436} \times 100\% \\
&= 29.42\%
\end{aligned}
$$

答：该黄铁矿试样中硫的质量分数为 29.42%。

五、称量分析法的应用

称量分析法是一种准确度较高的经典分析方法，在一些标准方法中作为仲裁分析使用。

1. 氯化钡含量的测定

氯化钡溶解后，用稀 H_2SO_4 作沉淀剂，将 Ba^{2+} 沉淀为 $BaSO_4$。

$$Ba^{2+} + SO_4^{2-} \rightleftharpoons BaSO_4$$

$BaSO_4$ 沉淀经过滤、洗涤、烘干、灼烧、冷却、称量等，计算出 $BaCl_2 \cdot H_2O$ 的质量分数。

2. 磷酸盐含量的测定

含磷溶液中的正磷酸根离子（磷酸），在酸性介质中与喹钼柠酮试剂作用生成黄色磷钼酸喹啉沉淀。反应式为：

$$H_3PO_4 + 3C_9H_7N + 12Na_2MoO_4 + 24HNO_3 \longrightarrow$$
$$(C_9H_7N)_3H_3(PO_4 \cdot 12MoO_3) \cdot H_2O + 11H_2O + 24NaNO_3$$

沉淀经过滤、洗涤、烘干除去水分后称重，以沉淀质量计算磷酸盐的含量。

3. 复混肥中钾含量的测定

在弱碱性介质中，以四苯硼酸钠沉淀试液中的 K^+。反应式为：

$$K^+ + B(C_6H_5)_4^- \rightleftharpoons KB(C_6H_5)_4$$

此沉淀组成恒定，可烘干后直接称重。

实验 11　硝酸银标准滴定溶液的制备和水中氯化物的测定

一、目的与要求

1. 掌握 $AgNO_3$ 溶液的配制与贮存方法；
2. 掌握以 NaCl 基准物质标定 $AgNO_3$ 溶液的原理、操作方法和计算；
3. 掌握莫尔法测定水中氯离子含量的原理、操作方法和计算；
4. 学会用 K_2CrO_4 指示液正确判断滴定终点。

二、实验原理

$AgNO_3$ 标准滴定溶液可以用经过预处理的基准试剂 $AgNO_3$ 直接配制。但非基准试剂 $AgNO_3$ 中常含有杂质，如金属银、氧化银、游离硝酸、亚硝酸盐等，需用间接法配制。

先配成近似浓度的溶液后，用基准物质 NaCl 标定。准确称量基准物质 NaCl，溶解后，在中性或弱碱性溶液中，用 $AgNO_3$ 溶液滴定 Cl^-，以 K_2CrO_4 作指示剂，反应式为：

$$Ag^+ + Cl^- \rightleftharpoons AgCl\downarrow \qquad (白色，K_{sp}=1.8\times10^{-10})$$
$$2Ag^+ + CrO_4^{2-} \rightleftharpoons Ag_2CrO_4\downarrow \qquad (砖红色，K_{sp}=2.0\times10^{-12})$$

达到化学计量点时，微过量的 Ag^+ 与 CrO_4^{2-} 反应析出砖红色 Ag_2CrO_4 沉淀，指示滴定终点。

测定水中氯化物的步骤与 $AgNO_3$ 标准溶液标定相同。

三、仪器与试剂

$AgNO_3$（固体，分析纯），NaCl（固体基准物质，在 $500\sim600℃$ 灼烧至恒重），$K_2Cr_2O_4$ 指示液 [$50g/L$（即 5%），称取 $5g$ $K_2Cr_2O_4$，溶于少量水中，滴加 $AgNO_3$ 溶液至红色不褪，混匀。放置过夜后过滤，将滤液稀释至 $100mL$]，试样（自来水或天然水）。

四、实验内容

1. $c(AgNO_3)=0.1mol/L$ 的 $AgNO_3$ 标准溶液的配制与标定

称取 8.5g $AgNO_3$，溶于 500mL 不含 Cl^- 的蒸馏水中，贮存于带玻璃塞的棕色试剂瓶中，摇匀，置于暗处，待标定。

准确称取基准试剂 NaCl 0.12～0.15g，放于锥形瓶中，加 50mL 不含 Cl^- 的蒸馏水溶解，加 $K_2Cr_2O_4$ 指示液 1mL，在充分摇动下，用配好的 $AgNO_3$ 标准滴定溶液滴定至溶液呈微红色即为终点。记录消耗 $AgNO_3$ 标准滴定溶液的体积。平行测定三次。

$$c(AgNO_3)=\frac{m(NaCl)}{M(NaCl)V(AgNO_3)}$$

式中　$c(AgNO_3)$——$AgNO_3$ 标准滴定溶液的浓度，mol/L；

　　　　$m(NaCl)$——称取基准试剂 NaCl 的质量，g；

　　　　$M(NaCl)$——NaCl 的摩尔质量，58.44g/mol；

　　　$V(AgNO_3)$——滴定时消耗 $AgNO_3$ 标准滴定溶液的体积，mL。

2. 水中氯化物的测定

准确吸取水试样 100.00mL，放于锥形瓶中，加入 K_2CrO_4 指示液 2mL，在充分摇动下，以 $c(AgNO_3)=0.1mol/L$ 的 $AgNO_3$ 标准滴定溶液滴定至溶液呈微红色即为终点。记录消耗 $AgNO_3$ 标准滴定溶液的体积。平行测定三次。

五、数据处理

$$\rho(Cl)=\frac{c(AgNO_3)V(AgNO_3)M(Cl)}{V}\times1000$$

式中　$\rho(Cl)$——水试样中氯的质量浓度，mg/L；

　　　$M(Cl)$——Cl 的摩尔质量，g/mol；

　　　V——水试样的体积，mL。

六、注意事项

1. $AgNO_3$ 试剂及其溶液具有腐蚀性，破坏皮肤组织，注意切勿接触皮肤及衣服。

2. 配制 $AgNO_3$ 标准溶液的蒸馏水应无 Cl^-，否则配成的 $AgNO_3$ 溶液会出现白色浑浊，不能使用。

3. 实验完毕后，盛装 $AgNO_3$ 溶液的滴定管应先用蒸馏水洗涤 2～3 次后，再用自来水洗净，以免 AgCl 沉淀残留于滴定管内壁。

七、思考与讨论

1. 莫尔法标定 $AgNO_3$ 溶液，用 $AgNO_3$ 滴定 NaCl 时，滴定过程中为什么要充分摇动溶液？如果不充分摇动溶液，对测定结果有何影响？

2. 莫尔法中，为什么溶液的 pH 需控制在 6.5～10.5？

3. 配制 K_2CrO_4 指示液时，为什么要先加 $AgNO_3$ 溶液？为什么放置后要进行过滤？K_2CrO_4 指示液的用量太大或太小对测定结果有何影响？

4. 在本实验中，可能有哪些离子干扰氯的测定？如何消除干扰？

实验 12   烧碱中氯化钠含量的测定

一、目的与要求

1. 掌握用福尔哈德法测定工业烧碱中氯化钠含量的方法;
2. 掌握福尔哈德法的测定原理。

二、实验原理

试样在 HNO_3 酸性介质中,加入一定量过量的 $AgNO_3$ 标准溶液,与 Cl^- 作用,生成 $AgCl$ 沉淀,剩余的 $AgNO_3$ 用 $NH_4Fe(SO_4)_2$ 作指示剂,用 NH_4SCN 标准溶液滴定至终点。根据加入 $AgNO_3$ 标准溶液的量和消耗 NH_4SCN 标准溶液的量计算 $NaCl$ 的含量。

$$AgNO_3 + NaCl \longrightarrow NaNO_3 + AgCl$$
$$AgNO_3 + NH_4SCN \longrightarrow NH_4NO_3 + AgSCN$$
$$NH_4Fe(SO_4)_2 + 3NH_4SCN \longrightarrow 2(NH_4)_2SO_4 + Fe(SCN)_3(浅红色)$$

三、仪器与试剂

滴定装置,称量瓶(高型),托盘天平,分析天平,锥形瓶(250mL),量筒(10mL、100mL),烧杯(400mL),具塞锥形瓶(150mL),容量瓶(1000mL)。

HNO_3(4mol/L,1+1),$NH_4Fe(SO_4)_2$ 溶液(10%),NH_4SCN 标准溶液(0.1000mol/L),$AgNO_3$ 标准溶液(0.1000mol/L),工业烧碱,硝基苯(分析纯)等。

四、实验内容

1. 试样的准备

在托盘天平上粗称约38g固体工业烧碱试样,用直接法在分析天平上称量,精确至0.0001g。将试样倒入400mL烧杯中溶解,移入1000mL容量瓶中。

移取50mL上述溶液,置于250mL锥形瓶中,加入 6mL(1+1)HNO_3、2滴酚酞溶液,使溶液呈红色,再小心滴加(1+1)HNO_3 溶液至红色消失。滴加2mol/L NaOH溶液使溶液变红,再用2mol/L HNO_3 溶液滴加至红色恰好消失。

2. 试样的测定

量取 8mL 4mol/L 的 HNO_3 溶液、10mL 硝基苯,加入锥形瓶中,摇匀。准确加入40.00mL 0.1000mol/L $AgNO_3$ 标准溶液于锥形瓶中。充分振荡,使 $AgCl$ 沉淀凝聚并被硝基苯所覆盖。加入2mL 10%的 $NH_4Fe(SO_4)_2$ 溶液于锥形瓶中。用 0.1000mol/L NH_4SCN 标准溶液滴定剩余的 Ag^+ 至溶液呈现浅红色为终点。记录消耗 NH_4SCN 标准溶液的体积。平行测定三次。

五、数据处理

$$w(NaCl) = \frac{c(AgNO_3)V(AgNO_3) - c(NH_4SCN)V(NH_4SCN)}{m \times \dfrac{50}{1000}} \times 58.44 \times 100\%$$

式中 $w(NaCl)$——试样中氯化钠的质量分数;

$c(AgNO_3)$——$AgNO_3$ 标准溶液的浓度，mol/L；

$V(AgNO_3)$——$AgNO_3$ 标准溶液的体积，mL；

$c(NH_4SCN)$——NH_4SCN 标准溶液的浓度，mol/L；

$V(NH_4SCN)$——NH_4SCN 标准溶液的体积，mL；

m——试样的质量，g；

58.44——氯化钠的摩尔质量，g/mol。

六、注意事项

1. 硝基苯有毒，使用时应注意。
2. 滴定条件的控制。

七、思考与讨论

1. 用福尔哈德法测定烧碱中 NaCl 含量的原理是什么？
2. 福尔哈德法适用的测定条件是什么？溶液的 pH 需控制在多少？如何控制？
3. 用福尔哈德法测定烧碱中 NaCl 含量时如何中和 NaOH？如何操作？
4. 福尔哈德法测 Cl^- 时，为什么要加入硝基苯？当用此法测定 Br^-、I^- 时，还需加入硝基苯吗？

实验 13　硫酸钠含量的分析

一、目的与要求

1. 练习称量分析法的基本操作；
2. 掌握硫酸钡沉淀法的原理及分析方法。

二、实验原理

水溶性硫酸盐中的硫酸根，可用 $BaCl_2$ 作沉淀剂，以 $BaSO_4$ 为沉淀形式和称量形式进行测定。试样溶解于水后，用稀盐酸酸化，加热至接近沸腾，在不断搅动下，缓慢加入热的稀 $BaCl_2$ 溶液，使 SO_4^{2-} 与 Ba^{2+} 作用，形成难溶于水的沉淀。在盐酸介质中进行沉淀是为了防止产生碳酸钡、磷酸钡、砷酸钡沉淀以及氢氧化钡等共沉淀。同时，适当提高酸度，增加 $BaSO_4$ 在沉淀过程中的溶解度，以降低其相对过饱和度，有利于获得较好的晶形沉淀。所得沉淀经陈化、过滤、洗涤、烘干、灰化和灼烧，即可得到 $BaSO_4$ 的称量形式。

三、仪器与试剂

瓷坩埚（25mL），沉淀帚，玻璃漏斗，定量滤纸（慢速），400mL 烧杯，马弗炉等。

Na_2SO_4 试样，HCl 溶液（2mol/L），$BaCl_2$ 溶液（10%），$AgNO_3$ 溶液（0.1mol/L）。

四、实验内容

1. Na_2SO_4 试样的制备

准确称取在 100～120℃ 干燥过的 Na_2SO_4 试样 2 份（每份 0.4～0.5g），分别置于 2 只 400mL 烧杯中，各加水 25mL，搅拌溶解，再加 6mL 2mol/L HCl 溶液，用水稀释至约

200mL。盖上表面皿,将溶液加热至沸腾。

2. Na$_2$SO$_4$ 含量的测定

取 10mL 10％的 BaCl$_2$ 溶液两份,分别置于 2 只小烧杯中,加水稀释约 1 倍后加热至沸腾。然后在不断搅拌下趁热将 BaCl$_2$ 溶液逐渐滴入热 Na$_2$SO$_4$ 试液中。沉淀作用完毕,静置 1～2min。待 BaSO$_4$ 下沉,于上层清液中加入 1～2 滴 BaCl$_2$ 溶液,仔细观察有无浑浊出现,以检验其沉淀是否完全。若沉淀完全,盖上表面皿,微沸 10min,于水浴(约 90℃)中保温陈化 1h(或在室温下陈化 12h),放置冷却后,进行过滤。

沉淀用倾泻法经慢速滤纸过滤。用热蒸馏水作洗涤剂,洗涤沉淀 3～5 次(每次约用 20mL 洗涤液)。最后将沉淀小心地转移到滤纸上。再继续洗涤沉淀,直到洗涤滤液中用 AgNO$_3$ 溶液检查不出 Cl$^-$ 为止。

将盛有沉淀的滤纸折成小包,移入已在 800～850℃灼烧至恒重的瓷坩埚中,烘干、灰化后置于 800～850℃的马弗炉中灼烧 1h,取出置于干燥器内冷却、称重。第二次灼烧 15～20min,冷却后称重,直至恒重。

五、数据处理

根据所得 BaSO$_4$ 质量,计算试样中硫酸根的质量分数:

$$w(SO_4^{2-}) = \frac{m(BaSO_4)}{m} \times \frac{M(SO_4^{2-})}{M(BaSO_4)} \times 100\%$$

式中 $w(SO_4^{2-})$——试样中硫酸根的质量分数;

     $M(BaSO_4)$——BaSO$_4$ 的摩尔质量,g/mol;

     $M(SO_4^{2-})$——SO$_4^{2-}$ 的摩尔质量,g/mol;

     $m(BaSO_4)$——BaSO$_4$ 的质量,g;

         m——试样的质量,g。

六、注意事项

1. 检查沉淀是否完全,注意在操作过程中沉淀的损失。
2. 灼烧至恒重。

七、思考与讨论

1. 溶解试样时加入 HCl 的作用是什么?
2. 试归纳称量分析的一般操作步骤。
3. 简述称量分析法对称量形式的要求。

思考题与习题

一、简答题

1. 沉淀滴定法对化学反应的要求是什么?
2. 为什么莫尔法只能在中性或弱碱性溶液中进行,而福尔哈德法只能在酸性溶液中进行?
3. 法扬司法使用吸附指示剂时,应注意哪些问题?
4. 为什么莫尔法不适合用 NaCl 标准溶液直接滴定 Ag$^+$?

5. 以 K_2CrO_4 作指示剂时，指示剂浓度过大或过小对测定有何影响？

6. 福尔哈德法测 I^- 时，应在加入过量 $AgNO_3$ 溶液后再加入铁铵矾指示剂，为什么？写出有关的化学反应式。

7. 沉淀形式与称量形式有何区别？试举例说明。

8. 用溶度积常数的大小可以比较任何难溶物质溶解度的大小吗？

9. 晶形沉淀和非晶形沉淀各有什么特征？

10. 共沉淀现象是怎样发生的？如何减少共沉淀现象？

11. 什么叫倾泻法过滤？洗涤沉淀时，为什么用洗涤液或水都要少量多次？

二、选择题

1. 有关影响沉淀完全的因素叙述错误的是（   ）。
   A. 利用同离子效应，可使被测组分沉淀更完全
   B. 异离子效应的存在，可使被测组分沉淀完全
   C. 配合效应的存在，将使被测离子沉淀不完全
   D. 温度升高，会增加沉淀的溶解损失

2. 莫尔法采用 $AgNO_3$ 标准溶液测定 Cl^- 时，其滴定条件是（   ）。
   A. pH 为 2.0～4.0   B. pH 为 6.5～10.5
   C. pH 为 4.0～6.5   D. pH 为 10.0～12.0

3. 有利于减少吸附和吸留的杂质，使晶形沉淀更纯净的选项是（   ）。
   A. 沉淀时温度应稍高   B. 沉淀在较浓的溶液中进行
   C. 沉淀时加入适量电解质   D. 沉淀完全后进行一定时间的陈化

4. 需要烘干的沉淀用（   ）过滤。
   A. 定性滤纸   B. 定量滤纸   C. 玻璃砂芯漏斗   D. 分液漏斗

5. 用氯化钠基准试剂标定 $AgNO_3$ 溶液浓度时，溶液酸度过大，会使标定结果（   ）。
   A. 偏高   B. 偏低   C. 不影响   D. 难以确定其影响

6. 下列叙述中，哪一种情况适于沉淀 $BaSO_4$？（   ）
   A. 在较浓的溶液中进行沉淀   B. 在热溶液中及电解质存在的条件下沉淀
   C. 进行陈化   D. 趁热过滤、洗涤、不必陈化

7. 如果吸附的杂质和沉淀具有相同的晶格，就会形成（   ）。
   A. 后沉淀   B. 机械吸留   C. 包夹   D. 混晶

8. 下列测定过程中，哪些必须用力振荡锥形瓶？（   ）
   A. 莫尔法测定水中的氯   B. 间接碘量法测定 Cu^{2+} 的浓度
   C. 酸碱滴定法测定工业硫酸的浓度   D. 配位滴定法测定硬度

9. 过滤 $BaSO_4$ 沉淀应选用（   ）。
   A. 快速滤纸   B. 中速滤纸   C. 慢速滤纸   D. P_{16} 玻璃砂芯坩埚

10. 基准物质 NaCl 在使用前预处理方法为（   ），再放于干燥器中冷却至室温。
    A. 在 140～150℃烘干至恒重   B. 在 270～300℃灼烧至恒重
    C. 在 105～110℃烘干至恒重   D. 在 500～600℃灼烧至恒重

三、计算题

1. 称取 NaCl 试液 20.00mL，加入 K_2CrO_4 指示剂，用 0.1023mol/L $AgNO_3$ 标准溶液

滴定，用去 27.00mL，求每升溶液中含 NaCl 多少克？

2. 称取银合金试样 0.3000g，溶解后加入铁铵矾指示剂，用 0.1000mol/L NH₄SCN 标准溶液滴定，用去 23.80mL，计算试样中银的质量分数。

3. 称取可溶性氯化物试样 0.2266g，用水溶解后，加入 0.1121mol/L AgNO₃ 标准溶液 30.00mL。过量的 Ag⁺ 用 0.1185mol/L NH₄SCN 标准溶液滴定，用去 6.50mL，计算试样中氯的质量分数。

4. 称取 NaCl 基准试剂 0.1173g，溶解后加入 30.00mL AgNO₃ 标准溶液，过量的 Ag⁺ 需要 3.20mL NH₄SCN 标准溶液滴定至终点。已知 20.00mL AgNO₃ 标准溶液与 21.00mL NH₄SCN 标准溶液能完全作用，计算 AgNO₃ 和 NH₄SCN 溶液的浓度各为多少？

5. 用 BaSO₄ 沉淀法测定黄铁矿中硫的含量时，称取试样 0.2436g，最后得到 BaSO₄ 沉淀 0.5218g，计算试样中硫的质量分数。

6. NH₄⁺ 可用 H₂PtCl₆ 沉淀为 (NH₄)₂PtCl₆，再灼烧为金属 Pt 后称量测定。若分析得到 0.2046g Pt，求试样中含 NH₃ 的质量。

7. 沉淀法测定 BaCl₂·H₂O 中钡的含量，纯度约 90%，要求得到 0.5g BaSO₄，问应称试样多少克？

8. 称取某试样 0.5000g，经一系列分析步骤后得 NaCl 和 KCl 共 0.1803g，将此混合氯化物溶于水后，加入 AgNO₃，得 0.3904g AgCl，计算试样中 Na₂O 和 K₂O 的质量分数。

9. 测定硅酸盐中的 SiO₂ 时，0.5000g，试样得 0.2835g 不纯的 SiO₂，将不纯的 SiO₂ 用 HF-H₂SO₄ 处理，使 SiO₂ 以 SiF₄ 的形式逸出，残渣经灼烧后称得质量为 0.0015g，计算试样中 SiO₂ 的质量分数。若不用 HF-H₂SO₄ 处理，分析误差有多大？

10. 合金钢 0.4289g，将镍离子沉淀为丁二酮肟镍 (NiC₈H₁₄O₄N₄)，烘干后的质量为 0.2671g，计算合金钢中镍的质量分数。

第七章　氧化还原滴定法

学习目标

　　1. 掌握高锰酸钾法、碘量法、重铬酸钾法、溴酸钾法的测定原理、测定条件和适用范围；

　　2. 能够根据不同试样确定合适的分析方法，对分析结果进行正确运算；

　　3. 能够正确选择合适的指示剂；

　　4. 掌握氧化还原滴定的相关操作技能及滴定条件的控制。

重点与难点

　　1. 氧化还原滴定法的测定原理、测定条件及应用；

　　2. 高锰酸钾法、碘量法、重铬酸钾法、溴酸钾法的测定条件；

　　3. 氧化还原滴定指示剂的选择原则；

　　4. 滴定分析操作技术；

　　5. 能斯特方程及其应用。

第一节　氧化还原滴定反应的条件

　　氧化还原滴定法是以氧化还原反应为基础的滴定分析方法，它的应用范围非常广泛，可以直接或间接地测定许多无机物和有机物。根据所用标准溶液的不同，分为重铬酸钾法、高锰酸钾法、碘量法和溴酸钾法等。

　　由于氧化还原反应是电子转移反应，机理比较复杂，反应分步进行，常伴有各种副反应发生，使反应物之间没有确定的计量关系；且在不同介质中的产物不同，一些氧化还原反应的速率很慢。因此对氧化还原滴定法一要判断反应的可行性，二要考虑反应速率、反应程度和反应条件等问题。

一、氧化还原反应进行的方向

　　1. 标准电极电位

　　对一个可逆的氧化还原反应来说，若以 Ox 表示某一电对的氧化态，Red 表示其还原态，n 为电子转移数，该电对的氧化还原半反应为：

$$Ox + ne \rightleftharpoons Red$$

　　其能斯特（Nernst）方程式为：

$$\varphi(Ox/Red) = \varphi^{\ominus}(Ox/Red) + \frac{RT}{nF}\ln\frac{a_{Ox}}{a_{Red}} \tag{7-1}$$

式中　$\varphi(Ox/Red)$——电对的电极电位；

　　　$\varphi^{\ominus}(Ox/Red)$——电对的标准电极电位；

　　　a_{Ox}，a_{Red}——分别为氧化态和还原态的活度；

R ——气体常数，8.314J/(K·mol)；

T ——热力学温度；

F ——法拉第常数，96487C/mol；

n ——电极反应中得失电子数。

在298K时，上式可写成：

$$\varphi(\mathrm{Ox/Red}) = \varphi^{\ominus}(\mathrm{Ox/Red}) + \frac{0.0592}{n}\lg\frac{a_{\mathrm{Ox}}}{a_{\mathrm{Red}}}$$

当 $a_{\mathrm{Ox}} = a_{\mathrm{Red}} = 1\mathrm{mol/L}$ 时，$\varphi(\mathrm{Ox/Red}) = \varphi^{\ominus}(\mathrm{Ox/Red})$。

标准电极电位 $\varphi^{\ominus}(\mathrm{Ox/Red})$ 是在一定温度（通常为298K）下，有关离子活度为1mol/L或气体压力为 $1.000\times10^5\mathrm{Pa}$ 时所测得的电极电位，它仅随温度而改变。

电对的电位值越高，其氧化态的氧化能力越强；电对的电位值越低，其还原态的还原能力越强。

2. 条件电极电位

在实际工作中，通常知道的是氧化剂或还原剂的浓度，计算氧化还原电对电位时常用浓度代替活度，实际上忽略了溶液中离子强度和其他副反应的影响。而在定量分析工作中这种影响往往是不可忽略的，结果计算的电位值与实际电位值也有较大的误差。因此，必须考虑溶液中离子强度的影响，从而引入条件电极电位 $\varphi^{\ominus\prime}(\mathrm{Ox/Red})$ 的概念。

条件电极电位是在特定条件下，氧化态与还原态的分析浓度均为1mol/L时，校正了各种外界因素影响后的实际电极电位，条件一定时为一常数。

$$\varphi(\mathrm{Ox/Red}) = \varphi^{\ominus\prime}(\mathrm{Ox/Red}) + \frac{0.0592}{n}\lg\frac{c_{\mathrm{Ox}}}{c_{\mathrm{Red}}} \tag{7-2}$$

$$\varphi^{\ominus\prime}(\mathrm{Ox/Red}) = \varphi^{\ominus}(\mathrm{Ox/Red}) + \frac{0.0592}{n}\lg\frac{\gamma_{\mathrm{Ox}}a_{\mathrm{Red}}}{\gamma_{\mathrm{Red}}a_{\mathrm{Ox}}} \tag{7-3}$$

从条件电极电位的定义式可以看出，条件电极电位的大小不仅与标准电极电位有关，还与活度系数和副反应系数有关，因而条件电极电位除受温度的影响外，还要受到溶液中离子强度、酸度和配位剂浓度等其他因素的影响，只有在条件一定时才是常数。显然，在引入条件电极电位后，处理实际问题就比较简单，也比较符合实际情况。

3. 氧化还原反应进行的方向

氧化还原反应的方向是两电对中电位较高电对中的氧化态与电位较低电对中的还原态相互反应，向其对应的方向进行。

影响反应方向的主要因素有氧化剂和还原剂的浓度、溶液的酸度、生成配合物或沉淀等。在所有可能发生的氧化还原反应中，电极电位相差最大的电对间首先发生反应，据此可确定氧化还原反应的次序。

二、氧化还原反应的完全程度

氧化还原滴定分析要求化学反应定量进行，且进行得越完全越好。氧化还原反应进行的完全程度可以通过计算一个反应达到平衡时的平衡常数 $K^{\ominus}$ 或条件平衡常数 $K^{\ominus\prime}$ 的大小来衡量，而氧化还原反应的平衡常数可以根据能斯特方程由两个电对的标准电极电位（$\varphi^{\ominus}$）或条件电极电位（$\varphi^{\ominus\prime}$）来求得。

对于氧化还原反应 $n_2\mathrm{Ox}_1 + n_1\mathrm{Red}_2 \rightleftharpoons n_2\mathrm{Red}_1 + n_1\mathrm{Ox}_2$，有：

$$K^{\ominus} = \frac{c_{Red_1}^{n_2} c_{Ox_2}^{n_1}}{c_{Ox_1}^{n_2} c_{Red_2}^{n_1}}$$

两电对的电极电位为：

$$Ox_1 + n_1 e \Longleftrightarrow Red_1$$

$$\varphi_1 = \varphi_1^{\ominus} + \frac{0.0592}{n_1} \lg \frac{c_{Ox_1}}{c_{Red_1}}$$

$$Ox_2 + n_2 e \Longleftrightarrow Red_2$$

$$\varphi_2 = \varphi_2^{\ominus} + \frac{0.0592}{n_2} \lg \frac{c_{Ox_2}}{c_{Red_2}}$$

反应达到平衡时，两电对的电极电位相等（$\varphi_1 = \varphi_2$），即：

$$\varphi_1^{\ominus} + \frac{0.0592}{n_1} \lg \frac{c_{Ox_1}}{c_{Red_1}} = \varphi_2^{\ominus} + \frac{0.0592}{n_2} \lg \frac{c_{Ox_2}}{c_{Red_2}}$$

$$\lg \frac{c_{Red_1}^{n_2} c_{Ox_2}^{n_1}}{c_{Ox_1}^{n_2} c_{Red_2}^{n_1}} = \frac{n(\varphi_1^{\ominus} - \varphi_2^{\ominus})}{0.0592} = \lg K^{\ominus}$$

n 为氧化剂和还原剂得失电子数的最小公倍数。若用条件电极电位 $\varphi^{\ominus '}$ 代替式中的标准电极电位 $\varphi^{\ominus}$，可得相应的条件平衡常数 $K^{\ominus '}$，即：

$$\lg K^{\ominus '} = \frac{n(\varphi_1^{\ominus '} - \varphi_2^{\ominus '})}{0.0592} \tag{7-4}$$

由式(7-4)可看出，氧化还原反应的平衡常数 $K^{\ominus}$（或 $K^{\ominus '}$）值的大小，与氧化剂和还原剂两个电对的标准电极电位 $\varphi^{\ominus}$（或条件电极电位 $\varphi^{\ominus '}$）之差有关。两电对的标准电极电位相差越大，氧化还原反应的平衡常数越大，反应进行得越完全。在滴定分析中，根据误差要求，一般认为 $\varphi_1^{\ominus} - \varphi_2^{\ominus} \geqslant 0.4V$（或 $\varphi_1^{\ominus '} - \varphi_2^{\ominus '} \geqslant 0.4V$）的氧化还原反应才可用于滴定分析。但这仅说明该氧化还原反应有完全进行的可能，不一定能定量反应，也不一定能迅速完成。

三、氧化还原反应的速率

氧化还原反应速率的大小，是由参加反应的氧化还原电对本身的性质决定的，还与反应物浓度、温度、催化剂等因素有关。

1. 氧化剂与还原剂的性质

不同性质的氧化剂和还原剂反应速率相差极大，这与它们的原子结构、反应历程等诸多因素有关，情况较复杂，这里不作讨论。

2. 反应物浓度

反应物的浓度越大，反应的速率越快。例如，在酸性溶液中，用 $K_2Cr_2O_7$ 标定 $Na_2S_2O_3$ 溶液时，一定量的 $K_2Cr_2O_7$ 和 KI 反应：

$$Cr_2O_7^{2-} + 6I^- + 14H^+ \Longleftrightarrow 2Cr^{3+} + 3I_2 + 7H_2O$$

此反应的速率不是很快，而增大 I^- 的浓度或提高溶液的酸度，可使反应速率加快。

3. 温度

对大多数反应来说，升高温度可以加快反应速率。通常温度每升高 10℃，反应速率增大 $2 \sim 4$ 倍。例如，在酸性溶液中，用 $KMnO_4$ 滴定 $H_2C_2O_4$ 的反应：

$$2MnO_4^- + 5C_2O_4^{2-} + 16H^+ \rightleftharpoons 2Mn^{2+} + 10CO_2\uparrow + 8H_2O$$

在室温下，该反应速率较慢，如果将溶液加热到 $75\sim85℃$，反应速率明显加快。

有的物质（如 I_2）有较大的挥发性，若将溶液加热，会引起挥发损失；有的物质（如 Fe^{2+}、Sn^{2+} 等）易被空气中的氧所氧化，若将溶液加热，将促进它们的氧化，从而引起分析误差。

4. 催化剂

加入催化剂可以提高反应速率。例如，上述 $KMnO_4$ 与 $C_2O_4^{2-}$ 的反应，即使在强酸性溶液中，反应温度为 $80℃$，反应的最初速率仍相当慢，若加入 Mn^{2+}，反应立即加速。

$KMnO_4$ 氧化 $C_2O_4^{2-}$，若不加 Mn^{2+}，开始反应很慢；随着反应的进行，不断产生 Mn^{2+}，由于 Mn^{2+} 的催化作用，反应将越来越快。这种由生成物本身引起的催化作用称为自动催化作用。自动催化反应在开始时速率较慢，随着生成物逐渐增多，反应速率越来越快，经过一最高点后，随生成物浓度的降低，反应速率也逐渐降低。而有些催化剂则能减慢某些反应的速率，例如加入多元醇可以减慢 $SnCl_2$ 与空气中氧的作用。

在实际工作中，有些氧化还原反应进行得很慢或根本不发生反应，但当有另一个反应进行时，会促使这一反应的加速进行，这一现象称为诱导效应。例如，$KMnO_4$ 氧化 Cl^- 的速率很慢，但是当溶液中存在 Fe^{2+} 时，$KMnO_4$ 与 Fe^{2+} 的反应可以加速 $KMnO_4$ 与 Cl^- 的反应。

第二节　氧化还原滴定指示剂

在氧化还原滴定过程中，除了用电位法检测化学计量点外，还可以利用某些物质在化学计量点附近颜色的改变来指示滴定终点，即氧化还原滴定指示剂。

一、自身指示剂

在氧化还原滴定中，有些标准溶液或被测物质本身有颜色，利用自身颜色的变化而不必另加指示剂来指示终点，称为自身指示剂。例如，用 $KMnO_4$ 作标准溶液滴定到化学计量点时，只要稍过量的 $KMnO_4$ 就可使溶液呈粉红色，由此可确定滴定终点。$KMnO_4$ 就是自身指示剂。

二、专属指示剂

有的物质本身不具有氧化性或还原性，但它能与氧化剂或还原剂作用产生特殊的颜色，从而可以指示滴定终点。例如，可溶性淀粉与碘溶液反应生成蓝色化合物。当 I_2 被还原为 I^- 时，蓝色消失，反应极为灵敏，颜色变化也非常鲜明。淀粉就是碘量法的专属指示剂。

三、氧化还原指示剂

氧化还原指示剂是本身具有氧化和还原性质的有机化合物，这类指示剂的氧化型和还原型具有不同的颜色。当溶液中电对的电位改变时，指示剂的氧化型和还原型的浓度也会随之发生改变，从而引起溶液颜色变化，根据溶液颜色的突变来指示滴定终点。例如用 $K_2Cr_2O_7$ 滴定 Fe^{2+} 时，常用二苯胺磺酸钠为指示剂。二苯胺磺酸钠的还原型无色，当滴定至化学计量点时，稍过量的 $K_2Cr_2O_7$ 使二苯胺磺酸钠由还原型转变为氧化型，溶液显紫红色，指示滴定终点的到达。

氧化还原指示剂是一种通用指示剂，应用范围比较广泛。选择这类指示剂的原则是指示剂变色点的电位应当处在滴定体系的电位突跃范围内。一般来说，指示剂本身会消耗一定量的滴定剂，应做指示剂的空白试验加以校正。常用氧化还原指示剂见表 7-1。

表 7-1 常用氧化还原指示剂

指 示 剂	$E_{In}^{\ominus}([H^+]=1mol/L)/V$	颜 色 变 化	
		氧 化 型	还 原 型
亚甲基蓝	0.36	蓝	无色
二苯胺	0.76	紫	无色
二苯胺磺酸钠	0.84	紫红	无色
邻苯氨基苯甲酸	0.89	紫红	无色
邻二氮菲-亚铁	1.06	浅蓝	红
硝基邻二氮菲-亚铁	1.25	浅蓝	紫红

第三节 高锰酸钾法

一、滴定方法和条件

1. 滴定方法

高锰酸钾法是以高锰酸钾标准滴定溶液为滴定剂的氧化还原滴定法。$KMnO_4$ 是一种强氧化剂，其氧化能力和还原产物与溶液的酸度有关。

在强酸性溶液中与还原剂作用，MnO_4^- 被还原为 Mn^{2+}：

$$MnO_4^- + 8H^+ + 5e \Longleftrightarrow Mn^{2+} + 4H_2O \qquad \varphi^{\ominus}(MnO_4^-/Mn^{2+})=1.51V$$
（紫红色）　　　　　（无色）

在微酸性、中性或弱碱性溶液中，MnO_4^- 被还原为 MnO_2：

$$MnO_4^- + 2H_2O + 3e \Longleftrightarrow MnO_2\downarrow + 4OH^- \qquad \varphi^{\ominus}(MnO_4^-/MnO_2)=0.59V$$
（褐色）

在强碱性溶液中，MnO_4^- 能被还原为 MnO_4^{2-}：

$$MnO_4^- + e \Longleftrightarrow MnO_4^{2-} \qquad \varphi^{\ominus}(MnO_4^-/MnO_4^{2-})=0.564V$$
（绿色）

在强酸性溶液中，$KMnO_4$ 具有较强的氧化能力，本身被还原为无色的 Mn^{2+}，利于终点的观察，常用 H_2SO_4 来控制溶液的酸度。HNO_3 具有氧化性，可氧化某些被滴定的还原性物质；HCl 具有还原性，能与 MnO_4^- 作用而干扰滴定；HAc 酸性太弱，不宜用来控制溶液的酸度。

高锰酸钾法应用广泛，可以直接滴定 Fe^{2+}、As^{3+}、Sb^{3+}、H_2O_2、$C_2O_4^{2-}$、NO_2^- 以及其他具有还原性的物质；利用间接法可测定能与 $C_2O_4^{2-}$ 定量沉淀为草酸盐的金属离子（如 Ca^{2+}、Ba^{2+}、Pb^{2+} 以及稀土离子等）；利用返滴定法可测定一些不能直接滴定的氧化性和还原性物质（如 MnO_2、PbO_2、SO_3^{2-} 和 $HCHO$ 等）。高锰酸钾溶液属于自身指示剂。

2. 滴定条件

高锰酸钾法试剂中含有少量杂质，使溶液不够稳定，溶液需标定后使用。本法反应历程复杂，常伴有副反应发生，滴定时要严格控制条件。使用后的 $KMnO_4$ 标准溶液放置一段时间后应重新标定。高锰酸钾法选择性不高。

① 温度。近终点时将溶液加热至约 65℃，温度高于 90℃ 时 $H_2C_2O_4$ 发生分解，使标定的结果偏高。

$$H_2C_2O_4 \longrightarrow CO_2\uparrow + CO\uparrow + H_2O$$

② 酸度。反应需保持足够的酸度。酸度过低 MnO_4^- 被部分还原为 MnO_2，酸度过高会促使 $H_2C_2O_4$ 分解，一般滴定开始的适宜酸度为 $0.5 \sim 1mol/L$。

③ 滴定速度。滴定开始至终点前，始终保持溶液呈紫红色，近终点时，慢慢滴加，以防过量。

④ 滴定终点。用 $KMnO_4$ 标准滴定溶液滴定至溶液呈浅粉色 30s 不褪色为终点。

二、标准滴定溶液

$KMnO_4$ 试剂中含有少量的 MnO_2 及其他杂质，其纯度为 $99\% \sim 99.5\%$，蒸馏水中含有微量的还原性物质可与 $KMnO_4$ 作用，生成 $MnO(OH)_2$ 沉淀，而 MnO_2 和 $MnO(OH)_2$ 又能进一步促进 $KMnO_4$ 溶液的分解。因此 $KMnO_4$ 标准溶液不能直接配制，必须采用标定法配制。

称取稍多于理论量的 $KMnO_4$ 固体，用少量蒸馏水溶解后稀释至一定体积，并加热煮沸，保持微沸约 1h，于暗处放置 1 周后，用微孔玻璃漏斗过滤，滤去沉淀，将过滤后的 $KMnO_4$ 溶液贮存于棕色瓶中，放置在暗处，以待标定。常用 $Na_2C_2O_4$ 在 H_2SO_4 溶液中标定 $KMnO_4$。

$$2MnO_4^- + 5C_2O_4^{2-} + 16H^+ \longrightarrow 2Mn^{2+} + 10CO_2\uparrow + 8H_2O$$

三、应用实例

1. 直接滴定法

直接滴定法测定还原性物质，如 Fe^{2+}、$As(III)$、$Sb(III)$、H_2O_2、$C_2O_4^{2-}$、NO_2^- 等。

双氧水中 H_2O_2 含量的测定。双氧水（过氧化氢）是一种常用的消毒剂，具有杀菌和漂白作用。在 H_2SO_4 酸性条件下，可用 $KMnO_4$ 标准滴定溶液直接测定 H_2O_2。

测定时，移取一定体积 H_2O_2 的稀释液，用 $KMnO_4$ 标准溶液滴定至终点，根据 $KMnO_4$ 溶液的浓度和所消耗的体积，计算 H_2O_2 的含量。

$$2MnO_4^- + 5H_2O_2 + 6H^+ \rightleftharpoons 2Mn^{2+} + 5O_2\uparrow + 8H_2O$$

2. 返滴定法

返滴定法可以测定氧化性物质。例如，软锰矿中 MnO_2 含量的测定。在含 MnO_2 的溶液中，加入一定量过量的 $Na_2C_2O_4$，于 H_2SO_4 介质中加热。

$$MnO_2 + C_2O_4^{2-} + 4H^+ \longrightarrow Mn^{2+} + 2CO_2\uparrow + 2H_2O$$

反应完全后，用 $KMnO_4$ 标准溶液趁热返滴定剩余的 $Na_2C_2O_4$，即可求得 MnO_2 的含量。

$$2MnO_4^- + 5C_2O_4^{2-} + 16H^+ \longrightarrow 2Mn^{2+} + 10CO_2\uparrow + 8H_2O$$

3. 间接滴定法

有些非氧化性或非还原性的物质，不能用 $KMnO_4$ 标准溶液直接滴定或返滴定，就只好采用间接滴定法进行滴定。例如，钙盐的测定。在一定条件下，首先将样品处理成 Ca^{2+} 溶液，再将 Ca^{2+} 与 $C_2O_4^{2-}$ 反应生成 CaC_2O_4 沉淀，并将其过滤洗涤，溶于热的稀 H_2SO_4 中，加热至 $75 \sim 85℃$ 时，用 $KMnO_4$ 标准溶液滴定至终点。根据滴定终点时所消耗 $KMnO_4$ 标准溶液的体积，间接求算出样品中的钙含量。

$$Ca^{2+} + C_2O_4^{2-} \rightleftharpoons CaC_2O_4 \text{（白色）}$$

$$CaC_2O_4 + 2H^+ \rightleftharpoons H_2C_2O_4 + Ca^{2+}$$
$$2MnO_4^- + 5H_2C_2O_4 + 6H^+ \rightleftharpoons 2Mn^{2+} + 10CO_2\uparrow + 8H_2O$$

在 CaC_2O_4 沉淀时，为了获得易于过滤、洗涤的粗晶形沉淀，可事先在含 Ca^{2+} 的酸性溶液中加入过量的 $(NH_4)_2C_2O_4$ 沉淀剂，并用稀氨水慢慢中和试液中的 H^+，使酸性条件下的 $HC_2O_4^-$ 逐渐转变为 $C_2O_4^{2-}$，溶液中的 $C_2O_4^{2-}$ 缓慢地增加，CaC_2O_4 沉淀缓慢形成，最后控制溶液的 pH 在 $3.5\sim4.5$（甲基橙指示剂显黄色），并继续保温约 30min 使沉淀陈化，即可得到粗晶形沉淀。这样沉淀既完全，又防止 $Ca(OH)_2$ 或 $Ca_2(OH)_2C_2O_4$ 的生成。

又如，甘油含量的测定。将甘油加入到一定量过量的碱性高锰酸钾标准溶液中：

$$HOCH_2CHOHCH_2OH + 14MnO_4^- + 20OH^- \longrightarrow 3CO_3^{2-} + 14MnO_4^{2-} + 14H_2O$$

反应完成后，将溶液酸化，MnO_4^{2-} 歧化为 MnO_4^- 和 MnO_2：

$$3MnO_4^{2-} + 4H^+ \rightleftharpoons 2MnO_4^- + MnO_2 + 2H_2O$$

用过量的还原剂标准溶液使溶液中所有的高价锰离子还原为 Mn^{2+}，再用 $KMnO_4$ 标准溶液滴定剩余的还原剂。根据消耗还原剂的量及两次加入 $KMnO_4$ 标准溶液的量，求得甘油的含量。

第四节　碘　量　法

一、滴定方法和条件

1. 滴定方法

碘量法是利用 I_2 的氧化性和 I^- 的还原性测定物质含量的滴定分析方法。固体 I_2 水溶性比较差且易挥发，通常将 I_2 溶解在 KI 溶液中，此时 I_2 以 I_3^- 形式存在（一般简写为 I_2）。

$$I_2 + 2e \rightleftharpoons 2I^- \qquad \varphi^\ominus(I_2/I^-) = 0.545V$$

由 $\varphi^\ominus(I_2/I^-)$ 的电位可知，I_2 是一种较弱的氧化剂，能与较强的还原剂作用；而 I^- 则是中等强度的还原剂，能与许多氧化剂作用，因此碘量法又可以用直接和间接两种方式进行滴定。

电位比 $\varphi^\ominus(I_2/I^-)$ 低的还原性物质，可以直接用 I_2 标准溶液滴定，这种方法称为直接碘量法或碘滴定法。如 S^{2-}、SO_3^{2-}、Sn^{2+}、$S_2O_3^{2-}$、维生素C、亚砷酸化合物等，该方法只限于较强的还原剂的测定。

电位比 $\varphi^\ominus(I_2/I^-)$ 高的氧化性物质，可在一定的条件下，用碘离子来还原，产生相当量的碘，然后用 $Na_2S_2O_3$ 标准溶液来滴定析出的 I_2，这种方法叫作间接碘量法或称为滴定碘法。例如，$K_2Cr_2O_7$ 在酸性镕液中与过量的 KI 作用，析出的 I_2 用 $Na_2S_2O_3$ 标准溶液滴定。

$$Cr_2O_7^{2-} + 6I^- + 14H^+ \longrightarrow 2Cr^{3+} + 3I_2 + 7H_2O$$
$$2S_2O_3^{2-} + I_2 \longrightarrow 2I^- + S_4O_6^{2-}$$

利用这一方法可以测定很多氧化性物质，如 $Cr_2O_7^{2-}$、IO_3^-、BrO_3^-、AsO_4^{3-}、ClO^-、MnO_4^- 等，所以滴定碘法的应用范围相当广泛。

碘量法用淀粉作指示剂。淀粉与 I_2 作用形成蓝色的吸附化合物，灵敏度很高。淀粉放置时间过长会腐败分解，应现用现配，由于 I_2 和淀粉形成大量的蓝色化合物，妨碍 $Na_2S_2O_3$ 对 I_2 的还原作用，使溶液的蓝色很难褪去。故在间接碘量法中，应在接近滴定终点时加入淀粉指示剂。淀粉属于碘量法的专属指示剂。

2. 滴定条件

（1）酸度

$S_2O_3^{2-}$ 与 I_2 的反应必须在中性或弱酸性溶液中进行。在碱性溶液中 $S_2O_3^{2-}$ 能被 I_2 氧化成 SO_4^{2-}，I_2 也会发生歧化反应：

$$S_2O_3^{2-}+4I_2+10OH^-\longrightarrow 2SO_4^{2-}+8I^-+5H_2O$$

$$3I_2+6OH^-\longrightarrow IO_3^-+5I^-+3H_2O$$

在酸性溶液中，$Na_2S_2O_3$ 会分解，I^- 也容易被空气中的氧气所氧化。

$$S_2O_3^{2-}+2H^+\longrightarrow SO_2\uparrow+S+H_2O$$

$$4I^-+4H^++O_2\longrightarrow 2I_2+2H_2O$$

（2）I_2 易挥发、I^- 易氧化

加入过量 KI 使 I_2 生成易溶于水的 I_3^-，滴定 I_2 时不要剧烈摇动，以减少 I_2 的挥发；在密闭的碘量瓶中进行 KI 与氧化性物质的反应，并放置于暗处，反应完全后立即滴定。溶液酸度不宜太高，否则会增加 I^- 被空气氧化的速率。

二、标准滴定溶液

1. $Na_2S_2O_3$ 标准滴定溶液

市售 $Na_2S_2O_3\cdot 5H_2O$（俗称海波），含有少量如 S、S^{2-}、SO_3^{2-}、SO_4^{2-}、CO_3^{2-}、Cl^- 等杂质，且 $Na_2S_2O_3$ 溶液不稳定，易与水中的 H_2CO_3 和空气中的 O_2 作用，并能被细菌所分解，使其浓度发生变化。

$$S_2O_3^{2-}+CO_2+H_2O\longrightarrow HSO_3^-+HCO_3^-+S$$

$$2S_2O_3^{2-}+O_2\longrightarrow 2SO_4^{2-}+2S$$

在细菌的作用下 $S_2O_3^{2-}\longrightarrow SO_3^{2-}+S$，水中微量的 Cu^{2+} 或 Fe^{3+} 可以促进 $Na_2S_2O_3$ 溶液的分解。

用标定法配制 $Na_2S_2O_3$ 标准溶液。用新煮沸并冷却了的蒸馏水除去 CO_2、O_2 和杀死细菌，加入少量的 Na_2CO_3 溶液，使溶液呈弱碱性，以抑制细菌的生长，防止 $Na_2S_2O_3$ 分解。配制好的 $Na_2S_2O_3$ 溶液贮存于棕色试剂瓶中，放置暗处一周后进行标定。标定过的 $Na_2S_2O_3$ 溶液也不宜长期保存，使用一段时间后要重新标定。若溶液变浑浊或有硫析出，应过滤后再标定或弃去重配。

标定 $Na_2S_2O_3$ 溶液的基准物质有 $KBrO_3$、$K_2Cr_2O_7$、KIO_3、I_2、纯铜等，常用 $K_2Cr_2O_7$。

$$Cr_2O_7^{2-}+6I^-+14H^+\longrightarrow 2Cr^{3+}+3I_2+7H_2O$$

$$I_2+2S_2O_3^{2-}\longrightarrow 2I^-+S_4O_6^{2-}$$

标定时酸度控制在 0.2～0.4mol/L，加入过量的 KI，将溶液放置于暗处 3～5min 反应完全后，再用 $Na_2S_2O_3$ 标准溶液滴定。用 $Na_2S_2O_3$ 标准溶液滴定前，应先用蒸馏水稀释，降低酸度可减少空气中氧对 I^- 的氧化，同时减少 Cr^{3+} 的绿色对终点观察的影响。淀粉应在近终点时加入，因淀粉吸附 I_2，过早加入会使终点难以确定或提前出现。加入淀粉前滴定速度要快，摇动速度要慢，防止 I_2 的挥发；加入淀粉后滴定速度要慢，摇动速度要快，防止淀粉吸附 I_2，使终点提前。

2. I_2 标准滴定溶液

用升华法制得的纯 I_2，可用直接法配制成 I_2 的标准溶液。但是，由于 I_2 易挥发，且对

天平有腐蚀性，不宜在分析天平上称量，所以一般用市售的碘先配制成近似浓度的溶液，然后进行标定。

配制 I_2 标准溶液时，先在托盘天平上称取一定量的碘和三倍于 I_2 质量的 KI，置于研钵中，加少量水研磨，使 I_2 全部溶解，然后稀释至一定体积，贮存于棕色试剂瓶中，放置在暗处保存。碘液具有腐蚀性，贮存和使用碘液时，应避免与橡皮塞和橡皮管接触，并防止日光照射、受热等。

标定 I_2 标准溶液的浓度常用 As_2O_3 作基准物质。As_2O_3 难溶于水，易溶于碱性溶液中生成亚砷酸盐：

$$As_2O_3 + 6OH^- \longrightarrow 2AsO_3^{3-} + 3H_2O$$

以 $NaHCO_3$ 调节溶液 pH=8，再用 I_2 标准溶液滴定 AsO_3^{3-}

$$AsO_3^{3-} + I_2 + H_2O \longrightarrow AsO_4^{3-} + 2I^- + 2H^+$$

在中性或微碱性溶液中反应定量地向右进行；在酸性溶液中 AsO_4^{3-} 氧化 I^- 而析出 I_2。

三、应用实例

1. 直接碘量法

用 I_2 的标准滴定溶液直接滴定电极电位比 $\varphi^{\ominus}(I_2/I^-)$ 低的还原性物质，这种方法叫作直接碘量法。能被 I_2 直接滴定的物质是较强的还原剂，如 SO_2、S^{2-}、SO_3^{2-}、$S_2O_3^{2-}$、$Sn(II)$、As_2O_3、$Sb(III)$、抗坏血酸和还原糖等。同时 I_2 在碱性溶液中易生成 I^- 及 IO^-，而 IO^- 不稳定，很快转化为 IO_3^-。

$$I_2 + 2OH^- \longrightarrow IO^- + I^- + H_2O$$

$$3IO^- \longrightarrow 2I^- + IO_3^-$$

这种情况会给测定带来误差，使直接碘量法的应用范围受到限制。

例如，维生素 C 含量的测定。维生素 C（$C_6H_8O_6$）又称抗坏血酸，为白色或略带黄色的结晶或粉末，溶于水呈酸性。维生素 C 中的烯二醇基具有较强的还原性，可被 I_2 定量氧化，因而可用 I_2 标准滴定溶液直接测定，反应为 $C_6H_8O_6 + I_2 \longrightarrow C_6H_6O_6 + 2HI$。因此用直接碘量法可测定药片、注射液、饮料、蔬菜、水果等中的维生素 C 含量。测定时准确称取含维生素 C 试样，溶解在新煮沸且冷却的蒸馏水中，用醋酸酸化（pH=3~4），加入淀粉指示剂，迅速用 I_2 标准溶液滴定到终点（溶液呈稳定的蓝色）。

2. 间接碘量法

电极电位比 $\varphi^{\ominus}(I_2/I^-)$ 高的氧化性物质，在一定条件下，与 I^- 作用，使 I^- 氧化定量释出 I_2，再用 $Na_2S_2O_3$ 标准溶液进行滴定，这种方法叫作间接碘量法。可以测定许多氧化性的物质，如 Cu^{2+}、H_2O_2、$Cr_2O_7^{2-}$、CrO_4^{2-}、ClO_3^-、ClO^-、BrO_3^-、IO_3^-、AsO_4^{3-}、NO_2^- 等；还能测定与 CrO_4^{2-} 生成沉淀的阳离子，如 Pb^{2+}、Ba^{2+} 等。间接碘量法的应用非常广泛。

$KMnO_4$ 在酸性溶液中与过量的 KI 作用，析出的 I_2 用 $Na_2S_2O_3$ 标准溶液滴定。其反应式为：

$$2MnO_4^- + 10I^- + 16H^+ \longrightarrow 2Mn^{2+} + 5I_2 + 8H_2O$$

$$2S_2O_3^{2-} + I_2 \longrightarrow 2I^- + S_4O_6^{2-}$$

根据 $Na_2S_2O_3$ 的用量可求算出 $KMnO_4$ 的含量。

应用间接碘量法应注意控制溶液的酸度，防止 I_2 的挥发和空气中 O_2 对 I^- 的氧化。

例如，胆矾中 $CuSO_4 \cdot 5H_2O$ 含量的测定。胆矾的主要成分是 $CuSO_4 \cdot 5H_2O$，为蓝色结晶，在空气中易风化。测定时将样品溶于水后，在 H_2SO_4（pH＝3～4）介质中与过量 KI 反应，析出的 I_2 以淀粉为指示剂用 $Na_2S_2O_3$ 标准溶液滴定，反应式为：

$$2Cu^{2+} + 4I^- \longrightarrow 2CuI\downarrow + I_2$$
$$2S_2O_3^{2-} + I_2 \longrightarrow 2I^- + S_4O_6^{2-}$$

由消耗 $Na_2S_2O_3$ 标准溶液的体积即可计算出 $CuSO_4 \cdot 5H_2O$ 的含量。

第五节　其他氧化还原滴定法

一、重铬酸钾法

1. 滴定方法和条件

重铬酸钾法是以重铬酸钾作为滴定剂的氧化还原滴定法。重铬酸钾（$K_2Cr_2O_7$）在酸性溶液中具有较强的氧化性，与还原剂作用时 $K_2Cr_2O_7$ 被还原成 Cr^{3+}，其半反应和标准电极电位为：

$$Cr_2O_7^{2-} + 14H^+ + 6e \longrightarrow 2Cr^{3+} + 7H_2O \qquad \varphi^{\ominus}(Cr_2O_7^{2-}/Cr^{3+}) = 1.33V$$

因此 $K_2Cr_2O_7$ 的氧化能力比 $KMnO_4$ 稍弱些，也能测定许多具有还原性的无机物和有机物。

$K_2Cr_2O_7$ 法的特点是 $K_2Cr_2O_7$ 易提纯（99.99%），在 140～150℃干燥后，可作为基准物质直接准确称量配制标准溶液；$K_2Cr_2O_7$ 标准溶液非常稳定，在密闭容器中可长期保存，浓度基本不变；$K_2Cr_2O_7$ 的氧化性较 $KMnO_4$ 弱，但选择性比较高；$K_2Cr_2O_7$ 滴定可以在 HCl 溶液中进行，不受 Cl^- 还原作用的影响。但应注意，如果 HCl 的浓度较高或将溶液煮沸时，$K_2Cr_2O_7$ 也能部分地被 Cl^- 还原。

在 $K_2Cr_2O_7$ 滴定法中，常用的指示剂是二苯胺磺酸钠和邻苯氨基苯甲酸。

2. 标准滴定溶液

① 直接配制法。$K_2Cr_2O_7$ 稳定，易提纯，将重结晶的基准试剂 $K_2Cr_2O_7$ 在 140～150℃下烘干 1～2h，冷却后准确称取一定质量，加水溶解后定量转入容量瓶，根据称取 $K_2Cr_2O_7$ 的质量和定容的体积，计算 $K_2Cr_2O_7$ 标准溶液的浓度。

② 间接配制法。称取一定质量的 $K_2Cr_2O_7$ 固体，配制成一定体积且接近所需浓度的溶液。移取一定体积的 $K_2Cr_2O_7$ 溶液，在酸性条件下与过量 KI 反应，产生定量的 I_2，然后用 $Na_2S_2O_3$ 标准滴定溶液滴定。根据 $Na_2S_2O_3$ 标准滴定溶液消耗的体积求得 $K_2Cr_2O_7$ 溶液的浓度。

$$Cr_2O_7^{2-} + 6I^- + 14H^+ \rightleftharpoons 2Cr^{3+} + 3I_2 + 7H_2O$$
$$I_2 + 2S_2O_3^{2-} \rightleftharpoons 2I^- + S_4O_6^{2-}$$

3. 应用实例

重铬酸钾滴定法用于铁矿石、化学需氧量等的测定。

（1）铁矿石中全铁量的测定

试样用浓盐酸加热溶解，趁热用 $SnCl_2$ 溶液将 Fe^{3+} 全部还原为 Fe^{2+}。过量的 $SnCl_2$ 可用 $HgCl_2$ 氧化，析出白色丝状 Hg_2Cl_2 沉淀，用水稀释并加入 1～2mol/L H_2SO_4-H_3PO_4 混合酸，以二苯胺磺酸钠作指示剂，用 $K_2Cr_2O_7$ 标准溶液滴定至溶液由浅绿色（Cr^{3+} 的颜色）变为紫红色，即为滴定终点。根据 $K_2Cr_2O_7$ 的用量计算出试样中铁的含量。

$$Cr_2O_7^{2-} + 6Fe^{2+} + 14H^+ \rightleftharpoons 2Cr^{3+} + 6Fe^{3+} + 7H_2O$$

加入 H_3PO_4 的目的是降低 Fe^{3+}/Fe^{2+} 电对的电位，增大滴定的突跃范围，使二苯胺磺酸钠的变色范围落在滴定的电位突跃范围内，以及生成无色的 $[Fe(HPO_4)]^+$，消除了 Fe^{3+} 的黄色干扰，有利于终点的观察。

（2）化学需氧量（COD）的测定

水中化学需氧量是衡量水体被还原性物质污染程度的主要指标。测定时水样与过量的重铬酸钾在硫酸介质中及硫酸银催化下，加热回流 2h，冷却后用硫酸亚铁铵标准溶液回滴剩余的重铬酸钾，用试亚铁灵作指示剂。然后由消耗的 $K_2Cr_2O_7$ 标准溶液和硫酸亚铁铵的量计算出化学耗氧量，以 COD_{Cr}（O_2，mg/L）表示。

二、溴酸钾法

1. 滴定方法和条件

溴酸钾法是利用溴酸钾作氧化剂进行滴定的氧化还原滴定法。$KBrO_3$ 是一种强氧化剂，在酸性溶液中与还原性物质作用时，BrO_3^- 被还原为 Br^-，其半反应式为：

$$BrO_3^- + 6H^+ + 6e \longrightarrow Br^- + 3H_2O \qquad \varphi^\ominus(BrO_3^-/Br^-) = 1.44V$$

（1）直接滴定法

在酸性溶液中用甲基橙或甲基红作指示剂，以溴酸钾标准溶液直接滴定待测物质的方法为直接滴定法，可以测 Sb^{3+}、N_2H_4、Cu^+ 等还原性物质的含量。在反应中 $KBrO_3$ 被还原成 Br^-，化学计量点后稍过量的 $KBrO_3$ 与 Br^- 作用生成 Br_2：

$$BrO_3^- + 5Br^- + 6H^+ \longrightarrow 3Br_2 + 3H_2O$$

Br_2 可将酸性溶液中的甲基橙或甲基红的呈色结构破坏，由红色褪为无色。

（2）间接滴定法

间接滴定法也称溴量法，主要测定有机物。在 $KBrO_3$ 标准溶液中加入过量的 KBr，溶液酸化后，BrO_3^- 与 Br^- 发生反应：

$$BrO_3^- + 5Br^- + 6H^+ \longrightarrow 3Br_2 + 3H_2O$$

生成的溴与某些有机物反应，待反应完全后，用 KI 还原剩余的 Br_2：

$$Br_2 + 2I^- \longrightarrow 2Br^- + I_2$$

析出的 I_2 再用 $Na_2S_2O_3$ 标准溶液滴定。

2. 应用实例

利用溴量法生成的 Br_2 与不饱和有机物发生加成反应，可测定有机物的不饱和度；利用 Br_2 的取代反应可以测定酚类和芳香胺类等物质的含量。

例如，苯酚含量的测定。苯酚又名石炭酸，是一种弱有机酸，羟基邻位和对位上的氢原子比较活泼，容易被溴取代，在试样中加入过量的 $KBrO_3$-KBr 标准溶液，待溶液酸化后，BrO_3^- 与 Br^- 反应产生的 Br_2 便与苯酚发生反应。反应完全后，加入 KI 还原剩余的 Br_2，再用 $Na_2S_2O_3$ 标准溶液滴定析出的 I_2。根据两种标准溶液的用量和浓度即可求出试样中苯酚的含量。

实验 14　高锰酸钾标准滴定溶液的制备

一、目的与要求

1. 掌握 $KMnO_4$ 标准滴定溶液的配制和贮存方法；

2. 掌握用 $Na_2C_2O_4$ 为基准物质标定 $KMnO_4$ 溶液浓度的原理和方法。

二、实验原理

纯的 $KMnO_4$ 溶液相当稳定。但是市售的 $KMnO_4$ 试剂中常含有少量的 MnO_2 和其他杂质，而且使用的蒸馏水中也常含微量还原性物质，它们都能促进 $KMnO_4$ 溶液的分解，故不能用直接法配制成标准溶液。通常先配成近似浓度的溶液，为了获得比较稳定的 $KMnO_4$ 溶液，需将配好的溶液加热至沸，并保持微沸约 1h，使溶液中可能存在的还原性物质完全被氧化。放置 1 周后，过滤除去析出的沉淀，避光保存于棕色试剂瓶中，然后进行标定（执行 GB/T 601—2016）。

在酸度为 $0.5\sim1mol/L$ 的 H_2SO_4 酸性溶液中，以 $Na_2C_2O_4$ 为基准物标定 $KMnO_4$ 溶液，反应式为：

$$5C_2O_4^{2-} + 2MnO_4^- + 16H^+ \longrightarrow 2Mn^{2+} + 10CO_2\uparrow + 8H_2O$$

此时，$KMnO_4$ 的基本单元为 $\frac{1}{5}KMnO_4$，$Na_2C_2O_4$ 的基本单元为 $\frac{1}{2}Na_2C_2O_4$。

三、仪器与试剂

滴定装置。

$KMnO_4$（固体），$Na_2C_2O_4$（基准试剂，在 $105\sim110℃$ 烘干至恒重），H_2SO_4 溶液（8+92）。

四、实验内容

1. $KMnO_4$ 溶液的配制

配制 $c\left(\frac{1}{5}KMnO_4\right)=0.1mol/L$ 溶液。称取 3.3g 高锰酸钾，溶于 1050mL 水中，缓缓煮沸 15min，冷却，于暗处放置两周，用已处理过的 4 号玻璃滤锅（在同样浓度的高锰酸钾溶液中缓缓煮沸 5min）过滤。贮存于棕色瓶中。

2. $KMnO_4$ 溶液的标定

称取 0.25g 于 $105\sim110℃$ 电烘箱中干燥至恒重的工作基准试剂草酸钠，溶于 100mL 硫酸溶液（8+92）中，用配制好的高锰酸钾溶液滴定，近终点时加热至约 65℃，继续滴定至溶液呈粉红色，并保持 30s。同时做空白试验。

五、数据处理

高锰酸钾标准滴定溶液的浓度以摩尔每升（mol/L）表示，按下式计算：

$$c\left(\frac{1}{5}KMnO_4\right)=\frac{m\times1000}{(V_1-V_2)M}$$

式中　m——草酸钠的质量，g；

　　　V_1——高锰酸钾溶液的体积，mL；

　　　V_2——空白试验高锰酸钾溶液的体积，mL；

　　　M——草酸钠 $[M(1/2Na_2C_2O_4)=66.999g/mol]$ 的摩尔质量，g/mol。

六、注意事项

1. 标定好的 $KMnO_4$ 溶液在放置一段时间后，若发现有沉淀析出，应重新过滤并标定。

2. 终点后，紫色会慢慢消失，故保持 30s 不褪色时即为终点。

七、思考与讨论

1. 配制 $KMnO_4$ 溶液时，为什么要将 $KMnO_4$ 溶液煮沸一定时间或放置数天？为什么要冷却放置后过滤？能否用滤纸过滤？

2. $KMnO_4$ 溶液应装于哪种滴定管中？简述读取 $KMnO_4$ 溶液体积的正确方法。

3. 装 $KMnO_4$ 溶液的容器放置久后壁上常有棕色沉淀物，怎样才能洗净？

4. $KMnO_4$ 滴定法中，可否用 HCl 或 HNO_3 调节酸度？为什么？

实验 15　过氧化氢含量的测定

一、目的与要求

1. 掌握过氧化氢试液的称取方法；
2. 掌握高锰酸钾直接滴定法测定过氧化氢含量的原理、方法和计算。

二、实验原理

在酸性溶液中，H_2O_2 是强氧化剂，但遇到更强的氧化剂 $KMnO_4$ 时，又表现为还原剂。因此，可以在酸性溶液中用 $KMnO_4$ 标准滴定溶液直接滴定测得 H_2O_2 的含量。反应式为：

$$5H_2O_2 + 2MnO_4^- + 6H^+ \longrightarrow 2Mn^{2+} + 8H_2O + 5O_2 \uparrow$$

三、仪器与试剂

滴定装置。

$KMnO_4$ 标准滴定溶液 $\left[c\left(\dfrac{1}{5}KMnO_4 \right) = 0.1 mol/L \right]$，$H_2SO_4$ 溶液 $\left[c\left(\dfrac{1}{2}H_2SO_4 \right) = 3 mol/L \right]$，双氧水试样。

四、实验内容

1. 双氧水试液的制备

准确量取 2mL（或准确称取 2g）30% 过氧化氢试样，注入装有 200mL 蒸馏水的 250mL 容量瓶中，平摇一次，稀释至刻度，充分摇匀。

2. 双氧水含量的测定

用移液管准确移取上述试液 25.00mL，放于锥形瓶中，加 3mol/L H_2SO_4 溶液 20mL，用 $c\left(\dfrac{1}{5}KMnO_4 \right) = 0.1 mol/L$ 的 $KMnO_4$ 标准滴定溶液滴定（注意滴定速度），至溶液微红色保持 30s 不褪色即为终点。记录消耗 $KMnO_4$ 标准滴定溶液的体积。平行测定三次。

五、数据处理

$$\rho(H_2O_2) = \frac{c\left(\dfrac{1}{5}KMnO_4 \right) V(KMnO_4) \times 10^{-3} \times M\left(\dfrac{1}{2}H_2O_2 \right)}{V \times \dfrac{25}{250}} \times 1000$$

或
$$w(H_2O_2)=\dfrac{c\left(\frac{1}{5}KMnO_4\right)V(KMnO_4)\times10^{-3}\times M\left(\frac{1}{2}H_2O_2\right)}{m\times\dfrac{25}{250}}\times100\%$$

式中　$\rho(H_2O_2)$——试样中过氧化氢的质量浓度，g/L；

$c\left(\frac{1}{5}KMnO_4\right)$——KMnO$_4$ 标准滴定溶液的浓度，mol/L；

$V(KMnO_4)$——滴定时消耗 KMnO$_4$ 标准滴定溶液的体积，mL；

$M\left(\frac{1}{2}H_2O_2\right)$——$\frac{1}{2}H_2O_2$ 的摩尔质量，17.01g/mol；

V——测定时量取过氧化氢试液的体积，mL；

$w(H_2O_2)$——试样中过氧化氢的质量分数，%；

m——试样的质量，g。

六、注意事项

1. 滴定反应前可加入少量 MnSO$_4$ 催化 H$_2$O$_2$ 与 KMnO$_4$ 的反应。

2. 若工业产品 H$_2$O$_2$ 中含有稳定剂如乙酰苯胺，也消耗 KMnO$_4$ 使 H$_2$O$_2$ 测定结果偏高。如遇此情况，应采用碘量法或铈量法进行测定。

七、思考与讨论

1. H$_2$O$_2$ 与 KMnO$_4$ 反应较慢，能否通过加热溶液来加快反应速率？

2. 用 KMnO$_4$ 法测定 H$_2$O$_2$ 时，能否用 HNO$_3$、HCl 或 HAc 调节溶液的酸度？

实验 16　硫代硫酸钠标准滴定溶液的制备

一、目的与要求

1. 掌握硫代硫酸钠标准滴定溶液的配制、标定和保存方法；

2. 掌握以 K$_2$Cr$_2$O$_7$ 为基准物质间接碘量法标定 Na$_2$S$_2$O$_3$ 的基本原理、反应条件、操作方法和计算。

二、实验原理

Na$_2$S$_2$O$_3$ 标准溶液的配制和标定执行 GB 601—2016。市售 Na$_2$S$_2$O$_3$·5H$_2$O 含有少量 S^{2-}、S、SO$_3^{2-}$、CO$_3^{2-}$、Cl$^-$ 等杂质，加之水中的微生物、CO$_2$，空气中的 O$_2$ 等都能与 Na$_2$S$_2$O$_3$ 溶液作用，因此不能用直接法配制成标准溶液。

三、仪器与试剂

碘量瓶，滴定装置。

硫代硫酸钠（固体），K$_2$Cr$_2$O$_7$ 固体（使用前在 140～150℃烘干），K$_2$Cr$_2$O$_7$ 标准滴定溶液 $\left[c\left(\frac{1}{6}K_2Cr_2O_7\right)=0.1mol/L\right]$，KI 固体（分析纯），H$_2SO_4$ 溶液（20%），淀粉指示液（5g/L，称取 0.5g 可溶性淀粉放入小烧杯中，加水 10mL，使成糊状，在搅拌下倒入

90mL 沸水中，微沸 2min，冷却后转移至 100mL 试剂瓶中，贴好标签）。

四、实验内容

1. 硫代硫酸钠标准滴定溶液的配制

称取硫代硫酸钠 $Na_2S_2O_3 \cdot 5H_2O$ 13g（或 8g 无水硫代硫酸钠 $Na_2S_2O_3$），溶于 500mL 水中，缓缓煮沸 10min，冷却。放置两周后过滤、标定。

2. 硫代硫酸钠标准滴定溶液的标定

准确称取约 0.12g 基准物质 $K_2Cr_2O_7$（称准至 0.0001g）〔或移取 $c\left(\dfrac{1}{6}K_2Cr_2O_7\right)=$ 0.1mol/L 的 $K_2Cr_2O_7$ 标准溶液 25.00mL〕，放于 250mL 碘量瓶中，加入 25mL 煮沸并冷却后的蒸馏水溶解，加入 2g 固体 KI 及 20mL 20% 的 H_2SO_4 溶液，立即盖上碘量瓶塞，摇匀，瓶口加少许蒸馏水密封，以防止 I_2 的挥发。在暗处放置 5min，打开瓶塞，用蒸馏水冲洗磨口塞和瓶颈内壁，加 150mL 煮沸并冷却后的蒸馏水稀释，用待标定的 $Na_2S_2O_3$ 标准滴定溶液滴定，至溶液出现淡黄绿色时，加 3mL 5g/L 的淀粉溶液，继续滴定至溶液由蓝色变为亮绿色即为终点。记录消耗 $Na_2S_2O_3$ 标准滴定溶液的体积。平行测定三次。

五、数据处理

$$c(Na_2S_2O_3) = \frac{m(K_2Cr_2O_7)}{M\left(\dfrac{1}{6}K_2Cr_2O_7\right)V(Na_2S_2O_3)\times 10^{-3}}$$

或

$$c(Na_2S_2O_3) = \frac{c\left(\dfrac{1}{6}K_2Cr_2O_7\right)V(K_2Cr_2O_7)}{V(Na_2S_2O_3)}$$

式中　$c(Na_2S_2O_3)$——硫代硫酸钠标准滴定溶液的浓度，mol/L；

　　　$m(K_2Cr_2O_7)$——基准物质 $K_2Cr_2O_7$ 的质量，g；

　　　$M\left(\dfrac{1}{6}K_2Cr_2O_7\right)$——$\dfrac{1}{6}K_2Cr_2O_7$ 的摩尔质量，49.03g/mol；

　　　$V(Na_2S_2O_3)$——滴定消耗 $Na_2S_2O_3$ 标准滴定溶液的体积，mL；

　　　$V(K_2Cr_2O_7)$——移取 $K_2Cr_2O_7$ 标准滴定溶液的体积，mL。

六、注意事项

1. 配制 $Na_2S_2O_3$ 溶液时，需要用新煮沸（除去 CO_2 并杀死细菌）并冷却了的蒸馏水，或将 $Na_2S_2O_3$ 试剂溶于蒸馏水中，煮沸 10min 后冷却，加入少量 Na_2CO_3 使溶液呈碱性，以抑制细菌生长。

2. 配好的溶液贮存于棕色试剂瓶中，放置两周后进行标定。硫代硫酸钠标准溶液不宜长期贮存，使用一段时间后要重新标定，如果发现溶液变浑浊或析出硫，应滤后重新标定，或弃去再重新配制溶液。

3. 用 $Na_2S_2O_3$ 滴定生成的 I_2 时应保持溶液呈中性或弱酸性。所以常在滴定前用蒸馏水稀释，降低酸度。通过稀释，还可以减少 Cr^{3+} 绿色对终点的影响。

4. 滴定至终点后，经过 5～10min，溶液又会出现蓝色，这是由于空气氧化 I^- 所引起的，属正常现象。若滴定到终点后，很快又转变为 I_2-淀粉的蓝色，则可能是由于酸度不足或放置时间不够，使 $K_2Cr_2O_7$ 与 KI 的反应未完全，此时应弃去重做。

七、思考与讨论

1. 配制硫代硫酸钠溶液时称取的 $Na_2S_2O_3 \cdot 5H_2O$ 或 $Na_2S_2O_3$ 质量是如何计算的？

2. 配制 $Na_2S_2O_3$ 溶液时，为什么需用新煮沸的蒸馏水？为什么将溶液煮沸 10min？为什么常加入少量 Na_2CO_3？为什么放置两周后标定？

3. 简述使用碘量瓶的目的。

4. 标定 $Na_2S_2O_3$ 溶液时，滴定到终点时，溶液放置一会儿又重新变蓝，为什么？

5. 为什么淀粉指示剂要在临近终点时才加入？指示剂加入过早对标定结果有何影响？

实验 17　硫酸铜含量的测定

一、目的与要求

1. 了解胆矾的组成和基本性质；
2. 掌握间接碘量法测定胆矾中 $CuSO_4 \cdot 5H_2O$ 含量的基本原理、方法和计算；
3. 熟练滴定分析操作技术。

二、实验原理

硫酸铜含量的测定方法是在弱酸性溶液中，Cu^{2+} 与过量的 KI 作用，定量析出 I_2，以淀粉作指示液，用 $Na_2S_2O_3$ 标准溶液滴定至溶液蓝色刚好消失为终点。反应如下：

$$2Cu^{2+} + 4I^- \longrightarrow 2CuI\downarrow + I_2$$
$$S_2O_3^{2-} + I_2 \longrightarrow S_4O_6^{2-} + 2I^-$$

由于 CuI 沉淀表面易吸附 I_2，致使分析结果偏低。为了减少 CuI 对 I_2 的吸附作用，当大部分的 I_2 被 $Na_2S_2O_3$ 溶液滴定后，再加入适量 NH_4SCN，使 CuI 转化为溶解度更小的 CuSCN 沉淀：

$$CuI + SCN^- \longrightarrow CuSCN\downarrow + I^-$$

同时将包藏在 CuI 沉淀中的 I_2 释放出来，这样就可以提高分析结果的准确度。

三、仪器与试剂

碘量瓶，滴定装置。

H_2SO_4 溶液（1mol/L），KI 溶液 [100g/L（10%）]，KSCN 溶液 [100g/L（10%）]，NH_4HF_2 溶液 [100g/L（20%）]，$Na_2S_2O_3$ 标准滴定溶液（0.1mol/L），淀粉指示液（5g/L），胆矾试样。

四、实验内容

1. 试液的准备

准确称取胆矾试样 0.5~0.6g，置于碘量瓶中，加 1mol/L H_2SO_4 溶液 5mL、蒸馏水 100mL 使其溶解，加 20% 的 NH_4HF_2 溶液 10mL、10% 的 KI 溶液 10mL，迅速盖上瓶塞，摇匀。放置 3min。此时出现 CuI 白色沉淀。

2. 测定

打开碘量瓶塞，用少量水冲洗瓶塞及瓶内壁，立即用 $c(Na_2S_2O_3)=0.1mol/L$ 的 $Na_2S_2O_3$ 标准滴定溶液滴定至呈浅黄色，加 3mL 淀粉指示液，继续滴定至浅蓝色，再加 10% 的 KSCN 溶液 10mL，继续用 $Na_2S_2O_3$ 标准滴定溶液滴定至蓝色刚好消失为终点。此时溶液为米色的 CuSCN 悬浊液。记录消耗 $Na_2S_2O_3$ 标准滴定溶液的体积。平行测定三次。

五、数据处理

$$w(CuSO_4\cdot 5H_2O)=\frac{c(Na_2S_2O_3)V(Na_2S_2O_3)\times 10^{-3}\times M(CuSO_4\cdot 5H_2O)}{m}\times 100\%$$

式中　$w(CuSO_4\cdot 5H_2O)$——试样中 $CuSO_4\cdot 5H_2O$ 的质量分数，%；

$c(Na_2S_2O_3)$——$Na_2S_2O_3$ 标准滴定溶液的浓度，mol/L；

$V(Na_2S_2O_3)$——滴定消耗 $Na_2S_2O_3$ 标准滴定溶液的体积，mL；

m——称取胆矾试样的质量，g；

$M(CuSO_4\cdot 5H_2O)$——$CuSO_4\cdot 5H_2O$ 的摩尔质量，g/mol。

六、注意事项

1. 加过量 KI 使生成 CuI 沉淀的反应更为完全，同时增大 I_2 的溶解性，提高滴定的准确度。

2. 为防止 CuI 对 I_2 的吸附，可在大部分 I_2 被 $Na_2S_2O_3$ 溶液滴定后，加入适量 NH_4SCN 溶液，使 CuI 转化为溶解度更小的 CuSCN 沉淀，以提高分析结果的准确度。

3. 为防止铜盐水解，试液需加 H_2SO_4（不能加 HCl，避免形成 $[CuCl_3]^-$、$[CuCl_4]^{2-}$ 配合物）。控制 pH 在 3.0~4.0 之间，酸度过高，则 I^- 易被空气中的氧氧化为 I_2（Cu^{2+} 催化此反应），使结果偏高。

4. 加入 NH_4HF_2 与 Fe^{3+} 形成稳定的配离子 $[FeF_6]^{3-}$，消除 Fe^{3+} 的干扰。

七、思考与讨论

1. 测定铜含量时，加入 KI 为何要过量？
2. 实验中加入 KSCN 的作用是什么？应在何时加入？为什么？
3. 实验中加入 NH_4HF_2 的作用是什么？
4. 本实验误差的主要来源有哪些？应如何避免？

思考题与习题

一、简答题

1. 氧化还原滴定法有何特点？如何分类？
2. 氧化还原反应进行的程度取决于什么？
3. 影响氧化还原反应速率的主要因素有哪些？
4. 为什么要引入条件电极电位的概念？有何意义？
5. 高锰酸钾法应在什么介质中进行？
6. 为什么不能用直接法配制 $KMnO_4$ 标准溶液？$KMnO_4$ 标准溶液应怎样保存？为什么？

7. 为什么碘量法不适宜在高酸度或高碱度介质中进行?

8. 碘量法的主要误差来源是什么? 有哪些防止措施?

9. 在用碘量法测定维生素 C 含量时, 加入一定量 HAc 溶液的目的是什么?

10. 怎样才能防止 I_2 的挥发和 $Na_2S_2O_3$ 的分解?

11. 间接法配制 $K_2Cr_2O_7$ 溶液时, 用什么物质作为基准试剂对其进行标定?

12. 比较用 $KMnO_4$、$K_2Cr_2O_7$ 作滴定剂的优缺点。

13. 在直接碘量法和间接碘量法中, 淀粉指示液的加入时间和终点颜色变化有何不同?

二、选择题

1. (　　) 是标定硫代硫酸钠标准溶液较为常用的基准物。

　　A. 升华碘　　B. KIO_3　　C. $K_2Cr_2O_7$　　D. $KBrO_3$

2. 配制 I_2 标准溶液时, 是将 I_2 溶解在 (　　) 中。

　　A. 水　　B. KI 溶液　　C. HCl 溶液　　D. KOH 溶液

3. 用草酸钠作基准物标定高锰酸钾标准溶液时, 开始反应速率慢, 稍后, 反应速率明显加快, 这是 (　　) 起催化作用。

　　A. 氢离子　　B. MnO_4^-　　C. Mn^{2+}　　D. CO_2

4. $KMnO_4$ 滴定所需的介质是 (　　)。

　　A. 硫酸　　B. 盐酸　　C. 磷酸　　D. 硝酸

5. 淀粉是一种 (　　) 指示剂。

　　A. 自身　　B. 氧化还原　　C. 专属　　D. 金属

6. 用 $K_2Cr_2O_7$ 法测定 Fe^{2+}, 可选用下列哪种指示剂? (　　)

　　A. 甲基红-溴甲酚绿　　B. 二苯胺磺酸钠　　C. 铬黑 T　　D. 自身指示剂

7. 在间接碘量法测定中, 下列操作正确的是 (　　)。

　　A. 边滴定边快速摇动

　　B. 加入过量 KI, 并在室温和避免阳光直射的条件下滴定

　　C. 在 $70 \sim 80$℃ 恒温条件下滴定

　　D. 滴定一开始就加入淀粉指示剂

8. 间接碘量法加入淀粉指示剂的适宜时间是 (　　)。

　　A. 滴定开始时

　　B. 滴定至近终点, 溶液呈稻草黄色时

　　C. 滴定至 I^- 的红棕色褪尽, 溶液呈无色时

　　D. 在标准溶液滴定了近 50% 时

9. 当增加反应酸度时, 氧化剂的电极电位会增大的是 (　　)。

　　A. Fe^{3+}　　B. I_2　　C. $K_2Cr_2O_7$　　D. Cu^{2+}

10. 碘量法测定 $CuSO_4$ 含量, 试样溶液中加入过量的 KI, 下列叙述其作用错误的是 (　　)。

　　A. 还原 Cu^{2+} 为 Cu^+　　　　B. 防止 I_2 挥发

　　C. 与 Cu^+ 形成 CuI 沉淀　　　　D. 把 $CuSO_4$ 还原成单质 Cu

三、计算题

1. 准确称取软锰矿试样 0.5261g, 在酸性介质中加入 0.7049g 纯 $Na_2C_2O_4$。待反应完

全后，过量的 $Na_2C_2O_4$ 用 $0.02160mol/L$ $KMnO_4$ 标准溶液滴定，用去 $30.47mL$。计算软锰矿中 MnO_2 的质量分数。

2. 称取铁矿石试样 $0.5000g$，用酸溶解后加入 $SnCl_2$，使 Fe^{3+} 还原为 Fe^{2+}，然后用 $24.50mL$ $KMnO_4$ 标准溶液滴定。已知 $1mL$ $KMnO_4$ 相当于 $0.01260g$ $H_2C_2O_4 \cdot 2H_2O$。试问：

(1) 矿样中 Fe 及 Fe_2O_3 的质量分数各为多少？

(2) 取市售双氧水 $3.00mL$ 稀释定容至 $250.0mL$，从中取出 $20.00mL$ 试液，需用上述 $KMnO_4$ 溶液 $21.18mL$ 滴定至终点。计算每 $100.0mL$ 市售双氧水所含 H_2O_2 的质量。

3. 用 $K_2Cr_2O_7$ 标准溶液测定 $1.000g$ 试样中的铁。试问 $1.000L$ $K_2Cr_2O_7$ 标准溶液中应含有多少克 $K_2Cr_2O_7$ 时，才能使滴定管读到的体积（单位 mL）在数值上恰好等于试样铁的质量分数（%）？

4. $0.4987g$ 铬铁矿试样经 Na_2O_2 熔融后，使其中的 Cr^{3+} 氧化为 $Cr_2O_7^{2-}$，然后加入 $10mL$ $3mol/L$ 的 H_2SO_4 及 $50mL$ $0.1202mol/L$ 的硫酸亚铁溶液处理。过量的 Fe^{2+} 需用 $15.05mL$ $K_2Cr_2O_7$ 标准溶液滴定，而 $1mL$ 标准溶液相当于 $0.006023g$。试求试样中铬的质量分数。若以 Cr_2O_3 表示时又是多少？

5. 将 $0.1963g$ 分析纯 $K_2Cr_2O_7$ 试剂溶于水，酸化后加入过量 KI，析出的 I_2 需 $33.61mL$ $Na_2S_2O_3$ 溶液滴定。计算 $Na_2S_2O_3$ 溶液的浓度。

6. 今有不纯的 KI 试样 $0.3504g$，在 H_2SO_4 溶液中加入纯 K_2CrO_4 $0.1940g$ 与之反应，煮沸逐出生成的 I_2。放冷后又加入过量 KI，使之与剩余的 K_2CrO_4 作用，析出的 I_2 用 $c(Na_2S_2O_3)=0.1020mol/L$ 的 $Na_2S_2O_3$ 标准溶液滴定，用去 $10.23mL$。问试样中 KI 的质量分数是多少？

第八章　电化学分析

学习目标

    1. 掌握电位分析法的原理和确定电位滴定终点的方法；

    2. 了解电极的分类，掌握常用电极的使用和安装方法；

    3. 了解电导和电导率的概念及在分析检测中的应用；

    4. 熟练使用 pHS-3D 型酸度计、ZD-2 型自动电位滴定仪和 DDS-307A 型电导率仪；

    5. 能够用酸度计测定水溶液 pH 和用电导仪检测水质纯度。

重点与难点

    1. 直接电位法、电位滴定法的基本原理、方法特点；

    2. 常用电极的构造和特性、膜电极的分类方法；

    3. 直接电位法测 pH；电导率的测定。

第一节　概　　述

一、电化学分析的分类及特点

1. 电化学分析的分类

电化学分析法是根据物质的电学及电化学性质来测定物质含量的仪器分析方法。电化学分析种类繁多，归纳起来，可分为以下三大类。

（1）直接测定法

以待测物质的浓度在某一特定实验条件下与某些电化学参数间的函数关系为基础的分析方法。通过测定这些电化学参数，直接对溶液的组分作定性、定量分析，如直接电位法和直接电导法等。这类方法操作简单快速，缺点是这些电化学参数与溶液组分间的关系随测定条件而改变，因此测定方法的准确度不高。

（2）电容量分析法

以滴定过程中某些电化学参数的突变作为滴定分析中指示终点的方法。这类分析方法与化学容量分析法类似，也是把一种已知浓度的标准滴定溶液滴加到被测溶液中，直到化学反应定量完成，根据消耗标准滴定溶液的量计算出被测组分的量。不同的是，电容量分析法不用指示剂颜色变化确定滴定终点，而是根据溶液中某个电化学参数的突变来确定终点。这类方法包括电位滴定、电导滴定、库仑滴定等。

（3）电称量分析法

试液中某种待测物质通过电极反应转化为固相沉积在电极上，然后通过称量确定被测组分含量的方法。这种方法的准确度高，但需要时间较长。如电解分析法。

2. 电化学分析的特点

仪器设备简单，操作方便快速，测试费用低，易于普及；灵敏性、选择性和准确性很高，适用面广；试样用量少，若使用特制的电极，所需试液可少至几微升；由于测定过程中得到的是电信号，可以连续显示和自动记录，因而这种方法更有利于实现连续、自动和遥控分析，特别适用于生产过程的在线分析，自动化程度高。电化学分析法的缺点是精密度较差，当要求精密度较高时不宜采用此法，电极电位值的重现性受实验条件的影响较大。

二、电化学电池

电化学分析尽管在测量原理、测量对象及测量方式上都有很大差别，但它们都是在电化学反应装置——电化学电池中进行的。

电化学电池是化学能和电能进行相互转换的电化学反应器，它分为原电池和电解池两类。

原电池能自发地将本身的化学能转变为电能；而电解池则需要外部电源供给电能，然后将电能转变为化学能。电位分析法是在原电池内进行的；而库仑分析法、极谱分析法和电导分析法则是在电解池内进行的。电化学电池均由两支电极（指示电极和参比电极）、容器和适当的电解质溶液组成。

第二节　电位分析法

电位分析法是通过测量电池电动势的变化来测定物质含量的一种电化学分析方法。通常在待测试样溶液中插入两支性质不同的电极组成电池，利用电池电动势与试液中离子活度（浓度）之间的对应关系测得被测离子的活度（浓度）。电位分析法包括直接电位法和电位滴定法。

直接电位法是通过测量电池电动势来确定待测离子活度（浓度）的方法。例如，用玻璃电极测定溶液中 H^+ 的活度；用离子选择电极测定各种阴、阳离子的活度等。

电位滴定法是通过测量滴定过程中电池电动势的变化来确定滴定终点的分析方法。可用于酸碱、配位、沉淀、氧化还原等各类滴定反应终点的确定。

一、电极电位与能斯特方程

将一金属片 M 浸入该金属离子 M^{n+} 的水溶液中，在金属和溶液界面间产生了双电层，两相之间产生一个电位差，称之为电极电位（φ），其值可用能斯特方程表示为：

$$M^{n+} + ne \longrightarrow M$$

$$\varphi = \varphi^{\ominus}(M^{n+}/M) + \frac{RT}{nF}\ln a(M^{n+}) \tag{8-1}$$

式中　$\varphi^{\ominus}(M^{n+}/M)$——标准电极电位，V；

$\quad\quad\quad R$——气体常数，8.3145J/(mol·K)；

$\quad\quad\quad T$——热力学温度，K；

$\quad\quad\quad n$——电极反应中转移的电子数；

$\quad\quad\quad F$——法拉第常数，96486.7C/mol；

$\quad a(M^{n+})$——金属离子 M^{n+} 的活度，mol/L。

测定电极电位可以确定离子的活度或在一定条件下确定其浓度（离子浓度很小时可用浓

度代替活度），这就是电位分析的理论依据。

　　能否测量出单支电极的电位 $\varphi(M^{n+}/M)$，从而确定 M^{n+} 的活度呢？实际上这是不可能的。在电位分析中需要一支电极电位随待测离子活度（浓度）不同而变化的电极，称为指示电极。还需要一支电极电位值恒定的电极，称为参比电极。用指示电极、参比电极和待测溶液组成工作电池，测量该电池的电动势，才能求出某一电极的电极电位。

　　在滴定分析中，当滴定到等当点附近时，将发生浓度的突变。如果在滴定过程中，在滴定容器中浸入一对适当的电极，则在等当点时可以观察到电极电位的突变，根据这样的突变可以确定滴定终点，这就是电位滴定的基本原理。

二、参比电极和指示电极

1. 参比电极

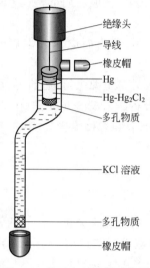

图 8-1　甘汞电极结构示意图

（图中标注：绝缘头、导线、橡皮帽、Hg、Hg-Hg₂Cl₂、多孔物质、KCl 溶液、多孔物质、橡皮帽）

　　参比电极是与被测物质浓度无关、提供测量参考的恒定电位电极。对参比电极的要求是电极电位已知稳定、可逆性好；重现性好；装置简单，使用方便，寿命长。

　　标准氢电极是为了测量其他电极的电位值而规定的标准参比电极，由于制备过程比较麻烦，一般很少应用。常用的参比电极有甘汞电极和银-氯化银电极。

　　（1）甘汞电极

　　甘汞电极是由金属汞和甘汞（Hg_2Cl_2）及一定浓度的 KCl 溶液组成的参比电极，其结构如图 8-1 所示。电极由两个玻璃套管组成，内玻璃管的上端封接一根铂丝，铂丝插入纯汞中，下置一层甘汞和汞的糊状混合物，下端用一层多孔物质塞紧；外玻璃管中装入 KCl 溶液，电极下端与待测溶液接触部分是熔结陶瓷芯或玻璃砂芯等的多孔物质。甘汞电极的半电极组成是 Hg，Hg_2Cl_2（固）| KCl。电极反应为：

$$Hg_2Cl_2 + 2e \longrightarrow 2Hg + 2Cl^-$$

电极电位（25℃）为：

$$\varphi(Hg\text{-}Hg_2Cl_2) = \varphi^{\ominus}(Hg\text{-}Hg_2Cl_2) + \frac{0.059}{2}\lg\frac{a(Hg_2Cl_2)}{a^2(Hg)\cdot a^2(Cl^-)}$$
$$= \varphi^{\ominus}(Hg\text{-}Hg_2Cl_2) - 0.059\lg a(Cl^-) \tag{8-2}$$

　　式（8-2）表明，当温度一定时，甘汞电极的电极电位决定于 Cl^- 的活度。电极中充入不同浓度的 KCl 溶液可具有不同的电位值，见表 8-1。

表 8-1　甘汞电极的电极电位（25℃）

电极类型	0.1mol/L 甘汞电极	标准甘汞电极（NCE）	饱和甘汞电极（SCE）
KCl 浓度	0.1mol/L	1.0mol/L	饱和溶液
电极电位/V	+0.3351	+0.2822	+0.2458

　　饱和甘汞电极（SCE）结构简单，使用方便，电极电位稳定，只要测量时通过的电流比较小，它的电极电位不发生显著变化，应用比较广泛。

　　使用甘汞电极时应注意以下几点。

① 在使用电极时，应将加液口和液络部（多孔物质）的橡皮帽打开，以保持液位差。不用时应罩好。

② 电极内部的氯化钾溶液应保持足够的高度和浓度，必要时应及时添加。添加后应使电极内不能有气泡，否则将使读数不稳定。

③ 甘汞电极有温度滞后现象，不宜在温度变化较大的环境中使用。当待测溶液中含有有害物质如 Ag^+、S^{2-} 时，应使用加有盐桥的甘汞电极。

（2）银-氯化银电极

银丝表面镀上一层 AgCl，浸在一定浓度的 KCl 溶液中即构成了银-氯化银电极，其结构如图 8-2 所示。该电极的半电极组成是 Ag，AgCl(固)|KCl。电极反应为：

$$AgCl + e \longrightarrow Ag + Cl^-$$

电极电位（25℃）为：

$$\varphi(\text{Ag-AgCl}) = \varphi^{\ominus}(\text{Ag-AgCl}) - 0.059 \lg a(\text{Cl}^-) \qquad (8\text{-}3)$$

在不同浓度的 KCl 溶液中，其电极电位的值见表 8-2。

图 8-2　银-氯化银电极
结构示意图

表 8-2　银-氯化银电极的电极电位（25℃）

电极类型	0.1mol/L Ag-AgCl 电极	标准 Ag-AgCl 电极	饱和 Ag-AgCl 电极
KCl 浓度	0.1mol/L	1.0mol/L	饱和溶液
电极电位/V	+0.2880	+0.2223	+0.2000

2. 指示电极

指示电极的电位能反映被测离子的活度（浓度）及其变化，流过该电极的电流很小，一般不引起溶液本体成分的明显变化，其电极电位与溶液中相关离子的活度（浓度）符合能斯特方程。理想的指示电极只应对要测量的离子有响应，对其他离子没有响应。

（1）第一类电极——金属-金属离子电极

电极为一纯金属片或棒，如铜电极、锌电极。把该金属电极放入它的盐溶液中即可得到相应电极，如 $Ag\text{-}AgNO_3$ 电极（银电极）、$Cu\text{-}CuSO_4$ 电极（铜电极）等。发生的电极反应为：

$$M^{n+} + ne \longrightarrow M$$

在 25℃ 时，其电极电位为：

$$\varphi(M^{n+}/M) = \varphi^{\ominus}(M^{n+}/M) + \frac{0.059}{n} \lg a(M^{n+}) \qquad (8\text{-}4)$$

第一类电极的电位仅与金属离子的活度（浓度）有关，故可用金属电极测定溶液中同种金属离子的活度（浓度）。

（2）第二类电极——金属-金属难溶盐电极

在金属电极表面覆盖其难溶盐，再插入到难溶盐的阴离子溶液中即可得到此类电极，其电极电位取决于与金属离子生成难溶盐的阴离子的活度。如 $Ag\text{-}AgCl/Cl^-$ 电极、$Hg\text{-}Hg_2Cl_2/Cl^-$ 电极等。发生的电极反应为：

$$MX_n \longrightarrow M^{n+} + nX^-$$

在 25℃ 时，其电极电位为：

$$\varphi(\text{M-MX}_n) = \varphi^{\ominus}(\text{M-MX}_n) - \frac{0.059}{n}\lg a(\text{X}^-) \tag{8-5}$$

利用该电极可测定难溶盐的阴离子的含量，这类电极常用作参比电极。

（3）零类电极——惰性金属电极

该类电极是由铂或金等惰性金属作电极，浸入含有均相和可逆的同一元素的两种不同氧化态的离子溶液中而组成的。惰性金属的作用只是协助电子的转移，本身不参与反应，这类电极的电极电位与两种氧化态离子活度（浓度）的比值有关。

例如，将 Pt 电极放入含有 Fe^{2+}、Fe^{3+} 的溶液中，Pt 电极不参与反应，仅作为 Fe^{2+}、Fe^{3+} 发生相互转化时的电子转移的场所，电极反应为：

$$Fe^{3+} + e \longrightarrow Fe^{2+}$$

在 25℃时，其电极电位为：

$$\varphi(Fe^{3+}/Fe^{2+}) = \varphi^{\ominus}(Fe^{3+}/Fe^{2+}) + 0.059\lg\frac{a(Fe^{3+})}{a(Fe^{2+})} \tag{8-6}$$

（4）膜电极——离子选择性电极

膜电极——离子选择性电极（ISE）是电位分析中最常用的电极，与其他类电极的区别是薄膜不给出或得到电子，而是选择性地让一些离子渗透（包括离子交换），仅对溶液中特定离子有选择性响应，不发生电极反应。电极电位与特定离子活度符合能斯特方程。

根据薄膜组成的不同，膜电极分为晶体膜电极（均相晶体膜电极和非均相晶体膜电极）、非晶体膜电极（刚性基质电极，如玻璃膜电极和流动载体电极）、敏化电极（气敏电极和酶电极）。

离子选择性电极一般由内参比电极、内参比液和敏感膜三部分组成。内参比电极一般用银-氯化银电极；内参比液含有该电极响应的离子和内参比电极所需要的离子。膜电极的关键元件是选择性敏感膜，敏感膜可由单晶、混晶、液膜、功能膜及生物膜等构成，膜材料不同的电极的性能也不同。

离子选择性电极的电极电位对阳离子为：

$$E_{膜} = K + \frac{RT}{nF}\ln a_{阳离子} \tag{8-7}$$

对阴离子为：

$$E_{膜} = K - \frac{RT}{nF}\ln a_{阴离子} \tag{8-8}$$

① 氟离子选择性电极。电极的敏感膜为掺有 EuF_2 的 LaF_3 单晶膜，内参比电极为 Ag-AgCl电极，内参比溶液为 0.1mol/L 的 NaCl 和 0.1mol/L 的 NaF 混合溶液，其构造如图8-3所示。

LaF_3 的晶格中有空穴，在晶格上的 F^- 可以移入晶格邻近的空穴而导电。对于一定的晶体膜，离子的大小、形状和电荷决定其是否能够进入晶体膜内，故膜电极一般都具有较高的离子选择性。当氟电极插入到 F^- 溶液中时，F^- 在晶体膜表面进行交换，产生电极电位。25℃时，电极电位为：

$$\varphi_{F^-} = K - 0.059\lg a(F^-) = K + 0.059\text{pF}$$

氟电极具有较高的选择性，线性范围 $1\sim10^{-6}$ mol/L，但需要在 pH 5~7 之间使用。pH 高时，溶液中的 OH^- 与氟化镧晶体膜中的 F^- 交换；pH 较低时，溶液中的 F^- 生成 HF 或 HF_2^-。测量过程中的主要干扰离子有 Al^{3+}、Fe^{3+} 等。

氟离子选择性电极应用范围极为广泛。如雪和雨水、磷肥厂的废渣、谷物和食品等中的微量 F^-，都可用氟电极测定。

② 玻璃（pH）电极。该电极的敏感膜是在 SiO_2 基质中加入 Na_2O、Li_2O 和 CaO 烧结而成的特殊玻璃膜，厚度约为 0.05mm；内参比电极为 Ag-AgCl 电极；内参比溶液为 0.1mol/L 的 HCl 溶液，见图 8-4。

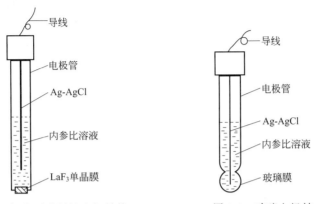

图 8-3　氟离子选择性电极结构　　　　　图 8-4　玻璃电极结构

玻璃电极使用前，必须在水溶液中浸泡，浸泡时膜表面的 Na^+ 与水中的 H^+ 交换，在表面形成水合硅胶层。测定时膜内外生成三层结构，即中间的干玻璃层和两边的水化硅胶层。

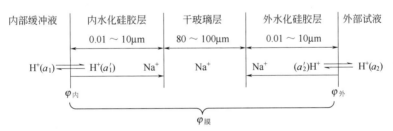

水化硅胶层厚度为 $0.01\sim10\mu m$。在水化层，玻璃上的 Na^+ 与溶液中 H^+ 发生离子交换而产生相界电位。

水化层表面可视作阳离子交换剂。溶液中 H^+ 经水化层扩散至干玻璃层，干玻璃层中的阳离子向外扩散以补偿溶出的离子，离子的相对移动产生扩散电位。两者之和构成膜电位。玻璃电极放入待测溶液，离子交换和扩散达到平衡，25℃时：

$$\varphi_{膜}=\varphi_{外}-\varphi_{内}=0.059\lg\frac{a_2}{a_1}$$

由于内参比溶液中的 H^+ 活度（a_1）是固定的，故：

$$\varphi_{膜}=K+0.059\lg a_2=K-0.059pH_{试液} \tag{8-9}$$

式中　K——由玻璃膜电极本身性质决定的常数。

因此，玻璃电极的膜电位与试样溶液的 pH 呈线性关系。

玻璃膜电位的产生不是起因于电子的得失。由于其他离子不能进入晶格产生交换，因此电极对 H^+ 具有高选择性，溶液中 Na^+ 浓度比 H^+ 浓度高 10^{15} 倍时，两者才产生相同的电位。

当膜内外溶液中 H^+ 活度相同（即 $a_1=a_2$）时，理论上 $\varphi_{膜}=0$，但实际上由于玻璃膜内外表面含钠量、表面张力以及机械和化学损伤的细微差异可能造成 $\varphi_{膜} \neq 0$，此时膜两侧的电位称为不对称电位。在使用前电极需要在水中浸泡 24h 以上。

玻璃电极适用于 pH 为 1~10 的溶液的测定。当测定溶液的酸性太强（pH<1）时，电位值偏离线性关系，产生的测量误差称为酸差。这是由于在强酸溶液中，H^+ 未完全游离的缘故。当测定溶液的碱性太强（pH>12）时，电位值偏离线性关系，产生的测量误差称为碱差或钠差，这主要是 Na^+ 参与相界面上的交换所致。

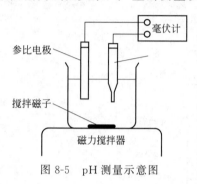

图 8-5　pH 测量示意图

三、直接电位法测 pH

1. 测定原理

测定溶液的 pH 时，常用 pH 玻璃电极作指示电极，饱和甘汞电极作参比电极，与试液组成一个工作电池，见图 8-5，此电池可用下式表示：

$$\underset{\text{玻璃电极}}{Ag\text{-}AgCl\,|\,HCl(H^+已知)玻璃膜\,|\,试液(a_{H^+}=x)} \,\|\, \underset{\text{甘汞电极}}{KCl(饱和)\,|\,Hg_2Cl_2\text{-}Hg}$$

电池的电动势 $E_{电池}$ 为：

$$E_{电池} = E_{甘汞} - E_{玻璃} = K' + 0.059pH_{试} \tag{8-10}$$

待测溶液的 pH 与工作电池的电动势呈直线关系。K' 为电池常数，与玻璃电极的成分、内外参比电极的电位差、温度等因素有关，难于测量和计算。在实际测定中，通常是用 pH 已知的标准缓冲溶液，在完全相同的条件下对工作电池（测量仪器）进行校正（定位）来确定。

设有两种溶液，一种是 pH 为已知的标准溶液，另一种是待测试液，与选定的玻璃电极和甘汞电极分别组成工作电池，测得其电池电动势分别为 E_s 和 E_x：

$$E_s = K'_s + 0.059pH_s$$

$$E_x = K'_x + 0.059pH_x$$

如果测量电池电动势的条件完全相同，则 $K'_s = K'_x$，以上两式相减，得到：

$$pH_x = pH_s + \frac{E_x - E_s}{0.059} \tag{8-11}$$

式中，pH_s 是已知确定的数值，通过测量 E_s 和 E_x，就可以求得 pH_x。

2. 标准缓冲溶液

电位法测定溶液的 pH 时，需用 pH 标准缓冲溶液来定位校准仪器。pH 标准缓冲溶液是 pH 测定的基准。可直接购买经国家鉴定合格的袋装 pH 标准物质或采用分析纯以上级别的试剂，使用煮沸并冷却、电导率小于 2.0×10^{-6} S/cm 的蒸馏水，其 pH 以 6.7~7.3 为宜，或采用实验室三级用水来配制。配好的标准溶液应在聚乙烯或硬质玻璃瓶中密闭保存，在室温条件下，一般可保存 1~2 个月。当发现有浑浊、发霉或沉淀现象时，不能继续使用。

我国标准计量局颁发了六种 pH 标准缓冲溶液及其在一定温度范围的 pH，见表 8-3。

测量水溶液的 pH 时，按水样呈酸性、中性和碱性三种可能，常配制以下三种标准溶液。

① 邻苯二甲酸氢钾缓冲溶液（pH=4.008，25℃）。称取已在 110~130℃干燥 2~3h 的分析纯邻苯二甲酸氢钾 10.12g，溶于蒸馏水中，并在容量瓶中稀释至 1L，浓度为 0.05mol/L。

表 8-3　六种标准缓冲溶液的 pH

试　　　剂	浓度 c /(mol/L)	pH					
		10℃	15℃	20℃	25℃	30℃	35℃
四草酸钾	0.05	1.67	1.67	1.68	1.68	1.68	1.69
酒石酸氢钾	饱和	—	—	—	3.56	3.55	3.55
邻苯二甲酸氢钾	0.05	4.00	4.00	4.00	4.00	4.01	4.02
磷酸氢二钠-磷酸二氢钾	0.025,0.025	6.92	6.90	6.88	6.86	6.86	6.84
四硼酸钠	0.01	9.33	9.28	9.23	9.18	9.14	9.11
氢氧化钙	饱和	13.01	12.82	12.64	12.46	12.29	12.13

② 磷酸盐型缓冲溶液（pH=6.865，25℃）。分别称取已在 110～130℃干燥 2～3h 的分析纯磷酸二氢钾 3.388g 和分析纯磷酸氢二钠 3.533g，溶于新蒸馏并冷却的蒸馏水中，并在容量瓶中稀释至 1L，溶液浓度为 0.025mol/L。

③ 硼砂缓冲溶液（pH=9.180，25℃）。为了使样品具有一定的组成，应称取与饱和溴化钠（或氯化钠加蔗糖）溶液室温下共同放置在干燥器内平衡两昼夜的硼砂 3.80g，溶于不含 CO_2 的新蒸馏水中，并在容量瓶中稀释至 1L，溶液浓度为 0.01mol/L。

3. 酸度计（pH 计）

测定 pH 的仪器称为酸度计，也称为 pH 计，是通过测量原电池的电动势，确定被测溶液中 H^+ 浓度的仪器，它是根据 $pH_x = pH_s + \dfrac{E_x - E_s}{0.059}$ 而设计的。酸度计一般由电极和电位计两部分组成，电极与试液组成工作电池，电池的电动势则由电位计表盘（显示屏）读取，表盘以 mV 为单位，或直接刻度为 pH，可直接读取（显示出）试液的 pH。

测量时，先将已知 pH 的标准溶液加入工作电池中，调节酸度计的指针（或显示数），恰好指在标准溶液的 pH 上，这个操作称为定位；换上被测试液，此时指针指示或屏显的数值即为被测溶液的 pH。下面以 pHS-3D 型 pH 计为例介绍其使用方法。

pHS-3D 型 pH 计是一台精密数字显示 pH 计，它采用大屏幕、带蓝色背光、双排数字显示液晶，可同时显示 pH、温度值或电位（mV）值。能用于测定水溶液的 pH 和电位（mV）、配上 ORP 电极可测量溶液 ORP（氧化还原电位）值，配上离子选择性电极可测出该电极的电极电位值。仪器外形结构见图 8-6，后面板见图 8-7，键盘说明见表 8-4。

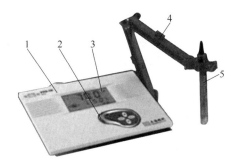

图 8-6　pHS-3D 型 pH 计的外形结构

1—机箱；2—键盘；3—显示屏；
4—多功能电极架；5—电极

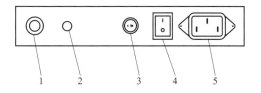

图 8-7　pHS-3D 型 pH 计的后面板

1—测量电极插座；2—参比电极接口；3—保险丝；
4—电源开关；5—电源插座

表 8-4 pHS-3D 型 pH 计的键盘说明

按键	功　　能
模式	选择 pH、温度、定位、斜率、mV 测试及校准功能转换,每按一次按上述程序状态转换(按一次为"温度模式",按两次为"定位校准模式",按三次为"斜率校准模式",按四次为"mV 测量模式")
确认	1. 按此键为确认上一步操作并返回 pH 测试状态 2. 无上一步操作时,按此键为背光开关键 3. 此键的另一种功能是当仪器因操作不当出现不正常现象时,可按住此键,然后将电源开关打开,使仪器恢复初始状态
△	此键为数值上升键,按此键为调节数值上升
▽	此键为数值下降键,按此键为调节数值下降

(1) 准备工作

① 安装与清洗电极。将 pH 复合电极（把 pH 玻璃电极和参比电极组合在一起的电极称为 pH 复合电极）固定在电极架上。如不用复合电极,则在测量电极插座处插入玻璃电极插头,参比电极接入参比电极接口处。拔下 pH 复合电极下端的电极保护套,用蒸馏水清洗电极。

② 打开电源开关,仪器进入 pH 测量状态,预热 30min。

(2) 标定

① 自动标定。适用于 pH＝4.00、pH＝6.86、pH＝9.18 的标准缓冲溶液。

a. 温度校正。按"模式"键一次（此时温度单位℃指示灯闪亮）,按"△"键或"▽"键调节温度显示数值上升或下降,使温度显示值和溶液温度达到一致后,按"确认"键,此时仪器确认溶液温度值后返回到 pH 测试状态。

b. 定位校准。将清洗过的电极插入 pH＝6.86 的标准缓冲溶液中,待读数稳定后按"模式"键两次（液晶显示器下方显示"定位",表明仪器在定位标定状态）,然后按"确认"键,仪器显示该温度下标准缓冲溶液的标称值。

c. 斜率校准。将清洗过的电极插入 pH＝4.00 或 pH＝9.18 的标准缓冲溶液中,待读数稳定后按"模式"键三次（液晶显示器下方显示"斜率",表明仪器在斜率标定状态）,然后按"确认"键,仪器显示该温度下标准缓冲溶液的标称值,仪器自动进入 pH 测量状态,自动标定完毕。

② 手动标定。适用于在 pH＝0.00～14.00 范围内的任何标准缓冲溶液。

a. 温度校正。步骤同自动标定。

b. 定位校准。将清洗过的电极插入已知标准缓冲溶液 1 中,待读数稳定后按"模式"键两次（此时液晶显示器下方显示"定位",表明仪器在定位标定状态）,按"△"键或"▽"键调节 pH 定位显示数值上升或下降,使之达到要求的标称定位数值,然后按"确认"键结束。

c. 斜率校准。将清洗过的电极插入已知标准缓冲溶液 2 中,待读数稳定后按"模式"键三次（液晶显示器下方显示"斜率",表明仪器在斜率标定状态）,按"△"键或"▽"键调节 pH 上升或下降,使之达到要求的标称数值,然后按"确认"键,仪器按照要求完成斜率标定并进入 pH 测量状态。

(3) 溶液测量

测量时用蒸馏水及被测溶液清洗电极后,把电极插入被测溶液中,直接由显示屏上读取溶液的 pH。

（4）电极电位测量

① 连续按"模式"键四次，使仪器进入 mV 测量状态。

② 将离子选择电极和参比电极与仪器连接好，并将电极夹在电极架上。

③ 用蒸馏水清洗电极头部，再用被测溶液清洗一次。

④ 把两支电极插在被测溶液内，将溶液搅拌均匀后，显示屏上的数值即为该离子选择性电极的电极电位（mV）。

（5）关闭仪器电源，清洗电极。

四、电位滴定

电位滴定法是根据滴定过程中电极电位的变化来确定滴定终点的分析方法。

进行电位滴定时，在待测溶液中插入指示电极和参比电极组成一个工作电池。随着滴定剂的加入，待测离子或与之有关的离子浓度不断变化，指示电极电位也发生相应变化。在滴定到化学计量点（滴定终点）附近时，电极的电极电位值发生突跃，从而可指示滴定终点。

1. 电位滴定法的特点

与化学滴定法（或称容量滴定法）相比，电位滴定法有以下特点。

① 测定准确度高。与化学滴定法一样，测定相对误差可低于 0.2%。

② 可用于无法用指示剂判断终点的浑浊体系或有色溶液的滴定。

③ 可用于非水溶液的滴定。特别是非水溶液的酸碱滴定，常常难找到合适的指示剂，电位滴定是常用来确定其终点的方法。

④ 可用于微量组分测定。

⑤ 可用于连续滴定和自动滴定。

2. 滴定终点的确定方法

进行电位滴定时，每加入一定体积的滴定剂 V，就测定一个电池的电动势 E，并对应地将它们记录下来，然后再利用所得的 E 和 V 来确定滴定终点。

① 以测得的电动势和对应的体积作图，得到 E-V 曲线，由曲线上的拐点确定滴定终点，见图 8-8（a）。

② 作一阶微商曲线，由曲线的最高点确定终点。具体由 $\Delta E/\Delta V$ 对 V 作图，得到 $\Delta E/\Delta V$-V 曲线，然后由曲线的最高点确定终点，见图 8-8（b）。

③ 计算二阶微商 $\Delta^2 E/\Delta V^2$ 值，由 $\Delta^2 E/\Delta V^2=0$ 求得滴定终点，见图 8-8（c）。

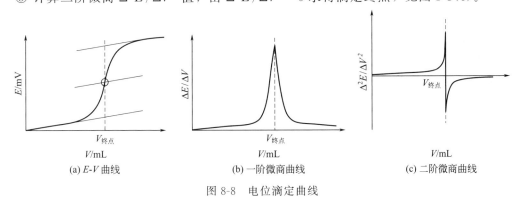

图 8-8　电位滴定曲线

3. 滴定类型及指示电极的选择

① 酸碱滴定。通常采用 pH 玻璃电极（或锑电极）为指示电极，饱和甘汞电极为参比

电极。

② 氧化还原滴定。滴定过程中，氧化态和还原态的浓度比值发生变化，可采用惰性电极铂电极作为指示电极，饱和甘汞电极、钨电极为参比电极。

③ 沉淀滴定。根据沉淀反应选用不同的指示电极，常选用银电极、汞电极、双盐桥饱和甘汞电极、玻璃电极为参比电极。

④ 配位滴定。在用 EDTA 滴定金属离子时，可采用相应的金属离子选择性电极、汞电极作为指示电极，饱和甘汞电极为参比电极。

4. 电位滴定仪

电位滴定仪是以测量电极电位的变化确定滴定终点，从而求出被测溶液中离子浓度的仪器。其构造与酸度计基本相同，只是增加了一些必要的装置。

图 8-9 表示手动电位滴定装置示意图，用酸度计的"mV 测量"挡代替专用的电位计，即可组装成手动电位滴定装置。

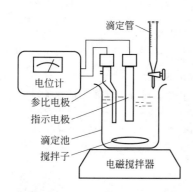

图 8-9 手动电位滴定装置示意图

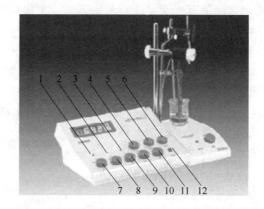

图 8-10 ZD-2 型自动电位滴定仪的外形结构
1—电源指示灯；2—滴定指示灯；3—终点指示灯；4—斜率补偿调节旋钮；5—温度补偿调节旋钮；6—定位调节旋钮；7—"设置"选择开关；8—"pH/mV"选择开关；9—"功能"选择开关；10—"终点电位"调节旋钮；11—"预控点"调节旋钮；12—"滴定开始"按钮

自动电位滴定仪的主要部件由自动滴定装置、电极、电位计（电位测量装置）三部分所组成。下面以 ZD-2 型自动电位滴定仪为例介绍其使用方法。

ZD-2 型自动电位滴定仪是一种高精度分析的仪器，采用液晶显示屏，能显示 pH 或电位（mV）。用于各种成分的化学分析，具有手动或自动滴定方式，可利用 pH 或电极电位来控制滴定，也可以采用永停终点法进行滴定分析。该仪器的外形结构见图 8-10，后面板见图 8-11，滴定装置见图 8-12，键盘说明见表 8-5。

（1）准备工作

① 安装滴定装置与电磁阀调节

a. 按照仪器使用说明书进行组装，分别将滴定管和电磁阀按要求组装好。

b. 将电磁阀插头插入仪器后面板的电磁阀接口上，调节电磁阀螺丝使其断电时，无滴液滴下；电磁阀开启时，滴液滴下，并调节合适的流量。

② 电极的选择与连接

a. 根据滴定反应类型选定合适的指示电极和参比电极。

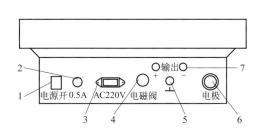

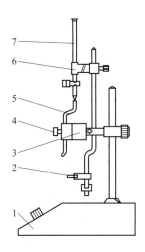

图 8-11　ZD-2 型自动电位滴定仪的后面板

1—电源开关；2—保险丝座；3—电源插座；

4—电磁阀接口；5—接地接线柱可接参

比电极；6—电极插口；7—记录仪输出

图 8-12　ZD-2 型自动电位滴定仪的滴定装置

1—JB-1A 型搅拌器；2—电极夹；3—电磁阀；

4—电磁阀螺丝；5—橡皮管；

6—滴管夹；7—滴定管

表 8-5　ZD-2 型自动电位滴定仪的键盘说明

开　关	功　能
"设置"选择开关	1. 置于"终点"时,可进行终点 mV 值或 pH 设定 2. 置于"测量"时,进行 mV 或 pH 测量 3. 置于"预控点"时,可进行 pH 或 mV 的预控点设置。例如,设置预控点为 100mV,仪器将在离终点 100mV 时自动从快滴转为慢滴
"pH/mV"选择开关	1. 置于"pH"时,可进行 pH 测量或 pH 终点值设置或 pH 预控点设置 2. 置于"mV"时,可进行 mV 测量或 mV 终点设置或 mV 预控点设置
"功能"选择开关	1. 置于"手动"时,可进行手动滴定 2. 置于"自动"时,进行预设终点滴定,到终点后,滴定终止,滴定灯亮 3. 置于"控制"时,进行 pH 或 mV 控制滴定,到达终点 pH 或 mV 值后,仪器仍处于准备滴定状态,滴定灯始终不亮
"终点电位"调节旋钮	设置终点电位或 pH
"预控点"调节旋钮	1. 用于设置预控点 mV 或 pH,其大小取决于化学反应的性质,即滴定突跃的大小 2. 一般氧化还原滴定、强酸强碱中和滴定和沉淀滴定可选择预控点值小一些;弱酸强碱、强酸弱碱可选择中间预控点值;而弱酸弱碱滴定需选择大预控点值
"滴定开始"按钮	1. 当"功能"选择开关置于"自动"或"控制"时,按一下此按钮,滴定开始 2. 当"功能"选择开关置于"手动"时,按下此按钮,滴定进行,放开此按钮,滴定停止

b. 按使用说明书,将指示电极和参比电极插头分别插入仪器后面板的电极插口上。

(2) 电位(mV)测量

① 仪器安装连接好以后,打开电源开关,电源指示灯亮,预热 15min 再使用。

② 将"设置"选择开关置于"测量"位置,"pH/mV"选择开关置于"mV"位置。

③ 将电极插入被测溶液中,将溶液搅拌均匀后,即可读取电极电位(mV)值。

(3) pH 标定及测量

将"设置"选择开关置于"测量"位置,"pH/mV"选择开关置于"pH"位置。具体标定和测量步骤与酸度计相同。

（4）自动电位滴定

① 终点电位设定。在试液杯中放入搅拌子，将试液杯放在搅拌器上，将"设置"选择开关置于"终点"位置，"pH/mV"选择开关置于"mV"位置，"功能"选择开关置于"自动"位置。调节"终点电位"旋钮，使显示屏显示所要设定的终点电位值。终点电位选定后，"终点电位"旋钮不可再动。

② 预控点设定。将"设置"选择开关置于"预控点"位置，调节"预控点"旋钮，使显示屏显示所要设定的预控点数值。例如，设定预控点为 100mV，仪器将在离终点 100mV 处转为慢滴。预控点选定后，"预控点"调节旋钮不可再动。

③ 滴定。将"设置"选择开关置于"测量"位置，打开搅拌器电源，按一下"滴定开始"按钮，仪器即开始滴定，滴定灯闪亮，到达终点后，滴定灯不再闪亮，过 10s 左右，终点灯亮，滴定结束，记下消耗滴定溶液的体积。

注意：到达终点后，不可再按"滴定开始"按钮，否则仪器将认为另一极性相反的滴定开始，而继续进行滴定。

（5）电位控制滴定

① 将"功能"选择开关置于"控制"位置，其余操作同自动电位滴定中的第③项。

② 同样，终点后，不可再按"滴定开始"按钮。

（6）手动滴定

① 将"功能"选择开关置于"手动"位置，"设置"选择开关置于"测量"位置。

② 按下"滴定开始"开关，滴定灯亮，此时滴液滴下，按下此开关的期间控制滴液滴下，放开此开关，则停止滴定。

（7）实验结束，关闭仪器电源，清洗电极

5. 电位滴定法的应用

电位滴定法适用于没有适当指示剂及浓度很稀的试液的滴定，也适用于浑浊、荧光性的、有色的甚至不透明溶液的滴定。采用自动电位滴定仪，还可提高分析精度，减少人为误差，加快分析速度，实现全自动操作。例如：

① 在醋酸介质中用高氯酸溶液滴定吡啶、在乙醇介质中用盐酸滴定三乙醇胺属于酸碱滴定。

② 用硝酸银滴定 Cl^-、Br^-、I^-、CNS^-、S^{2-}、CN^- 等属于沉淀滴定。

③ 用 $KMnO_4$ 滴定 I^-、NO_2^-、Fe^{2+}、$C_2O_4^{2-}$，用 $K_2Cr_2O_7$ 滴定 Fe^{2+}、Sn^{2+}、I^-、Sb^{3+} 等属于氧化还原滴定。

④ 用 EDTA 滴定 Cu^{2+}、Zn^{2+}、Ca^{2+}、Mg^{2+} 和 Al^{3+} 等多种金属离子属于配位滴定。

第三节　电导分析法

电导分析法是根据测量溶液的电导值来确定被测物质含量的分析方法。直接根据溶液电导值大小确定物质含量的方法，称为直接电导法；根据溶液的电导变化来确定滴定终点的方法，称为电导滴定法。

直接电导法不破坏被测样品，测定的是离子电导之和，灵敏度高、没有选择性。主要用于水的纯度测定、海水或土壤中可溶性总盐量的测定，以及某些物理化学常数（如溶度积常数、弱电解质的解离常数）的测定等。与分离方法结合可以测定某种离子的含量，也可将电导池作为离子色谱的检测器。

一、电导和电导率

1. 电导

电解质溶液的导电能力通常用电导来表示。电导 L 是电阻 R 的倒数，单位为 S（西门子），$1S=1\Omega^{-1}$。

$$L=\frac{1}{R} \tag{8-12}$$

2. 电导率

在电解质溶液中插入两个电极，并施加一定的交流电压，则溶液中的阳离子和阴离子在外加电场的作用下，由于离子迁移，产生电导现象。当温度、压力等条件恒定时，电解质溶液的电阻 $R(\Omega)$ 与两电极间的距离 $l(cm)$ 成正比，与电极的截面积 $A(cm^2)$ 成反比，即：

$$R=\rho\frac{l}{A} \tag{8-13}$$

式中，ρ 为比例常数，称为电阻率，即长度为 1cm、截面积为 $1cm^2$ 的导体的电阻值，其单位为 $\Omega \cdot cm$。

电导率 κ 是电阻率 ρ 的倒数，单位为 S/cm，常用 mS/cm 或 μS/cm 表示。

$$L=\frac{1}{R}=\frac{A}{\rho l}=\kappa\frac{A}{l}=\kappa\frac{1}{Q} \tag{8-14}$$

$$Q=\frac{l}{A}$$

式中，κ 称为电导率，是电阻率的倒数，它是两电极面积分别为 $1cm^2$、电极间距离为 1cm 时溶液的电导值，其单位为 S/cm；Q 称为电导池常数（电导电极常数），当 l 和 A 一定时，Q 为定值。显然，电导率为 $\kappa=LQ$。

现在新的国家标准已将电导率的单位统一规定为 mS/m。新单位和旧单位可按下式换算：

$$1\mu S/cm=100\mu S/m=0.1mS/m$$

$$1mS/m=0.01mS/cm=10\mu S/cm$$

二、电导的测量

1. 电导的测量原理

由 $\kappa=LQ$ 可知，当已知电导池常数时，只要测出水样的电阻 R（可知 L）后，即可求出电导率。

电导池常数常用已知电导率的标准 KCl 溶液来测定，不同浓度 KCl 溶液的电导率（25℃）见表 8-6。

$$Q=\kappa R \tag{8-15}$$

对于 0.01000mol/L 的标准 KCl 溶液，25℃ 时 κ 为 $1413\mu S/cm$，则式（8-15）为 $Q=1413R$。电导率是以数字表示溶液传导电流的能力。

表 8-6 不同浓度 KCl 溶液的电导率（25℃）

浓度/(mol/L)	电导率/(μS/cm)	浓度/(mol/L)	电导率/(μS/cm)	浓度/(mol/L)	电导率/(μS/cm)
0.0001	14.94	0.005	717.8	0.05	6668
0.0005	73.90	0.01	1413	0.1	12900
0.001	147.0	0.02	2767		

电导率随温度的变化而变化，温度每升高 1℃，电导率增加约 2%，通常规定 25℃为测定电导率的标准温度。如果温度不是 25℃，必须进行温度校正，经验公式为：

$$\kappa_t = \kappa_s[1 + \alpha(t - 25)] \tag{8-16}$$

式中　κ_s——25℃时的电导率；

　　　κ_t——温度 t 时的电导率；

　　　α——各种离子电导率的平均温度系数，定为 0.022。

溶液的电导率通常使用电导率仪（电导仪）来测量，电导率仪的主要部分见图 8-13，测量电源使用交流电（因直流电源会导致电极产生电解作用而改变电阻）。电极一般用铂片制成。商品仪器多用直读式指示器。

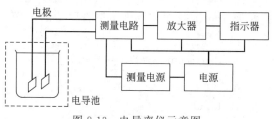

图 8-13　电导率仪示意图

2. 电导率仪

下面以 DDS-307A 型电导率仪为例介绍其使用方法。

该仪器的外形结构见图 8-14，后面板见图 8-15，键盘说明见表 8-7。

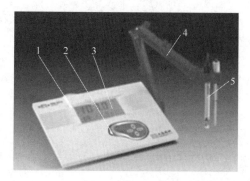

图 8-14　DDS-307A 型电导率仪的外形结构

1—机箱；2—键盘；3—显示屏；
4—多功能电极架；5—电导电极

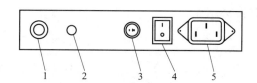

图 8-15　DDS-307A 型电导率仪的后面板

1—测量电极插座；2—接地接口；3—温度电极插座；
4—电源开关；5—电源插座

表 8-7 DDS-307A 型电导率仪的键盘说明

按键	功　能
模式	1. 选择电导率测量、TDS 测量、温度值手动校准功能、常数设置功能转换，每按一次按上述程序状态转换（开机为电导率测量；按"模式"键一次为 TDS 测量模式；按"模式"键两次为温度值手动校准功能；按"模式"键三次为常数设置模式；按"模式"键四次回到电导率测量模式） 2. 如果自动温度测量、补偿功能，则每按一次按下述程序状态转换（开机为电导率测量；按"模式"键一次为 TDS 测量模式；按"模式"键两次为"常数设置模式"；按"模式"键三次回到电导率测量模式）
确认	按此键为确认上一步操作所选择的数值并进入下一状态

按键	功　能
△	1. 此键为数值、量程上升键，按此键为调节数值、量程上升 2. 在测量模式下，按此键为量程上升一挡；在温度值手动校准功能模式下，按此键为手动调节温度数值上升 3. 在常数设置功能模式下，按此键为手动调节常数数值上升
▽	1. 此键为数值、量程下降键，按此键为调节数值、量程下降 2. 在测量模式下，按此键为量程下降一挡；在温度值手动校准功能模式下，按此键为手动调节温度数值下降 3. 在常数设置功能模式下，按此键为手动调节常数数值下降

（1）准备工作

① 电导电极的选择。根据测量电导率范围选择相应常数的电导电极，正确选择电导电极常数，对获得较高的测量精度是非常重要的。可配用的常数为 0.01、0.1、1.0、10 四种不同类型的电导电极。见表 8-8。

表 8-8　不同类型电导电极的电导电极常数

测量范围/(μS/cm)	推荐使用电导常数的电极	测量范围/(μS/cm)	推荐使用电导常数的电极
0～2	0.01、0.1	2000～20000	1.0、10
0～200	0.1、1.0	20000～100000	10
200～2000	1.0		

注：对常数为 1.0、10 类型的电导电极有"光亮"和"铂黑"两种形式，镀铂电极习惯称作铂黑电极，对光亮电极其测量范围为 0～300μS/cm 为宜。

② 用蒸馏水清洗电导电极并安装。

（2）电导电极常数的设置

根据电导电极上所标的电极常数值进行设置，按三次模式键，此时为常数设置状态，"常数"二字显示，在温度显示数值的位置有数值闪烁显示。按"△"或"▽"键，闪烁数值显示在 10、1.0、0.1、0.01 间程序转换，如果知道电导电极常数为 1.025，则选择"1.0"并按"确认"键，此时在电导率、TDS 测量数值的位置有数值闪烁显示；按"△"或"▽"键，闪烁数值显示在 1.200～0.800 范围内变化，如果知道电导电极常数为 1.025，按"△"或"▽"键将闪烁数值显示为"1.025"并按"确认"键，仪器回到电导率测量模式，至此校准完毕（电极常数为"1.0"和"1.025"的乘积）。

（3）温度补偿的设置

① 当仪器接上温度电极时，该温度显示数值为自动测量的温度值，即温度传感器反映的温度值，仪器根据自动测量的温度值进行自动温度补偿。

② 当仪器不接上温度电极时，该温度显示数值为手动设置的温度值，在温度值手动校准功能模式下（按"模式"键两次），可以按"△"或"▽"键手动调节温度数值上升、下降并按"确认"键，确认所选择的温度数值，使选择的温度数值为被测溶液的实际温度值。此时，测量得到的将是被测溶液经过温度补偿后折算为 25℃下的电导率值。

③ 如果将"温度"补偿选择的温度数值为"25℃"，那么测量的将是被测溶液在该温度下未经补偿的原始电导率值。

（4）电导率值的测量

常数设置、温度补偿设置完毕，就可以直接进行测量。

① 用蒸馏水清洗电导电极头部，再用被测溶液清洗一次。

② 把电导电极插入被测溶液中，搅拌溶液，显示屏上的数值就是该被测溶液的电导率。

③ 当测量过程中，显示值为"1---"时，说明测量值超出量程范围，此时，应按"Δ"键，选择大一挡量程，最大量程为 20mS/cm 或 1000mg/L；当测量过程中，显示值为"0"时，说明测量值小于量程范围，此时，应按"▽"键，选择小一挡量程，最小量程为 20μS/cm 或 10mg/L。

（5）电极常数的测定法

① 参比溶液法

a. 配制标准 KCl 溶液，根据被测电导电极常数选择标准 KCl 溶液的浓度，见表 8-9。

表 8-9　测定电极常数的标准 KCl 溶液浓度

电极常数/cm^{-1}	0.01	0.1	1.0	10
KCl 溶液的近似浓度/(mol/L)	0.001	0.01	0.01 或 0.1	0.1 或 1

注：KCl（一级试剂），并在 110℃ 烘箱中烘 4h，置于干燥器中冷却后称量。

1mol/L 标准 KCl 溶液，20℃ 下每升溶液中 KCl 为 74.2460g；0.1mol/L 标准 KCl 溶液，20℃ 下每升溶液中 KCl 为 7.4365g；0.01mol/L 标准 KCl 溶液，20℃ 下每升溶液中 KCl 为 0.7440g；0.001mol/L 标准 KCl 溶液，20℃ 下将 100mL 的 0.01mol/L 溶液稀释至 1L。

b. 用蒸馏水清洗电导电极，再用标准 KCl 溶液清洗三次，把电导池接入电桥（或电导率仪），控制溶液温度为（25±0.1）℃，将电极插入标准 KCl 溶液中，测出电导池电极间电阻 R；或由电导率仪测出电导池电极间电导率 $\kappa_样$，按下式计算电导电极常数：

$$Q = \frac{\kappa_标}{\kappa_样} \qquad (8-17)$$

式中　$\kappa_标$——标准 KCl 溶液标准的电导率；

　　　$\kappa_样$——测量标准 KCl 溶液的电导率。

② 比较法

用一已知常数的电导电极与未知常数的电导电极测量同一溶液的电导率。

a. 选择一支已知常数的标准电极（设常数为 $Q_标$），把未知常数的电极（设常数为 Q_1）与标准电极以同样的深度插入液体中。

b. 分别测出电导率 $\kappa_标$ 和 κ_1，按下式计算电导电极常数：

$$Q_1 = \frac{\kappa_标 Q_标}{\kappa_1} \qquad (8-18)$$

（6）关闭仪器电源，清洗电极

三、电导分析法的应用

1. 水质监测

水的电导率反映了水中电解质的总量，是水纯度的重要指标。在实验室及一切需要用高纯水的地方用电导法监测或检查蒸馏水或去离子水的质量，或用电导率估价江河湖泊等天然水的水质。

不同类型的水有不同的电导率。新鲜蒸馏水的电导率为 0.5～2μS/cm，但放置一段时间后，因吸收了二氧化碳，增加到 2～4μS/cm；超纯水的电导率小于 0.1μS/cm；天然水的电导率多在 50～500μS/cm 之间；矿化水可达 500～1000μS/cm；含酸、碱、盐的工业污水电导率往往超过 10000μS/cm；海水的电导率约为 30000μS/cm。

2. 溶液或海水中盐度的测定

强电解质在溶液中的质量分数小于 0.2 时，其电导率随着浓度的增加，二者关系近似线性关系；当电解质含量更高时，则因离子间引力增大而致电导率降低。在线性范围内可以通过测量溶液的电导率求得强电解质的总量，称为"盐度"。盐度的单位可用百万分之几（mg/L）表示。

3. 电导滴定

若试样溶液与滴定剂或反应产物的电导率有明显差别，就可以用电导法判断滴定分析的终点，称为电导滴定法。以溶液的电导率对滴定剂体积作图，由于滴定终点前后电导率变化规律不同（例如终点前取决于剩余被测物，终点后取决于过量滴定剂），得到两条斜率不同的直线，延长使之相交，其交点所对应滴定剂的体积即为滴定终点。电导滴定适用于各种类型的滴定反应，主要优点在于可滴定很稀的溶液，并可用于测定一些化学分析法不能直接滴定的极弱酸碱，如苯酚等。

实验 18　电位法测定水溶液的 pH

一、目的与要求

1. 掌握测定溶液 pH 的基本原理；
2. 熟练酸度计的使用方法。

二、实验原理

用电位法测量溶液的 pH 时，一般以玻璃电极作指示电极，以饱和甘汞电极作参比电极，由于玻璃电极的电位随溶液中 H^+ 的浓度而变化，而甘汞电极的电位却保持相对稳定，因此，当溶液的 pH 发生变化时，电极之间的电位差也就发生相应的变化。

在实际测量工作中，先采用已知标准缓冲溶液定位，校正电极的不对称电位，之后测定被测溶液的 pH。

三、仪器与试剂

pHS-3D 型酸度计，231 型 pH 玻璃电极，232 型饱和甘汞电极，温度计，100mL 烧杯等。

标准缓冲溶液甲（pH＝4.00，将分析纯邻苯二甲酸氢钾在 110℃下烘干 2～3h，取出放在干燥器内冷却至室温。称取 10.12g，溶于蒸馏水中，移入 1000mL 容量瓶中，稀释至刻度，摇匀），标准缓冲溶液乙 [pH＝6.86，将分析纯的磷酸二氢钾和磷酸氢二钠在 110℃下烘干 2～3h（温度不能太高，避免生成缩合磷酸盐），取出放在干燥器内冷却 45min 左右。称取 3.388g KH_2PO_4、3.533g Na_2HPO_4，溶于除去 CO_2 的蒸馏水中，移入 1000mL 容量瓶中，稀释至刻度，摇匀]，标准缓冲溶液丙（pH＝9.18，将分析纯的硼砂在以蔗糖和 NaCl 饱和溶液为干燥剂的干燥器中平衡 2 天，称取 3.80g 分析纯硼砂溶于除去 CO_2 的蒸馏水中，移入 1000mL 容量瓶中，稀释至刻度，摇匀），饱和氯化钾溶液，pH 未知溶液。

四、实验内容

1. 开启酸度计电源，预热 20min。
2. 仪器调零

不连接电极，量程选择"mV"挡，调节调零电位器，使显示为"0.00"。

3. 温度补偿

连接电极，用温度计测量被测溶液温度，调节"温度补偿"旋钮为被测溶液的温度值。

4. 定位

取一个洁净的100mL烧杯，用标准缓冲溶液甲润洗三次，装入50mL该标准缓冲溶液，倾斜烧杯放入一个搅拌子，将烧杯放在搅拌器上。

用蒸馏水清洗电极，并用滤纸吸干电极表面的水，将电极插入标准缓冲溶液甲。开启搅拌器开关。

调节"定位"旋钮使仪器显示为"4.00"。取出电极用蒸馏水清洗，并用滤纸吸干电极表面的水。

5. 斜率校正

更换溶液为标准缓冲溶液乙或丙，调节"斜率"旋钮使仪器显示为"6.86"或"9.18"。

斜率校正时使用标准缓冲溶液乙或丙，根据被测溶液pH来选择，要求标准缓冲溶液的pH与被测溶液的pH相差在3个单位以内。

6. 测定溶液的pH

取一个洁净的100mL烧杯，用被测溶液润洗三次，倒入50mL被测溶液，将电极插入被测溶液中，开启搅拌器开关，待电极平衡后，读取并记录被测溶液的pH。平行测定三次。

7. 关闭仪器电源、清洗电极，填写仪器使用记录。

五、数据处理

项目	1	2	3	平均值
未知溶液1				
未知溶液2				
未知溶液3				

六、注意事项

1. 电极的插头必须保持干燥清洁。
2. 玻璃电极敏感膜容易破损，使用时务必小心操作，使用前应在蒸馏水中浸泡24h。
3. 安装电极时玻璃电极的下端要比甘汞电极高些，防止搅拌子打破玻璃电极。
4. 每测完一个溶液，电极都要清洗干净，并用滤纸吸干电极表面的水。

七、思考与讨论

1. 在测量过程中，搅拌的作用是什么？
2. 如何选择校正用的标准缓冲溶液？
3. 为什么玻璃电极在使用前用水浸泡24h？
4. 溶液的pH与电池电动势之间有什么关系？

实验19 烧碱中氯化物的测定

一、目的与要求

1. 熟悉ZD-2型自动电位滴定仪的使用方法；

2. 学会用 $AgNO_3$ 标准溶液自动电位滴定法测定氯化物的含量。

二、实验原理

用 $AgNO_3$ 标准溶液滴定 NaCl，反应式为：

$$Ag^+ + Cl^- \longrightarrow AgCl\downarrow$$

这类沉淀滴定，可用双盐桥饱和甘汞电极作参比电极、银电极作指示电极组成的电池进行电位滴定，由银电极以 mV 值指示出滴定过程中 Cl^- 浓度的变化，根据 mV 值的突跃确定终点。

三、仪器与试剂

自动电位滴定仪（ZD-2 型），银电极（216 型），双盐桥甘汞电极（217 型），移液管（25mL），容量瓶（100mL），烧杯（100mL）等。

$AgNO_3$ 标准溶液（0.01mol/L），HNO_3 溶液（浓 HNO_3，4mol/L），酚酞溶液（0.1%），烧碱试样。

四、实验内容

1. 试液的准备

将 0.01mol/L $AgNO_3$ 标准溶液装入滴定管中。准确吸取 25.00mL 烧碱试样溶液，置于 100mL 容量瓶中，以酚酞为指示剂，用浓 HNO_3 中和至红色消失，用水稀释至刻度，摇匀。

2. 测定

准确吸取烧碱试样稀释液 25.00mL 于烧杯中，加入 4mL 4mol/L HNO_3 溶液，插入电极，按照仪器的使用方法，预定终点为＋267mV，进行自动滴定。重复测定 3 次，取平均值计算测定结果。

五、数据处理

$$\rho(NaCl) = \frac{c(AgNO_3)V(AgNO_3)\times\frac{58.44}{1000}}{V\times\frac{25}{100}}\times 1000$$

式中　$\rho(NaCl)$——烧碱中 NaCl 的含量，g/L；

$c(AgNO_3)$——$AgNO_3$ 标准溶液的浓度，mol/L；

$V(AgNO_3)$——$AgNO_3$ 标准溶液的体积，mL；

V——烧碱试样的体积，mL；

58.44——NaCl 的摩尔质量，g/mol。

六、注意事项

1. 正确设置预定终点。
2. 测定前要检查双盐桥甘汞电极和处理银电极。

七、思考与讨论

1. 为什么 $AgNO_3$ 标准溶液与卤素的滴定需要用双盐桥饱和甘汞电极作参比电极？如

果用 KCl 盐桥的饱和甘汞电极，对滴定结果有何影响？

2. 试液在滴定前为什么要用 HNO_3 酸化？

实验 20　电导法检测水的纯度

一、目的与要求

1. 掌握测定电导率的原理及水的电导率的测定方法；
2. 熟练电导率仪的使用操作。

二、实验原理

由 $\kappa = LQ$ 可知，只要测出水样的电阻 $R(L)$ 后，即可求出电导率 κ。电导电极常数的测定常用已知电导率的标准 KCl 溶液测定，$Q = \kappa R$，对于 0.01000mol/L 的标准 KCl 溶液，25℃时 κ 为 $1413\mu S/cm$，则上式为 $Q = 1413R$。

测定自来水、未知试液时，采用铂黑电导电极，其电导电极常数约为 $10cm^{-1}$；测定实验室使用的蒸馏水、去离子水时，采用光亮电导电极，其电导电极常数约为 $1cm^{-1}$。

三、仪器与试剂

电导率仪，DJS-1 型光亮电导电极，DJS-1 型铂黑电导电极，温度计，100mL 烧杯等。

标准 KCl 溶液（0.0100mol/L。将优级纯的氯化钾在 200～240℃下烘干 2h，然后放入干燥器中冷却至室温。称取 0.7455g 氯化钾，用去离子水溶解后，移入 1000mL 容量瓶中，稀释至刻度，摇匀），去离子水（电导率小于 $0.2\mu S/cm$），水样（实验室用水、自来水和河湖水样等）。

四、实验内容

1. 开启仪器电源，预热 20min。

2. 校准电导电极常数

① 取一个洁净的 100mL 烧杯，用 0.0100mol/L 的标准 KCl 溶液洗涤三次，加入 50mL 标准 KCl 溶液。

② 用去离子水洗涤电导电极多次，再用 0.0100mol/L 的标准 KCl 溶液润洗三次。

③ 将电导电极夹在电极夹中，浸入 0.0100mol/L 标准 KCl 溶液中。

④ 置电导电极常数调节器于 $J = 1.00$，测量 0.0100mol/L 的标准 KCl 溶液的电导率，重复测量三次，取平均值，计算出电导电极常数。

3. 温度补偿

用温度计测量被测溶液的温度，调节"温度补偿"旋钮为被测溶液的温度值。

4. 测定实验室用水的电导率

① 取一个洁净的 100mL 烧杯，用实验室用水洗涤三次，加入 50mL 实验室用水。

② 用去离子水洗涤光亮电导电极多次，再用实验室用水润洗三次。

③ 将光亮电导电极夹在电极夹上，浸入实验室用水中。

④ 测量频率用低频，读取电导率值。平行测定三次，取平均值。

5. 测定自来水和河水、湖水水样的电导率

① 取一个洁净的 100mL 烧杯，用被测水样洗涤三次，加入 50mL 被测水样。

② 用被测水样洗涤铂黑电导电极多次，再用被测水样润洗三次。

③ 将铂黑电导电极夹在电极夹上，浸入被测水样中。

④ 测量频率用高频，读取电导率值。平行测定三次，取平均值。

6. 关闭仪器电源、清洗电导电极，拔出电源插头，填写仪器使用记录。

五、数据处理

水样电导率的测定数据记录如下。

水样名称	1	2	3	平均值
河水				
自来水				
湖水				

六、注意事项

1. 电导电极要轻拿轻放，切勿触碰铂黑或用滤纸擦拭铂黑。用蒸馏水或去离子水洗净。

2. 测量低电导溶液时，应选择溶解度极小的容器，如中性玻璃、石英或塑料制品等。

3. 高纯水应迅速测量，防止 CO_2 溶入水中使电导率迅速增加。

4. 温度对电导测定影响较大，在测量过程中应保持温度恒定。

七、思考与讨论

1. 水及溶液的电导率在水质分析中有何意义？

2. 电导电极常数的定义是什么？如何测定？

3. 电导率仪为什么使用交流电源？

思考题与习题

一、简答题

1. 用银离子选择性电极作指示电极，电位滴定测定牛奶中氯离子的含量时，如以饱和甘汞电极作为参比电极，双盐桥应选用何种溶液？

2. 简述 pH 玻璃电极不对称电位的产生来源。

3. $M_1 | M_1^{n+} \| M_2^{m+} | M_2$，在上述电池的图解表示式中，规定左边的电极是何种电极？

4. 简述 pH 玻璃电极产生酸误差的原因。

5. 简述氟离子选择电极的组成。

6. 何谓指示电极及参比电极？试各举例说明其作用。

7. 电位测定法的根据是什么？

8. 安装前应如何检查玻璃电极和甘汞电极？如何配制和选择酸度计校准所需的 pH 标准缓冲溶液？采用二点校正法如何对酸度计进行校正？

9. 确定电位滴定终点的方法有哪几种？

10. 在用离子选择性电极法测量离子浓度时，加入总离子强度调节缓冲溶液（TISAB）的作用是什么？

11. 影响直接电位法测定准确度的因素有哪些？

二、选择题

1. 电位分析法的依据是（　　）。
　　A. 朗伯-比耳定律　　B. 能斯特方程
　　C. 法拉第第一定律　　D. 法拉第第二定律

2. 电位分析法中由一个指示电极和一个参比电极与试液组成（　　）。
　　A. 滴定池　　B. 电解池　　C. 原电池　　D. 电导池

3. 测定 pH 的指示电极为（　　）。
　　A. 标准氢电极　　B. 玻璃电极　　C. 甘汞电极　　D. 银-氯化银电极

4. 测定水中的微量氟，最为合适的方法有（　　）。
　　A. 沉淀滴定法　　B. 离子选择性电极法
　　C. 火焰光度法　　D. 发射光谱法

5. 在电位滴定法实验操作中，滴定进行至近化学计量点前后时，应每滴加（　　）标准滴定溶液测量一次电池电动势（或 pH）。
　　A. 0.1mL　　B. 0.5mL　　C. 1mL　　D. 0.5～1 滴

6. 电位滴定与容量滴定的根本区别在于（　　）。
　　A. 滴定仪器不同　　B. 指示终点的方法不同
　　C. 滴定手续不同　　D. 标准溶液不同

7. 用电位滴定法测定卤素时，滴定剂为 $AgNO_3$，指示电极用（　　）。
　　A. 银电极　　B. 铂电极　　C. 玻璃电极　　D. 甘汞电极

8. 测定溶液的 pH 时，安装 pH 玻璃电极和饱和甘汞电极要求（　　）。
　　A. 饱和甘汞电极端部略高于 pH 玻璃电极端部
　　B. 饱和甘汞电极端部略低于 pH 玻璃电极端部
　　C. 饱和甘汞电极和 pH 玻璃电极端部一样高

9. 离子选择性电极的选择性主要取决于（　　）。
　　A. 离子浓度　　B. 电极膜活性材料的性质
　　C. 待测离子活度　　D. 测定温度

10. 电位法测定溶液的 pH 时，"定位"操作的作用是（　　）。
　　A. 消除温度的影响　　B. 消除电极常数不一致造成的影响
　　C. 消除离子强度的影响　　D. 消除参比电极的影响

三、计算题

1. pH 玻璃电极和饱和甘汞电极组成工作电池，25℃时测定 pH＝9.18 的硼砂标准溶液时，电池电动势是 0.220V；而测定一未知 pH 试液时，电池电动势是 0.180V。求未知试液的 pH。

2. 当下述电池中的溶液是 pH 等于 4.00 的缓冲溶液时，在 298K 时用毫伏计测得下列电池的电动势为 0.209V：

$$\text{玻璃电极} \mid H^+(a=x) \parallel \text{饱和甘汞电极}$$

当缓冲溶液由三种未知溶液代替时，毫伏计读数如下：（1）0.312V；（2）0.088V；（3）−0.017V。试计算每种未知溶液的 pH。

3. 用氟离子选择性电极测定某一含 F^- 的试样溶液 50.0mL，测得其电位为 86.5mV。加入 5.00×10^{-2} mol/L 氟标准溶液 0.50mL 后测得其电位为 68.0mV。已知该电极的实际斜率为 59.0mV/pF，试求试样溶液中 F^- 的含量为多少 mol/L。

第九章　紫外-可见分光光度分析

学习目标

1. 掌握紫-外可见分光光度法的原理和测定方法；
2. 掌握紫-外可见分光光度计的构造和使用方法；
3. 学会用目视比色法、工作曲线法、直接比较法和标准加入法测定物质的含量；
4. 通过技能训练能够测绘光吸收曲线，并选择光度测定条件；
5. 能够配制标准显色系列溶液，测绘工作曲线，并能独立完成实际样品的分析；
6. 熟练使用 72 系列分光光度计和部分 75 系列分光光度计的一般操作。

重点与难点

1. 紫外-可见分光光度法的基本原理和方法特点；
2. 紫外-可见分光光度计的构造和各部件作用；
3. 工作曲线法测定微量铁等。

第一节　分光光度法原理

一、概述

分光光度分析法是光学分析法的一种，它是通过测量溶液中被测组分对一定波长光的吸收程度，以确定被测物质含量的方法，这种依据物质对光的选择性吸收而建立起来的分析方法称为吸光光度法或分光光度法。主要有以下三种。

① 红外吸收光谱。分子振动光谱，吸收光波长范围 760～2500nm（近红外区），主要用于有机化合物结构鉴定。

② 紫外吸收光谱。电子跃迁光谱，吸收光波长范围 200～400nm（近紫外区），可用于结构鉴定和定量分析。

③ 可见光吸收光谱。电子跃迁光谱，吸收光波长范围 400～760nm，主要用于有色物质的定量分析。

本章主要讨论最常用的近紫外和可见光部分的紫外-可见分光光度法。

紫外-可见分光光度分析灵敏度高、通用性强、选择性好；大部分无机元素和许多有机化合物的官能团都可以直接或间接地用此法测定，测定物质浓度下限可达 10^{-7}g/mL；准确度较好，通常相对误差为 2%。由于这种方法具有许多优点，因此在化工分析中应用非常广泛，如化工产品中杂质分析、水质分析等。

二、紫外-可见吸收光谱

1. 物质对光的选择吸收

(1) 光的基本性质

光是一种电磁波，在同一介质中直线传播，而且具有恒定的速度。光具有波粒二象性。光的波动性可用波长 λ、频率 ν、光速 c、波数 σ（cm^{-1}）等参数来描述：

$$\lambda\nu = c \qquad \sigma = 1/\lambda = \nu/c$$

光是由光子流组成的，光子的能量 E 为：

$$E = h\nu = hc/\lambda \tag{9-1}$$

式中　h——普朗克常数，$h = 6.626 \times 10^{-34}$ J·s。

由式（9-1）看出，光具有一定的能量、波长和频率。紫外光区包括远紫外区（10～200nm，真空紫外区）和近紫外区（200～400nm）。人们眼睛能感觉到的光是可见光（400～760nm），它只是电磁辐射中的一小部分。各种颜色光的近似波长范围列于表9-1。

表 9-1　各种颜色光的近似波长范围

颜　色	波 长/nm	颜　色	波 长/nm
红	620～760	青	480～500
橙	590～620	蓝	430～480
黄	560～590	紫	400～430
绿	500～560	近紫外	200～400

（2）光的色散与互补

当一束白光通过光学棱镜或光栅时，即可得到不同颜色的谱带（光谱），这种现象叫光的色散。白光经色散后成为红、橙、黄、绿、青、蓝、紫等七色光，说明白光是由这七种颜色的光按一定比例混合而成的，把这种由不同波长的光复合而成的光称为复合光；而把经色散后获得的不同波长的光称为单色光。实验证明，不仅上述七种颜色的光能复合成白光，而且两种特定颜色的光按一定强度比例复合也可以得到白光，这两种颜色光称为互补色光，如黄光与蓝光为互补色，绿光与紫光为互补色。这种色光的互补关系如图9-1所示，图中直线两端的光为互补光。

（3）物质颜色与光的关系

物质呈现的颜色与光有密切的关系。物质之所以呈现不同的颜色，是因为物质对不同波长的光具有不同程度的透射或反射。当白光照射到不透明的物质时，某些波长的光被吸收，其余波长的光被反射，人们看到是物质所反射的光的颜色。由于色光互补，因此物质呈现出所吸收光的互补色。例如，某物质吸收黄色光，则呈现蓝色；若吸收绿色光，则呈现紫色；若吸收所有波长的光，则呈现黑色；若全部反射所有波长的光，则呈现白色。物质的溶液之所以呈现不同的颜色，就是因为溶液中的分子或离子选择性地吸收了不同波长的光而引起的。除了某些波长被吸收外，其余波长的光都透过介质，同样由于色光的互补，也呈现出与吸收波长互补的颜色。例如，高锰酸钾稀溶液呈紫红色，是由于它吸收 500～550nm 的绿光，透过溶液的主要是紫红色光，因而看到的 $KMnO_4$ 溶液呈紫红色，即 $KMnO_4$ 溶液呈现的是它吸收绿色光的互补色光的颜色。溶液浓度愈大，观察到的颜色愈深，这就是目视比色分析的基础。

有些物质本身无色或颜色很浅，但能与适当的试剂发生显色反应，如 Fe^{2+} 能与有机试剂 1,10-邻二氮杂菲生成橙红色的 1,10-邻二氮杂菲亚铁配合物，可于显色之后进行比色或在可见光区进行分光光度分析。

紫外光比可见光具有更高的能量，可以激发一些物质分子的外层电子而不同程度地被物

图 9-1　互补色光示意图

质吸收。在无机物中，如 SO_4^{2-}、NO_3^-、I_3^- 及镧系元素的一些离子，对紫外光有吸收。在有机物中，含有共轭双键或双键上连有氧、氮、硫等杂原子的化合物以及芳香族化合物，都能吸收一定波长的紫外光。因此，这些物质可以不经过显色，直接在紫外光区进行光度测定，特别适用于非吸光试样中少量吸光杂质的分析。例如，用苯加氢法生产环己烷的产品中，往往含有少量杂质苯。苯能吸收 230～270nm 的紫外光，而环己烷在这个光区却无吸收，故可用紫外光度法直接测定环己烷产品中杂质苯的含量。

（4）吸收曲线

精确地描述某种物质的溶液对不同波长光的选择吸收情况，可以通过实验测绘光吸收曲线。

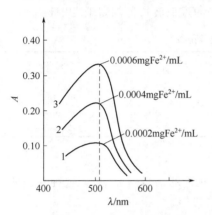

图 9-2　1,10-邻二氮杂菲亚铁溶液的吸收曲线

为此，让不同波长的光通过一定浓度的有色溶液，分别测出各个波长的吸收程度（即吸光度 A）。以波长 λ(nm) 为横坐标、吸光度 A 为纵坐标绘图，即可得到一条曲线。此曲线描述了物质对不同波长光的吸收能力，称为吸收曲线或吸收光谱。图 9-2 是三个不同浓度的 1,10-邻二氮杂菲亚铁溶液的吸收曲线。从图 9-2 可以看到：

① 曲线上有吸收峰，吸收峰最高处对应的波长称为最大吸收波长，用 λ_{max} 表示。对同一种物质，最大吸收波长 λ_{max} 不变，在 λ_{max} 处测定吸光度，灵敏度最高。因此吸收曲线是分光光度法选择测定波长的重要依据。

② 最大吸收波长对应的颜色就是物质吸收光的颜色。1,10-邻二氮杂菲亚铁溶液的 λ_{max} 为 510nm，该溶液对橙红色光几乎不吸收，完全透过，因而该溶液呈橙红色。

③ 同一物质不同浓度的溶液，在一定波长处吸光度随浓度增加而增大，这个特性可作为物质定量分析的依据。

④ 由于物质对光的选择吸收情况与物质的分子结构密切相关，因此每种物质具有自己特征的光吸收曲线。比较不同物质的吸收曲线，就会发现这些曲线的形状、吸收峰的位置和强度都不相同，这是由物质的分子结构所决定的。吸收峰的位置和形状对各种物质来讲是特征的，可作为定性鉴定的依据；而吸收峰的强度大小又与物质的浓度有关，浓度越大吸收峰越强，因此可作为定量分析的依据。

2. 分子吸收光谱

（1）分子运动和能级跃迁

在分子中，除了电子相对于原子核的运动外，还有分子内原子在其平衡位置上的振动（称为分子振动）和分子本身绕其重心的转动（称为分子转动）。分子以不同方式运动时所具有的能量也不相同，这三种运动能量都是量子化的，并对应三种不同的能级，即电子能级、振动能级和转动能级。

电子能级间跃迁的同时，总伴随有振动能级和转动能级间的跃迁。即电子光谱中总包含有振动能级和转动能级间跃迁产生的若干谱线而呈现宽谱带，所以分子光谱是由密集谱线组成的带状光谱。

（2）分子吸收光谱的产生

通常化合物的分子处于稳定的基态，但当它受光照射时，则根据分子吸收光能的大小，引起分子转动、振动或电子跃迁。分子由一个能级 E_1 跃迁到另一个能级 E_2 时的能量变化 ΔE 为两能级之差，即：

$$\Delta E = E_2 - E_1 = \frac{h\nu}{\lambda} \tag{9-2}$$

此时，在微观上出现分子由较低的能级跃迁到较高的能级；在宏观上则透射光的强度变小。若用一连续辐射的电磁波照射分子，将照射前后光强度的变化转变为电信号，并记录下来，然后以波长为横坐标、以电信号（吸光度 A）为纵坐标，就可以得到一张光强度变化对波长的关系曲线图——分子吸收光谱图。

三、有机化合物分子的电子跃迁与吸收光谱

1. 电子跃迁的类型

在紫外和可见光谱区范围内，有机化合物的吸收带主要由三种不同类型的价电子（形成单键的 σ 电子、形成双键的 π 电子和非键的 n 电子）跃迁产生。

分子轨道理论：一个成键轨道必定有一个相应的反键轨道。通常外层电子均处于分子轨道的基态，即成键轨道或非键轨道上。

当外层电子吸收紫外或可见辐射后，就从基态向激发态（反键轨道）跃迁，如图 9-3 所示。主要有四种跃迁，所需能量 ΔE 的大小顺序为：
n→π* < π→π* < n→σ* < σ→σ*。

（1）σ→σ* 跃迁

所需能量最大，σ 电子只有吸收远紫外光的能量才能发生跃迁。饱和烃中的—C—C—键属于这类跃迁，吸收波长 $\lambda < 150\mathrm{nm}$（远紫外区）。如甲烷的 λ_{max} 为 125nm，乙烷 λ_{max} 为 135nm。

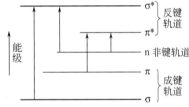

图 9-3　电子能级跃迁示意图

（2）n→σ* 跃迁

所需能量较大。吸收波长 λ 为 150～250nm（真空紫外区）。含非键电子的饱和烃衍生物（含 N、O、S 和卤素等杂原子）均呈现 n→σ* 跃迁。如一氯甲烷、甲醇、三甲基胺 n→σ* 跃迁的 λ_{max} 分别为 173nm、183nm 和 227nm。

（3）π→π* 跃迁

所需能量较小，吸收波长 λ 在 200nm 左右（处于远紫外区的近紫外端或近紫外区），属于强吸收。不饱和烃、共轭烯烃和芳香烃类均可发生该类跃迁。如乙烯（蒸气）π→π* 跃迁的 λ_{max} 为 162nm，丁二烯 $CH_2=CH-CH=CH_2$ 的 λ_{max} 为 217nm。

（4）n→π* 跃迁

所需能量最低，吸收波长 λ 在 200～400nm（近紫外区）。这类跃迁吸收谱带强度较弱。分子中孤对电子和 π 键同时存在时发生 n→π* 跃迁。如丙酮 n→π* 跃迁的 λ_{max} 为 275nm（溶剂环己烷）。

2. 常用术语

（1）生色团

从广义来说，所谓生色团，是指分子中可以吸收光子而产生电子跃迁的原子基团。但是，人们通常将能吸收紫外、可见光的原子团或结构系统定义为生色团。

简单的生色团由双键或三键体系组成，如乙烯基、羰基、亚硝基、偶氮基—N＝N—、乙炔基、氰基 —C≡N 等。

（2）助色团

助色团是指带有 n 电子对的基团，如—OH、—OR、—NH$_2$、—NHR、—SH、—Cl、—Br、—I 等，它们本身没有生色功能（不能吸收大于 200nm 的光），但是当它们与生色团相连时，就会发生 n-π 共轭作用，使生色团的吸收峰向长波方向移动，增强生色团的生色能力，增加其吸光度，这样的基团称为助色团。

（3）红移与蓝移（紫移）

某些有机化合物常常因引入含有未共享电子对的基团（—OH、—OR、—NH$_2$、—SH、—Cl、—Br、—SR、—NR$_2$）或改变溶剂使最大吸

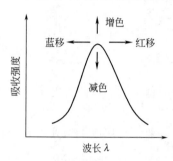

图 9-4　红移、蓝移、增色、减色示意图

收波长 λ_{max} 和吸收强度发生变化。λ_{max} 向长波方向移动称为红移，向短波方向移动称为蓝移（或紫移）。吸收强度即摩尔吸光系数 ε 增大或减小的现象分别称为增色效应或减色效应，如图 9-4 所示。

3. 紫外-可见吸收光谱

（1）饱和烃及其取代衍生物

饱和烃类分子中只含有 σ 键，因此只能产生 σ→σ* 跃迁，即 σ 电子从成键轨道（σ）跃迁到反键轨道（σ*）。饱和烃的最大吸收峰一般小于 150nm，已超出紫外、可见分光光度计的测量范围。

饱和烃的取代衍生物如卤代烃，其卤素原子上存在 n 电子，可产生 n→σ* 跃迁。n→σ* 的能量低于 σ→σ*，波长增大。例如，CH$_3$Cl、CH$_3$Br 和 CH$_3$I 的 n→σ* 跃迁分别出现在 173nm、204nm 和 258nm 处。直接用烷烃和卤代烃的紫外吸收光谱分析这些化合物的实用价值不大，但是，这类物质是测定紫外和可见吸收光谱的良好溶剂。

（2）不饱和烃及共轭烯烃

在不饱和烃类分子中，除含有 σ 键外，还含有 π 键，它们可以产生 σ→σ* 和 π→π* 两种跃迁。π→π* 跃迁的能量小于 σ→σ* 跃迁。

在不饱和烃类分子中，当有两个以上的双键共轭时，随着共轭系统的延长，π→π* 跃迁的吸收带将明显向长波方向移动，吸收强度也随之增强，见表 9-2。在共轭体系中，π→π* 跃迁产生的吸收带又称为 K 带。

表 9-2　某些双键共轭烯烃的 λ_{max} 和 ε_{max}

化　合　物	溶　剂	λ_{max}/nm	ε_{max}
1,3-丁二烯	己烷	217	21000
1,3,5-己二烯	异辛烷	268	43000
1,3,5,7-辛四烯	环己烷	304	—
1,3,5,7,9-癸五烯	异辛烷	334	121000
1,3,5,7,9,11-十二烷基六烯	异辛烷	364	138000

（3）羰基化合物

羰基化合物含有 C=O 基团。C=O 基团主要可产生 π→π*、n→σ*、n→π* 三个吸收带，n→π* 吸收带又称 R 带，落于近紫外区。醛、酮、羧酸及羧酸的衍生物，如酯、酰胺等，都含有羰基。羧酸及羧酸的衍生物虽然也有 n→π* 吸收带，但是，羧酸及羧酸的衍生物的羰基上的碳原子直接连接含有未共用电子对的助色团，如—OH、—Cl、—OR 等，

由于这些助色团上的 n 电子与羰基双键的 π 电子产生 n→π 共轭，导致 π* 轨道的能级有所提高，但这种共轭作用并不能改变 n 轨道的能级，因此实现 n→π* 跃迁所需的能量变大，使 n→π* 吸收带蓝移至 210nm 左右。

（4）苯及其衍生物

图 9-5 为苯的紫外吸收光谱图（乙醇溶剂）。苯有三个吸收带，它们都是由 π→π* 跃迁引起的。E_1 带出现在 180nm；E_2 带出现在 204nm；B 带出现在 255nm。在气态或非极性溶剂中，苯及其许多同系物的 B 谱带有许多的精细结构。在极性溶剂中，这些精细结构消失。当苯环上有取代基时，苯的三个特征谱带都会发生显著的变化，其中影响较大的是 E_2 带和 B 谱带。如硝基苯的 λ_{max} 为 269nm，苯胺的 λ_{max} 为 230nm，而对硝基苯胺的 λ_{max} 为 381nm。

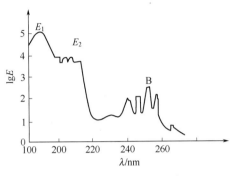

图 9-5　苯的紫外吸收光谱图

（5）稠环芳烃及杂环化合物

稠环芳烃，如萘、蒽、芘等，均显示苯的三个吸收带，但是与苯本身相比较，这三个吸收带均发生红移，且强度增加。这是由于稠环芳烃有两个或两个以上共轭的苯环，苯环数目越多，λ_{max} 越大，吸收强度也相应增加。

当芳环上的—CH 基团被含有 n 电子的原子取代后，则相应的杂环化合物的紫外吸收光谱，与相应的碳化合物极为相似。如吡啶的紫外吸收光谱与苯相似；同样，喹啉和萘、氮蒽和蒽的紫外吸收光谱也都相似。

（6）溶剂对紫外可见吸收光谱的影响

溶剂对紫外-可见吸收光谱的影响较为复杂。改变溶剂的极性，会引起吸收带形状的变化。例如，当溶剂的极性由非极性改变到极性时，精细结构消失，吸收带变向平滑。

改变溶剂的极性，还会使吸收带的最大吸收波长发生变化。表 9-3 为溶剂对亚异丙基丙酮紫外吸收光谱的影响。

表 9-3　溶剂对亚异丙基丙酮紫外吸收光谱的影响

λ_{max}/nm	正 己 烷	$CHCl_3$	CH_3OH	H_2O
π→π*	230	238	237	243
n→π*	329	315	309	305

由表 9-3 可以看出，当溶剂的极性增大时，由 n→π* 跃迁产生的吸收带发生蓝移；而由 π→π* 跃迁产生的吸收带发生红移。由于溶剂对电子光谱图影响很大，因此，在吸收光谱图上或数据表中必须注明所用的溶剂。与已知化合物紫外光谱作对照时也应注明所用的溶剂是否相同。在进行紫外光谱法分析时，必须正确选择溶剂。选择溶剂时注意下列几点：

① 溶剂应能很好地溶解被测试样，溶剂对溶质应该是惰性的。

② 在溶解度允许的范围内，尽量选择极性较小的溶剂。

③ 溶剂在样品的吸收光谱区应无明显吸收。

四、光吸收定律

1. 光吸收定律

当一束平行单色光通过含有吸光物质的稀的、均匀溶液时，如图 9-6 所示，光的一部分

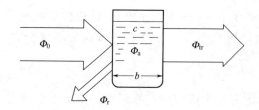

图 9-6　平行单色光通过盛溶液的吸收池

被比色皿表面反射回来 Φ_r，一部分被溶液吸收 Φ_a，一部分透过溶液 Φ_{tr}。如果入射光通量为 Φ_0，吸收光通量为 Φ_a，透射光通量为 Φ_{tr}，反射光通量为 Φ_r，则它们之间的关系为：

$$\Phi_0 = \Phi_a + \Phi_{tr} + \Phi_r$$

在分光光度分析法测定中，都是采用同一规格比色皿，反射光强度基本不变，其影响可以互相抵消，于是上式可简化为：

$$\Phi_0 = \Phi_a + \Phi_{tr}$$

由于溶液吸收了一部分光，光通量就要减小。则比值 $\dfrac{\Phi_{tr}}{\Phi_0}$ 表示该溶液对光的透射程度，称为透射比，符号为 τ 或 T，其值通常用百分数表示，即：

$$\tau = \frac{\Phi_{tr}}{\Phi_0} \times 100\% \tag{9-3}$$

溶液的透光度越大，说明溶液对光的吸收越小；相反，透光度越小，则溶液对光的吸收越大。在分光光度法中还经常以透射比倒数的对数表示溶液对光的吸收程度，称为吸光度，用 A 表示。

$$A = \lg \frac{\Phi_0}{\Phi_{tr}} = -\lg \tau \tag{9-4}$$

当入射光全部透过溶液时，$\Phi_{tr} = \Phi_0$，$\tau = 1$（或 100%），$A = 0$；当入射光全部被溶液吸收时，$\Phi_{tr} \to 0$，$\tau \to 0$，$A \to \infty$。

实验和理论推导都已证明，溶液对光的吸收程度，与溶液浓液层厚度以及入射光波长等因素有关。如果保持入射光波长不变，溶液对光的吸收程度则与溶液浓度和液层厚度有关。一束平行单色光垂直入射通过一定光程的均匀稀溶液时，透射比随溶液中吸光物质的浓度和光路长度的增加而按指数减小。或者说，溶液的吸光度与吸光物质的浓度及光路长度的乘积成正比。这就是光吸收定律（也称朗伯-比耳定律）。光吸收定律表达了它们之间的关系，其数学表达式为：

$$\tau = 10^{-\varepsilon bc} \tag{9-5}$$

或 $$A = \varepsilon bc \tag{9-6}$$

式中　b——吸收池内溶液的光路长度（液层厚度），cm；

　　　c——溶液中吸光物质的物质的量浓度，mol/L；

　　　ε——摩尔吸光系数，L/(cm·mol)。

摩尔吸光系数 ε 在数值上等于浓度为 1mol/L、液层厚度为 1cm 时该溶液在某一波长下的吸光度。

若溶液中吸光物质含量以质量浓度 ρ(g/L) 表示，则光吸收定律可写成下列形式：

$$\tau = 10^{-ab\rho} \tag{9-7}$$

$$A = ab\rho \tag{9-8}$$

式中，a 称为质量吸光系数，单位为 L/(cm·g)。质量吸光系数 a[L/(cm·g)] 相当于浓度为 1g/L、液层厚度为 1cm 时该溶液在某一波长下的吸光度。

摩尔吸光系数 ε 或质量吸光系数 a 是吸光物质的特性常数，其值与吸光物质的性质、入射光波长及温度有关。ε 或 a 值愈大，表示该吸光物质的吸光能力愈强，用于分光光度测定

的灵敏度愈高 [$\varepsilon > 10^5$ 超高灵敏，$\varepsilon = (6 \sim 10) \times 10^4$ 高灵敏；$\varepsilon < 2 \times 10^4$ 为一般灵敏]。

光吸收定律是吸光光度法的理论基础和定量测定的依据，适用于各种光度法的吸收测量。

2. 光吸收定律的适用范围

光吸收定律是分光光度法定量分析的基础。根据光吸收定律，溶液的吸光度应当与溶液浓度呈线性关系，但在实践中常发现有偏离吸收定律的情况，从而引起误差。这是由于光吸收定律有一定的适用范围，超出了适用范围，就会引起误差。

① 光吸收定律只适用于单色光，可是各种分光光度计入射光都是具有一定宽度的光谱带，这就使溶液对光的吸收偏离了吸收定律，产生误差。因此要求分光光度计提供的单色光纯度越高越好，光谱带的宽度越窄越好。

② 光吸收定律只适用于稀溶液（一般 $c < 0.01\,\text{mol/L}$），因为在较浓的溶液中，吸光物质分子间可能发生凝聚或缔合现象，使吸光度与浓度不成正比关系。当有色溶液浓度较高时，应设法降低溶液浓度，使其回复到线性范围内测试。

③ 光吸收定律只适用于透明溶液对光的吸收和透射情况，不包括散射光，因此不适用于乳浊液和悬浊液等对光的散射情况，这样的溶液不符合光吸收定律。

④ 光吸收定律也适用于那些彼此不相互作用的多组分溶液，它们的吸光度具有加和性，即：

$$A_{总} = A_1 + A_2 + A_3 + \cdots + A_n$$
$$= \varepsilon_1 c_1 b + \varepsilon_2 c_2 b + \varepsilon_3 c_3 b + \cdots + \varepsilon_n c_n b$$

⑤ 有色化合物在溶液中受酸度、温度、溶剂等的影响，可能发生水解、沉淀、缔合等化学反应，从而影响有色化合物对光的吸收，因此在测定过程中要严格控制显色反应条件，以减少测定误差。

第二节　分光光度计

一、基本组成

在紫外及可见光区用于测定溶液吸光度的分析仪器称为紫外-可见分光光度计。目前，紫外-可见分光光度计型号较多，但它们的基本构造相似，都是由光源、单色器、样品室、检测器和显示器等五大部分组成，其组成框图见图 9-7。

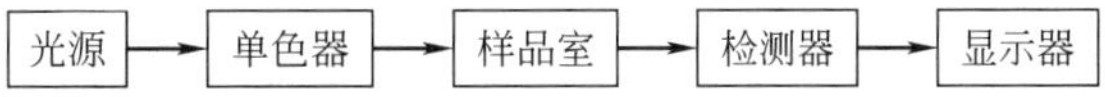

图 9-7　紫外-可见分光光度计组成框图

1. 光源

光源的作用是提供符合要求的入射光。

对于可见分光光度计，用的光源是钨丝白炽灯。它可以发射连续光谱，波长范围在 $320 \sim 2500\,\text{nm}$。白炽灯的发光强度和稳定性都与供电电压有密切关系。只要增加供电电压，就能增大发光强度；只要保证电源的电压稳定，就能提供稳定的发光强度。钨丝白炽灯的缺点是寿命短，由于采用低电压大电流供电，钨丝的发热量很大，容易烧断。

对于紫外-可见分光光度计，除了由钨丝白炽灯提供可见光外，也用氢灯或氘灯提供辐射波长范围 $200 \sim 400\,\text{nm}$ 的紫外光源。它们是氢气的辉光放电灯，氘灯的发光强度比氢灯要高 $2 \sim 3$ 倍，寿命也比较长。为保证发光强度稳定，也要用稳压电源供电。

总之，在整个紫外光区或可见光区光源发出光的波长要满足要求，要具有足够的辐射强度、较好的稳定性和较长的使用寿命。

2. 单色器

单色器的作用是将光源发射的复合光分解成单色光，并可从中选出任一波长单色光的照射吸收池。

单色器是由色散元件、狭缝和透镜系统组成的。狭缝和透镜系统的作用是调节光的强度，控制光的方向并取出所需波长的单色光。因此衡量单色器性能的指标是所取单色光的谱带宽度、波长的重复性等，显色谱带宽度越窄越好，波长的重复性误差越小越好。

图9-8为经典的棱镜单色器的工作原理示意图。光源发出的光经透镜聚焦在入射狭缝

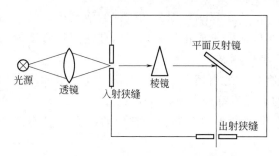

图9-8 棱镜单色器的工作原理示意图

上，进入单色器后由棱镜分光，再由平面反射镜反射至出射狭缝。棱镜由玻璃或石英制成，玻璃棱镜只适用于可见光范围，紫外区必须用石英棱镜。棱镜和平面反射镜的位置可通过机械装置调整，让所需波长的光通过狭缝。狭缝的宽度也是可调的，通过它可调节光的强度和谱带宽度。棱镜单色器的分光能力较差，加上手工调节，波长的重复性也比较差。

新型的单色器用光栅作色散元件。光栅是在玻璃表面刻上等宽度、等间隔的平行条痕，每毫米的刻痕多达上千条。一束平行光照射到光栅上，由于光栅的衍射作用，反射出来的光就按波长顺序分开了。光栅的刻痕越多，对光的分辨率越高，现在可达到 $\pm 0.2nm$。有的新型分光光度计用两个或三个光栅来分光，已不用手工调节波长，而是用微机控制，只要设定好所需的波长，微机就会自动转换光栅，调整到所需的波长。

3. 样品室

样品室放置各种类型的吸收池（比色皿）和相应的池架附件。它是单色器与信号接收器之间光路的连接部分。作用是让单色器出来的单色光全部进入被测溶液，并且从被测溶液出来的光全部进入信号接收器。因此要求吸收池的材质对通过的光是完全透明的，即不吸收或只有很少吸收，它有两个互相平行而且距离一定的透光平面，而侧面和底面是毛玻璃。吸收池有石英池和玻璃池两种，在可见光区一般用玻璃池，紫外光区必须采用石英池，其透光面是石英玻璃。因为普通玻璃吸收紫外线，千万不要混淆。

吸收池有不同的规格，即不同的光程，有 0.5cm、1.0cm、2.0cm、3.0cm 和 5.0cm 五种。根据被测溶液颜色深浅选择吸收池，尽量把吸光度调整到 0.2~0.6。

4. 检测器

利用光电效应将透过吸收池的光信号转变成可测的电信号。检测器必须满足几个条件：光电转换器的响应必须是定量的；对光线波长的响应范围要宽；响应的灵敏度要高，速度要快；而且稳定性要好。常用的检测器有光电池、光电管或光电倍增管。

（1）光电池

光电池是一种光电转换元件，它不需外加电源而能直接把光能转换为电能。硅光电池具有性能稳定、光谱响应范围宽（300~1000nm）、使用寿命长、转换效率高、耐高温辐射等特点，因此在众多种类的光电池中硅光电池应用最为广泛。

硅光电池的工作原理基于光生伏特效应，当光照射 P 型区表面时，则在 P 型区内每吸收一个光子便产生一个电子-空穴对，P 型区表面吸收的光子最多，激发的电子空穴最多，越向内部越少。这种浓度差的存在使表面光生电子和空穴向 PN 结方向扩散。由于 PN 结内电场的方向是由 N 型区指向 P 型区的，它使扩散到 PN 结附近的电子-空穴对分离，大部分光生电子却受到结电场的加速作用穿越 PN 结，到达 N 型区，大部分光生空穴被电场推回 P 型区而不能穿越 PN 结。从而使 N 型区带负电，P 型区带正电，形成光生电动势。若用导线连接 P 型区和 N 型区，电路中就有光电流流过。这就是光生电动势。硅光电池的结构如图 9-9 所示。

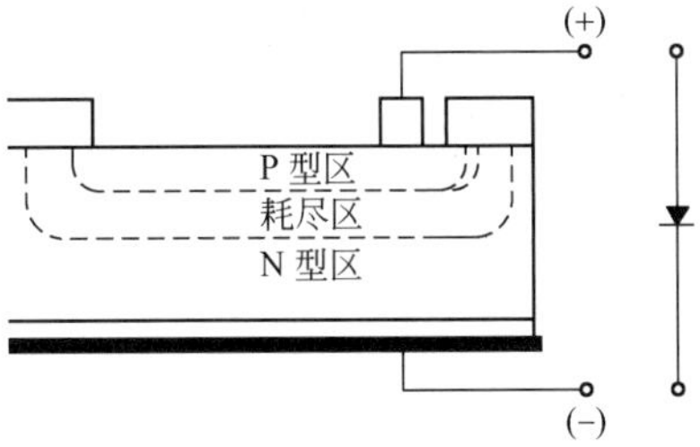

图 9-9 硅光电池结构示意图

（2）光电管

光电管是一个真空二极管，其阳极为金属丝，阴极为半导体材料，两极间加有直流电压。当光线照射到阴极上时，阴极表面放出电子，在电场作用下流向阳极形成光电流。光电流的大小在一定条件下与光强度成正比。按光电管的阴极材料不同，光电管分蓝敏和红敏两种，前者可用于波长范围 210～625nm，后者可用于波长范围 625～1000nm。光电管的响应灵敏度和波长范围都比光电池优越。

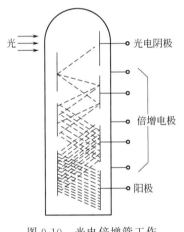

图 9-10 光电倍增管工作原理示意图

（3）光电倍增管

光电倍增管相当于一个多阴极的光电管，如图 9-10 所示。光线先照射到第一阴极，阴极表面放出电子。这些电子在电场作用下射向第二阴极，并放出二次电子。经过几次这样的电子发射，光电流就被放大了许多倍。因此光电倍增管的灵敏度很高，适用于微弱光强度的测量。

5. 显示器

由检测器产生的电信号，经放大等处理后，用一定方式显示出来，以便于计算和记录。

光电池产生的光电流可直接用灵敏的检流计测量。由于吸光度不是均匀刻度，读数误差较大，而且不便于记录，现在已基本不用了。

光电管和光电倍增管产生的光电流，经放大后可由数码管直接显示。现在新型仪器都由微机控制，可以绘制谱图，打印数据处理报告。

二、分光光度计的类型

紫外-可见分光光度计的种类很多，可归纳为三种类型，即单光束分光光度计、双光束分光光度计和双波长分光光度计。这三类仪器的工作原理如图 9-11 所示。

1. 单光束分光光度计

单光束分光光度计是经单色器分光后的一束平行光，先后通过参比溶液和样品溶液，然后分别测定吸光度。这种分光光度计结构简单，操作方便，维修容易，适于在给定波长处测量吸光度或透光度，一般不能作全波段光谱扫描，缺点是由于光源不稳会带来测定误差，因此要求光源和检测器具有很高的稳定性。

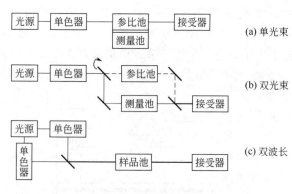

图 9-11　分光光度计工作原理示意图

2. 双光束分光光度计

双光束分光光度计是将一束光经单色器分光后分成为强度相等的两束光，一束通过参比池，一束通过样品池（测量池）。光度计能自动比较两束光的强度，此比值即为试样的透射比，经对数变换将它转换成吸光度并作为波长的函数记录下来。双光束分光光度计一般都具有自动记录、快速全波段扫描功能。由于两束光同时分别通过参比池和样品池，可消除光源强度不稳定、检测器灵敏度变化等因素的影响，特别适合于结构分析。该类仪器结构复杂，价格较高。

3. 双波长分光光度计

它把光源发出的光用两个单色器调制成两束不同波长的光（λ_1 和 λ_2），利用切光器使两束光交替通过样品溶液，再由接收器分别接收，通过电子系统可直接显示两个波长处的吸光度差值 $\Delta A（\Delta A = A\lambda_1 - A\lambda_2）$。它的优点是消除了由于人工配制的空白溶液和样品溶液本底之间的差别而引起的测量误差，无需参比池。对于多组分混合物、浑浊试样（如生物组织液）分析，以及存在背景干扰或共存组分吸收干扰的情况下，利用双波长分光光度法，往往能提高方法的灵敏度和选择性。如岛津公司 UV-3000 型就是双光束双波长的紫外-可见分光光度计。

三、分光光度计的操作方法及维护

1. 常用的紫外-可见分光光度计

分光光度计的种类和型号繁多。常用的可见分光光度计有 721 型、7210 型、722 型、7230 型等；常用的紫外-可见分光光度计有 752 型、754 型、762 型等。紫外-可见分光光度计的光学部件由石英制成，造价较贵。不同型号仪器的光学系统大体相似，只是适用的波长范围及测量系统不尽相同。现将主要型号的紫外-可见分光光度计的类型和性能列于表9-4。

表 9-4　紫外-可见分光光度计的类型和性能

型　　号	723	UV-752B	UV-754	UV-762	761CRT	UV-3150
波长范围/nm	330～800	200～1000	200～800	200～1100	190～900	190～3200
波长精度/nm	±1	±2	±2	±0.5	±0.3	
波长重复性/nm	≤0.5	≤0.5	≤0.5	≤0.2	≤0.2	
谱带宽度/nm	6	6	6	2	0.1～5	0.1～30
透光度准确性	±0.5%		±0.5%	±0.5%	±0.3%	
透光度重复性	±0.5%	0.5%	±0.3%	±0.2%	±0.3%	
杂散光		≤1%	≤0.5%	≤0.15%	≤0.03%	≤0.00008%
单色器	光栅	全息光栅	全息光栅	光栅	光栅	光栅
其他功能	数字直读,自动打印,自动扫描,键盘操作	数字直读,微机控制,存储记忆,打印	数字直读,微机控制,存8条曲线,自动计算,打印	双光束,自动扫描,大屏幕中文菜单,人机对话	智能化工作站,中文窗口,定性、定量软件包,彩屏显示	双波长,由两组3枚光栅构成的双单色器

2. 分光光度计的使用与维护

在使用分光光度计之前必须仔细阅读说明书和相关的操作规程，千万不要盲目乱动，以免损坏仪器。下面仅以 721 型和 754C 型为例，简要介绍可见分光光度计和紫外-可见分光光度计的操作方法和日常维护。

（1）721 型分光光度计

721 型分光光度计采用钨丝灯光源，棱镜单色器和 GD-7 型光电管接收器，适用波长范围 360～800nm。接收器输出的电信号经放大后，由指针式电流表指示吸光度和透射比。仪器外观如图 9-12 所示。

① 主要调节器

a. 波长调节器（λ）。由波长选择旋钮和读数盘组成。转动波长选择旋钮，读数盘上指示选择的单色光波长。

b. 调 0T 电位器（0）。仪器接通电源后，开启吸收池暗箱盖，用此旋钮将电表指针调至 $T=0(A=\infty)$ 位置。

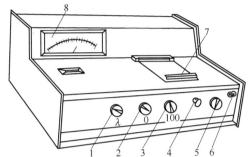

图 9-12　721 型分光光度计外观

1—波长选择旋钮；2—调 0T 旋钮；3—调
100%T 旋钮；4—吸收池架拉杆；
5—灵敏度选择钮；6—电源开关；
7—吸收池暗箱盖；8—显示电表

c. 调 100% T 电位器（100）。调节此旋钮可连续改变光源亮度，控制入射光通量。当空白溶液置于光路时，用此旋钮将电表指针调至 $T=100\%$ 位置（$A=0$）。

d. 吸收池架拉杆。暗箱内放吸收池架和吸收池，拉动吸收池架拉杆可将架上放置的四个吸收池依次送入光路。

e. 灵敏度选择钮。用于改变电流放大器的负载电阻，以改变仪器灵敏度。共分五挡，其中"1"挡灵敏度最低，依次逐渐提高。选择的原则是：当空白溶液置于光路能调节至 $T=100\%$ 的情况下，尽可能采用低挡次。当改变灵敏度挡次后，要重新校正 0T 和 100%T。

② 操作步骤

a. 打开电源开关 6，指示灯亮，开启吸收池暗箱盖 7（光闸门自动关闭），预热 20min。

b. 调节波长选择旋钮 1，选定所需单色光波长。用旋钮 5 选择适宜的灵敏度挡。微动调 0T 旋钮 2 使电表指针恰指在 $T=0(A=\infty)$ 位置。

c. 将空白溶液和被测溶液装入吸收池，依次放入吸收池架中，盖上吸收池暗箱盖（光闸门自动开启），使光电管受光（此时空白溶液在光路中），顺时针旋转调 100%T 旋钮，使电表指针指在 $100\%T(A=0)$ 位置。若指针达不到，可增大灵敏度挡次。

d. 按上述步骤反复调节 0T 和 100%T，直至稳定不变。

e. 拉动吸收池架拉杆 4，将待测溶液依次送入光路，由电表读出吸光度 A 或透射比 $T\%$ 值。

f. 测定完毕，切断电源。取出吸收池，在暗箱中放入干燥剂袋，盖好暗箱盖。

（2）754C 型紫外-可见分光光度计

① 结构特点。754C 型紫外-可见分光光度计具有卤钨灯和氘灯两种光源，分别适用于 360～850nm 和 200～360nm 的波长范围。采用光栅单色器、GD33 光电管接收器。其测量显示系统装配了 8031 单片机，接收器输出的电信号经放大、模/数转换为数字信号，送往单片机进行数据处理。通过键盘输入命令，仪器便能自动调"0T"和调"100%T"。输入标

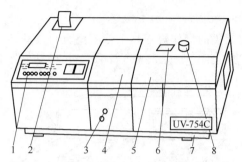

图 9-13　754C 型紫外-可见分光光度计外形
1—操作键；2—打印纸；3—样品室拉杆；
4—样品室盖；5—主机盖板；6—波长
显示窗；7—电源开关；8—波长旋钮

准溶液浓度数据，能建立浓度计算方程，在显示屏上显示出透射比（$T\%$）、吸光度（A）及浓度（c）的数据，并可以由打印机打印出测量数据和分析结果。

754C 型紫外-可见分光光度计的外形和键盘分别如图 9-13 和图 9-14 所示。

② 操作步骤

a. 开机。打开样品室盖。打开电源开关，仪器进入预热状态。预热 20min 后，仪器进入工作状态（T 显示模式）。

b. 选择光源。电源开关打开后，卤钨灯即亮；若仪器需要在紫外光区（200～360nm）工作，则可轻按氘灯键点亮氘灯（若要关闭氘灯则再按一次氘灯键；若需关卤钨灯则按功能键→数字键 1→回车键，即可熄灭）。

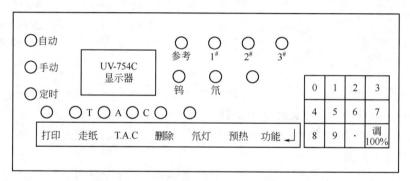

图 9-14　754C 型紫外-可见分光光度计键盘

c. 选择波长。调节波长旋钮，选择需用的单色光波长。

d. 调零调百

ⅰ. 调 $T\%=0.0$。在仪器处于 T 模式且样品室盖开着时，按 100% 键，使仪器显示 $T\%=0.0$。

ⅱ. 置入溶液。根据测量所需的波长选择合适的吸收池（在 200～360nm 范围测量应使用石英吸收池；在 360～850nm 范围测量使用玻璃吸收池），分别盛装参比溶液和试液（或标液），依次置入吸收池架内，用弹簧夹固定好。

ⅲ. 调 $T\%=100.0$。盖上样品室盖，将参比溶液推入光路，按 100% 键，使仪器显示为 $T\%=100.0$。待蜂鸣器"嘟"声叫后，方可进行下面的操作。

e. 测试

ⅰ. 透射比和吸光度的测量。将第一个待测溶液推入光路，仪器显示该溶液的透射比 $T\%$。轻按 T.A.C 键使仪器显示吸光度 A。此时按打印键可打印出该试样的数据。

待第一个样品数据打印完后，再将第二、第三个样品分别推入光路进行测量。打印数据后，打开样品室盖。

ⅱ. 浓度直读。将两个已知浓度的标准溶液（如 c_1、c_2）依次置于吸收池架内，盖上样品室盖，按回车键，当浓度为 c_1 的标准溶液置入光路时，按数字键输入 c_1 的浓度值，仪器显示 c_1；按回车键，再将浓度为 c_2 的标准溶液推入光路，按数字键输入 c_2 的浓度值，仪器显示 c_2；按回车键，计算机按 c_1、A_1、c_2、A_2 值确定浓度直线方程。以后将待测试样溶液推入光路时，均按该方程显示浓度值。按 T. A. C 键可使透射比 T、吸光度 A 和浓度 c 值循环显示出来。

ⅲ．数据打印。建立好浓度直线方程后，可根据需要选择自动、手动或定时打印方式（详见仪器使用说明书）打印数据。

f．关机。测量完毕，取出吸收池，洗净并晾干后入盒保存。关闭电源，拔下电源插头。

（3）分光光度计的日常维护

分光光度计是精密光学仪器，正确使用和保养对保持仪器良好的性能和保证测试的准确度有着重要意义。

① 仪器工作电源一般为 220V，允许 ±10% 的电压波动。为保持光源灯和监测系统的稳定性，在电源电压波动较大的实验室，最好配备稳压器。

② 放置分光光度计的仪器室要防尘、防震，避免阳光直射。室内的相对湿度不要超过 70%，仪器内的干燥硅胶要及时更换。

③ 每次操作结束后，都要仔细检查样品室，如有溶液溅出，必须清洗干净，用滤纸吸干。

④ 每次调整波长后，都要等待几分钟，待光电管稳定后，再用空白溶液调零，然后测定。

⑤ 吸收池要清洗干净，透光面不能用手摸，避免硬的物品将其划伤。

⑥ 光源的钨丝灯寿命有限，要注意保护。亮度明显降低或不稳定时，要及时更换新灯。更换时不要用手触摸灯泡及窗口，如果不小心沾上油污，要用无水乙醇擦净。更换后要调整好灯丝的位置。

⑦ 单色器是仪器的核心部分，装在密封盒内，不能拆开，为防止色散元件受潮发霉，必须经常更换单色器盒内的干燥剂。

第三节　显色与测量条件的选择

一、显色反应的选择

1. 显色反应

许多物质本身是无色的，不能直接用可见分光光度法测定。对于这些物质测定可以通过适当的化学处理，使该物质转变成对可见光有较强吸收的化合物。这种将无色的被测组分转变成有色物质的化学处理过程称为显色过程，所发生的化学反应称为显色反应，所用试剂称为显色剂。选择显色反应时，应考虑的因素是灵敏度高、选择性高、生成物稳定、显色剂在测定波长处无明显吸收。

显色反应可以是氧化还原反应，也可以是配位反应，或是兼有上述两种反应。例如，Fe^{2+} 无色，不能直接用分光光度法测定，当它与显色剂 1,10-邻二氮杂菲作用生成红棕色 1,10-邻二氮杂菲亚铁后，非常适合用分光光度法测定。又如钢中微量锰的测定，Mn^{2+} 不能直接进行光度测定，但将 Mn^{2+} 氧化成紫红色的 MnO_4^- 后，可在 525nm 处进行测定。

2. 显色剂

显色剂在分光光度分析中应用很普遍，种类也很多，因此在使用显色剂时应注意选择，选择时主要考虑以下几点。

① 显色灵敏度要高，即要求显色剂与被测组分的生成物 ε 要大。ε 越大，则测定的灵敏度越高。

② 显色剂的选择性要高，且显色剂与被测组分的生成物要稳定和组成恒定。只有这样，共存的干扰离子影响才小，测定的准确度才高。

③ 显色剂的颜色与生成物的颜色之间要有足够大的差别。显色剂与生成物的最大吸收波长之间的差值叫对比度（要求 $\Delta\lambda > 60nm$），差值越大则对比度越大，显色剂颜色引起的干扰就越小。

④ 显色剂与生成物要易溶于水，便于测定。

二、显色反应条件的选择

显色反应条件的选择是保证测定准确度的关键条件之一，它包括涉及影响显色反应的诸因素。

1. 显色剂用量

显色剂的适宜用量可通过实验方法来确定。首先固定被测离子浓度和其他条件，改变显色剂的加入量。即取几份溶液分别加入不同量的显色剂，分别测定吸光度，然后绘制吸光度 A 与显色剂用量 c_R 的曲线，可能出现如图 9-15 所示的三种情况，从曲线上选择曲线变化平坦处为最佳的显色剂用量。

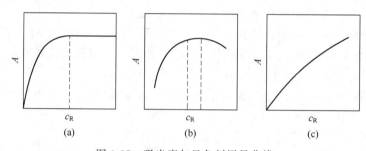

图 9-15　吸光度与显色剂用量曲线

2. 溶液的酸度

酸度对显色反应的影响很大，而且是多方面的。下面分别讨论。

（1）对被测离子有效浓度的影响

许多金属离子特别是高价重金属离子，当溶液的 pH 较高时容易发生水解反应，生成氢氧化物沉淀，降低了有效浓度，使显色反应进行不完全，甚至完全不能显色。遇到这种情况，要控制溶液的酸度，防止水解。

（2）对显色剂的影响

有机显色剂大都是弱酸或弱碱，它们的解离度或自身颜色由溶液的 pH 决定。例如，PAR 在 pH 2～4 时显黄色，pH 4～7 时显橙色，pH≥10 时为红色，它与许多金属离子形成的配合物也是红色，因此用 PAR 作显色剂，应在 pH 2～4 时进行。

（3）对配合物组成的影响

有的显色剂与同一种被测离子能形成多种配合物，在不同的 pH 下，配合物的组成不同，颜色也不同。如水杨酸与 Fe^{3+} 作用生成组成不同的配合物，pH 2～3 时 $[FeSal]^+$ 显红紫色，pH 4～9 时 $[Fe(Sal)_2]^-$ 显红棕色，pH≥9 时 $[Fe(Sal)_3]^{3-}$ 显黄色。

总之，pH 对显色反应的影响可通过实验确定反应条件。即在相同实验条件下，分别测定不同 pH 条件下显色溶液的吸光度。选择曲线中吸光度较大且恒定的平坦区所对应的 pH 范围。

3. 显色时间与温度

（1）显色时间与稳定时间

从加入试剂到显色反应完成所需的时间称为显色时间，显色后有色配合物能保持稳定的时间称为稳定时间。显色时间是由显色反应本身决定的，而且与温度有很大关系；稳定时间是由有色配合物的稳定性决定的。各种有色配合物的显色时间和稳定时间相差很大，如硅钼杂多酸在室温需 20～30min 完成，在沸水浴中只需 30s，生成的硅钼蓝可稳定数十小时，而钨与对苯二酚的有色配合物只能稳定 20min。测定吸光度时应当在充分显色后的稳定时间内进行。最佳时间还是要通过试验来求得。

（2）温度

一般显色反应在室温下完成，但有些反应必须在较高温度下才能完成。因此，对每个具体的反应，温度的影响要通过条件试验来确定。另外，由于温度对光的吸收和颜色的深浅都有影响，因此在绘制标准曲线和样品测定时要保持温度一致。

4. 溶剂

一般尽量采用水相测定，但对于在水相中不稳定或溶解性较差的物质需要在适当的有机溶剂存在下完成测定。例如，$[Fe(SCN)]^{2+}$ 在水中的 $K_稳$ 为 200，而在 90% 乙醇中 $K_稳$ 为 5×10^4，可见 $[Fe(SCN)]^{2+}$ 在乙醇中的稳定性大大提高，颜色也明显增强。

三、共存离子干扰的消除

1. 干扰离子的影响

分光光度法中共存离子的影响主要有以下几种情况。

① 共存离子本身有颜色。如 Fe^{3+}、Cu^{2+}、Ni^{2+}、Co^{2+}、Cr^{3+} 等颜色较深，影响被测离子的测定。

② 共存离子与显色剂生成有色配合物，导致测量结果偏高。即使生成物无色，也会降低显色剂浓度，使显色反应不完全。

③ 共存离子与被测离子形成稳定的配合物或沉淀，导致测量结果偏低。

2. 干扰的消除方法

① 控制溶液酸度。这是消除干扰的一种简便而重要的方法。控制溶液酸度，可以让被测离子与显色剂反应，而共存离子与显色剂不反应。如用双硫腙测定 Hg^{2+} 时，Cu^{2+}、Ni^{2+}、Pb^{2+} 等都干扰，若在 $c(\frac{1}{2}H_2SO_4) = 0.5mol/L$ 的硫酸介质中，上述共存离子都不与双硫腙反应，只有 Hg^{2+} 能反应，于是消除了干扰。

② 加入掩蔽剂。掩蔽干扰离子是一种有效而且常用的方法。该方法要求加入掩蔽剂不与待测组分反应，掩蔽剂本身及掩蔽剂与干扰组分的反应产物不干扰待测组分的测定。例如，用双硫腙测定 Hg^{2+} 时，在稀 H_2SO_4 中仍不能消除 Ag^+ 和大量 Bi^{3+} 的干扰，这时可加入 KSCN 掩蔽 Ag^+，加入 EDTA 掩藏 Bi^{3+}，从而达到消除干扰的目的。

③ 利用氧化还原反应改变干扰离子的价态，使干扰离子不与显色剂反应，以达到消除干扰目的。例如，用铬天青 S 测定 Al^{3+} 时，Fe^{3+} 有干扰，加入抗坏血酸将 Fe^{3+} 还原为 Fe^{2+}，从而消除 Fe^{3+} 的干扰。

④ 选择合适的参比溶液可以消除显色剂和某些有色干扰离子的影响。

⑤ 选择适当的波长以消除干扰。通常把工作波长选在最大吸收波长处，但有时为了消除干扰，把工作波长移至次要的吸收峰，这样做虽然测定灵敏度低些，但却可以消除某些干扰离子的影响。例如，用 4-氨基安替吡啉显色测定废水中的酚时，氧化剂铁氰化钾和显色剂都呈黄色，干扰测定；但若选择在 520nm 波长处测定，可以消除干扰。因为黄色溶液在

420nm 左右有强烈吸收，但在 500nm 后则无吸收。

⑥ 采用适当的分离方法。当没有合适方法消除干扰时，可以采用沉淀、萃取、离子交换等分离方法将被测组分与干扰离子分离，再进行测定。

四、测定条件的选择

在测量吸光物质的吸光度时，除了考虑显色条件外，还应选择和控制好测定条件。这主要包括以下几个方面。

1. 确定工作波长

当用分光光度计测定被测组分的吸光度时，首先应扫描它的吸收曲线，在确定没有明显干扰的情况下，通常选择最大吸收波长作为工作波长，因为在该波长下测定的灵敏度最高。如果最大吸收波长处有明显的干扰离子的吸收，可以选择次要的吸收峰作为工作波长。

2. 调整吸光度

不同的吸光度读数给测定结果带来不同程度的相对误差。已经证明吸光度在 $0.2\sim0.7$ 时，测定的相对误差较小；当吸光度等于 0.434 时，测定的相对误差最小。改变稀释倍数、改变取样量或选择不同光程的吸收池，都能够调整吸光度达到合适的范围。

3. 选择参比溶液

参比溶液是用来调节吸光度零点的，实际上是通过参比池的光作为入射光来测定试液的吸光度。这样就可以消除显色溶液中其他有色物质的干扰，抵消吸收池和试剂对入射光的吸收，真实反映待测物质的浓度。因此选择恰当的参比溶液是非常重要的。

（1）溶剂参比

若仅待测组分与显色剂反应产物在测定波长处有吸收，其他所加试剂均无吸收，用纯溶剂（水）作参比溶液。

（2）试剂参比

如果样品中不含其他有色干扰离子，则不论显色剂是否有色，都可用不加样品的试剂空白作参比溶液，这样的参比溶液可消除显色剂和其他试剂的影响。

（3）试液参比

如果样品中含有有色干扰离子，而显色剂本身无色，可用不加显色剂的样品溶液作参比溶液，这样可以消除样品中干扰离子的影响。

（4）褪色参比

如果样品中含有有色干扰离子，显色剂本身也有色，则可在一份样品溶液中加入适当的掩蔽剂，将被测组分掩蔽起来，然后加入显色剂和其他试剂，以此作为参比溶液。对于比较复杂的样品，这样可以消除样品本底的影响。例如，用铬天青 S 与 Al^{3+} 反应显色后，可以加入 NH_4F 夺取 Al^{3+}，形成无色的 $[AlF_6]^{3-}$。将此褪色后的溶液作参比可以消除显色剂的颜色及样品中微量共存离子的干扰。

总之，选择参比溶液时，应尽可能全部抵消各种共存有色物的干扰，使测定的吸光度真正反映的是被测组分的浓度。

第四节　分光光度分析的定量方法

一、目视比色法

目视比色法是通过人的眼睛观察溶液颜色的深浅来判断被测组分的含量。采用的光源是太阳光或普通灯光，没有单色器，不需要其他的光电器件，所用的主要仪器是比色管及比色管架，因此目视比色法简单方便，适用于准确度要求不高的测定。

测定方法首先是配制一系列含有待测组分的标准样品于一组比色管中，然后将被测样品也装在同样的比色管中，从比色管自上而下借助反光镜观察颜色的深浅。当样品溶液颜色与其标准样品的颜色一致时，就确认它们的浓度相等。

应用目视比色法时要注意以下几点。

① 目视比色法的光源是太阳光，在夜间或光源不足时，要用日光灯而不用白炽灯，因为白炽灯的光中黄光较多，观察颜色时会引起误差。

② 同一组比色管的材质相同，规格一致。

③ 为提高测定的准确度，应在试液含量附近多配几个间隔小的标准溶液，以便进行比较。

二、工作曲线法

工作曲线法也称标准曲线法，适用于大量重复性的样品分析，是工厂控制分析中应用最多的方法。

（1）工作曲线的绘制

选择配制一系列（$n \geq 4$）适当浓度的标准溶液，在一定的实验条件下，显色后分别测定其吸光度，以吸光度 A 对浓度 c 作图，即得工作曲线，也叫标准曲线，如图 9-16 所示。然后将被测样品溶液在同样条件下显色，测得吸光度后在工作曲线上查得被测组分的浓度，最后再换算成原试液中待测组分的浓度。这个方法简单方便，适用于多个样品的系列分析。

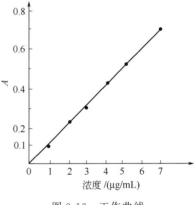

图 9-16 工作曲线

（2）绘制与使用中应注意的问题

① 试液测定条件与绘制工作曲线条件必须一致，且工作曲线必须准确可信。

② 当绘制工作曲线的条件发生变化时，如更换试剂、吸收池或光源灯等，都可能引起工作曲线的变化，应及时校正工作曲线。如果校正的点与工作曲线相差较大，应查找原因并重作曲线。

③ 光吸收定律只适用于稀溶液，工作曲线只在一定浓度范围内呈直线，所以工作曲线不能随意延长。如果试样的浓度超出了工作曲线的范围，应采用稀释的方法进行调整。

④ 正常情况下工作曲线应是一条通过原点的直线。若工作曲线不通过原点，一般是由于标样与参比溶液的组成不同，即背景对光的吸收不同造成的。这种情况可选择与标样组成相近的参比溶液。

⑤ 控制适宜的吸光度（读数范围）。应选择适当的测量条件，让工作曲线落在 $A = 0.20 \sim 0.70$ 这个范围，减少测量误差。

三、直接比较法

直接比较法是一种简化的工作曲线法。该方法的实质是配一个已知被测组分浓度为 c_s

的标样，测其吸光度为 A_s，在同样条件下再测未知浓度样品的吸光度为 A_x，通过计算求出未知样品的浓度 c_x：

$$A_s = \varepsilon c_s l \qquad A_x = \varepsilon c_x l$$

由于溶液性质相同，吸收池厚度一样，因此 $A_s/A_x = c_s/c_x$，由此可计算出样品的浓度 c_x：

$$c_x = \frac{c_s}{A_s} A_x$$

这种方法简化了绘制工作曲线的手续，适用于个别样品测定。操作时应注意配制标样的浓度要接近被测样品的浓度，这样可减少测量误差。

四、标准加入法

标准加入法的实质是先测定浓度为 c_x 的未知样品的吸光度 A_x，再向未知样品中加入一

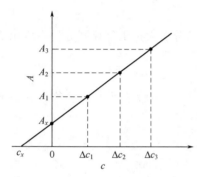

图 9-17　标准加入法

定量的标样，配制成浓度为 $c_x + \Delta c_1$、$c_x + \Delta c_2$ 等一系列样品，显色后再测定吸光度为 A_1、A_2、…。以吸光度 A 为纵坐标，以浓度 c 为横坐标绘制曲线，连成直线后延长，与横轴的交点 c_x 就是未知样品的浓度 c_x，如图 9-17 所示。

这种方法操作比较麻烦，不适于作系列样品分析，但它适用于组成比较复杂、干扰因素较多而又不太清楚的样品的分析，因为它能消除背景的影响。应用标准加入法时要注意加入的标样浓度要适当，使绘制的曲线保持适当的角度，浓度过大或过小都会带来测量误差。

五、光度分析的计算

分光光度分析计算的依据是光吸收定律，下面通过几个例题来说明。

【例 9-1】　用邻二氮杂菲显色测定铁，已知显色液中亚铁含量为 $50\mu g/100mL$。用 $2.0cm$ 的吸收池，在波长 $510nm$ 测得吸光度为 0.205。计算邻二氮杂菲亚铁的摩尔吸光系数（ε_{510}）。

解　根据公式 $A = \varepsilon cb$，有：

$$\varepsilon = A/(cb)$$

根据定义，Fe^{2+} 的浓度应用 mol/L 表示，因此需要换算：

$$c(Fe) = \frac{50 \times 10^{-6}}{55.85 \times 100} \times 1000 = 8.95 \times 10^{-6} (mol/L)$$

根据题意，Fe^{2+} 的浓度就是 Fe^{2+}-邻菲啰啉配合物的浓度，因此：

$$\varepsilon_{510} = \frac{0.205}{8.95 \times 10^{-6} \times 2.0} = 1.14 \times 10^4 [L/(cm \cdot mol)]$$

答：邻二氮杂菲亚铁的摩尔吸光系数为 $1.14 \times 10^4 L/(cm \cdot mol)$。

【例 9-2】　某有色溶液在 $3.0cm$ 的吸收池中测得的透射比为 40.0%，求吸收池厚度为 $2.0cm$ 时该溶液的透射比和吸光度各为多少？

解　根据公式 $A = -\lg\tau$，当吸收池为 $3.0cm$ 时，有：

$$A_1 = -\lg\frac{40}{100} = \lg 100 - \lg 40 = 2 - 1.602 = 0.398$$

再根据公式 $A = \varepsilon cb$，当 ε 与 c 一定时，吸光度 A 与吸收池厚度 b 成正比，即 $A_1/A_2 = b_1/b_2$。这里 $A_1 = 0.398$，$b_1 = 3.0\text{cm}$，当 $b_2 = 2.0\text{cm}$，则：

$$A_2 = \frac{b_2}{b_1}A_1 = \frac{2.0}{3.0} \times 0.398 = 0.265$$

$$\lg\tau_2 = -A = -0.265$$

求反对数，得　　　　　　　　$\tau_2 = 0.543 = 54.3\%$

答：吸收池厚度为 2.0cm 时该溶液的透射比为 54.3%，吸光度为 0.265。

【例 9-3】　浓度为 $1.00 \times 10^{-4}\text{mol/L}$ 的 Fe^{3+} 标准溶液，显色后在一定波长下用 1cm 吸收池测得吸光度为 0.304。有一含 Fe^{3+} 的试样水，按同样方法处理测得的吸光度为 0.510。求试样水中 Fe^{3+} 的浓度。

解　已知 $c_s = 1.00 \times 10^{-4}\text{mol/L}$，$A_s = 0.304$，$A_x = 0.510$，根据公式 $c_x = \dfrac{c_s}{A_s}A_x$，有：

$$c_x = \frac{1.00 \times 10^{-4} \times 0.510}{0.304} = 1.68 \times 10^{-4}(\text{mol/L})$$

答：试样水中 Fe^{3+} 的浓度为 $1.68 \times 10^{-4}\text{mol/L}$。

【例 9-4】　用分光光度法测定水中的微量铁，取 $3.0\mu\text{g/mL}$ 的铁标准溶液 10.0mL，显色后稀释至 50mL，测得吸光度 $A_s = 0.460$。另取水样 25.0mL，显色后也稀释至 50mL，测得吸光度 $A_x = 0.410$，求水样中铁的含量（mg/L）。

解　可以先计算出 50mL 标准显色液中铁的浓度：

$$\rho_{Fe} = \frac{3.0 \times 10.0}{50} = 0.6(\mu\text{g/mL})$$

由 $\rho_x = \dfrac{\rho_s}{A_s}A_x$ 得：

$$\rho_x = \frac{0.410}{0.460} \times 0.6 = 0.53(\mu\text{g/mL})$$

这里求出的 ρ_x 是 50mL 显色液的浓度，还要求出水样中铁的含量：

$$\rho_{水} = \frac{0.53 \times 50}{25.0} = 1.06(\mu\text{g/mL}) = 1.06(\text{mg/L})$$

答：水样中铁的含量为 1.06mg/L。

【例 9-5】　有一个含 Ni 量为 0.12% 的样品，用丁二酮肟法测定。已知丁二酮肟-Ni 的摩尔吸光系数 $\varepsilon = 1.3 \times 10^4 \text{L/(cm·mol)}$。若配制 100mL 的试样，在波长 470nm 处，用 1cm 的吸收池测定，计算测量的相对误差最小时，吸光度 $A = 0.434$，应取试样多少克？已知 $M(\text{Ni}) = 58.70\text{g/mol}$。

解　测量的相对误差最小时，吸光度 $A = 0.434$，根据光吸收定律 $A = \varepsilon cb$，可求出测量误差最小时的浓度：

$$c = \frac{A}{\varepsilon b} = \frac{0.434}{1.3 \times 10^4 \times 1} = 3.3 \times 10^{-5}(\text{mol/L})$$

这是 100mL 样品溶液中 Ni 的浓度，换算成 100mL 样品溶液中 Ni 的质量为：

$$m = 3.3 \times 10^{-5} \times 58.70 \times \frac{100}{1000} = 1.94 \times 10^{-4}(\text{g})$$

换算成样品的质量为:

$$w = 1.94 \times 10^{-4} \times \frac{100}{0.12} = 0.16(\text{g})$$

答:当测量相对误差最小时,应取试样 0.16g。

实验 21 水中微量铁的测定

一、目的与要求

1. 初步掌握可见分光光度计的使用方法;
2. 学习测绘光吸收曲线和选择测定波长;
3. 掌握标准曲线法定量分析的操作步骤,求出试样分析结果。

二、实验原理

邻菲罗啉的化学名称是 1,10-邻二氮菲,它与 Fe^{2+} 在 pH 2～9 的溶液中生成红色配合物,$\lambda_{max} = 510$nm,其摩尔吸光系数为 1.1×10^4 L/(cm·mol),测定的灵敏度高。水样中的 Fe^{3+} 可用盐酸羟胺或抗坏血酸还原成二价铁后测定。测定时可用醋酸盐缓冲溶液维持 pH ≈ 5。

三、仪器与试剂

1. 仪器

分光光度计(721E 型或其他型号),容量瓶 50mL 和 1000mL,烧杯 100mL,吸量管 5mL 和 10mL 等。

2. 试剂

邻二氮菲溶液(1g/L):称取 1,10-邻二氮菲 1g,用少量乙醇溶解,再用水稀释至 1000mL。

抗坏血酸:100g/L 水溶液,临用时配制,一周后不能使用。

盐酸:180g/L 溶液。

乙酸-乙酸钠缓冲溶液:称取 164g 无水乙酸钠溶于 500mL 水中,加 240mL 冰醋酸,用水稀释至 1000mL。

铁标准溶液(Fe^{2+} 0.010mg/mL)的配制:准确称取 0.7020g 硫酸亚铁铵[$Fe(NH_4)_2(SO_4)_2 \cdot 12H_2O$],溶于 50mL 水中,加 20mL 浓硫酸,转移至 1L 容量瓶中并定容,摇匀作贮备液,此溶液含 Fe^{2+} 0.1mg/mL。

用移液管移取贮备液 10.00mL 于 100mL 容量瓶中,稀释至刻度,此溶液含 Fe^{2+} 0.01mg/mL。

四、实验内容

1. 标准系列的配制

在 6 个 100mL 容量瓶中,用盐酸调至 pH 2 左右,吸量管依次加入 0.00mL、2.00mL、4.00mL、6.00mL、8.00mL、10.00mL 铁标准溶液(0.010mg/mL),摇匀。再分别加入抗坏血酸溶液 1mL、邻二氮菲溶液 10mL、乙酸-乙酸钠缓冲溶液 20mL,加水稀释至刻度,摇匀。

2. 吸收曲线的测绘

用 2cm 玻璃吸收池，取上述含 2.00mL 铁标准溶液的显色溶液，以未加铁标准溶液的试剂溶液作参比，在分光光度计上从波长 440～600nm 之间测定吸光度。一般每隔 20nm 测一个数据；在最大吸收波长附近，每隔 5nm 测定一个数据。

以波长为横坐标，吸光度为纵坐标，绘制吸收曲线。从而选择测定铁的适宜波长。

3. 绘制标准曲线

在选定波长下，用 2cm 吸收池分别取配制的标准系列显色溶液，以未加铁标准溶液的试剂溶液（试剂空白）作参比，测定各溶液的吸光度。以吸光度为纵坐标，Fe^{2+} 的质量浓度 ρ 为横坐标，绘制标准曲线。

4. 试样中铁含量的测定

吸取水样 25mL 于 150mL 锥形瓶中，用盐酸溶液调节至 pH 2 左右，加抗坏血酸溶液 1mL，加热煮沸 10min。冷却后移入 100mL 容量瓶中，再加邻二氮菲溶液 10mL、乙酸-乙酸钠缓冲溶液 20mL，加水稀释至刻度，混匀后，在与标准曲线相同的条件下测定吸光度，从曲线上查出相应铁的质量浓度。

五、数据处理

水中总铁离子含量（$\rho_{\text{试}}$）以 mg/L 表示，按下式计算：

$$\rho_{\text{试}} = \frac{\rho_{\text{标}}}{\dfrac{V}{100}} \times 1000$$

式中　$\rho_{\text{标}}$——试样溶液吸光度在标准曲线上查出的铁的质量浓度，mg/mL；

　　　V——取水样的体积，mL。

六、注意事项

1. 在测量之前首先打开电源开关，仪器预热 20min。
2. 准确配制标准系列溶液。

七、思考与讨论

1. 水样为什么要用盐酸酸化？
2. 实验中加入抗坏血酸和乙酸-乙酸钠缓冲溶液的作用是什么？
3. 如何测定固体或液体烧碱中的铁含量？对于有机液体中的铁含量又是如何测定的？
4. 通过实验你认为做好本次试验的关键在哪里？

实验 22　水中磷酸盐的测定

一、目的与要求

1. 进一步掌握可见分光光度计的使用方法；
2. 熟练掌握工作曲线法定量分析的操作步骤，求出试样分析结果。

二、实验原理

在酸性溶液中，磷酸根与钼酸钠反应，生成黄色的磷钼杂多酸，其分子式为 $H_3[P(Mo_3O_{10})_4]$。磷钼杂多酸被氯化亚锡还原，生成深蓝色的磷钼蓝，最大吸收峰在 660nm 处，用工作曲线法定量。

三、仪器与试剂

分光光度计（721E 型或其他型号），容量瓶（50mL，500mL，1000mL），烧杯（100mL，1000mL），吸量管（5mL，10mL）等。

钼酸钠-硫酸溶液（取 100mL 浓硫酸缓慢加入到 500mL 水中，冷却至室温。另取钼酸钠 10g 溶于 400mL 水，然后加入配制好的硫酸溶液，混匀后贮存于聚乙烯瓶中），氯化亚锡-甘油溶液（称取 2.5g 氯化亚锡，加到 100mL 甘油中，放水浴上温热使其溶解，可长期使用），磷酸盐标准溶液（含 PO_4^{3-} 0.01mg/mL。准确称取于 105℃ 干燥过的磷酸二氢钾基准物 0.7165g，溶于水并定容至 1000mL，摇匀作贮备液，此溶液含 PO_4^{3-} 0.5mg/mL。用吸量管移取此贮备液 10.00mL 于 500mL 容量瓶中，稀释至刻度，此溶液含 PO_4^{3-} 0.01mg/mL）。

四、实验内容

1. 绘制标准曲线

取 50mL 容量瓶 6 个，用吸量管分别加入磷酸盐标准溶液 0.0mL、1.0mL、3.0mL、5.0mL、7.0mL、9.0mL，加水稀释至 40mL 左右。然后分别加入 7.0mL 钼酸钠-硫酸溶液，稀释至 50mL。再加氯化亚锡-甘油溶液 5 滴，混匀后放置 10min。用 1cm 吸收池，在波长 660nm 处，以试剂空白为参比测定吸光度。以吸光度为纵坐标、磷酸根的质量浓度为横坐标，绘制标准曲线。

2. 水样的测定

取过滤后的水样 10mL 于 50mL 容量瓶中，加水稀释至 40mL 左右，以下操作与绘制标准曲线相同。测出吸光度后在标准曲线上查出磷酸根的质量浓度。

五、数据处理

$$\rho(PO_4^{3-}) = \frac{\rho_{标}}{\frac{V}{50}} \times 1000$$

式中 $\rho_{标}$——由试样溶液的吸光度在标准曲线上查出的 PO_4^{3-} 的质量浓度，mg/mL；

   V——吸取水样的体积，mL；

$\rho(PO_4^{3-})$——水样中磷酸盐的质量浓度，mg/L。

六、注意事项

1. 安全使用浓硫酸。

2. 配制试剂时，注意用电安全。

七、思考与讨论

1. 氯化亚锡-甘油溶液的作用是什么？

2. 温度对显色反应有何影响？如何做才能避免由温度带来的测定误差？

3. 磷钼杂多酸还原成磷钼蓝，其颜色随时间变化而发生变化，怎样做才能够减少测量误差？

4. 如何测定工业循环冷却水中聚磷酸盐即六偏磷酸钠（$(NaPO_3)_6$）和三聚磷酸钠 $Na_5P_3O_{10}$ 的含量？

实验 23　工业废水中挥发酚的测定

一、目的与要求

1. 掌握氨基安替比林分光光度法测定工业废水中挥发酚的原理和方法；
2. 熟练掌握工作曲线绘制和试样分析结果计算。

二、实验原理

水中的挥发性酚在碱性介质中，在有氧化剂铁氰化钾存在时，与 4-氨基安替比林反应生成红色的安替比林染料，最大吸收波长在 510nm，可用工作曲线法定量。

三、仪器与试剂

分光光度计（721E 型或其他型号仪器），容量瓶（50mL，1000mL），烧杯（100mL，250mL），吸量管（5mL，10mL），棕色试剂瓶等。

4-氨基安替比林溶液〔20g/L。称取 2g 4-氨基安替比林（$C_{11}H_{13}ON_3$），溶于 100mL 蒸馏水，贮存于棕色瓶中。临时配制〕，铁氰化钾溶液（80g/L。称取 8g 铁氰化钾溶于 100mL 蒸馏水中，贮存于棕色瓶中。临时配制），氨性缓冲溶液（pH＝9.8。称取 20g 氯化铵溶于 100mL 浓氨水中，贮存于带胶塞的瓶中，并存放在冰箱里），酚标准贮备溶液（1mg/mL。称取精制苯酚 1.00g 溶于水，定容至 1000mL，摇匀，此溶液含酚 1mg/mL。绘制工作曲线时，要将此溶液稀释 100 倍，得到含酚 0.01mg/mL 的标准溶液，现用现配）。

四、实验内容

1. 标准曲线的绘制

在 6 个 50mL 容量瓶中，分别加入 0.01mg/mL 的酚标准溶液 0.0mL、1.0mL、2.0mL、3.0mL、4.0mL、5.0mL，加水稀释至 15mL 左右。依次加入氨性缓冲溶液 0.5mL，混匀后加入 4-氨基安替比林溶液 0.5mL，混匀后再加铁氰化钾溶液 0.5mL，稀释至刻度。混匀后静置 15min，然后以试剂空白为参比，在 510nm 处测定吸光度，绘制标准曲线。

2. 水样的测定

取适量（含酚量应大于 0.01mg）水样于 50mL 容量瓶中，如体积太小可加水稀释。然后按绘制标准曲线的步骤显色，同时做空白试验。以试剂空白为参比，在 510nm 处测定吸光度，从标准曲线上查出酚的浓度。

五、数据处理

$$\rho_{酚} = \frac{\rho_1 - \rho_0}{\dfrac{V}{50}} \times 1000$$

式中　ρ_1——由试样溶液的吸光度在标准曲线上查得的酚含量，mg/mL；

　　　ρ_0——由空白溶液的吸光度在标准曲线上查得的酚含量，mg/mL；

　　　V——吸取试样溶液的体积，mL；

　　　$\rho_{酚}$——水样中的酚含量，mg/L。

六、注意事项

1. 苯酚有腐蚀性，使用时注意安全。
2. 控制好显色条件。

七、思考与讨论

1. 为什么在测定过程中使用氨性缓冲溶液？
2. 在测定过程中，加入试剂的顺序是否可以颠倒？为什么？
3. 测定时间长或短对结果是否有影响？怎样做才能符合要求？
4. 酚标准贮备溶液的浓度容易变化，用什么方法确定准确浓度？

实验 24　环己烷中微量苯的测定

一、目的与要求

1. 了解苯在紫外光区的吸收曲线，选择测定波长；
2. 初步掌握紫外-可见分光光度计的基本操作；
3. 用标准对照法进行定量分析。

二、实验原理

利用苯在紫外光区的吸收特性，来鉴定环己烷中杂质苯的存在，并在苯的最大吸收波长处通过直接比较法进行定量。

三、仪器与试剂

紫外-可见分光光度计（752 型或其他型号仪器），容量瓶（10mL，25mL），移液管（1mL，2mL）等。

苯，环己烷（优级纯），试样环己烷（工业品）。

四、实验内容

1. 苯标准溶液的配制

（1）准确吸取 1mL 苯于 10mL 容量瓶中，用不含苯的优级纯环己烷溶解并稀释至刻度。

（2）吸取上述溶液 2mL 于 25mL 容量瓶中，用优级纯环己烷稀释至刻度。此溶液苯的质量浓度为 7.032g/L，作为贮备液。

（3）吸取 1mL 贮备液于 25mL 容量瓶中，用优级纯环己烷稀释至刻度。此溶液苯的质量浓度为 0.2813g/L，作为标准溶液。

2. 苯的光吸收曲线的测绘

（1）取洁净的 1cm 石英吸收池 2 个，其中一个装入优级纯环己烷，另一个装入上述配制的苯标准溶液。加盖，置于紫外-可见分光光度计的吸收池架中，盖好暗箱盖。

（2）以优级纯环己烷作参比，在波长 230～280nm 范围，每隔 5nm 测定一次苯标准溶液的吸光度。

（3）绘制苯的光吸收曲线，并确定最大吸收波长。

3. 试样环己烷中杂质苯的测定

（1）将试样环己烷装入 1cm 石英吸收池，以优级纯环己烷作参比，在选定的测定波长处，测定试样的吸光度。

（2）如果试样中苯含量过高，可以用优级纯环己烷在容量瓶中定量稀释后，再进行测定。

五、数据处理

试样环己烷中的苯含量按下式计算：

$$\rho_x = \frac{kA_x}{A_s}\rho_s$$

式中　　ρ_x——苯在试样环己烷中的质量浓度，g/L；

　　　　ρ_s——苯的环己烷标准溶液的质量浓度，g/L；

　　　　A_s——苯的环己烷标准溶液的吸光度；

　　　　A_x——试样环己烷的吸光度；

　　　　k——试样环己烷的稀释倍数。

六、注意事项

1. 测定吸收曲线时，为了找准最大吸收波长，在初步确定的波长下应每隔 1nm 或 2nm 测定一次苯标准溶液的吸光度。

2. 正确使用紫外-可见分光光度计。

七、思考与讨论

1. 在紫外光区测定溶液的吸光度为什么要用石英吸收池？

2. 根据标准溶液的测定数据，如何求出苯在 $\lambda_{\max}$ 处的吸光系数？

思考题与习题

一、简答题

1. 什么是单色光？什么是复色光？可见光的波长范围如何？

2. 为什么物质对光发生选择性吸收？

3. 什么是吸收光谱曲线？什么是标准曲线？它们有何实际意义？利用标准曲线进行定量分析时可否使用透光度 T 和浓度 c 为坐标？

4. 朗伯-比耳定律的物理意义是什么？什么是透光度？什么是吸光度？二者之间的关系是什么？

5. 分光光度分析的定量方法有哪些？各适用于什么情况？

6. 如何选择显色剂？应控制哪些显色反应条件？

7. 测定金属钴中的微量锰时，在酸性液中用 KIO_3 将锰氧化为 MnO_4^- 后进行吸光度的测定。若用 $KMnO_4$ 配制标准系列，在测定标准系列及试液的吸光度时应选什么作参比溶液？

8. 单光束分光光度计由哪些部分构成？说明其主要调节器的作用。

9. 什么是参比溶液？如何选择参比溶液？

10. 用分光光度计测定溶液吸光度适宜的读数范围是多少？如何控制读数在此范围内？

11. 常见的电子跃迁有哪几种类型？

12. 紫外-可见分光光度计的光源、吸收池等仪器部件与可见分光光度计有何不同？为什么？

二、选择题

1. 一束（　　）通过有色溶液时，溶液的吸光度与溶液浓度和液层厚度的乘积成正比。

A. 平行可见光　　B. 平行单色光　　C. 白光　　　D. 紫外光

2. 在目视比色法中，常用的标准系列法是比较（　　）。

A. 入射光的强度　　　　　　　B. 透过溶液后的强度

C. 透过溶液后的吸收光的强度　　D. 一定厚度溶液的颜色深浅

3. 硫酸铜溶液呈蓝色是由于它吸收了白光中的（　　）。

A. 红色光　　B. 橙色光　　C. 黄色光　　D. 蓝色光

4. 某溶液的吸光度 $A=0.500$，其透射比为（　　）。

A. 69.4　B. 50.0　C. 31.6　D. 15.8

5. 摩尔吸光系数很大，则说明（　　）。

A. 该物质的浓度很大　　　　　B. 光通过该物质溶液的光程长

C. 该物质对某波长光的吸收能力强　　D. 测定该物质的方法的灵敏度低

6. 721 型分光光度计不能测定（　　）。

A. 单组分溶液　　　　　　B. 多组分溶液

C. 吸收光波长>800nm 的溶液　　D. 较浓的溶液

7. 某化合物在乙醇中的 $\lambda_{max}=240nm$，$\varepsilon_{max}=13000L/(cm \cdot mol)$，则该 UV-VIS 吸收谱带的跃迁类型是（　　）。

A. $n \rightarrow \sigma^*$　　B. $n \rightarrow \pi^*$　　C. $\pi \rightarrow \pi^*$　　D. $\sigma \rightarrow \sigma^*$

8. 有甲、乙两个不同浓度的同一有色物质的溶液，用同一厚度的比色皿，在同一波长下测得的吸光度为 $A_甲=0.20$，$A_乙=0.30$。若甲的浓度为 $4.0 \times 10^{-4}mol/L$，则乙的浓度为（　　）。

A. $8.0 \times 10^{-4}mol/L$　　　　B. $6.0 \times 10^{-4}mol/L$

C. $1.0 \times 10^{-4}mol/L$　　　　D. $4.0 \times 10^{-4}mol/L$

9. 有两种不同有色溶液均符合朗伯-比耳定律，测定时若比色皿厚度、入射光强度及溶液浓度皆相等。以下说法正确的是（　　）。

A. 透过光强度相等　　　　　B. 吸光度相等

C. 吸光系数相等　　　　　　D. 以上说法都不对

三、计算题

1. 以丁二酮肟光度法测定镍，若配合物 $NiDx_2$ 的浓度为 $1.7 \times 10^{-5}mol/L$，用 2.0cm

吸收池在 470nm 波长下测得的透射比为 30.0%。计算配合物在该波长的摩尔吸光系数。

2. 用 1cm 吸收池，在 540nm 测得 $KMnO_4$ 溶液的吸光度为 0.322，问该溶液的透射比是多少？如果改用 2cm 吸收池，该溶液的透射比将是多少？

3. 有两种不同浓度的有色溶液，当液层厚度相同时，对某一波长的光，T 值分别为：(1) 65.0%；(2) 41.8%。求它们的 A 值。如果已知溶液（1）的浓度为 6.51×10^{-4} mol/L，求溶液（2）的浓度。

4. 用双硫腙光度法测定 Pb^{2+}，已知 Pb^{2+} 的浓度为 0.08mg/50mL，用 2cm 吸收池，在 520nm 测得 $\tau = 53\%$，求摩尔吸光系数。

5. 以邻二氮菲光度法测定 Fe(Ⅱ)，称取试样 0.500g，经处理后，加入显色剂，最后定容为 50.0mL，用 1.0cm 吸收池在 510nm 波长下测得吸光度 $A = 0.430$，计算试样中的 $w(Fe)$（以百分数表示）。当溶液稀释一倍后透射比是多少？已知 $\varepsilon_{510} = 1.1 \times 10^4$。

6. 在 456nm，用 1cm 吸收池测定显色的锌配合物标准溶液，得到下列数据：

$\rho(Zn)/(mg/L)$	2.0	4.0	6.0	8.0	10.0
A	0.105	0.205	0.310	0.415	0.515

要求：(1) 绘制校准曲线；(2) 求校准曲线的回归方程；(3) 求摩尔吸光系数；(4) 求吸光度为 0.260 的未知试液的质量浓度。

7. 称取维生素 C 0.05g，溶于 100mL 0.01mol/L 的硫酸溶液中，量取此溶液 2mL，准确稀释至 100mL。取此溶液于 1cm 的石英吸收池中，在 245nm 测得其吸光度为 0.551，已知维生素 C 的质量吸光系数 $a = 56$L/(cm·g)。求样品中维生素 C 的百分含量。

第十章 气相色谱分析法

学习目标

1. 熟悉气相色谱仪器的流路、构成和主要部件的作用；
2. 理解气相色谱仪热导检测器和氢火焰离子化检测器的工作原理；
3. 掌握气相色谱常用术语；
4. 理解气相色谱分离原理以及选择固定相和操作条件的原则；
5. 了解色谱定性分析方法的要点，掌握定量分析方法；
6. 掌握气相色谱仪的基本操作技术，能用色谱数据处理机打印分析结果。

重点与难点

1. 常用检测器的工作原理、结构和性能；
2. 气相色谱分析操作条件的选择；
3. 气相色谱定性和定量分析方法。

第一节 气相色谱法概述

气相色谱法是色谱分析的重要分支。色谱现象是俄国植物学家茨维特在 1906 年发现的。在叙述气相色谱法之前，首先回顾一下茨维特的试验：在一根玻璃管的狭小一端塞上小团棉花，在管中填充碳酸钙，形成了一个吸附柱，如图 10-1 所示。然后将含有植物色素的石油醚抽取液流经柱子，结果植物色素中的几种色素便在玻璃柱上展开，最上面的是叶绿素，接下来的是两三种黄色的叶黄素，最下层的是黄色胡萝卜素。这样一来，吸附柱便成为一个有规则的色层。接着再用纯石油醚溶剂淋洗，使柱中各层进一步展开，达到清晰的分离。然后把该潮湿的吸附柱从玻璃管中推出，依色层的位置用小刀切开，于是各种色素就得以分离，再用醇为溶剂将它们分别溶下，即得到了各成分的纯溶液。茨维特在他的原始论文中，把上述分离方法叫作色谱法，把填充碳酸钙的玻璃柱管称为色谱柱，里面填充的物质（碳酸钙）称为固定相，携带样品进行分离的物质（石油醚）称为流动相，柱中出现的色带称为色谱图。

一、气相色谱法的分类与特点

气相色谱分析法是用气体作流动相，以试样组分在固定相和流动相间的溶解、吸附等分配作用的差异为依据而建立起来的各种分离分析方法（通常缩写为 GC）。固定相是管内保持固定、起分离作用的填充物；流动相是固定相的空隙或表面的冲洗剂。根据固定相的状态不同，又分为气-固色谱法和气-液色谱法两种。

气-固色谱法是用固体物质作为固定相的色谱分析法（缩写为 GSC）。用作固定相的固体物质多是吸附剂，它是依据吸附平衡原理进行分离的，因此也称为气-固吸附色谱法。

气-液色谱法是用涂在固体颗粒表面上或毛细管内壁上的固定液作为固定相的色谱分析法（缩写为 GLC）。它是依据被测组分在气-液两相间分配能力的不同进行分离的，因此也称为气-液分配色谱法。

目前气相色谱法已在石油化工、环境保护、医药科学、食品科学、生命科学及航天科学等各个领域得到了广泛的应用。气相色谱法之所以能发展得这样迅速，是因为它具有一般分析方法所不具备的独特优点。

气相色谱法具有如下优点。

（1）分离效率高

如果把色谱柱比作精馏塔，那么一般填充柱有几千块理论塔板，而毛细管柱能达到几万块，因此分离效率高，不仅能分离沸点相近的组分和组成复杂的混合物，而且在选择适当的固定相时可以分离同位素和异构体。

（2）灵敏度高

色谱分析中使用高灵敏的检测器，如氢焰检测器（FID）可检出 10^{-12} g/s 的物质，电子捕获检测器（ECD）可检出 10^{-13} g/s 的物质。若与浓缩富集方法结合，可以测定出高纯物质中 $10^{-9} \sim 10^{-6}$ g/s 的杂质。

（3）分离和测定同时完成

利用色谱柱进行高效分离后，可以与其他分析仪器联机，对复杂的有机物进行结构鉴定。

（4）分析速度快

一般的样品只要几分钟到十几分钟即可完成。现在由于毛细管柱的普遍应用，以及用微机进行数据处理，使分析速度进一步加快。

（5）易于实现自动化

可对化工生产或其他反应过程实现"在线分析"。

二、气相色谱法分析流程

气相色谱仪气路流程如图 10-2 所示。

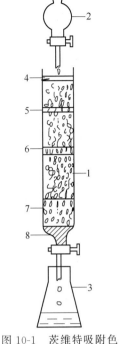

图 10-1　茨维特吸附色谱分离实验示意图
1—装有碳酸钙颗粒的透明玻璃柱；2—装有石油醚的分液漏斗；3—接收洗脱液的锥形瓶；4—色谱柱顶端石油醚层；5—绿色叶绿素；6—黄色叶黄素；7—黄色胡萝卜素；8—色谱柱出口填充的棉花

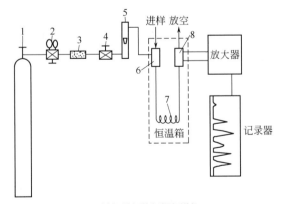

(a) 单柱单气路气相色谱仪

1—载气钢瓶；2—减压阀；3—净化器；
4—气流调节阀；5—转子流速计；
6—汽化室；7—色谱柱；8—检测器

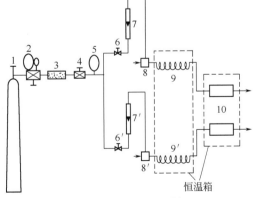

(b) 双柱双气路气相色谱仪

1—载气钢瓶；2—减压阀；3—净化器；4—稳压阀；
5—压力表；6,6′—针形阀；7,7′—转子流速计；
8,8′—进样-汽化室；9,9′—色谱柱；10—检测器

图 10-2　气相色谱仪气路流程

　　图 10-2(a) 为单柱单气路气相色谱仪气路流程示意图，流动相载气由载气钢瓶 1 供给。经减压阀 2、净化器 3、流量调节阀 4 和转子流速计 5 后，以稳定的压力、恒定的流速连续流过汽化室 6、色谱柱 7、检测器 8，最后放空。汽化室与进样口相接，它的作用是把从进样口注入的液体试样瞬间汽化为蒸气，以便随载气带入色谱柱中进行分离，分离后的样品随载气依次带入检测器，检测器将组分的浓度（或质量）变化转化为电信号，电信号经放大后，由记录仪记录下来，即得色谱图。

　　图 10-2(b) 为双柱双气路气相色谱仪气路流程。载气经净化、稳压后分成两路，分别进入两根色谱柱。每个色谱柱前装有进样-汽化室，柱后连接检测器。双气路能够补偿气流不稳及固定液流失对检测器产生的影响，特别适用于程序升温。新型双气路仪器的两个色谱柱可以装入性质不同的固定相，供选择进样，具有两台气相色谱仪的功能。任何类型的气相色谱仪通常都由五部分组成：气路系统、进样系统、分离系统、检测系统和记录系统。

　　1. 气路系统

　　气路系统包括载气和辅助气体的管路、压力调节及流量控制等部件。该系统应为一个让载气连续运行、管路密闭的系统。通过该系统，可以获得纯净的、流速稳定的载气。辅助气体主要是火焰离子化检测器用的氢气和助燃空气，它的气密性、压力的稳定性以及流量的准确性对色谱结果均有很大的影响，因此必须注意控制。

　　常用的载气有氮气和氢气，有时也用氦气、氩气。载气的净化，需经过装有活性炭或分子筛的净化器，以除去载气中的水、氧等不利的杂质。流速的调节和稳定是通过减压阀、稳压阀和针形阀串联使用后实现的。

　　2. 进样系统

　　进样系统包括汽化室、进样阀及自动进样器、温度控制部件等。

　　进样系统的作用是将液体或固体试样，在进入色谱柱之前瞬间汽化，然后快速定量地转入到色谱柱中。进样量的多少、进样时间的长短、试样的汽化速度等都会影响色谱的分离效果和分析结果的准确性和重现性。

　　(1) 进样阀及自动进样器

　　液体样品的进样一般采用微量注射器。气体样品的进样常用色谱仪本身配置的推拉式六通阀或旋转式六通阀定量进样。

　　(2) 汽化室

　　为了让样品在汽化室中瞬间汽化而不分解，要求汽化室热容量大，无催化效应。为了尽量减少柱前谱峰变宽，汽化室的死体积应尽可能小。

　　(3) 温度控制部件

　　温度直接影响色谱柱的选择分离、检测器的灵敏度和稳定性。控制温度主要是对色谱柱、汽化室、检测室的温度控制。色谱柱的温度控制方式有恒温和程序升温两种。

　　对于沸点范围很宽的混合物，一般采用程序升温法进行。程序升温指在一个分析周期内柱温随时间由低温向高温作线性或非线性变化，以达到用最短时间获得最佳分离的目的。

　　3. 分离系统

　　这是色谱仪的心脏，分离系统由色谱柱组成。色谱柱主要有两类：填充柱和毛细管柱。

　　(1) 填充柱

　　填充柱由不锈钢或玻璃材料制成，内装固定相，一般内径为 2～4mm，长 1～3m。填充柱的形状有 U 形和螺旋形两种。

　　(2) 毛细管柱

毛细管柱又叫空心柱，分为涂壁、多孔层和涂载体空心柱。

空心毛细管柱材质为玻璃或石英。内径一般为 0.2～0.5mm，长 30～300m，呈螺旋形。

色谱柱的分离效果除与柱长、柱径和柱形有关外，还与所选用的固定相和柱填料的制备技术以及操作条件等许多因素有关。

4. 检测系统

检测系统包括各种检测器及其供电、控温部件。载气携带分离后的各组分进入检测器，在这里被测组分的浓度信号转变成易于测量的电信号，如电流、电压等，送到数据处理系统。检测器一般分为浓度型和质量型两类。

浓度型检测器测量的是载气中组分浓度的瞬间变化，即检测器的响应值正比于组分的浓度。如热导检测器（TCD）、电子捕获检测器（ECD）。

质量型检测器测量的是载气中所携带的样品进入检测器的速度变化，即检测器的响应信号正比于单位时间内组分进入检测器的质量。如氢火焰离子化检测器（FID）和火焰光度检测器（FPD）。

应根据被测组分的性质选择适当的检测器。

5. 记录系统

记录系统是一种能自动记录由检测器输出的电信号的装置。在这里进行记录、显示并计算出结果。此部分是近年来商品色谱仪中变化最大的部分，从原来的单纯绘制谱图的记录仪到能绘图、能计算的积分仪，发展到如今的智能化色谱工作站，自动化程度越来越高。

三、气相色谱法的名词术语

按照上述的色谱流程，把样品注入进样器，试样中各组分经色谱柱分离后，按先后次序经过检测器时，检测器就将流动相中各组分的浓度变化转变为相应的电信号，由记录仪所记录下的信号-时间曲线或信号-流动相体积曲线，称为色谱流出曲线，也就是色谱图。

色谱图是一组峰形的曲线，以组分的流出时间为横坐标，以检测器对各组分的响应信号为纵坐标。每个色谱峰代表一个组分，而峰的位置、高度、宽度、形状和面积等特征是定性与定量的重要依据。下面以一个单一组分的色谱图（见图 10-3）为例，说明气相色谱法中的名词术语。

1. 常用术语

（1）色谱流出曲线和色谱峰

色谱流出曲线指的是由检测器输出的电信号强度对时间作图得到的曲线。曲线上突起部分就是色谱峰。

如果进样量很小，浓度很低，在

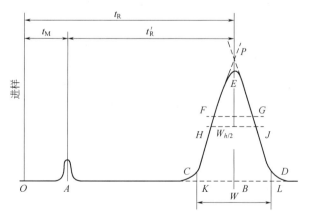

图 10-3　单一组分色谱图

吸附等温线（气-固吸附色谱）或分配等温线（气-液分配色谱）的线性范围内，则色谱峰是对称的。

（2）基线

在实验操作条件下，只有载气通过检测器时的流出曲线。稳定的基线应该是一条水平直线。

（3）峰底

峰的起点与终点之间的连线，见图 10-3 中的 CD 段。

（4）峰高（h）

从峰的最大值到峰底的距离，见图 10-3 中的 BE 段。

（5）峰宽（W）

在峰两侧拐点处（F，G）作切线，与峰底相交的两点间距离，见图 10-3 中的 KL 段，也称为峰底宽。

（6）半高峰宽（$W_{h/2}$）

在峰高的中点处作平行于峰底的直线，与峰两侧相交的两点间的距离，见图 10-3 中的 HJ 段。

（7）峰面积（A）

峰与峰底之间围成的面积，见图 10-3 中的 CED。

2. 色谱定性的参数

（1）保留时间（t_R）

组分从进样到出现峰最大值的时间，单位是 min 或 s，见图 10-3 中的 OB 段。

（2）死时间（t_M）

不被固定相滞留的组分，从进样至出现浓度最大值时所需的时间称为死时间，单位也是 min 或 s，见图 10-3 中的 OA 段。

（3）调整保留时间（t'_R）

某组分的保留时间扣除死时间后，称为该组分的调整保留时间，见图 10-3 中的 AB 段，即：

$$t'_R = t_R - t_M$$

由于组分在色谱柱中的保留时间 t_R 包含了组分随流动相通过柱子所需的时间和组分在固定相中滞留所需的时间，所以 t_R 实际上是组分在固定相中保留的总时间。

保留时间是色谱法定性的基本依据，但同一组分的保留时间常受到流动相流速的影响，因此色谱工作者有时用保留体积来表示保留值。

（4）保留体积（V_R）

指从进样开始到被测组分在柱后出现浓度极大点时所通过的流动相的体积，单位是 mL。保留时间与保留体积的关系为：

$$V_R = t_R F_c$$

式中 F_c——柱温下载气的平均流速，mL/min。

（5）死体积（V_M）

指色谱柱在填充后，柱管内固定相颗粒间所剩留的空间、色谱仪中管路和连接头间的空间以及检测器的空间的总和。

（6）调整保留体积（V'_R）

某组分的保留体积扣除死体积后，称为该组分的调整保留体积。

$$V'_R = V_R - V_M$$

（7）相对保留值（r_{is}）

在相同操作条件下，被测组分 i 与参比组分 s 的调整保留值（调整保留时间或调整保留体积）之比。

$$r_{is} = \frac{t'_{R(i)}}{t'_{R(s)}} = \frac{V'_{R(i)}}{V'_{R(s)}} \tag{10-1}$$

相对保留值只与柱温和固定相的性质有关,与柱径、柱长、装填密度及载气流速无关,因此可作为定性的依据。

(8) 选择性因子

指相邻两组分的调整保留值之比,用符号 α 表示:

$$\alpha = \frac{t'_{R_1}}{t'_{R_2}} = \frac{V'_{R_1}}{V'_{R_2}} \tag{10-2}$$

α 数值的大小反映了色谱柱对难分离物质对的分离选择性。α 数值越大,相邻两组分色谱峰相距越远,色谱柱的分离选择性越高即固定液的选择性越好。当 α 数值接近于1或等于1时,说明相邻两组分色谱峰重叠,而不能分开。

第二节 气相色谱基本理论

一、气相色谱分离过程

1. 气-固色谱

气-固色谱以气体作为流动相,以固体吸附剂作为固定相。气-固色谱分离是基于固定相对试样中各组分吸附与脱附的能力的差异,从而达到分离的目的。图 10-4 为分离过程的示意图。样品中的各组分被载气带入柱头时,立即被吸附剂吸附。载气不断流过吸附剂时,已吸附的组分又被洗脱下来,这个过程叫作脱附。脱附的组分又随着载气继续前进,再次被前面的吸附剂吸附。随着载气的流动,被测组分在吸附剂表面进行反复多次的吸附与脱附过程。因为各组分的性质不同,所以吸附剂对各组分的吸附能力也不同。吸附能力较差的组分容易脱附,走在前面;吸附能力强的组分,不容易脱附,在吸附剂中被保留的时间长些,故落在后面。经过一定时间,即通过一定量载气后,样品中的各组分就能彼此分离,按一定顺序流出色谱柱。

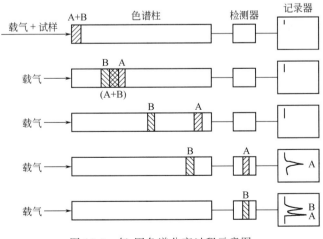

图 10-4 气-固色谱分离过程示意图

2. 气-液色谱

气-液色谱以气体作为流动相,固定相是多孔的载体和涂在上面的固定液,固定液多是高

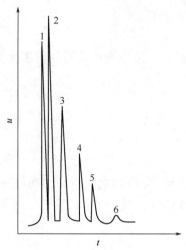

图 10-5　石油裂解气中 $C_1 \sim C_3$
烃类分离色谱图
1—甲烷；2—乙烯；3—乙烷；
4—丙烯；5—丙烷；6—丙二烯

沸点液体，对样品中的各组分有溶解作用。气-液色谱是根据各组分在固定液中溶解能力的差别进行分离的。

当汽化了的试样混合物进入色谱柱时，首先接触到固定液，并立刻溶解到固定液中。随着载气的流动，已溶解的组分会从固定液中挥发到气相，接着又溶解在以后的固定液中，这样反复多次溶解、挥发、再溶解、再挥发，即在气-液两相间进行反复多次的分配。由于各组分的物理化学性质不同，在固定液中的溶解度也不会相同，即它们具有不同的分配系数。这样就使那些分配系数只有微小差别的组分，在移动速度上产生了很大差别。溶解度小的组分，即分配系数小的组分，在气相中的浓度大，移动得快，先从柱中流出；反之则后流出，从而达到分离的目的。这是一个物质在两相间分配的过程，因此气-液色谱又称为分配色谱。例如，在硅藻土载体上涂以异三十烷作为固定相，用氢作载气，$C_1 \sim C_3$ 烃类得到了良好的分离，如图 10-5 所示。

3. 分配系数（K）

在一定的温度、压力下，当气-液两相间达到分配平衡时，组分在固定液中的浓度 c_L 与在气相中的浓度 c_G 之比为一常数，称为分配系数 K。

$$K = \frac{c_L}{c_G} \qquad (10\text{-}3)$$

分配系数 K 是由组分及固定液的热力学性质决定的。在一定温度下，每个组分对某一固定液都有一个固定的分配系数，它只随柱温和压力的变化而变化，与柱中气相和液相的体积无关。

分配系数 K 的大小不仅能反映出组分在两相中浓度的大小和出峰的顺序（分配系数小的先出峰，分配系数大的后出峰），而且还能反映出固定液的选择性高低。在某一固定液上，若两个组分的分配系数完全相同，两个组分的色谱峰重合，说明该固定液对这两个组分没有选择性；如果两个组分的分配系数相差较大，两个组分的色谱峰相距较远，说明固定液的选择性好，所以分配系数相差越大，固定液对组分的选择性越高。

4. 分配比（K'）

分配比也称为容量因子。在一定温度、压力下，当气-液两相间达到分配平衡时，组分在固定液中与载气中的质量之比，用 K' 表示。K' 也是无量纲量。与分配系数一样，分配比也能表征色谱柱对组分的保留能力，K' 值越小，保留时间越短；K' 值越大，则保留时间越长。

5. 相比率（β）

色谱柱中气相与吸附剂或固定液的体积之比。它能反映各种类型色谱柱不同的特点，常用符号 β 表示。

对于气-固色谱：
$$\beta = \frac{V_G}{V_S} \qquad (10\text{-}4)$$

对于气-液色谱：
$$\beta = \frac{V_G}{V_L} \qquad (10\text{-}5)$$

式中　V_G——色谱柱内气相空间，mL；

　　　　V_S——色谱柱内吸附剂所占的体积，mL；

V_L——色谱柱内固定液所占的体积，mL。

相比率与色谱柱型及柱结构有关。一般填充柱的 β 值为 $6\sim35$；毛细柱的 β 值为 $50\sim1500$。

二、色谱基本理论

色谱法是一种分离分析技术。那么，在什么条件下，试样中各组分能彼此分离？影响分离效果的因素有哪些？如何选择合适的分离条件等？这些都是分析工作者必须搞清楚的问题，也是色谱基本理论必须要回答的。要使 A、B 两组分实现分离，必须满足两个条件：①色谱峰之间的距离足够大；②色谱峰宽度要窄。色谱峰之间的距离取决于组分在固定相和流动相之间的分配系数，即与色谱过程的热力学因素有关，可以用塔板理论来描述；色谱峰的宽度则与组分在柱中的扩散和运行速度有关，即与所谓的动力学因素有关，需要用速率理论来描述。根据这些理论可以选择最佳的分离条件。

1. 塔板理论

塔板理论是 1941 年由詹姆斯和马丁提出的。由于样品中的各组分是在色谱柱中得到分离的，因此把色谱柱比作一个精馏塔，沿用精馏塔中塔板的概念来描述组分在两相间的分配行为，即把色谱柱看作由许多假想的塔板组成（即色谱柱可分为许多个小段）。在每一小段（塔板）内，组分在两相之间达成一次分配平衡，然后随流动相向前移动，遇到新的固定相重新达成分配平衡，依此类推。由于流动相在不停地移动，组分在这些塔板间就不断达成分配平衡，最后 K 大的组分与 K 小的组分彼此分离。

（1）理论塔板数 n 与理论塔板高度 H

塔板理论认为，一根柱子可以分为 n 段，在每段内组分在两相间很快达到平衡，把每一段称为一块理论塔板。设柱长为 L，理论塔板高度为 H，则：

$$H=\frac{L}{n} \tag{10-6}$$

式中 n——理论塔板数。

理论塔板数（n）可根据色谱图上所测得的保留时间（t_R）和峰底宽（W）或半高峰宽（$W_{h/2}$）按下式推算：

$$n=5.54\left(\frac{t_R}{W_{h/2}}\right)^2=16\left(\frac{t_R}{W}\right)^2 \tag{10-7}$$

式中 n——理论塔板数；
W 和 $W_{h/2}$——分别为峰底宽和半高峰宽。

由于半高峰宽更容易测量，因此应用较多。计算时要注意保留时间与峰宽必须用同一个单位。

由式(10-6)、式(10-7) 可见，色谱峰越窄，理论塔板数 n 越多，理论塔板高度 H 就越小，此时柱效能越高，因而 n 或 H 可作为描述柱效能的一个指标。

（2）有效塔板数 $n_{有效}$ 与有效塔板高度 $H_{有效}$

在实际应用中经常发现，计算出的理论塔板数很大，但实际分离效能并不很高，这是由于计算时没有考虑死时间 t_M 和死体积 V_M 的影响。因此提出了将 t_M 除外的有效塔板数 $n_{有效}$ 和有效塔板高度 $H_{有效}$ 作为柱效能指标。其计算式为：

$$n_{有效}=5.54\left(\frac{t'_R}{W_{h/2}}\right)^2=16\left(\frac{t'_R}{W}\right)^2 \tag{10-8}$$

$$H_{有效}=\frac{L}{n_{有效}} \tag{10-9}$$

有效塔板数和有效塔板高度消除了死时间的影响，因而能较为真实地反映柱效能的好坏。色谱柱的理论塔板数越大，表示组分在色谱柱中达到分配平衡的次数越多，固定相的作用越显著，因而对分离越有利。

【例 10-1】 有一柱长 $L=200\mathrm{cm}$，死时间 $t_M=0.28\mathrm{min}$，某组分的保留时间 $t_R=4.20\mathrm{min}$，半高峰宽 $W_{h/2}=0.30\mathrm{min}$。计算 n、$n_{有效}$、H 和 $H_{有效}$ 各是多少？

解 根据式(10-6)～式(10-8) 和式(10-9)，得：

$$n=5.54\times\left(\frac{4.20}{0.30}\right)^2=1086$$

$$H=\frac{L}{n}=\frac{200}{1086}=0.18(\mathrm{cm})$$

$$n_{有效}=5.54\times\left(\frac{4.20-0.28}{0.30}\right)^2=946$$

$$H_{有效}=\frac{200}{946}=0.21(\mathrm{cm})$$

答：该色谱柱的理论塔板数 n 为 1086，有效塔板数 $n_{有效}$ 为 946，理论塔板高度 H 为 0.18cm，有效塔板高度 $H_{有效}$ 为 0.21cm。

如果在另一根 200cm 的色谱柱上，组分的保留时间不变，只是半高峰宽变为 0.20min，则 $n=2443$，$H=0.08\mathrm{cm}$，$n_{有效}=2128$，$H_{有效}=0.09\mathrm{cm}$。由此可见，此根色谱柱比前一根色谱柱的塔板数增加了 2 倍多，塔板高度减少了 1/2，显然这根色谱柱的分离效能比前者高多了。

应该指出，塔板理论是建立在一系列假设基础上的，这些假设条件与实际色谱分离过程不完全符合，所以只能定性地给出塔板高度的概念，而不能指出影响塔板高度 H 的因素，不能解释诸如为什么不同流速下测得 H 不一样的现象，更不能指出降低 H 的途径等。因此又提出速率理论来弥补塔板理论的不足。

2. 速率理论

1956 年荷兰学者范弟姆特提出了色谱过程的动力学理论，他吸收了塔板理念的概念，并把影响塔板高度的动力学因素结合进去，导出了塔板高度 H 与载气的平均线速度 u 的关系，并归纳成速率理论方程式，称为范第姆特方程：

$$H=A+\frac{B}{u}+Cu \tag{10-10}$$

式中 A ——涡流扩散系数；

$\quad\quad B$ ——分子扩散系数；

$\quad\quad C$ ——传质阻力系数；

$\quad\quad u$ ——载气的平均线速度，单位是 cm/s。

下面分别讨论涡流扩散项 A、分子扩散项 B/u、传质阻力项 Cu 的意义。

(1) 涡流扩散项 A

在填充色谱柱中，被测组分分子随着载气在柱中流动，碰到填充物颗粒时会不断改变流动方向，使试样组分在气相中形成类似"涡流"的流动（如图 10-6 所示），因而引起色谱峰变宽，使分离效能降低。由于 $A=2\lambda d_p$，表明 A 与填充物的平均颗粒直径 d_p 的大小和填充的不均匀性 λ 有关，而与载气性质、线速度和组分无关，因此使用适当细粒度和颗粒均匀的载体，并尽量填充均匀，能减小涡流扩散系数，提高柱效。对于空心毛细管柱，由于没有填充物，不存在涡流扩散现象，因此 $A=0$。

(2) 分子扩散项 B/u

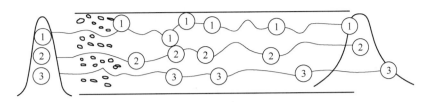

图 10-6　涡流扩散项

样品在汽化室中瞬间汽化，汽化后样品中的组分被载气带入色谱柱后，是以"塞子"的形式存在于柱的很小一段空间中，在"塞子"的前后（纵向）都是不含样品的载气，存在着浓度差而形成浓度梯度，因此使运动着的分子产生纵向扩散，结果使色谱峰变宽，分离效率下降。$B/u=2\gamma D_g$，γ 是因载体填充在柱内而引起气体扩散路径弯曲的因数（弯曲因子），D_g 为组分在气相中的扩散系数。分子扩散项与 D_g 的大小成正比，而 D_g 与组分及载气的性质有关，相对分子质量大的组分，其 D_g 小，反比于载气密度的平方根或载气相对分子质量的平方根，所以采用相对分子质量较大的载气（如氮气），可使 B 项降低；D_g 随柱温增高而增加，但反比于柱压。弯曲因子 γ 为与填充物有关的因数，填充柱 $\gamma<1$，空心柱 $\gamma=1$。

为了减少分子扩散项的影响，应采用较大的载气流速、较低的柱温，因为柱温低时分子的扩散速度较慢；另外选择相对分子质量较大的载气，也能减少样品分子扩散的速度。

（3）传质阻力项 Cu

传质阻力包括气相传质阻力和液相传质阻力两项。

气相传质过程是指试样组分从气相移动到固定相表面的过程，在这一过程中试样组分将在两相间进行质量交换，即进行浓度分配。这种过程若进行缓慢，表示气相传质阻力大，就引起色谱峰扩张。

液相传质过程是指试样组分从固定相的气-液界面移动到液相内部，并发生质量交换，达到分配平衡，然后返回气-液界面的传质过程。这个过程也需要一定时间，在此时间，组分的其他分子仍随载气不断地向柱口运动，这也造成峰形的扩张。

在气-液色谱柱中，当固定液含量较高、液膜较厚时，液相传质阻力起主要作用；当固定液含量较低、载气的线速度较大时，气相传质阻力起主要作用。

综上所述，速率理论从动力学角度定性地研究了影响理论塔板高度的诸多因素，范弟姆特方程式充分说明了填充均匀程度、载体粒度、载气种类、载气流速、柱温、固定相液膜厚度等对柱效、峰扩张的影响，所以范弟姆特方程式对于分离条件的选择具有指导意义。

第三节　气相色谱分析操作条件的选择

一、分离度

塔板高度能反映柱效能高低，但不能反映柱的选择性。两个组分怎样才算达到完全分离？首先是两组分的色谱峰之间的距离必须相差足够大，若两峰间仅有一定距离，而每一个峰却很宽，致使彼此重叠，则两组分仍无法完全分离；其次是峰必须窄。只有同时满足这两个条件，两组分才能完全分离。为判断相邻两组分在色谱柱中的分离情况，可用分离度 R 作为色谱柱的分离效能指标。

1. 分离度定义

分离度指相邻两组分色谱峰保留值之差与两个组分色谱峰峰底宽度平均值之比：

$$R = \frac{t_{R(2)} - t_{R(1)}}{\dfrac{W_1 + W_2}{2}} = \frac{2\left[t_{R(2)} - t_{R(1)}\right]}{W_1 + W_2} \tag{10-11}$$

R 值越大，就意味着相邻两组分分离得越好。因此，分离度是柱效能、选择性影响因素的总和，故可用其作为色谱柱的总分离效能指标。

当两组分的色谱峰分离较差，峰底宽度难于测量时，可用半高峰宽代替峰底宽度，并用下式表示分离度：

$$R = \frac{t_{R(2)} - t_{R(1)}}{W_{\frac{h}{2}(1)} + W_{\frac{h}{2}(2)}} \tag{10-12}$$

计算时要把保留时间与峰宽换算成同一个单位。分离度的示意图见图 10-7。

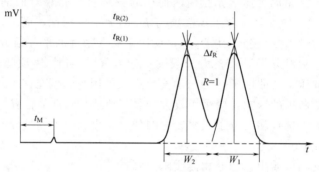

图 10-7 分离度 R

由上述公式和示意图可知，两个峰的保留时间相差越大，峰宽越窄，则分离度越好。若峰形对称且满足于正态分布，则当 $R=1$ 时，分离程度可达 98%；当 $R=1.5$ 时，分离程度可达 99.7%。因而可用 $R=1.5$ 来作为相邻两峰已完全分开的标志。

2. 分离度与 $n_{有效}$ 和 r_{is} 的关系

前面讲过，衡量柱效能的指标是有效塔板数 $n_{有效}$，$n_{有效}$ 值越大，说明组分在柱中进行分配平衡的次数越多，越有利于分离。而相对保留值 r_{is} 则是选择性指标，r_{is} 越大，说明两个组分分离得越好，分离度 R 是色谱柱的总分离效能指标，可以判断难分离物质对在色谱柱中的分离情况，能反映柱效能和选择性影响的总和。因此，可以将分离度 R、柱效能 $n_{有效}$ 和选择性 r_{is} 联系起来，得到下面的公式：

$$n_{有效} = 16R^2\left(\frac{r_{is}}{r_{is}-1}\right)^2 \tag{10-13}$$

再根据式(10-9)，可以求出达到某一分离度所需的色谱柱长：

$$L = 16R^2\left(\frac{r_{is}}{r_{is}-1}\right)^2 H_{有效} \tag{10-14}$$

另外，如果在柱长 L_1 时，得到的分离度为 R_1，若此分离度不理想，还可以求出分离度为 R_2 时的柱长 L_2。由于色谱柱是一样的，因此有效塔板高度和相对保留值也是一样的，根据式(10-14)可得到下面的公式：

$$\frac{L_1}{L_2} = \frac{R_1^2}{R_2^2} \tag{10-15}$$

【例 10-2】 设有一对物质，其 $r_{is}=1.15$，要求在 $H_{有效}=0.1\text{cm}$ 的某填充柱上得到完全分离，试计算至少需要多长的色谱柱？

解 要实现完全分离，$R \approx 1.5$，故所需有效塔板数为：

$$n_{有效} = 16 \times 1.5^2 \times \left(\frac{1.15}{1.15-1}\right)^2 = 2116$$

使用普通色谱柱，有效塔板高度为 0.1cm，故所需柱长应为：

$$L = 2116 \times 0.1 \approx 2(m)$$

答：要得到完全分离至少需要 2m 长的色谱柱。

【例 10-3】　分析某样品时，两种组分的调整保留时间分别为 3.20min 和 4.00min，柱的有效塔板高度 $H_{有效} = 0.1$cm，要在一根色谱柱上完全分离（$R = 1.5$），求有效塔板数和柱长是多少？

解　根据式(10-1)、式(10-13) 和式(10-14)，得：

$$r_{is} = \frac{4.00}{3.20} = 1.25$$

$$n_{有效} = 16 \times 1.5^2 \times \left(\frac{1.25}{1.25-1}\right)^2 = 900$$

$$L = 900 \times 0.1 = 90(cm) = 0.9(m)$$

答：有效塔板数为 900，完全分离所需柱长至少为 0.9m。

二、色谱分离条件的选择

这里所讲的分离条件包括载气及其流速、色谱柱和汽化室温度、固定液配比、载体粒度等，不包括固定液和载体的选择。这部分内容在第四节色谱柱中介绍。

1. 载气及其流速的选择

选用何种气体作载气，与所采用的检测器有关。一般热导检测器用氢气作载气，氢焰检测器用氮气作载气。

从速率理论可知，载气的流速是影响柱效能的主要因素。对于一定的色谱柱，调节不同的载气流速，测得一系列塔板高度，用塔板高度 H 对载气流速 u 作图，得到如图 10-8 所示的 H-u 曲线图。曲线的最低点塔板高度 H 最小，柱效能最高，这点所对应的流速即是载气的最佳流速。

图 10-8 中的虚线是速率理论中各因素对板高的影响。比较各条虚线可知，当载气流速 u 较小时，分子扩散项 B/u 将成为影响色谱峰扩张的主要因素，这时应采用相对分子质量较大的 N_2、Ar 等作载气，以减少组分分子在载气中的扩散，有利于提高柱效能；当载气流速 u 较大时，传质阻力项 Cu 起主要作用，这时应采用相对分子质量较

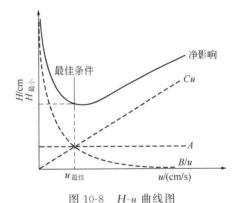

图 10-8　H-u 曲线图

小的 H_2、He 等作载气，以减少气相传质阻力，提高柱效。实际工作中，为了缩短分析时间，常使流速稍高于最佳流速。

2. 柱温的选择

柱温是一个重要的色谱操作参数，它直接影响分离效能和分析速度。柱温对分离的影响是多方面的。在实际工作中，要综合考虑各因素的影响，通常按下列原则选择柱温。

（1）柱温不能高于固定液的最高使用温度

柱温不能高于固定液的最高使用温度，否则会造成固定液大量挥发流失。有些高温固定液还有最低使用温度。一般来说，柱温也不能低于这个温度，否则分离效果不好。

（2）尽量选择较低的柱温

降低柱温可使色谱柱的选择性增大，但升高柱温可以缩短分析时间，并且可以改善气相和液相的传质速率，不过，提高柱温也加快了分子的纵向扩散，使分离度下降，同时也降低了固定液的选择性，使柱效降低。所以，在能使沸点最高的组分达到分离的前提下，尽量选择较低的温度。

（3）对于宽沸程混合物，采用程序升温法

通常柱温可以比样品中各组分的平均沸点低 20～30℃。对于组分多、沸点范围宽的样品，应当采用程序升温的方法。即柱温按设定的程序随着时间而升高，这样既能保证分离效果，又能缩短分析时间。

3. 汽化室与检测室温度的选择

汽化室温度、检测室温度一般高于柱温 30～70℃。只要样品不分解，温度适当高些能保证样品瞬间汽化。

4. 柱长和内径的选择

增加柱长能提高分离度，但也延长了分析时间。在满足一定分离度的条件下，尽量用较短的柱子。

增加色谱柱的内径，可以增加分离的样品量，但由于纵向扩散路径的增加，会使柱效降低，通常填充柱的内径为 3～4mm。

5. 载体粒度的选择

由速率理论方程式可知，载体的粒度直接影响涡流扩散和气相传质阻力，间接地影响液相传质阻力。随着载体粒度的减小，柱效会提高；但粒度过细，柱的阻力将明显增加，延长分析时间，给操作带来不便。因此，一般根据柱径选择载体的粒度，保持载体的直径约为柱内径的 1/20～1/25 为宜。通常用 60～80 目或 80～100 目的载体。

6. 固定液配比的选择

固定液配比较高时，液膜厚度大，传质阻力也大，不利于分离，因此通常采用较低的配比。对于硅藻土类表面积大的载体，固定液配比可高些，但不要超过 30%；表面积小的氟载体，固定液配比应小于 10%。

7. 进样时间和进样量

进样速度必须快，因为进样时间太长时，试样原始宽度将变大，色谱峰半高峰宽随之变宽，有时甚至使峰变形。通常进样时间应在 1s 以内，进样方式为柱塞进样。

根据液载比及柱子形式决定进样量，也就是说色谱柱有效分离的试样量随柱内径、柱长及固定液用量不同而异。柱内径大，固定液用量高，可适当增加试样量；但进样量太大，容易超出色谱柱的负荷，使柱效下降，峰形变坏，还可能超出检测器的线性范围，造成定量误差。进样量太少时，可能使微量组分检测不出来。因此最大允许的进样量，应控制在使峰面积和峰高与进样量呈线性关系的范围内。液体样品通常进样量为 0.5～5μL，气体样品通常进样量为 0.1～5mL。

第四节　固定相和色谱柱

一、气-固色谱固定相

用气相色谱分析永久性气体及气态烃时，常采用固体吸附剂作固定相。在固体吸附剂上，永久性气体及气态烃的吸附热差别较大，故可以得到满意的分离。

1. 常用的固体吸附剂

主要有强极性的硅胶、中等极性的氧化铝、非极性的活性炭类和特殊作用的分子筛等。

（1）硅胶

硅胶是氢键型强极性吸附剂，其分离效能取决于它的含水量和表面的孔径。它适合于分析永久性气体和低级烃类，尤其是对 CO_2 有很强的吸附能力，可以将 CO_2 与 H_2、O_2、N_2、CO、CH_4 等分开。

（2）氧化铝

氧化铝属于中等极性的吸附剂，其热稳定性和机械强度都很好，特别适合于分析低级烃类，常用来分析 $C_1 \sim C_4$ 烃类及异构体。组分在氧化铝柱上的保留值和选择性，与氧化铝的含水量有关。当使用时间长、氧化铝的含水量减少时，其表面活性增加，色谱峰拖尾。为保持氧化铝的活性稳定，可将载气预先通过含有 10 个结晶水的硫酸钠进行适当的润湿处理。

（3）活性炭类

活性炭类属于非极性吸附剂，常用的有两种：石墨化炭黑和碳分子筛。石墨化炭黑是活性炭在惰性气体中，经 $2500 \sim 3000℃$ 高温灼烧而成，它具有较高的比表面积和均匀的非极性表面，用它分析极性化合物时峰不拖尾。

碳分子筛是由聚偏氯乙烯经高温裂解等程序制成的（商品名 TDX）。它的比表面积可达 $1000 m^2/g$，因此柱效高，每米可达 $1200 \sim 1500$ 块理论塔板数。它能耐 $400℃$ 高温和 $-78℃$ 低温，柱的寿命长。它的分离特点是水在 C_1 和 C_2 之间出峰，乙炔在乙烯之前出峰，因此可用于测定低级烃类中的微量水、乙烯中的微量乙炔。由于它是完全非极性的，好多极性化合物甚至能形成氢键的醇、醛等都能得到对称的峰形，因此也适用于微量极性化合物的分析。

（4）分子筛

分子筛是强极性的特殊吸附剂。分子筛对极性分子和极化率大的分子吸附能力强，对不饱和烃有较大的亲和力，在 4A 分子筛上吸附能力的顺序为：

$$O_2 < N_2 < CH_4 < CO < C_2H_6 < C_2H_4 < CO_2 < C_2H_2$$

分子筛对能形成氢键的化合物有很强的吸附能力，对 H_2O、CO_2、NO_2 都有不可逆的吸附作用，使用时要特别注意。分子筛在使用前一定要活化，在 $550℃$ 下干燥 2h。分子筛吸收水分后会失去活性，再加热活化后可以继续使用。

固体吸附剂的优点是吸附容量大，热稳定性好，无流失现象，且价格便宜；其缺点是吸附等温线不呈线性，重现性差，柱效低，吸附活性中心易中毒等。由于在高温下固体吸附剂具有催化活性，因此不宜分析高沸点和有活性组分的试样。吸附剂在使用前需要先进行活化处理，然后再装入柱中使用。表 10-1 列出几种常用吸附剂的性能和处理方法，供选择时参考。

2. 人工合成的固定相

作为有机固定相的高分子多孔微球是人工合成的多孔共聚物，它既是载体又起固定相的作用，可在活化后直接用于分离，也可作为载体在其表面涂渍固定液后再使用。

高分子多孔小球（商品名 GDX），是由苯乙烯和二乙烯基苯等经乳液聚合成的交联共聚物。聚合物的主链是苯环，具有很强的憎水性，是分析有机物中微量水的理想固定相。GDX 是颗粒均匀的球形，机械强度较高，有利于色谱柱的装填，并提高了柱效。通过改变聚合物的单体和聚合的工艺条件，能改变 GDX 的极性和孔径，制成各种不同性能的高分子多孔小球，如 GDX-1、GDX-2 型为非极性的，GDX-3、GDX-4 型为极性固定相。这类聚合物微球能降低极性物质的拖尾现象，适用于水、多元醇、羧酸、腈类和胺类等极性物质的分离。常用人工合成的高分子多孔微球的组成和性能见表 10-2。

表 10-1 常用吸附剂的性能和处理方法

吸附剂	主要化学成分	最高使用温度/℃	极性	分析对象	活化方法	备注
碳素活性炭	C	<300	非极性	永久性气体及低沸点烃类	用苯浸泡,在350℃用水蒸气洗至无浑浊,在180℃烘干备用	加少量减尾剂或极性固定液(<2%)可提高柱效
石墨化炭黑	C	>500	非极性	分离气体及烃类	用苯浸泡,在350℃用水蒸气洗至无浑浊,在180℃烘干备用	
硅胶	$SiO_2 \cdot nH_2O$	<400	氢键型	永久性气体及低沸点烃类	用(1+1)HCl浸泡2h,水洗至无Cl^-,180℃烘干备用	在 200～300℃活化,可脱去95%以上水分
氧化铝	Al_2O_3	<400	极性	分离烃类及有机异构体	200～1000℃烘烤活化,冷却至室温备用	随活化温度不同,含水量也不同,影响保留值和柱效
分子筛	$x(MO) \cdot W(Al_2O_3)$ $x(SiO_2) \cdot nH_2O$	<400	强极性	永久性气体和惰性气体	在 350～550℃下烘烤活化3～4h,超过600℃会破坏分子筛结构	

表 10-2 高分子多孔微球的组成和性能

型号	化学组成	比表面积/(m²/g)	极性	最高使用温度/℃	分离对象
GDX-10X	二乙烯基苯、苯乙烯共聚物	330～680	很弱	270	通用型,适于分析微量水、气体及低沸点化合物
GDX-20X	二乙烯基苯、苯乙烯共聚物	500～800	很弱	270	通用型
GDX-301	二乙烯基苯、三氯乙烯共聚物	460	弱	250	适于分析乙烯、氯化氢
GDX-40X	二乙烯基苯、N-乙烯吡咯烷酮共聚物	280～370	中等	250	适于分析水中氨,甲醛,氯化氢中微量水,低级胺中的微量水,甲醛溶液,氨水等的分析
GDX-50X	二乙烯基苯、丙烯腈共聚物	80	较强	250	C_1～C_4烃类异构体及CO、CO_2的分析,乙烷、乙烯、乙炔的分析
GDX-60X	二乙烯基苯、含强极性单体共聚物	90	强	200	能分离环己烷和苯
有机载体401、402、403	二乙烯基苯、苯乙烯共聚物		很弱	270	相当于GDX-10X
有机载体404	二乙烯基苯、丙烯腈共聚物		较强	270	相当于GDX-50X

二、气-液色谱固定相

气-液色谱固定相是将固定液均匀涂渍在载体表面上制成的。

1. 固定液

（1）对固定液的要求

固定液是气-液色谱柱的核心，对样品的分离起决定作用，因此固定液必须具备下列条件。

　　① 热稳定性好。具有较低的蒸气压和较小的挥发性，以免在操作温度下发生分解使固定液流失（一般根据固定液沸点确定其最高使用温度）。

　　② 化学稳定性好。固定液不与样品、载体和载气发生不可逆的化学反应。

　　③ 黏度和凝固点低。对载体有很好的浸渍能力，以保证在载体表面形成均匀的液膜，减小液相传质阻力。

　　④ 选择性好。对所分离的物质具有很好的选择性。

　　（2）固定液和组分分子间的作用力

　　固定液能够牢固地附着在载体表面上，而不为流动相所带走，同时在色谱条件下又能将样品中各组分分开，其原因是都涉及分子间的作用力。

　　分子间的作用力是一种极弱的吸引力，主要包括定向力、诱导力、色散力和氢键力等。

　　① 定向力。极性分子间的作用力。由极性分子的永久偶极相互作用产生。

　　② 诱导力。极性分子与非极性分子间的作用力。非极性分子在极性分子的作用下产生诱导偶极，由永久偶极与诱导偶极相互作用产生。

　　③ 色散力。非极性分子间的作用力。由于电子的运动，非极性分子会产生瞬间偶极，瞬间偶极之间相互作用产生色散力。

　　④ 氢键力。氢原子与电负性较大的原子（O、N 等）之间的定向力。

　　如在极性固定液柱上分离极性样品时，分子间的作用力主要是定向力。被分离组分的极性越大，与固定液间的相互作用力就越强，因而该组分在柱内滞留时间就越长。当样品具有非极性分子和可极化的组分时，可用极性固定液的诱导效应分离。例如，苯（沸点为 80.1℃）和环己烷（沸点为 80.8℃）的沸点接近，偶极矩为零，均为非极性分子，若用非极性固定液很难使其分离；但苯比环己烷容易极化，故采用极性固定液，就能使苯产生诱导偶极矩，而在环己烷之后流出。固定液的极性越强，两者分离得越远。

　　（3）固定液的分类

　　固定液通常按其相对极性（P）大小来分类。这种表示方法规定：将角鲨烷的相对极性定为 0，β，β'-氧二丙腈的相对极性定为 100，其他固定液以此为标准通过实验测出它们的相对极性在 0～100 之间。按 P 的数值将固定液的极性以 20 为间隔分为五级：0～20 为 0～+1，称为非极性固定液；20～40 为 +1～+2，称为弱极性固定液；40～60 为 +2～+3，称为中等极性固定液；60～80 为 +3～+4，称为中强极性固定液；80～100 为 +4～+5，称为强极性固定液。用 +1～+5 表示极性逐渐增强。各类具有代表性的固定液见表 10-3。

表 10-3　各类具有代表性的固定液

分类	名称	最高使用温度/℃	常用溶剂	相对极性	分析对象
非极性	角鲨烷	140	乙醚	0	C_8 以下的烃类
	硅橡胶	300	氯仿	+1	各类高沸点有机物
中等极性	癸二酸二辛酯	120	甲醇、乙醚	+2	烃、醇、醛、酮、酸、酯等含氧有机物
	磷酸三苯酯	130	甲醇、乙醚	+3	芳烃、酚类异构体、卤代物
强极性	有机皂土-34	200	甲苯	+4	芳烃，特别对二甲苯异构体有很高的选择性
	β,β'-氧二丙腈	100	甲醇、丙酮	+5	低级烃、芳烃、含氧有机物
氢键型	聚乙二醇-400	100	乙醇、氯仿	+4	醇、醛、酯、腈、芳烃等极性化合物
	聚乙二醇-20M	250	乙醇、氯仿	+4	醇、醛、酯、腈、芳烃等极性化合物

（4）固定液的选择

在选择固定液时，一般按"相似相溶"的规律选择，即选择的固定液应与样品组分的性质相似，包括官能团、化学键、极性等。这样的固定液与样品分子间的作用力大，溶解度大，分配系数也大，保留时间长，容易分离。在应用中，应根据实际情况并按如下几个方面考虑。

① 非极性试样一般选用非极性固定液。非极性固定液对组分的保留作用主要靠色散力。分离时，试样中非极性组分基本上按沸点从低到高的顺序流出色谱柱；有机同系物按碳数顺序出峰。如果样品中同时含有极性和非极性组分，则沸点相同的极性组分先出峰。

② 中等极性的试样应首先选用中等极性固定液。在这种情况下，组分与固定液分子之间的作用力主要为诱导力和色散力。分离时组分基本上按沸点从低到高的顺序流出色谱柱；但对于同沸点的极性和非极性物，由于此时诱导力起主要作用，使极性化合物与固定液的作用力加强，因此非极性组分先流出。

③ 强极性的试样应选用强极性固定液。此时，组分与固定液分子之间的作用主要靠定向力，组分一般按极性从小到大的顺序流出；对含有极性和非极性的样品，非极性组分先流出。

④ 具有酸性或碱性的极性试样，可选用带有酸性或碱性基团的高分子多孔微球，组分一般按相对分子质量大小顺序分离。此外，还可选用极性强的固定液，并加入少量的酸性或碱性添加剂，以减小色谱峰的拖尾。

⑤ 如果分析醇、酸等易形成氢键的组分，应选用氢键型固定液，如腈醚和多元醇固定液等。各组分将按形成氢键的能力大小顺序分离，形成氢键能力小的先流出，形成氢键能力大的后流出。

⑥ 对于复杂组分，可选用两种或两种以上的混合液配合使用，增加分离效果。

上述是选择固定液的一般原则。实际应用时应对具体的样品具体对待、具体分析。近年来，随着色谱技术特别是毛细管色谱的飞速发展，又研制出许多新型的固定液可供选择，如高温固定液、液晶固定液、冠醚固定液等，给许多难分离物质的分析提供了有利条件。

2. 载体

载体是固定液的支持骨架，使固定液能在其表面上形成一层薄而匀的液膜。载体一般由天然硅藻土煅烧制成，前述多孔聚合物微球也可以作载体使用。载体应具有如下特点。

① 具有多孔性，即比表面积大。
② 化学惰性且具有较好的浸润性。
③ 热稳定性好。
④ 具有一定的机械强度，使固定相在制备和填充过程中不易粉碎。

（1）载体的种类及性能

载体可以分成两类：硅藻土类和非硅藻土类。

硅藻土类载体是天然硅藻土经煅烧等处理后而获得的具有一定粒度的多孔性颗粒。按其制造方法的不同，可分为红色载体和白色载体两种。

红色载体（6201型载体）是天然硅藻土在900℃以上进行煅烧，其中的铁成为红色的三氧化二铁，经粉碎过筛即成红色硅藻土载体。这种载体的比表面积大、孔径小、机械强度好、液相载荷量大，适用于涂渍高含量非极性固定液，分离非极性化合物；缺点是有活性吸附中心，不适于分析极性化合物。

白色载体（101型载体）是天然硅藻土在煅烧时加入少量碳酸钠之类的助熔剂，使铁形成白色的硅铁酸钠配合物，因此成为白色载体。白色载体的特点是：表面空隙较大、比表面积较小、机械强度较差、载液能力适中、表面无吸附中心、催化活性小，适用于涂渍低含量极性固定液，分离极性化合物。

非硅藻土类载体有聚合氟塑料载体、玻璃微球载体、高分子微球载体等，特点是表面空隙适中、比表面积适中、机械强度较强、耐高温、耐强腐蚀、价格偏高。

（2）硅藻土载体的预处理

普通硅藻土载体的表面并非完全惰性，其表面上存有硅醇基（Si—OH）和硅醚基（Si—O—Si），并有少量的金属氧化物。因此，硅藻土的表面上既有吸附活性，又有催化活性。如果用这种固定相分析样品，将会造成色谱峰的拖尾、保留值变化，甚至发生催化作用。为消除硅藻土载体表面的活性点，在涂渍固定液前，应对载体进行预处理，使其表面钝化。常用的预处理方法如下。

① 酸洗（除去碱性基团）。酸洗用 6mol/L 的盐酸处理载体，消除表面的碱性吸附点及金属铁等杂质。

② 碱洗（除去酸性基团）。碱洗用 5%～10% 的 KOH-甲醇溶液处理载体，消除表面的酸性吸附点。

③ 硅烷化（消除氢键结合力）。硅烷化用二甲基二氯硅烷处理载体，与载体表面的硅羟基反应，以消除氢键。

④ 釉化（表面玻璃化、堵微孔）。釉化载体先用 Na_2CO_3-K_2CO_3 溶液浸泡，烘干后再高温煅烧，载体表面形成一层类似玻璃的釉质。这样处理后的载体表面吸附小、强度大，液相载荷小，分析极性化合物不拖尾；但分析非极性化合物时柱效不高。

三、气-液色谱柱的制备

色谱柱可分为两大类：填充柱和毛细管柱。现在两者之间已没有明显的分界了。下面介绍的填充柱是指标准填充柱，即内径为 2～4mm 的不锈钢管，填充物粒度为 40～100 目，液相载荷量为 5%～30%。

1. 填充柱的制备

（1）色谱柱与载体的预处理

不锈钢柱管先用乙醇或苯浸泡，目的是除去机械加工时残留的油脂，再用水冲洗干净，用氮气吹干。

载体的酸洗、碱洗、硅烷化等预处理过程都已在生产厂家完成，使用之前只要过一下筛，按要求的粒度称出足够的量即可。

（2）固定液的涂渍

① 载体用量的计算。按下式计算所需载体的量 m_s：

$$m_s = \pi R^2 L \rho$$

式中　R——色谱柱的内半径，cm；

　　　L——色谱柱的长度，cm；

　　　ρ——载体的表观密度，g/cm^3。

国产红色硅藻土载体的表观密度 ρ 为 $0.47g/cm^3$，白色硅藻土载体的 ρ 为 $0.24g/cm^3$。考虑到填充损失和涂渍过程中的破碎等因素，称量时可比计算量增加 20%，再根据液相载荷量求出固定液的用量。

② 固定液的溶解与涂渍。称取计算量的固定液于烧杯中，加入比载体体积稍多的溶剂，

搅拌使其完全溶解（必要时可用水浴稍微加热）。将称好的载体加到烧杯中，在不断轻轻地搅拌下，用红外灯烘烤，直至溶剂完全挥发。

（3）色谱柱的装填

如图 10-9 所示，将色谱柱的一端塞上玻璃棉，通过缓冲瓶与真空泵相连；色谱柱的另一端用胶管与玻璃漏斗相连。开启真空泵，把涂渍好的载体徐徐加入漏斗中，边加边振动，直至装满。停止真空泵，取下柱子，塞好玻璃棉，将柱子两端封好备用。新装的色谱柱要及时作好标志和记录，以便于查找。

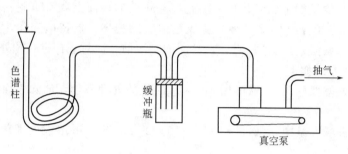

图 10-9　装柱示意图

（4）色谱柱的老化

新装的色谱柱在使用前必须进行老化处理，其目的是除去残留的溶剂、水分和低沸点杂质，同时也使固定液在载体表面上形成均匀的膜。气-固色谱柱虽然没有固定液和溶剂，老化时也能除去吸附的水分和易挥发的杂质，同时也使色谱柱活化。

老化处理是将柱子的入口接到色谱仪的进样器上，出口不接检测器（放空），通氮气，在较低的温度下加热 1～2h，然后缓慢升温至固定液的最高使用温度之下 20～30℃为止。老化的后期将柱子出口接到检测器上，直到基线平稳为止，说明柱的老化工作已完成。

2. 毛细管柱的制备

毛细管柱是 20 世纪 50 年代后期发展起来的色谱新技术，色谱柱的特点是细而长（一般内径＜1mm，长度为几十米），多数是空心的，所以也称开口柱或空心柱。与经典的填充柱比较，毛细管柱具有柱效高、柱的容量小、分析速度快、应用范围广等特点。

（1）毛细管柱的种类

毛细管柱按材质不同可分为三种：玻璃柱、不锈钢柱和弹性石英毛细管柱。由于玻璃毛细管柱机械强度不好、容易破碎，而不锈钢毛细管柱内表面具有活性、柱效低，因此现在应用最多的是弹性石英毛细管柱。它的机械强度好，柔韧性也好，表面惰性吸附和催化活性小，涂渍出来的柱效高。

弹性石英毛细管柱可分为以下几种。

① 壁涂毛细管柱。将固定液直接涂在毛细管内壁上，简称 WCOT 柱。

② 多孔层毛细管柱。先在毛细管内壁上附着一层多孔固体，然后再涂渍固定液，简称 PLOT 柱。

③ 大孔径毛细管柱。内径为 0.53mm，涂渍的液膜较厚，柱容量较大，可以代替填充柱。

④ 小孔径毛细管柱。内径小于 0.1mm，多用于快速分析。

⑤ 集束毛细管柱。由许多支内径很小的毛细管柱组成的毛细管束，容量大，分析速度快，适用于工业分析。

（2）毛细管柱的制备

现代毛细管色谱多用弹性石英毛细管柱，这种柱子的制备工艺很复杂，都由专门的生产厂家制作，这里只简单介绍一下制作方法。

① 毛细管柱的拉制。如图 10-10 所示，石英管经高温电炉加热后，用光导纤维拉制机拉成内径细、管壁薄的毛细管。新拉制的毛细管外壁必须立即涂上一层聚酰亚胺保护膜，以增加毛细管柱的强度。聚酰亚胺保护膜只能在300℃以下使用。

② 毛细管柱的表面处理。新拉制的毛细管柱内表面非常光滑，很难涂渍成均匀的液膜，另外，石英表面存在硅醇基和硅醚基，这些都是活性吸附点，为此需要进行表面的粗糙化处理和表面的去活即钝化处理。处理方法可参阅毛细管柱制备的相关资料。

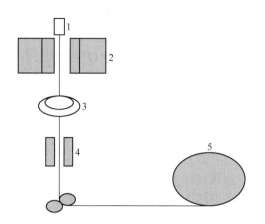

图 10-10　石英毛细管柱拉制示意图
1—石英管；2—高温电炉；3—聚酰亚胺槽；4—管式电炉；5—转鼓

③ 毛细管柱的涂渍。毛细管柱用的固定液都是熔点低、黏度大、热稳定性好的高分子聚合物，常用的有聚硅氧烷类（OV-1、OV-17、OV-210、SE-30、SE-54 等）、聚乙二醇类（PEG-20M）等。涂渍方法分静态法和动态法。静态法是先将固定液溶解在溶剂中，用压缩空气把溶液压到毛细管柱中，再用真空泵把溶剂抽干净，最后升温老化。动态法是用氮气把溶液压到毛细管柱的 1/3 左右，再用氮气将液柱推出毛细管，继续吹氮气，直至吹干，然后升温老化。

（3）毛细管柱的柱效评价

① 柱效能。与填充柱一样，用每米柱的理论塔板数和有效塔板数来衡量，计算方法也与填充柱相同。

② 涂渍效率。也称理论效率的利用，是最小理论板高与实际测定的板高的百分比，用 C_e 表示：

$$C_e = \frac{H_{\min}}{H} \times 100\%$$

式中　$H_{\min}$——最小理论板高，根据速率方程绘出的 $H\text{-}u$ 曲线最低点的塔板高度，mm；

　　　　H——实测的塔板高度，mm。

第五节　气相色谱检测器

检测器的作用是将经色谱柱分离后，从柱末端流出的各组分的量转化为易于测量的电信号。检测器通常由两部分组成：传感器和检测电路。传感器是根据被测组分的各种物理性质、化学性质以及物理化学性质与载气的差异来感知被测组分的存在及其量的变化。也就是说，传感器将被测组分的量转变成相应的信号，检测电路将传感器产生的各种信号转变成便于测量的电信号。

一、气相色谱检测器的类型

气相色谱检测器根据响应原理的不同，可分为浓度型检测器和质量型检测器两类。

　　浓度型检测器测量的是载气中某组分瞬间浓度的变化，即检测器的响应值和组分的瞬间浓度成正比。如热导检测器（TCD）和电子捕获检测器（ECD）。

　　质量型检测器测量的是载气中某组分质量比率的变化，即检测器的响应值和单位时间进入检测器的组分质量成正比。如氢焰检测器（FID）和火焰光度检测器（FPD）。

　　气相色谱检测器还可以按检测对象不同，分为通用型检测器和选择型检测器两类。

　　通用型检测器对各类化合物的响应值相差不太多，因此检测对象广泛，应用范围广。如热导检测器（测定一般化合物和永久性气体）和氢焰检测器（测定一般有机化合物）都是通用型检测器。

　　选择型检测器对某一类化合物的响应值特别大，对其他类化合物的响应值很小。如电子捕获检测器对卤素、氧、氮等电负性强的化合物有非常灵敏的响应，而对烃类几乎没有响应，用于测定带强电负性原子的有机化合物；火焰光度检测器是测定含硫、含磷的有机化合物的专用检测器，它们都是选择型检测器。表 10-4 列出了常用气相色谱检测器类型。

表 10-4　常用气相色谱检测器类型

检 测 方 法	工 作 原 理	检测器名称	检测器符号	应 用 范 围
物理常数法	热导率差异	热导检测器	TCD	所有化合物
	密度差异	气体密度天平	GDB	所有化合物
气相电离法	火焰电离	氢焰检测器	FID	有机物
	热表面电离	氮磷检测器	NPD	氮、磷化合物
	化学电离	电子捕获检测器	ECD	电负性强的化合物
	光电离	光电离检测器	PID	所有化合物
光度法	原子发射	原子发射检测器	AED	多元素
	分子发射	火焰光度检测器	FPD	硫、磷化合物
	分子吸收	紫外检测器	UVD	有紫外吸收的化合物
电化学法	电导变化	电导检测器	ELCD	卤素、硫、氮化合物
质谱法	电离、质谱色散	质量选择检测器	MSD	所有化合物

二、检测器的性能指标

　　一个优良的检测器应该是灵敏度高、检出限低、死体积小、响应迅速、线性范围宽和稳定性好。通用型检测器要求适用范围广，选择型检测器要求选择性好。

　　1. 噪声与漂移

　　在没有样品组分进入检测器而只有载气通过时，仅由于检测器本身及其他操作条件引起的基线波动称为噪声（N）。噪声一般用 10～15min 内基线的波动范围来表示，单位是 mV。

　　基线随时间单方向地缓慢变化称为基线漂移，通常用每小时基线的变化来表示，单位是 mV/h。

　　良好的检测器，其噪声与漂移都应该很小，它们表明检测器的稳定情况。影响噪声与漂移的因素除检测器性能外，还与操作条件有关，因此控制好色谱操作条件，能减少噪声与漂移。

　　2. 灵敏度（响应值或应答值）S

　　灵敏度是衡量检测器性能的重要指标。当一定浓度或一定量的样品进入检测器后，产生一定的响应信号。如果将响应信号 R 对进入检测器的样品量 Q 作图，得到如图 10-11 所示

的响应曲线，灵敏度就是响应信号对进样量的变化率
（直线的斜率）：

$$S = \frac{\Delta R}{\Delta Q}$$

对于浓度型检测器，其响应信号正比于载气中组分
的浓度 c：

$$R \propto c$$

浓度型检测器的灵敏度按下式计算：

$$S = \frac{A c_1 c_2 F}{m} \tag{10-16}$$

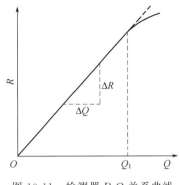

图 10-11　检测器 R-Q 关系曲线

式中　A——样品的峰面积，mm^2；

　　　c_1——记录器的灵敏度，mV/mm；

　　　c_2——纸速的倒数，min/mm；

　　　F——换算至检测器温度下的载气流速，mL/min；

　　　m——样品的质量，mg。

式(10-16)即为浓度型检测器的灵敏度计算公式。如果进样是液体，则灵敏度的单位是 $mV \cdot mL/mg$，即每毫升载气中有 1mg 试样时检测器所能产生的响应信号（mV）。

对于质量型检测器（如氢焰检测器），其响应值取决于单位时间内进入检测器某组分的量。质量型检测器的灵敏度按下式计算：

$$S = \frac{60 A c_1 c_2}{m} \tag{10-17}$$

式中各符号的意义同前，不过 m 以 g 为单位，故 S 的单位为 $mV \cdot s/g$，即每秒有 1g 样品通过检测器时产生的响应信号（mV）。

3. 检测限（敏感度）D

灵敏度没有考虑噪声的影响，这噪声达到一定程度就会掩盖检测器对组分的响应信号，即噪声限制了检测器的检测下限，因此把产生两倍噪声信号时单位体积载气中样品的浓度或单位时间内进入检测器的样品量称为检测限（如图 10-12 所示），用 D 表示。

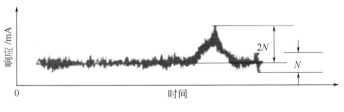

图 10-12　检测限

$$D = 2N/S \tag{10-18}$$

式中　N——噪声，mV；

　　　S——检测器的灵敏度；

　　　D——检测限，浓度型检测器的单位是 mg/mL，质量型检测器的单位是 g/s。

D 的物理意义指每毫升载气中含有恰好能产生 2 倍于噪声信号的溶质质量（mg）。

灵敏度与检测限是两个从不同角度表示检测器对样品敏感程度的指标。灵敏度越高，检测限越低，检测器的性能越好。习惯上浓度型检测器用灵敏度表示，如热导检测器的 $S \geqslant$

$1000\,mV \cdot mL/mg$；质量型检测器用检测限表示，如氢焰检测器的检测限 $D \leqslant 10^{-10}\,g/s$。

4. 响应时间

检测器的响应时间用检测器的时间常数表示。从组分进入检测器到响应出 63% 的信号

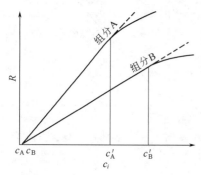

图 10-13 线性范围 $R\text{-}c_i$ 关系图

所需的时间，称为检测器的时间常数，通常为几十至几百毫秒。显然，检测器的时间常数越小，响应速度越快，检测器的性能越好。

5. 线性范围

线性范围是指试样量与响应信号之间保持线性关系的范围，用最大进样量与最小检出量的比值表示，范围越大，越有利于准确定量。

图 10-13 为某检测器对两种组分的 $R\text{-}c_i$ 图。R 为检测器响应值，c_i 为进样浓度。对于组分 A 进样浓度在 $c_A \sim c_A'$ 之间为线性，线性范围为 c_A'/c_A；对于组分 B 则在 $c_B \sim c_B'$ 之间为线性，线性范围为 c_B'/c_B。

不同组分的线性范围不同。不同类型检测器的线性范围差别也很大。如氢焰检测器的线性范围可达 10^7，热导检测器则在 10^5 左右。

三、气相色谱常用的检测器

1. 热导检测器（TCD）

热导检测器是发展最早、最成熟的检测器。它的优点是：对所有物质都有响应，结构简单，性能稳定可靠，价格低廉，经久耐用，可与其他检测器串联使用。近年来，随着色谱技术的飞速发展，热导检测器的性能也在不断改进，池体积更小，灵敏度更高，不仅用于填充柱，也能用于毛细管柱，因此热导检测器是应用最广泛的检测器。

（1）热导池的结构

热导检测器是由镶在池体中的热敏元件和测量电路组成的。如图 10-14 所示（双臂热导池用于单柱单气路，四臂热导池用于双柱双气路），在金属池体上凿两个相似的孔道，里面各放一根长短、粗细和电阻值相等的钨丝（$R_1 = R_2$），钨丝是一种热敏元件，其阻值随温度的变化而灵敏地变化。如果将 R_1、R_2 接入惠斯通电桥，即可用于气相色谱检测。

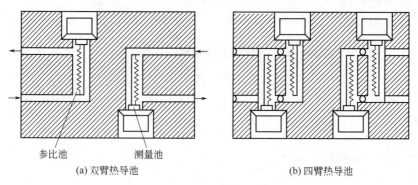

（a）双臂热导池　　　　　　　　　　（b）四臂热导池

图 10-14 热导池结构示意图

（2）热导检测器的工作原理

热导池的测量电路是惠斯通电桥，如图 10-15 所示。用四根阻值完全相同的热丝组成惠斯通电桥的 4 个臂，将 R_1 和 R_3 接入热导池的同一池腔，称为测量臂；将 R_2 和 R_4 接入

热导池的另一池腔，称为参比臂。当电桥接通时，有电流通过钨丝，钨丝被加热，其温度升高，钨丝的电阻值也就增加到一定值（一般金属丝的电阻值随温度升高而增加），由于测量池和参比池都只有载气通过，热导率相同，钨丝产生的热量与载气带走的热量相等，热丝的温度稳定，4 个桥臂的电阻相等（即 $R_1R_3 = R_2R_4$），处于平衡状态，此时 C、D 两端的电位相等，$\Delta E_{CD} = 0$，没有信号输出，电位差计记录的是基线。

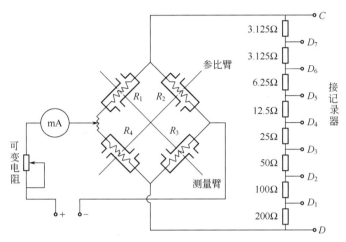

图 10-15 四臂热导池测量电桥

当测量池有样品组分通过时，由于被测组分与载气组成的二元热导率与纯载气不同，使测量池中钨丝散热情况发生变化，导致测量池中钨丝温度和电阻值的改变，与只通过纯载气的参比池内的钨丝的电阻值之间有了差异，致使 $R_1R_3 \neq R_2R_4$，于是电桥失去平衡，C、D 之间产生不平衡电位差，$\Delta E_{CD} \neq 0$，就有信号输出。此信号经衰减后，由记录仪记录下来就是色谱峰。

（3）影响热导检测器灵敏度的因素

① 桥路电流。电流增加，使钨丝温度提高，钨丝和热导池体的温差加大，气体就容易将热量传出去，灵敏度就提高，$S \propto I^3$；但电流不能太大，否则，噪声加大，基线不稳，数据的精密度降低，甚至钨丝被烧坏。通常用 H_2 或 He 作载气时，桥路电流可选 $150 \sim 200mA$；用 N_2 或 Ar 作载气时，桥路电流应选 $80 \sim 120mA$。在满足灵敏度的要求时，尽量选择较低的桥路电流。

② 热导池体的温度。当桥路电流一定时，钨丝温度一定。池体与钨丝的温差越大，灵敏度越高，显然池体温度越低越好，但不能低于柱温，否则，被测组分可能在检测器内凝聚。

③ 载气。载气与试样的热导率相差愈大，则灵敏度愈高。表 10-5 列出几种常见气体的相对热导率。由表可见，热导率最大的是 H_2 和 He，其余物质的相对热导率都小很多。因此用热导检测器时，最好用 H_2 或 He 作载气，这时载气与样品组分间热导率的差值大，热导池的响应灵敏度高。

④ 热敏元件的阻值。选择阻值高、电阻温度系数较大的热敏元件（钨丝、铼钨丝等），当温度有一些变化时，就能引起电阻明显变化，灵敏度就高。

（4）热导检测器的操作注意事项

① 开机时先送载气，将气路中的空气置换干净后，再送桥电流，防止热丝氧化。关机时要先关桥电流，待热丝冷却后再关载气。

表 10-5　常见气体的相对热导率

名称	相对热导率（He 为 100）	名称	相对热导率（He 为 100）	名称	相对热导率（He 为 100）
氦	100.0	乙炔	16.3	甲烷	26.2
氮	18.0	甲醇	13.2	丙烷	15.1
空气	18.0	丙酮	10.1	乙烯	17.8
一氧化碳	17.3	四氯化碳	5.3	苯	10.6
氨	18.8	二氯甲烷	6.5	乙醇	12.7
乙烷	17.5	氢	123.0	乙酸乙酯	9.8
正丁烷	13.5	氧	18.3	氯仿	6.0
异丁烷	13.9	氩	12.5		
环己烷	10.3	二氧化碳	12.7		

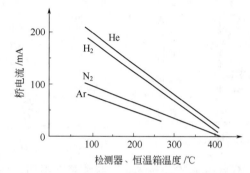

图 10-16　TCD 的最高桥电流关系曲线

② 根据载气种类和检测室温度，选择桥电流，如图 10-16 所示。

③ 更换进样口胶垫、载气钢瓶或色谱柱时，一定要关闭桥电流。

④ 检测室温度应比柱温高 20～30℃，防止样品组分在热导池中冷凝。

⑤ 为减小噪声和漂移，应严格控制检测室温度和载气流速的稳定。

2. 氢火焰离子化检测器（FID）

氢火焰离子化检测器简称氢焰检测器。它是以氢气和空气燃烧的火焰作为能源，利用含碳有机物在火焰中燃烧产生离子，在外加电场的作用下，使离子形成离子流，根据离子流产生的电信号强度，检测被色谱柱分离出的组分。其特点是灵敏度很高，比热导检测器的灵敏度高约 10^3 倍；对几乎所有的有机物都有响应，特别是对烃类的灵敏度特别高，检测限可达 10^{-12} g/s；线性范围宽，可达 10^6 以上；死体积小，响应速度快；结构简单，操作方便。

缺点是不能检测永久性气体、水、一氧化碳、二氧化碳、氮的氧化物、硫化氢等无机物质。FID 是目前应用广泛的色谱检测器之一。

（1）氢焰检测器的结构

氢焰检测器的结构示意图见图 10-17。氢焰检测器的主要部分是一个离子室。由于样品组分在这里进行离子化，习惯上也称离子头。离子室通常用不锈钢作外壳，将喷嘴、点火线圈、一对电极（极化极和收集极）密封在里面，底部有进气口，顶部有出气口。被测组分被载气携带，从色谱柱流出，与氢气混合一起进入离子室，由毛细管喷嘴喷出。氢气在空气的助燃下经引燃后进行燃烧，以燃烧所产生的高温（约 2100℃）火焰为能源，使被测有机物组分电离成正负离子。产生的离子在收集极和极化极（在两极之间加有 150～300V 的极化电压）的外电场作用下定向运动形成电流。收集极收集这微弱的电流，放大后记录下来就是色谱峰。

（2）氢焰检测器的工作原理

氢焰检测器的响应机理是化学电离。有机物在火焰中先

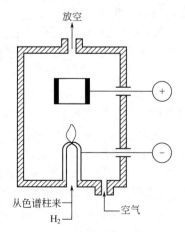

图 10-17　氢火焰离子化检测器离子室

形成自由基，然后与氧产生正离子，再同水反应生成 H_3^+O。如苯在火焰中裂解成自由基：

$$C_6H_6 \longrightarrow 6CH \cdot （自由基）$$

然后进入反应层，与外面扩散进来的激发态原子或分子氧 O_2 发生氧化反应，生成 CHO^+，并释放出电子：

$$2CH \cdot + O_2 \longrightarrow 2CHO^+ + 2e$$

形成的 CHO^+ 与火焰中的大量水蒸气碰撞发生分子-离子反应，产生 H_3^+O：

$$CHO^+ + H_2O \longrightarrow CO + H_3^+O$$

化学电离产生的正负离子（如 H_3^+O、CHO^+）和电子（e）在外加 150～300V 直流电场作用下向两极移动而产生微弱的离子流，被收集极接收经放大后，记下色谱信号。多数收集极接极化电压的负极，接收正离子。如果给收集极加上相反的电压，也可以收集带相反电荷的离子。

（3）影响氢焰检测器灵敏度的因素

① 收集极与极化极间的距离。收集极与极化极间的距离小时灵敏度高，同时噪声也大；距离太大，则灵敏度降低。

② 极化电压的高低。极化电压低时离子流收集不完全，使灵敏度降低，一般选±(100～300)V 之间。

③ 气体流量。当氮气作载气时，N_2 与 H_2 的比值（氮氢比）对灵敏度的影响很大。当氮氢比为 1 时，灵敏度最高，但此时线性范围比较窄；当氮氢比小于 1 时，线性范围变宽。空气是助燃气，空气流量小时供氧不足，灵敏度低；流量过大时，火焰不稳，噪声大。一般氢气与氮气流量之比为 (1:1)～(1:1.5)，氢气与空气流量之比为 1:10。

④ 检测室温度。检测室温度应控制在 120℃ 以上。因为燃烧时产生大量的水蒸气，若检测室温度低于 80℃，则水蒸气冷凝将使灵敏度降低。

（4）氢焰检测器的操作注意事项

① 经常检查气体流量，控制好配比，保持检测器的灵敏度和线性范围稳定。

② 离子室的水蒸气要及时排除，因为水蒸气冷凝，可引起收集极与极化极间漏电，检测器无法工作。

③ 离子室内的喷嘴、收集极要定期清洗，防止污染和堵塞。

④ 防止氢气泄漏，如氢气漏进柱箱中，可能引起爆炸。因此在检测室温度稳定后，开氢气要立即点火，并经常检查以防止熄火，不用时及时关闭氢气阀门。

3. 电子捕获检测器（ECD）

电子捕获检测器是高灵敏度、高选择性的浓度型检测器。它对能捕获电子的化合物，如卤代烃，含 N、O、S 等杂原子的化合物有很高的灵敏度，而对其他化合物的灵敏度则很低。由于它的灵敏度高、选择性好，因此广泛应用于环境污染监测、痕量农药的检测等。

（1）电子捕获检测器的结构

ECD 的结构如图 10-18 所示。在检测器的池体内有一圆筒状 β 放射源作为负极，以不锈钢棒作为正极。最常用的放射源是 ^{63}Ni，它们能放出 β 射线，即高速电子流。正、负电极间加以直流脉冲电压，正极上收集到的微弱电流经放大器放大、转换后即得到与样品组分浓度有关的色谱信号。

（2）电子捕获检测器的工作原理

当载气（一般为高纯 N_2）进入检测器时，池体内的放射源不断放出具有一定能量的电子，在放射源发射的 β 射线作用下，载气 N_2 的分子与电子碰撞后发生电离，产生正离子和

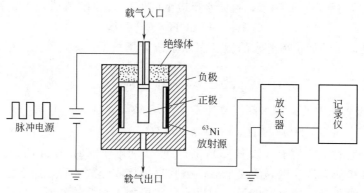

图 10-18　电子捕获检测器的结构

低能量电子：

$$N_2 \xrightarrow{\beta射线} N_2^+ + e$$

　　电离后的正离子在电场作用下移向负极，电子移向正极。由于电子移动速度快，被带正电的收集极全部接收，形成恒定的电流即为基流（10^{-8} A）。

　　当自色谱柱流出的具有电负性的 AB 组分进入检测器时，它就会捕获检测器中的电子形成负离子并放出能量：

$$AB + e \longrightarrow AB^- + E$$

电子捕获反应中生成的负离子 AB^- 立即与载气电离成的正离子 N_2^+ 碰撞复合生成中性分子：

$$AB^- + N_2^+ \longrightarrow AB + N_2$$

　　由于电子捕获和正负离子的复合，使电极间电子数和离子数目减少，其结果导致基流下降，产生了组分的检测信号。由于被测组分捕获电子后降低了基流，因此产生的电信号是负峰（如图 10-19 所示），此信号的大小与组分的浓度成正比，浓度越大，负峰越大。实际过程中，常通过改变极性方法使负峰成为正峰。

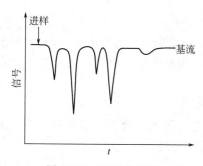

图 10-19　ECD 色谱图

　　（3）影响电子捕获检测器灵敏度的因素

　　① 载气种类。H_2、N_2 均可用作电子捕获检测器的载气。最常用的载气是高纯 N_2，因为载气中若含有微量 O_2、H_2O 等杂质，它们能大量捕获电子，使基流降低，从而降低检测器的灵敏度。如果检测器的放射源是氚，绝不许用 H_2 作载气，因为它能缩短检测器的寿命。

　　② 极化电压。检测室的极化电压采用脉冲直流供电。在色谱仪中，脉冲宽度与脉冲幅度都已固定，可调的只有脉冲周期，脉冲周期对检测器的响应值和基流都有影响。脉冲周期越长，组分分子捕获电子的机会越多，峰高响应值增大，但是，收集极捕获电子的机会减少，导致基流降低。所以在实际工作中，应当两者兼顾。

　　③ 检测器温度。检测器温度对响应值有明显的影响。当采用 ^3H 作放射源时，检测器温度≤220℃；当采用 ^{63}Ni 作放射源时，检测器温度可达 400℃。对检测器的控温精度要求也比较高，温度波动应小于±(0.1～0.3)℃。

　　（4）电子捕获检测器的操作注意事项

　　① 电子捕获检测器是灵敏度非常高的检测器，不仅要求气路系统非常清洁干净、使用

高纯载气，而且要求色谱柱要用低配比的耐高温固定相或键合固定相，使用较低的柱温，防止固定液流失。因为固定液流失将会使基流降低，尤其是对含卤素原子较多的固定液影响更大。

② 电子捕获检测器的线性范围比较小，要注意选择进样量。当样品浓度高时，应适当稀释后再进样。

③ ^{63}Ni 是放射源，必须严格执行放射源使用、存放管理条例。拆卸、清洗应由专业人员进行。尾气必须排放到室外，严禁检测器超温。

4. 火焰光度检测器（FPD）

火焰光度检测器是高灵敏度、高选择性的检测器，专门用于含磷、硫化合物的检测。检出限可达磷 $1 \times 10^{-12} g/s$、硫 $1 \times 10^{-11} g/s$。这种检测器多用于环境监测以及农副产品、水中的毫微克级有机磷和有机硫农药残留量的测定。

（1）火焰光度检测器的结构

火焰光度检测器由燃烧室和光电系统两部分构成。燃烧室部分包括火焰喷嘴、遮光槽、点火器等。光电部分包括石英窗、滤光片和光电倍增管，如图 10-20 所示。燃烧室的喷嘴是两个同轴的圆孔，载气携带样品与空气混合后从内孔喷出，过量氢从环形的外孔喷出，点燃后产生光亮、稳定的富氢火焰。硫、磷燃烧后产生的特征光通过石英窗和滤光片，照射到光电倍增管的阴极。经过多个倍增电极，能将微弱的光电流放大 $10^5 \sim 10^8$ 倍，此电流再经放大器放大，由记录仪记录色谱峰。

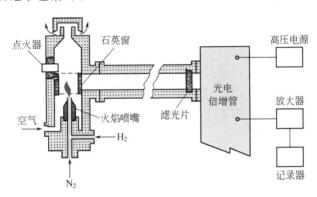

图 10-20　FPD 结构示意图

（2）火焰光度检测器的工作原理

含硫或磷的有机化合物在富氢火焰中燃烧时，硫、磷被激发而发射出特征波长的光谱。当含硫化合物进入火焰，形成激发态的 S_2^* 分子，S_2^* 再回到基态 S_2 时发射出 $350 \sim 430nm$ 的蓝紫色光，其最大吸收波长为 394nm。含磷化合物在火焰中形成激发态的 HPO^* 分子，它回到基态时发出 $480 \sim 560nm$ 的绿色光，最大吸收波长为 526nm。这两种特征光的光强度与被测组分的含量成正比。特征光经滤光片（P 用 526nm 滤光片，S 用 394nm 滤光片）滤光，再由光电倍增管进行光电转换后，产生相应的光电流。经放大器放大，由记录仪记录相应的色谱峰。

（3）影响火焰光度检测器灵敏度的因素

① 气体流速。在 FPD 中常用空气、氢气和载气。O_2/H_2 比值对灵敏度的影响很大，它决定了火焰的性质和温度，而且对不同类型检测器的影响也不同，应当通过实验来选择最佳的 O_2/H_2 比值。

实验表明，FPD 载气最好用 H_2，其次是 He，不要用 N_2。这是因为 H_2 作载气在相当大范围内，响应值随流速增加而增大；若用 N_2 作载气，FPD 对 S 的响应值随流速增加而减小。因此，最佳载气流速应通过实验方法来确定。

② 检测器温度。检测器温度对测磷影响不大，对测硫影响较大。温度高时灵敏度下降，温度较低时响应的灵敏度提高。实际过程中，检测器温度应大于 100℃，目的是防止 H_2 燃烧生成的水蒸气冷凝在检测器中而增大噪声。

（4）操作条件及注意事项

① 由于 FPD 对硫是非线性响应，而且不同类型化合物的摩尔响应值或质量响应值也不同，因此测定硫时应当用与被测组分相同的标样，在相同的条件下测定，以减小测定误差。

② 当不含硫、磷的化合物与含硫、磷的化合物同时进入燃烧室时，常常出现硫磷响应值下降或完全消失的现象（猝灭现象）。遇到此情况时可将含硫组分与其他组分分离后再进行测定，就可以避免猝灭现象。

第六节　气相色谱定性和定量分析

色谱定性分析就是确定通过色谱分离后，所获得一系列未知的色谱峰所代表的是何种物质。色谱定量分析就是确定各组分在试样中的含量。

一、气相色谱定性分析

1. 保留值定性

保留值是组分在固定相中各保留参数的总称，包括保留时间、保留体积、记录纸上的保留距离以及由此计算出来的相对保留值、保留指数、比保留体积等。这些保留值都与组分的化学结构、物理化学性质有关，在一定条件下，可以通过这些保留值来定性。为使所获鉴定结果准确可靠，往往要采用几种方法同时进行对照。不能简单地认为保留值相同的就是同一种物质。

（1）利用纯物质对照定性

在一定的色谱条件下，一种物质只有一个确定的保留时间。因此可以取纯物质进样记下保留时间，在相同色谱条件下与未知物的保留时间进行直接比较，就可以定性鉴定未知物。若二者相同，则未知物可能是已知的纯物质；若不同，则未知物就不是该纯物质。

纯物质对照法定性只适用于组分性质已有所了解、组成比较简单且有纯物质的未知物。

（2）加入已知物增加峰高法

当未知样品中组分较多，所得色谱峰过密，用上述方法不易辨认时，或仅作未知样品指定项目分析时均可用此法。首先做出未知样品的色谱图，然后在未知样品中加入少量某已知物，又得到一个色谱图。如果未知组分的峰高增加，保留时间与峰形不变，可以初步确定未知组分与已知物是同一物质。

（3）利用相对保留值 r_{is} 定性

相对保留值 r_{is} 仅与柱温和固定液性质有关，与其他操作条件无关。所以用它来定性可得到较可靠的结果。测定方法是在某一固定相及柱温下，分别测出组分 i 和基准物质 s 的调整保留值，再按式(10-1) 计算出相对保留值。

通常选择容易得到纯品，而且与被分析组分性质相近的物质作基准物质，如正丁烷、环己烷、正戊烷、苯、环己醇等。

在色谱手册中列有各种物质在不同固定液上的相对保留数据，用已求出的相对保留值与文献相应值比较也可定性。

（4）双柱（或多柱）定性

不同物质在同一色谱柱上可能具有相同的保留值。采用两根（或多根）性质不同的色谱柱做色谱实验，观察未知物与纯物质的保留值是否总是相同，即可得出可靠的定性结果。

（5）保留指数定性

保留指数是一种重现性较好的定性参数，是目前使用最广泛并被国际上公认的定性指标。

保留指数 I 也是一种相对保留值，它是把正构烷烃中某两个组分的调整保留值的对数作为相对的尺度，并规定正构烷烃的保留指数均为其碳原子数乘以 100（$n \times 100$）。例如，正戊烷、正己烷、正庚烷的保留指数分别为 500、600、700。某物质 X 的保留指数 I_X 可由下式计算而得：

$$I_X = 100 \times \left[Z + n \times \frac{\lg t'_{R(X)} - \lg t'_{R(Z)}}{\lg t'_{R(Z+n)} - \lg t'_{R(Z)}} \right] \tag{10-19}$$

式中，$t'_{R(X)}$、$t'_{R(Z)}$、$t'_{R(Z+n)}$ 分别代表 X 和具有 Z 及 $Z+n$ 个碳原子数的正构烷烃的调整保留时间（也可用调整保留体积）；n 为两个正构烷烃的碳原子差值；X 为被测物质；Z、$Z+n$ 代表具有 Z 个和 $Z+n$ 个碳原子数的正构烷烃。被测物质的 X 值应恰在这两个正构烷烃的 X 值之间，即 $X_Z < X_X < X_{Z+n}$。因此，欲求某物质的保留指数，只要与相邻的正构烷烃混合在一起（或分别地），在给定条件下进行色谱实验，就可按式(10-19)计算其指数 I_X。

测出组分的保留指数 I，再查阅文献上的保留指数 I 进行对照定性。

【例 10-4】 实验测得某组分的调整保留时间以记录纸距离表示为 310.0mm，又测得正庚烷和正辛烷的保留时间分别为 174.0mm 和 373.4mm。计算此组分的保留指数。色谱条件：阿皮松 L 柱，柱温 100℃。

解 已知 $t'_{R(X)} = 310.0$mm，$t'_{R(Z)} = 174.0$mm，$t'_{R(Z+n)} = 373.4$mm，$Z = 7$，$Z+n = 8$，$n = 8-7 = 1$，则：

$$I_X = 100 \times \left[7 + 1 \times \left(\frac{\lg 310.0 - \lg 174.0}{\lg 373.4 - \lg 174.0} \right) \right] = 775.6$$

从文献上查得，在该色谱条件下，$I_{乙酸乙酯} = 775.6$，再用纯乙酸乙酯进行对照实验，确定该组分是乙酸乙酯。

保留指数的物理意义在于：它是与被测物质具有相同调整保留时间的假想的正构烷烃的碳数乘以 100。保留指数仅与固定相的性质、柱温有关，与色谱条件无关，其准确度和重现性都很好，而且不同实验室间测定结果的重现性好，精度可达 ±0.1 个指数单位，因此定性的可靠性较高。只要柱温与固定相相同，就可应用文献值进行鉴定，而不必用纯物质相对照。

需要注意的问题是，一定要用文献上给出的色谱条件来分析未知物，并计算保留指数，再与文献值比较，给出定性结果；如果分析条件不同，测试结果就没有可比性。

2. 与其他方法配合定性

近年来出现的色谱-质谱、色谱-红外等联用技术，既利用了色谱的高效分离能力，又利用了质谱、光谱的高鉴定能力，加上计算机对数据的快速处理和检索，为结构复杂的化合物定性创造了方便条件，特别是给未知化合物的定性分析打开了一个广阔的前景。

（1）色谱-质谱联机

样品分子在质谱仪的离子源内被电离成各种离子，这些离子在质量分析器中按质荷比 m/z（离子质量与所带电荷之比）分离，然后被质量检测器接收并记录下来，得到一个按离子质荷比顺序排列的谱图，称为质谱图。质谱图的横坐标是离子质荷比 m/z，当离子的电荷数为 1 时，即是该离子的质量数；纵坐标是响应强度，用相对丰度表示，即该离子的相对含量。

从质谱图上能得到许多有关定性的信息：根据分子离子峰可以确定化合物的分子量；根据碎片离子可以推断组成化合物的各基团；根据同位素的相对丰度比可以推断化合物的元素组成等。因此质谱是定性的有效手段。

由于色谱仪在常压下工作，而质谱仪却在高真空（$10^{-6} \sim 10^{-4}$Pa）下工作，如何将两种仪器连接起来是关键。要把两种仪器连接起来，必须通过一个专门的接口实现。接口的任务是把分离后的组分全部送到离子源内，同时还要保证质谱所需的真空度。毛细管柱的载气流量小（$1 \sim 3$mL/min），对离子源的真空度影响不大，可以直接插入离子源；填充柱的载气流量较大（$20 \sim 40$mL/min），为保证离子源真空度的稳定，需要用分子分离器将大部分载气与样品组分分离后，再接入离子源。关于更多更详细的内容，请参阅有关专著。

（2）色谱-红外联机

红外光谱仪是让光源发出的红外光通过样品，样品分子的各种振动吸收不同波长的光，吸收后的光通过单色器分光后，被检测器接收，记录下不同波长的吸收曲线，即红外光谱图。横坐标为波长（$2.5 \sim 50 \mu$m）或用波数（$4000 \sim 200$cm^{-1}）表示；纵坐标是吸收峰的强度，用%表示。每种基团都有特征的吸收波长，因此每种化合物都有自己的红外光谱图。根据吸收峰的波长和相对强度，可以判断分子中的各类基团，从而确定其分子结构。

色谱仪与红外光谱仪可以直接相连。这是由于色谱仪所用的载气 N$_2$ 在红外光区吸收很小，对样品的影响可以忽略。色谱仪与红外光谱仪的接口是一个内壁镀金的光管，光管的两端有 KBr 制成的光窗，能透过红外光，光管的侧面有载气的进口和出口，色谱柱出来的组分直接进入光管吸收某一波长的光，再经过单色器后，被检测系统接收并记录。

（3）与选择型检测器联用

如前所述，某些检测器具有很好的选择性甚至专用性，通过这些选择型检测器，能确定被测组分的类型。如果被测组分在 ECD 上的响应值比 TCD 大许多倍，可以肯定被测组分是含有电负性原子的化合物；如果再用 FPD 检测器，在测硫的波长 394nm 处有明显的响应，那么被测组分应当是含硫的化合物。

二、气相色谱定量方法

定量分析的任务是求出样品混合物中各组分的百分含量。色谱定量分析的依据是：在一定操作条件下，分析组分 i 的质量（m_i）或浓度与检测器的响应信号（色谱图上表现为峰面积 A_i 或峰高 h_i）成正比，可写作：

$$m_i = f_i A_i \quad \text{或} \quad m_i = f_i h_i \tag{10-20}$$

式中　m_i——组分 i 的质量；

　　　f_i——组分 i 的绝对校正因子；

　　　A_i——组分 i 的峰面积；

　　　h_i——组分 i 的峰高。

由式（10-20）可见，在色谱定量分析中需要解决三个问题：准确测量峰面积或峰高；确

定绝对校正因子 f_i（又称为比例常数）；根据式（10-20）正确选用定量计算方法，将峰面积换算为试样组分的含量。下面分别进行讨论。

1. 峰面积测量法

（1）峰高乘半高峰宽法

此法将色谱峰近似看作一个等腰三角形，根据等腰三角形的面积计算方法，可近似认为峰面积等于峰高乘以半高峰宽，即：

$$A = h W_{h/2} \tag{10-21}$$

这样测得峰面积为实际峰面积的 0.94 倍，因此，实际峰面积应为：

$$A_{实际} = 1.065 h W_{h/2} \tag{10-22}$$

此法适应于对称峰，即呈高斯分布的情况；但对于不对称峰，峰形窄或很小时，由于 $W_{h/2}$ 测量误差较大，故不能用此法。

（2）峰高乘平均峰宽法

对于不对称峰的测量如仍用峰高乘以半高峰宽，则误差较大，因此采用峰高乘平均峰宽法。

$$A = h \times \frac{W_{0.15} + W_{0.85}}{2} \tag{10-23}$$

式中，$W_{0.15}$ 和 $W_{0.85}$ 分别为峰高 0.15 倍和 0.85 倍处的峰宽。此法对于不对称峰可得到较准确的结果。

（3）用峰高表示峰面积

当操作条件稳定不变时，在一定的进样量范围内，对称峰的半高峰宽不变。这种情况下可用峰高 h 代替峰面积 A 进行定量分析。该法适用于试样中微量组分的测定，常用于工厂控制分析。

（4）积分仪

现代的色谱仪一般都配有自动积分仪，可自动测量出曲线所包含的面积，精度可达 $0.2\% \sim 2\%$。不管峰形是否对称，均可得到较准确的结果。

2. 校正因子与响应值

色谱定量分析的依据是被测组分的量与其峰面积成正比。但是峰面积的大小不仅取决于组分的质量，而且还与它的性质有关。即当两个质量相同的不同组分在相同条件下使用同一检测器进行测定时，所得的峰面积却不相同。因此不能直接应用峰面积计算组分含量。为了使峰面积能真实反映出物质的质量，就要对峰面积进行校正，所以在定量计算时引入校正因子。

（1）校正因子

校正因子分为绝对校正因子和相对校正因子。绝对校正因子（$f_i = m_i/A_i$）表示单位峰面积所代表的组分 i 的进样量。由于受到实验技术的限制，绝对校正因子不易准确测定。因此，在实际工作中常用相对校正因子（f_i'），即某组分的绝对校正因子（f_i）与一种基准物的绝对校正因子（f_s）之比。

$$f_i' = \frac{f_i}{f_s} = \frac{m_i/A_i}{m_s/A_s} = \frac{m_i A_s}{m_s A_i} \tag{10-24}$$

式中　A_i，A_s——分别为组分 i 和基准物 s 的峰面积；

m_i，m_s——分别为组分 i 和基准物 s 的质量。

当 m_i、m_s 用质量表示时，所得相对校正因子称为相对质量校正因子，用 f_m' 表示；当

m_i、m_s 用物质的量（单位为 mol）表示时，所得相对校正因子称为相对摩尔校正因子，用 f'_M 表示。

由于相对校正因子仅与检测器类型和标准物质有关，而与操作条件无关，因而具有一定的通用性。各种物质的相对校正因子可由文献查阅。本书附录 5 和附录 6 分别列出了文献上发表的一些物质相对响应值和相对校正因子数据。这些数据都是以苯作基准物测定出来的。附录 5 适用于以氢气或氦气作载气的热导检测器；附录 6 适用于氢焰检测器。因此，f' 值可自文献中查出引用。若文献中查不到所需的 f' 值，也可以自己测定。测定时首先准确称取一定量待测组分的纯物质（m_i）和基准物（m_s），混匀后进样（m_i/m_s 一定），分别测量出相应的峰面积 A_i、A_s，根据式(10-24)即可求出组分 i 的相对校正因子 f'_i。

（2）响应值

响应值是被测组分通过检测器时产生的相应信号强度（峰高或峰面积），可以用来表示检测器的灵敏度。

① 绝对响应值 S 表示单位量被测组分通过检测器时产生的信号强度，也称为绝对灵敏度。显然，响应值与校正因子是互为倒数的关系。

② 相对响应值 S' 为被测组分 i 与基准物质 s 的绝对响应值之比。在采用相同的单位时，S' 和 f' 之间是倒数关系。

$$S' = \frac{1}{f'} \tag{10-25}$$

3. 常用的定量方法

（1）归一化法

把所有出峰的组分含量之和按 100% 计的定量方法称为归一化法。用归一化法定量时要用峰面积，不适合用峰高。假设试样中有 n 个组分，每个组分的质量分别为 m_1、m_2、…、m_n，各组分含量的总和 m 为 100%，其中组分 i 的质量分数 w_i 可按下式计算：

$$w_i = \frac{m_i}{m} \times 100\% = \frac{m_i}{m_1 + m_2 + \cdots + m_n} \times 100\%$$

$$= \frac{f'_i A_i}{f'_1 A_1 + f'_2 A_2 + \cdots + f'_n A_n} \times 100\% \tag{10-26}$$

式中　　　　　w_i——试样中组分 i 的质量分数；

m_1，m_2，…，m_n——各组分的质量；

A_1，A_2，…，A_n——各组分的峰面积；

f'_1，f'_2，…，f'_n——各组分的相对质量校正因子；

m_i，A_i，f'_i——试样中组分 i 的质量、峰面积和相对质量校正因子。

对于气体试样，可代入各组分的相对摩尔校正因子（f'_M），按式(10-26)的形式求出试样中各组分的体积分数（φ）。

若各组分的 f 值近似或相同，例如同系物中沸点接近的各组分，则式（10-26）可简化为：

$$w_i = \frac{A_i}{A_1 + A_2 + \cdots + A_n} \times 100\% \tag{10-27}$$

归一化法的优点是简单、准确，操作条件（如进样量、流速等）变化时对定量结果影响不大。但此法在实际工作中仍有一些限制，例如，样品中所有组分必须全部出峰，某些不需要定量的组分也必须测出其峰面积及 f_i 值。此外，测量低含量尤其是微量杂质时，误差较大。

【例 10-5】 某涂料稀释剂由丙酮、甲苯和乙酸正丁酯组成。利用气相色谱（TCD 检测）分析得到各组分的峰面积为 $A_{丙酮}=1.65\text{cm}^2$、$A_{甲苯}=1.50\text{cm}^2$、$A_{乙酸正丁酯}=3.50\text{cm}^2$。求该试样中各组分的质量分数。

解　由附录 5 查出有关组分在热导检测器上的相对质量校正因子为：

$$f'_{丙酮}=0.87,f'_{甲苯}=1.02,f'_{乙酸正丁酯}=1.10$$

则　　　　　　　　$\sum f'_m A=0.87\times1.65+1.02\times1.50+1.10\times3.50=6.82$

按式(10-26)，试样中各组分的质量分数分别为：

$$w_{丙酮}=\frac{0.87\times1.65}{6.82}\times100\%=21.05\%$$

$$w_{甲苯}=\frac{1.02\times1.50}{6.82}\times100\%=22.43\%$$

$$w_{乙酸正丁酯}=\frac{1.10\times3.50}{6.82}\times100\%=56.45\%$$

答：丙酮、甲苯和乙酸正丁酯的质量分数分别为 21.05%、22.43% 和 56.45%。

（2）内标法

当只需要测定试样中某几个组分，而且试样中所有组分不能完全出峰时，可采用此法定量。

内标法是将一定量的纯物质（试样中没有的一种纯物质——内标物）加入到准确称取的试样中，根据被测组分和内标物的质量及其在色谱图上相应的峰面积比，计算被测组分的含量。

设 m 为称取试样的质量；m_s 为加入内标物的质量；A_i、A_s 分别为待测组分和内标物的峰面积；f_i、f_s 分别为待测组分和内标物的校正因子。

$$\frac{m_i}{m_s}=\frac{f_i A_i}{f_s A_s}$$

则　　　　　　　$w_i=\frac{f'_i A_i}{f'_s A_s}\times\frac{m_s}{m}\times100\%$　　　　　（10-28）

可见，内标法是通过测量内标物及被测组分的峰面积的比值来计算的，故因操作条件变化引起的误差可抵消。内标法不像归一化法有使用上的限制，可得到较准确的结果。

选择合适的内标物是内标法定量的关键。内标物应当是样品中没有的组分；与被测组分性质（如挥发度、化学结构、极性以及溶解度等）比较接近；不与试样发生化学反应；出峰位置应位于被测组分附近，且对其他组分出峰没有影响。

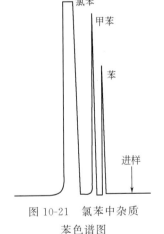

图 10-21　氯苯中杂质苯色谱图

【例 10-6】 测定工业氯苯中的微量杂质苯，以甲苯作内标物。称取氯苯样品 6.320g，加入甲苯 0.0540g。将混合样注入色谱仪（FID 检测）得到图 10-21 的色谱图。求试样中杂质苯的质量分数。

解　由色谱图测量出苯和甲苯的峰高：$h_{苯}=4.80\text{cm}$，$h_{甲苯}=6.40\text{cm}$。由附录 6 查出相对质量校正因子：$f'_{苯}=1.00$，$f'_{甲苯}=1.04$。用峰高代替峰面积，代入式(10-28)，有：

$$w_{苯}=\frac{f'_{苯}h_{苯}}{f'_{甲苯}h_{甲苯}}\times\frac{m_{甲苯}}{m}\times100\%=\frac{1.00\times4.80}{1.04\times6.40}\times\frac{0.0540}{6.320}\times100\%=0.62\%$$

答：试样中杂质苯的质量分数为 0.62%。

（3）工作曲线法与外标法

利用被测组分的纯品配制成一系列不同浓度的标准样品，在一定的色谱条件下，定量进样，测量各标样中被测组分的峰面积 A，以峰面积对被测组分的浓度 c 作图，得到工作曲线。分析试样时，在同样的操作条件下，注入相同体积的试样，根据待测组分的峰面积，在工作曲线上查出其含量。工作曲线应当是一条通过原点的直线，如果不通过原点，说明有系统误差存在，应查找原因加以消除。

外标法也称为直接比较法或单点校正法，它是工作曲线法的一个特例。即配制一个与被测组分含量接近的标准样，分别准确进样，直接比较样品和标准样中被测组分的峰面积。因为进样量相同，校正因子相同，所以峰面积之比等于其含量之比：

$$w_i = \frac{A_i}{A_i'} w_i' \qquad (10\text{-}29)$$

式中　w_i，w_i'——分别为试样和标准样中待测组分的含量；

　　　A_i，A_i'——分别为试样和标准样中待测组分的峰面积。

工作曲线法操作和计算都简便，适用于生产控制分析。但要求每次分析的操作条件和进样量要严格一致，否则将引起误差。当更换色谱柱或操作条件变化时，要重新制作工作曲线。

实验 25　气相色谱仪气路连接、安装和检漏

一、目的与要求

1. 学会连接安装气相色谱仪气路中各部件；
2. 学习气路的检漏和排漏方法；
3. 学会用皂膜流量计测定载气流量。

二、仪器与试剂

气相色谱仪（102-G 型或其他型号），气体钢瓶，减压阀，净化器，色谱柱，聚四氟乙烯管，垫圈，皂膜流量计等。

皂液。

三、实验内容

1. 准备工作

（1）根据所用气体选择减压阀

使用氢气钢瓶选择氢气减压阀（氢气减压阀与钢瓶连接的螺母为左旋螺纹）；使用氮气（N_2）、空气等气体钢瓶，选择氧气减压阀（氧气减压阀与钢瓶连接的螺母为右旋螺纹）。

（2）准备净化器

清洗气体净化器并烘干。分别装入分子筛、硅胶。在气体出口处，塞一段脱脂棉。

2. 连接气路

① 连接钢瓶与减压阀接口。

② 连接减压阀与净化器。

③ 连接净化器与仪器载气接口。

④ 连接色谱柱（柱一头接汽化室，另一头接检测器）。

3. 气路检漏

（1）钢瓶至减压阀间的检漏

关闭钢瓶减压阀上的气体输出节流阀，打开钢瓶总阀门（此时操作者不能面对压力表，应位于压力表右侧），用皂液（洗涤剂饱和溶液）涂在各接头处（钢瓶总阀门开关、减压阀接头、减压阀本身），如有气泡不断涌出，则说明这些接口处有漏气现象。

（2）汽化密封垫圈的检查

检查汽化密封垫圈是否完好，如有问题应更换新垫圈。

（3）气源至色谱柱间的检漏

用垫有橡胶垫的螺帽封死汽化室出口，打开减压阀输出节流阀并调节至输出表压 0.025MPa；打开仪器的载气稳压阀（逆时针方向打开，旋至压力表呈一定值）；用皂液涂各个管接头处，观察是否漏气，若有漏气，必须重新仔细连接。关闭气源，待 30min 后，仪器上压力表指示的压力下降小于 0.005MPa 时，说明汽化室前的气路不漏气；否则，应仔细检查找出漏气处，重新连接，再行试漏。

（4）汽化室至检测器出口间的检漏

接好色谱柱，开启载气，输出压力调在 0.2～0.4MPa。将转子流量计的流速调至最大，再堵死仪器主机左侧载气出口处，若浮子能下降至底，表明该段不漏气；否则再用皂液逐点检查各接头，并排除漏气（或关载气稳压阀，30min 后，仪器上压力表指示的压力下降小于 0.005MPa，说明此段不漏气，反之则漏气）。

4. 转子流量计的校正

① 将皂膜流量计接在仪器的载气排出口（柱出口或检测器出口）。

② 用载气稳压阀调节转子流量计中的转子至某一高度，如 10、20、30、40 等示值处。

③ 轻捏一下胶头，使皂液上升封住支管，产生一个皂膜。

④ 用秒表测量皂膜上升至一定体积所需要的时间。

⑤ 计算与转子流量计转子高度相应的柱后皂膜流量计流量 $F_{皂}$，并记录在下表。

$F_{转}$/(mL/min)	10	20	30	40
$F_{皂}$/(mL/min)				

5. 结束工作

① 关闭气源。

② 关闭高压钢瓶。关闭钢瓶总阀，待压力表指针回零后，再将减压阀关闭（T 形阀杆逆时针方向旋松）。

③ 关闭主机上的载气稳压阀（顺时针旋松）。

④ 填写仪器使用记录，做好实验室整理和清洁工作，并进行安全检查后，方可离开实验室。

四、数据处理

依据实验数据在坐标纸上绘制 $F_{转}$-$F_{皂}$ 校正曲线，并注明载气种类和柱温、室温及大气压力等参数。

五、注意事项

1. 高压气瓶和减压阀螺母一定要匹配，否则可能导致严重事故。

2. 安装减压阀时应先将螺纹凹槽擦净，然后用手旋紧螺母，确定入扣后再用扳手扣紧，所用工具严禁带油。

3. 在恒温箱或其他近高温处的接管，一般用不锈钢管和紫铜垫圈而不用塑料垫圈。

4. 检漏结束应将接头处涂抹的肥皂水擦拭干净，以免管道受损，检漏时氢气尾气应排出室外。

5. 用皂膜流量计测流速时每改变流量计转子高度后，都要等 0.5～1min，然后再测流速值。

六、思考与讨论

1. 为什么要进行气路系统的检漏试验？

2. 如何打开气源？如何关闭气源？

实验 26　乙醇中水分的分析

一、目的与要求

1. 学会用内标法对试样中待测组分进行定量；

2. 掌握热导检测器的操作及液体进样技术；

3. 学会测定峰高校正因子。

二、实验原理

以甲醇作内标物，根据水分和甲醇的质量及其在色谱图上相应的峰高比，计算水分的含量。

三、仪器与试剂

气相色谱仪［仪器操作条件：柱温 90℃；汽化室温度 120℃；热导检测器；检测器温度 120℃；载气（H_2）流速 30mL/min；桥电流 150mA］，10μL 微量注射器，带胶盖的试剂瓶。

GDX-104（60～80 目），无水乙醇，无水甲醇。

色谱柱的制备：将 60～80 目的聚合物固定相 GDX-104 装入 2m 的不锈钢柱，于 150℃ 老化处理数小时。

四、实验内容

1. 标准溶液与试样溶液的配制

（1）标准溶液的配制

取一个带胶盖的试剂瓶洗净、烘干，称量（称准至 0.0001g，下同），用医用注射器加入 3mL 无水乙醇，称量，计算出乙醇的质量；再加入蒸馏水和无水甲醇各约 0.1mL，分别称量，求出瓶内水和甲醇的质量，摇匀备用。

（2）水试样溶液的配制

另取一个带胶盖的干燥洁净的试剂瓶，先称出瓶的质量，用注射器加入 3mL 乙醇试样，注入瓶中，称出瓶＋乙醇的质量，求出乙醇试样的质量。然后再用注射器加入适量（应使甲醇峰高接近试样中水的峰高）无水甲醇（内标物），称量后计算出加入甲醇的质量，摇匀备用。

2. 峰高相对校正因子的测定

待基线稳定后抽洗微量注射器，注入 $5.0\mu L$ 上述配制的标准溶液，分析测定，记录色谱图，测量水和甲醇的峰高。重复操作三次。

3. 乙醇试样的测定

抽洗微量注射器，注入 $5.0\mu L$ 的水试样溶液，分析测定，记录色谱图，测量水和甲醇的峰高。重复操作三次。

4. 结束工作

① 实验结束首先关闭热导检测器桥电流的开关，然后关闭其他电源开关。

② 待柱温降至室温后，关闭氢气钢瓶。

③ 清理实验台面，填写仪器使用记录。

五、数据处理

1. 峰高相对校正因子

$$f'_{水/甲醇} = \frac{m_水 h_{甲醇}}{m_{甲醇} h_水}$$

式中　$m_水$，$m_{甲醇}$——分别为水和甲醇的质量，g；

　　　$h_水$，$h_{甲醇}$——分别为水和甲醇的峰高，mm。

2. 乙醇试样中水的质量分数

$$w_水 = f'_{水/甲醇} \times \frac{h_水}{h_{甲醇}} \times \frac{m_{甲醇}}{m}$$

式中　$f'_{水/甲醇}$——水对甲醇的峰高相对校正因子；

　　　m——乙醇试样的质量，g；

　　　$m_{甲醇}$——加入甲醇的质量，g；

　　$h_水$，$h_{甲醇}$——分别为水和甲醇的峰高，mm。

六、注意事项

1. 注射器使用前应先用丙酮抽洗 5～6 次，然后再用所要吸取的试液抽洗 5～6 次。

2. 无水乙醇、甲醇制备是通过在分析纯试剂中，加入 500℃ 加热处理过的 5A 分子筛，密封放置一日，以除去试剂中的微量水分后获得的。

3. 氢气是一种危险气体，使用过程中一定要按要求操作。

七、思考与讨论

1. 内标法定量有哪些优点？方法的关键是什么？

2. 本实验为什么可以采用峰高定量？

实验 27　苯系物的分析

一、目的与要求

1. 掌握气相色谱仪使用氢焰检测器的操作方法；

2. 了解气相色谱数据处理机的功能和使用操作；

3. 掌握用保留值定性和归一化定量方法。

二、实验原理

邻苯二甲酸二壬酯是一种常用的具有中等极性的固定液，采用邻苯二甲酸二壬酯和有机皂土混合固定相制备的色谱柱在一定的色谱条件下可对一些苯系物进行分离。利用纯物质的保留值进行定性，通过组分的峰面积进行定量。

三、仪器与试剂

气相色谱仪［仪器操作条件：柱温 90℃；汽化室温度 150℃；氢焰检测器；检测器温度 150℃；载气（N₂）流速 40mL/min；氢气流速 40mL/min；空气流速 400mL/min；进样量 0.1μL］，1μL 微量注射器，秒表。

邻苯二甲酸二壬酯，有机皂土，101 白色载体（60～80 目），苯，甲苯，乙苯，对二甲苯，间二甲苯，邻二甲苯。

色谱柱的制备：称取 0.5g 有机皂土于磨口烧瓶中，加入 60mL 苯，接上磨口回流冷凝管，在 90℃水浴上回流 2h。回流期间要摇动烧瓶 3～4 次，使有机皂土分散为淡黄色半透明乳浊液。冷却，再将 0.8g 邻苯二甲酸二壬酯倒入烧瓶中，并以 5mL 苯冲洗烧瓶内壁，继续回流 1h。趁热加入 17g 101 白色载体，充分摇匀后倒入蒸发皿中，在红外灯下烘烤，直至无苯气味为止。然后装入内径 3～4mm、长 3m 的不锈钢柱管中（柱管预先处理好）。将柱子接入仪器，在 100℃温度下通载气老化，直至基线稳定。

四、实验内容

1. 初试

启动仪器，按规定的操作条件调试、点火。待基线稳定后，用微量注射器进试样 0.1μL。记下各色谱峰的保留时间。根据色谱峰的大小选定氢焰检测器的灵敏度和衰减倍数。

2. 定性

根据试样来源，估计出峰组分。在相同的操作条件下，依次进入有关组分纯品 0.05μL，记录保留时间，与试样中各组分的保留时间一一对照定性。

3. 定量

在稳定的仪器操作条件下，重复进样 0.1μL，手工测量各组分的峰面积，并计算分析结果。或者根据初试情况列出归一化法的峰鉴定表，开启色谱数据处理机，按操作程序输入定量方法及有关参数。在稳定的操作条件下，进样并使用数据处理机打印分析结果。重复操作三次。

五、数据处理

试样中各组分的质量分数按下式计算：

$$w_i = \frac{f'_i A_i}{\sum f'_i A_i}$$

式中　A_i——组分 i 的峰面积；

　　　f'_i——组分 i 在氢焰检测器上的相对质量校正因子。

六、注意事项

1. 如果峰信号超出量程以外，样品量可适当减少或者增加衰减倍数。

2. 若峰形过窄，不易测量半高峰宽，可适当加快纸速。

七、思考与讨论

1. 说明气相色谱仪使用氢焰检测器的启动、调试步骤。

2. 本实验若进样量不准确，会不会影响测定结果的准确度？为什么？

3. 本实验用混合固定相的色谱柱分离苯、甲苯、乙苯、对二甲苯、间二甲苯和邻二甲苯时，出峰顺序如何？

思考题与习题

一、简答题

1. 简要说明气相色谱分析的基本原理。

2. 气相色谱仪的基本设备包括哪几部分？各有什么作用？

3. 当下列参数改变时：（1）柱长缩短，（2）固定相改变，（3）流动相流速增加，（4）相比率减小，是否会引起分配系数的改变？为什么？

4. 试以塔板高度 H 作指标，讨论气相色谱操作条件的选择。

5. 试述速率方程式中 A、B/u、Cu 三项的物理意义。$H-u$ 曲线有何用途？曲线的形状主要受哪些因素的影响？

6. 能否根据理论塔板数来判断分离的可能性？为什么？

7. 对载体和固定液的要求分别是什么？

8. 气相色谱仪使用氢焰检测器与使用热导检测器在操作上有何相同和不同之处？

9. 色谱定性的依据是什么？主要有哪些定性方法？

10. 何谓硅烷化载体？它有何优点？

11. 试述"相似相溶"原理应用于固定液选择的合理性及其存在的问题。

12. 试述热导检测器的工作原理。有哪些因素影响热导检测器的灵敏度？

13. 试述氢焰检测器的工作原理。如何考虑其操作条件？

14. 何谓保留指数？应用保留指数作定性指标有什么优点？

15. 色谱定量分析中，为什么要用定量校正因子？在什么条件下可以不用校正因子？

16. 有哪些常用的色谱定量方法？试比较它们的优缺点和使用范围。

17. 什么是相对校正因子和相对响应值？确定其值的方法有哪些？

二、选择题

1. 在气-液色谱固定相中载体的作用是（　　　）。

　　A. 提供大的表面支撑固定液　　　B. 吸附样品　　　C. 分离样品　　　D. 脱附样品

2. 在气-固色谱中各组分在吸附剂上分离的原理是（　　　）。

　　A. 各组分的溶解度不一样　　　B. 各组分电负性不一样

　　C. 各组分颗粒大小不一样　　　D. 各组分的吸附能力不一样

3. 在气相色谱法中，可用作定量的参数是（　　）。

    A. 保留时间　　B. 相对保留值　　　C. 半高峰宽　　D. 峰面积

4. 氢焰检测器的检测依据是（　　）。

    A. 不同溶液的折射率不同　　　　　　B. 被测组分对紫外光的选择性吸收

    C. 有机分子在氢氧焰中发生电离　　　D. 不同气体的热导率不同

5. 热丝型热导检测器的灵敏度随桥流增大而增高，因此在实际操作时应该是（　　）。

    A. 桥电流越大越好　　　　　B. 桥电流越小越好

    C. 选择最高允许桥电流　　　D. 满足灵敏度前提下尽量用小桥电流

6. 在气-液色谱中，色谱柱使用的上限温度取决于（　　）。

    A. 试样中沸点最高组分的沸点　　　B. 试样中沸点最低组分的沸点

    C. 固定液的沸点　　　　　　　　　D. 固定液的最高使用温度

7. 某人用气相色谱测定一有机试样，该试样为纯物质，但用归一化法测定的结果却为含量的 60%，其最可能的原因为（　　）。

    A. 计算错误　　B. 试样分解为多个峰　　　C. 固定液流失　　D. 检测器损坏

8. 选择固定液的基本原则是（　　）原则。

    A. 相似相溶　　B. 极性相同　　C. 官能团相同　　D. 沸点相同

9. 在气-液色谱中，首先流出色谱柱的是（　　）。

    A. 吸附能力小的组分　　B. 脱附能力大的组分

    C. 溶解能力大的组分　　D. 挥发能力大的组分

10. 所谓检测器的线性范围是指（　　）。

    A. 检测曲线呈直线部分的范围

    B. 检测器响应呈线性时，最大允许进样量与最小允许进样量之比

    C. 检测器响应呈线性时，最大允许进样量与最小允许进样量之差

    D. 检测器最大允许进样量与最小检测量之比

11. 色谱峰在色谱图中的位置用（　　）来说明。

    A. 保留值　　B. 峰高值　　C. 峰宽值　　D. 灵敏度

12. 在气相色谱分析中，当用非极性固定液来分离非极性组分时，各组分的出峰顺序是（　　）。

    A. 按质量的大小，质量小的组分先出　　B. 按沸点的大小，沸点小的组分先出

    C. 按极性的大小，极性小的组分先出　　D. 无法确定

13. 影响热导检测器灵敏度的主要因素是（　　）。

    A. 池体温度　　B. 载气速度　　C. 热丝电流　　D. 池体形状

14. 测定废水中苯的含量时，采用气相色谱仪的检测器为（　　）。

    A. FPD　　B. FID　　C. TCD　　D. ECD

15. 下列气相色谱操作条件中，正确的是（　　）。

    A. 载气的热导率尽可能与被测组分的热导率接近

    B. 使最难分离的物质对能很好分离的前提下，尽可能采用较低的柱温

    C. 汽化温度愈高愈好

    D. 检测室温度应低于柱温

三、计算题

1. 在一根 2m 长的色谱柱上，分析一个混合物，得到以下数据：苯、甲苯及乙苯的保

留时间分别为 $1'20''$、$2'2''$ 及 $3'1''$；半高峰宽分别为 0.211cm、0.291cm、0.409cm，已知记录纸速为 1200mm/h，求色谱柱对每种组分的理论塔板数及塔板高度。

2. 分析某种试样时，两个组分的相对保留值 $r_{21}=1.11$，柱的有效塔板高度 $H=1$mm，需要多长的色谱柱才能完全分离？

3. 测得石油裂解气的气相色谱图（前面四个组分为经过衰减 1/4 而得到），经测定得各组分的 f 值并从色谱图量出各组分的峰面积为：

出峰次序	空气	甲烷	二氧化碳	乙烯	乙烷	丙烯	丙烷
峰面积	34	214	4.5	278	77	250	47.3
校正因子 f	0.84	0.74	1.00	1.00	1.05	1.28	1.36

用归一法定量，求各组分的质量分数。

4. 有一试样含甲酸、乙酸、丙酸及水和苯等物质，称取此试样 1.055g。以环己酮作内标，称取环己酮 0.1907g，加到试样中，混合均匀后，吸取此试液 3mL 进样，得到色谱图。从色谱图上测得各组分的峰面积及已知的 S' 值见下表：

参　　数	甲　酸	乙　酸	环　己　酮	丙　酸
峰面积	14.8	72.6	133	42.4
响应值 S'	0.261	0.562	1.00	0.938

求甲酸、乙酸、丙酸的质量分数。

5. 分别取 1μL 不同浓度的苯胺标准溶液，注入色谱仪测得苯胺的峰高见下表。测定水样中苯胺的含量时，先将水样富集 50 倍，取所得浓缩液 1μL 注入色谱仪，测得苯胺的峰高为 2.7cm，已知富集的回收率为 90%。试求水样中苯胺的含量。

苯胺的含量/(mg/mL)	0.02	0.1	0.2	0.3	0.4
苯胺的峰高/cm	0.3	1.7	3.7	5.3	7.3

第十一章　高效液相色谱分析法

学习目标

　　1. 掌握液相色谱法的分离类型及基本原理；

　　2. 了解高效液相色谱仪的组成、结构和操作要点；

　　3. 掌握液相色谱分析的定量方法。

重点与难点

　　1. 液相色谱法的分类；

　　2. 高效液相色谱仪的组成；

　　3. 液相色谱分析的定量方法。

第一节　概　　述

　　古代罗马人在很早以前，将一滴包含混合色素的溶液滴在一块布或一片纸上，随着溶液的展开可以观察到一个个同心圆环的出现，这就是最古老的液相色谱分离技术。液相色谱法最初是用大直径的玻璃管柱在室温和常压下用液位差输送流动相，称为经典液相色谱法。高效液相色谱法（HPLC）是20世纪60年代中后期发展起来的一种新型分离分析技术，它在经典液相色谱基础上，引入了气相色谱的理论，在技术上采用了高压泵、高效固定相和高灵敏度检测器，因而高效液相色谱法具有分析速度快、分离效果好、检测灵敏度高和操作自动化等特点。

一、方法对比

　　1. 高效液相色谱法与经典液相色谱法

　　高效液相色谱法比起经典液相色谱法的最大优点在于高速、高效、高灵敏度、高自动化。

　　经典的液相色谱法，流动相在常压下输送，所用的固定相柱效低，分析周期长。而高效液相色谱配备了高压输液设备，流速最高可达$10^3 cm/min$，塔板数能够达到5000塔板每米（在一根柱中同时分离成分可达100种），采用高灵敏度检测器，可对流出物进行连续检测，因此人们称它为高压、高速、高效或现代液相色谱法。

　　2. 高效液相色谱法与气相色谱法

　　气相色谱法的分析对象只限于气体和在操作温度下能汽化而不分解的物质，对那些挥发性差、热稳定性差的物质以及高分子化合物和极性化合物的分离、分析上遇到了困难。在目前已知的有机化合物中，若事先不通过衍生化等化学方法，只有20%的化合物用气相色谱法可以得到较好的分离。而高效液相色谱法则不受样品挥发度和热稳定性的限制，非常适合分子量较大、难汽化、不易挥发或对热敏感的物质、离子型化合物及高聚物的分离分析，70%~80%的有机物可用HPLC分析。另外，气相色谱使用的流动相是惰性气体，它与组分不发生作用，仅起运载作用。而高效液相色谱法中流动相可选用不同极性的液体，选择余地大，它对组分可产生一定亲和力，并参与固定相对组分作用的激烈竞争。因此，流动相对分离起很大作用，相当于增加了一个控制和改进分离条件的参数，这为选择最佳分离条件又提供了一个有效的途径。

　　总之，高效液相色谱法是吸取了气相色谱与经典液相色谱的优点，并用现代化手段加以改进，因此得到迅猛的发展。目前 HPLC 在有机化学、生化、医学、药物临床、石油、化工、食品卫生、环保监测、商检和法检等方面都有广泛的用途，而在生物和高分子试样的分离和分析中更是有明显优势。

二、液相色谱分离原理及分类

　　和气相色谱一样，液相色谱分离系统也由两相——固定相和流动相组成。液相色谱以液体为流动相，固定相可以是固体或液体（载带在固体表面），被分离混合物由流动相液体推动进入色谱柱。根据各组分在固定相及流动相中的吸附能力、溶解能力、离子交换作用或分子尺寸大小的差异进行分离。液相色谱分离的实质是样品分子在流动相与固定相之间分配作用的不同。

　　按溶质在两相分离过程中的物理化学原理分类，液相色谱可分为液-固吸附色谱、液-液分配色谱、离子交换色谱、体积排阻色谱以及化学键合相色谱等类型，见表 11-1。

表 11-1　按分离过程的物理化学原理分类的各种液相色谱法的比较

类　型	固　定　相	流　动　相	分　离　原　理
液-固吸附色谱	全多孔固体吸附剂	不同极性有机溶剂	吸附与解吸
液-液分配色谱	固定液载带在固相基体上	不同极性有机溶剂和水	溶解与挥发
离子交换色谱	高效微粒离子交换剂	不同 pH 的缓冲溶液	可逆性的离子交换
体积排阻色谱	具有不同孔径的多孔性凝胶	有机溶剂或一定 pH 的缓冲溶液	多孔凝胶的渗透或过滤
化学键合相色谱	多种不同性能的配位体键联在固相基体上	不同 pH 的缓冲溶液，可加入改性剂	具有锁匙结构配合物的可逆性离解

第二节　高效液相色谱仪

　　高效液相色谱仪是实现液相色谱分析的仪器设备，主要由输液系统、进样系统、分离系统和检测器四大部分组成。其中高压输液泵、色谱柱、检测器三个部件是一台高效液相色谱仪的关键部件。有的色谱仪还配有在线脱气机、自动进样器、梯度洗脱装置、预柱或保护柱、柱温控制器等，现代高效液相色谱仪还有微机控制系统，进行自动化仪器控制和数据处理。高效液相色谱仪流程如图 11-1 所示。

　　经过脱气、过滤后的流动相，用高压泵注入色谱柱，待色谱仪系统稳定（即基线平直）后，就可以应用高效液相色谱仪进行样品分析了。用微量注射器把样品注入进样口，样品被流动相带入色谱柱进行分离，分离后的各组分依次流经检测器，最后排入流出液收集器。同时检测器把组

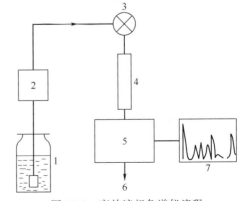

图 11-1　高效液相色谱仪流程
1—贮液瓶；2—高压输液泵；3—进样器；
4—色谱柱；5—检测器；6—废液出口；
7—记录装置

分浓度转变为电信号，被信号记录装置记录下来得到色谱图。

一、输液系统

输液系统主要包括溶剂贮存器、高压输液泵、梯度洗脱装置等。

1. 溶剂贮存器

溶剂贮存器主要用来供给足够数量、符合要求的流动相以完成分析工作。这就要求溶剂贮存器必须有足够的容积，能耐一定的压力，脱气方便，并且要求其材质不能与所选用的流动相发生化学反应。

溶剂贮存器一般由玻璃、不锈钢和聚四氟乙烯制成，容积为 $0.5 \sim 2L$。

溶剂使用前必须脱气，以免在系统内产生气泡，气泡对输液系统、色谱柱以及检测系统都会产生影响。有些仪器带有自动脱气装置，在系统内自动脱气。常用的脱气方法有：超声脱气法、吹氦脱气法、抽真空法和加热法。

2. 高压输液泵

高压输液泵是高效液相色谱仪的重要部件，它将流动相以高压形式连续不断地输入分离系统，使样品在色谱柱中完成分离过程。高压输液泵的好坏直接影响整个高效液相色谱仪的质量和分析结果的可靠性。这就要求它具备流量稳定、无脉冲，输出压力高，流量范围宽，以及密封性能好、耐腐蚀等特点。

高压输液泵按其输液性能可分为恒压泵和恒流泵。恒压泵是保持输出压力恒定，在一般的系统中，由于系统的阻力不变，恒压可达到恒流的效果；但当系统阻力变化时，输出的压力不变，而流量随外界阻力变化而变化。恒流泵则是无论系统的阻力如何变化，都能给出恒定流量。对分析工作而言，目前恒流泵比恒压泵更受欢迎。

3. 梯度洗脱装置

梯度洗脱和气相色谱中的程序升温一样，给色谱分离带来很大的方便。梯度洗脱是通过流动相极性的变化来改变被分离样品的选择因子 α 值和保留时间，从而使分析时间缩短，使所有色谱峰都处于最佳分离状态，而且峰形比较尖锐。

所谓梯度洗脱就是使用两种（或多种）不同极性的溶剂作为流动相，在分离过程中按一定程序连续地改变两种溶剂的浓度配比，从而使流动相的浓度、极性、pH 和离子强度相应地变化，以达到缩短分析时间、提高分离度、改善峰形、提高检测灵敏度的目的。但也常常引起基线漂移和重现性降低。

有两种实现梯度洗脱的装置，即高压梯度装置（又称内梯度）和低压梯度装置（又称外梯度）。低压梯度装置是采用在常压下预先按一定的程序将溶剂混合后再用泵输入色谱柱系统，通过控制流量来获得所需梯度曲线，仅需一台泵即可。这种方法重现性较差，已很少使用。高压梯度装置是将两种溶剂分别用泵输入混合器混合后，再进入色谱柱系统。通过程序控制每台泵的输出量就能获得各种形式的梯度曲线。

二、进样系统

进样系统是将分析样品引入色谱柱的装置，它包括进样口、注射器和进样阀。进样装置要求：密封性好，死体积小，重复性好，保证中心进样，进样时对色谱系统的压力、流量影响小。高效液相色谱仪通常采用进样阀和自动进样装置，一般高效液相色谱分析常用六通进样阀（如图 11-2 所示），大数量样品的常规分析往往需要自动进样装置。

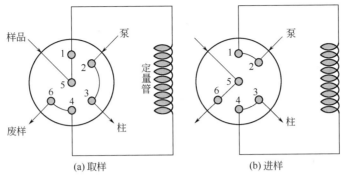

图 11-2　高压六通阀取样和进样示意图

三、分离系统

分离系统包括色谱柱、恒温器和连接管等部件。其中担负分离作用的是色谱柱，色谱柱是色谱系统的心脏。对于色谱柱的要求是柱效高、选择性好、分析速度快等。色谱柱由柱管、压帽、卡套（密封环）、筛板（滤片）、接头、螺丝等组成。柱管多用不锈钢制成，不锈钢柱内壁多经过抛光，也可采用厚壁玻璃或石英管。常规的分析柱内径 2～5mm，柱长 10～30cm，柱形多为直形，内部充满微粒固定相。对于某些复杂样品，还常常在分析柱的入口端装有与分析柱相同固定相的保护柱，以起到保护、延长分析柱寿命的作用。

四、检测器

检测器是高效液相色谱仪的三大关键部件之一。它是连续监测被色谱系统分离后的流出物中样品组成和含量变化的装置。其作用是将柱流出物中样品组成和含量变化转变为电信号。高效液相色谱仪的检测器要求灵敏度高、噪声低（即对温度、流量等外界变化不敏感）、线性范围宽、重复性好和适用范围广。

高效液相色谱仪的检测器很多，按照用途分类，可分为通用型和专属型（又称选择型）。专属型检测器只能检测某些组分，如紫外检测器、荧光检测器，它们只对有紫外吸收或荧光发射的组分有响应。通用型的灵敏度一般比专属型的低。属于通用型检测器的有示差折光检测器、蒸发光散射检测器等，它能连续地测定柱后流出物某些物理参数的变化。通用型检测器测量的是一般物质均具有的性质，它对溶剂和溶质组分均有响应。

按照原理分类可分为光学检测器（如紫外检测器、荧光检测器、示差折光检测器、蒸发光散射检测器）、热学检测器、电化学检测器（如质谱检测器、库仑检测器、安培检测器）、电学检测器等，见表 11-2。

表 11-2　几种常用检测器的基本性能

性　能	紫外检测器	荧光检测器	安培检测器	质谱检测器	蒸发光散射检测器
信号	吸光度	荧光强度	电流	离子流强度	散射光强
噪声	10^{-5}	10^{-3}	10^{-9}		
线性范围	10^{5}	10^{4}	10^{5}	宽	
选择性	是	是	是	否	否
流速影响	无	无	有	无	
温度影响	小	小	大		小
检测限/（g/mL）	10^{-10}	10^{-13}	10^{-13}	$<10^{-9}$ g/s	10^{-9}
池体积/μL	2～10	约 7	<1	—	—
梯度洗脱	适宜	适宜	不宜	适宜	适宜
破坏样品	无	无	无	有	无

第三节　高效液相色谱法的主要类型及选择

一、液-固吸附色谱法

液-固吸附色谱法（LSC）是根据各组分在固定相上吸附能力的差异进行分离的。液-固

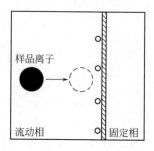

图 11-3　液-固吸附
色谱分离示意图

吸附色谱法的固定相是固体吸附剂，吸附剂一般为多孔性的物质，其表面有许多分散的吸附中心，溶质分子和流动相分子在吸附剂表面的活性中心上进行竞争，同时不同溶质之间和同一溶质的不同官能团之间也存在竞争（如图 11-3 所示）。竞争的综合结果就是形成不同溶质在吸附剂表面吸附、解吸平衡。

在这场竞争中，溶质在色谱柱系统中处于两相作用力场的平衡之中：一种是固定相对它的吸附力；另一种是流动相的"拉力"或溶解力。吸附力强而溶解能力差时，溶质有较大的保留；反之，则较先流出色谱柱。

液-固吸附色谱法采用的固体吸附剂按其性质可分为极性和非极性两种类型。极性吸附剂包括硅胶、氧化铝、氧化镁、硅酸镁、分子筛及聚酰胺等。非极性吸附剂最常见的是活性炭。

常用的吸附剂为硅胶或氧化铝，粒度 $5\sim10\mu m$；适用于分离相对分子质量 $200\sim1000$ 的组分，大多数用于分离非离子型化合物，离子型化合物易产生拖尾；常用于分离同分异构体。

在液-固吸附色谱中，选择流动相的基本原则是：极性大的试样用极性较强的流动相，极性小的则用低极性的流动相。

液-固吸附色谱法中使用的流动相主要为非极性的烃类（如己烷、庚烷）等，某些极性有机溶剂作为缓和剂加入其中，如二氯甲烷、甲醇等。极性越大的组分保留时间越长。

二、液-液分配色谱法

液-液分配色谱法（LLC）又称液-液色谱法。流动相和固定相都是液体的色谱法即为液-液色谱，是利用样品组分在两种不相溶的液相间的分配来进行分离。一种液相为流动相，另一种是涂渍于载体上的固定相。流动相与固定相应互不相溶，两者之间应有一明显的分界面。分离原理是根据被分离的组分在流动相和固定相中溶解度不同而分离。分离过程是一个分配平衡过程，与两种互不相溶的液体在一个分液漏斗中进行的溶剂萃取相类似。液-液分配色谱分离过程如图 11-4 所示。

液-液色谱的固定相由载体和固定液组成。涂布式固定相应具有良好的惰性；流动相必须预先用固定相饱和，以减少固定相从载体表面流失。与其他类型的液相色谱相比，在液-液色谱中，还要求流动相对固定相的溶解度尽可能小，因此

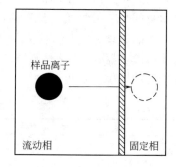

图 11-4　液-液分配色谱
分离过程示意图

固定液和流动相的性质往往处于两个极端。例如，当选择固定液是极性物质时，所选用的流动相通常是极性很小的溶剂或非极性溶剂。但在色谱过程中固定相仍会不断流失，20 世纪 70 年代一种新型固定相——化学键合固定相应运而生。化学键合固定相是借助于化学反应

的方法将有机分子以共价键键合到硅胶表面的游离羟基上而形成的固定相，它避免了液体固定相流失的困扰，同时还改善了固定相的功能，提高了分离的选择性，适用于分离几乎所有类型的化合物。

液-液色谱法按固定相和流动相的极性不同，可分为正相色谱法（NPC）和反相色谱法（RPC）。

流动相极性小于固定相极性的液-液色谱法称为正相色谱法；流动相极性大于固定相极性的液-液色谱法称为反相色谱法。

正相色谱法通常用于分离中等极性和极性较强的化合物（如酚类、胺类、羰基类及氨基酸类等）。它采用极性固定相（如氨基与氰基键合相）；流动相为相对非极性的疏水性溶剂（烷烃类），常加入乙醇、四氢呋喃、三氯甲烷等以调节组分的保留时间。

反相色谱法适合于分离芳烃、稠环芳烃及烷烃等非极性和极性较弱的化合物。一般用非极性固定相（如 C_{18}、C_8）；流动相为水或缓冲液，常加入甲醇、乙腈、异丙醇、丙酮、四氢呋喃等与水互溶的有机溶剂以调节保留时间。正相色谱法与反相色谱法的比较见表 11-3。

表 11-3　正相色谱法与反相色谱法的比较

参　　数	正相色谱法	反相色谱法
固定相极性	高～中	中～低
流动相极性	低～中	中～高
组分洗脱次序	极性小的先流出	极性大的先流出

从表 11-3 可看出，当极性为中等时正相色谱法与反相色谱法没有明显的界线（如氨基键合固定相）。

随着柱填料的快速发展，反相色谱法的应用范围逐渐扩大，据统计，它占整个 HPLC 应用的 80% 左右，现已应用于某些无机样品或易解离样品的分析。

三、离子交换色谱法

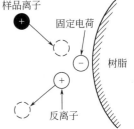

图 11-5　离子交换色谱分离过程示意图

离子交换色谱法（IEC）主要用于分析有机酸、氨基酸、多肽及核酸，已在化工、医药、生化、冶金、食品等领域获得了广泛的应用。离子交换色谱的固定相是离子交换树脂，树脂上具有固定离子基团及可交换的离子基团。当流动相带着组分解离生成的离子通过固定相时，组分离子与树脂上可交换的离子基团进行可逆交换，如图 11-5 所示。根据组分离子对树脂亲和力不同，即相互作用强度不同而得到分离。

由于离子交换树脂上的交换基团可带正电荷（阳离子交换树脂），也可带负电荷（阴离子交换剂），因此就有阴离子交换色谱和阳离子交换色谱之分。

阳离子交换　　$X^+ + R^- Y^+ \rightleftharpoons Y^+ + R^- X^+$

阴离子交换　　$X^- + R^+ Y^- \rightleftharpoons Y^- + R^+ X^-$

式中　X——样品离子；

　　　Y——淋洗剂离子（有时也称反离子）；

　　　R——离子交换剂上带电的活性交换基团。

离子交换反应的平衡常数分别为：

阳离子交换 $\quad K_a = \dfrac{[Y^+][R^-X^+]}{[X^+][R^-Y^+]}$

阴离子交换 $\quad K_c = \dfrac{[Y^-][R^+X^-]}{[X^-][R^+Y^-]}$

K 为平衡常数，K 值越大，表示组分的离子与离子交换树脂的相互作用越强。由于不同的物质在溶剂中解离后，对离子交换中心具有不同的亲和力，因此具有不同的平衡常数。亲和力大的，保留值也大。

离子交换色谱常用的固定相为离子交换树脂，流动相最常使用水缓冲溶液，有时也将有机溶剂（如甲醇或乙醇）同水缓冲溶液混合使用，以提高特殊的选择性，并改善样品的溶解度。

四、体积排阻色谱法

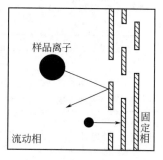

体积排阻色谱法（SEC）亦称空间排阻色谱或凝胶渗透色谱法，它利用分子筛对分子量大小不同的各组分排阻能力的差异而完成分离，分离过程如图 11-6 所示。在用水系统作为流动相的条件下，又称凝胶过滤色谱（GPC）。常用于分离高分子化合物，如组织提取物、多肽、蛋白质、核酸等。在分析高聚物材料的组成和结构、石油及表面活性剂和涂料工业方面被广泛应用。

图 11-6 体积排阻色谱
分离过程示意图

体积排阻色谱法的固定相是有一定孔径的多孔性填料，流动相是可以溶解样品的溶剂。大分子量的化合物不能进入孔中，在色谱柱中停留时间较短，而先随流动相流出色谱柱；小分子量的化合物可以进入孔中，在色谱柱中停留时间较长，后随流动相流出，完成按分子大小分离的洗脱过程。

五、化学键合相色谱法

采用化学键合相的液相色谱称为化学键合相色谱法，简称键合相色谱。

这种化学键合固定相是通过化学反应把各种不同的有机基团键合到硅胶（载体）表面的游离羟基上，代替机械涂渍的液体固定相。这不仅避免了液体固定相流失的困扰，还大大改善了固定相的功能，提高了分离的选择性。

根据键合相与流动相之间相对极性的强弱，可将键合相色谱分为极性键合相色谱和非极性键合相色谱。在极性键合相色谱中，由于流动相的极性比固定相极性要小，所以极性键合相色谱属于正相色谱。弱极性键合相既可作为正相色谱，也可作为反相色谱。但通常所说的反相色谱系指非极性键合色谱。反相色谱在现代液相色谱中应用最为广泛。

1. 反相键合相色谱法

此法的固定相采用极性较小的键合固定相，如硅胶-$C_{18}H_{37}$、硅胶-苯基等；流动相采用极性较强的溶剂，如甲醇、乙腈、水和无机盐的缓冲溶液等。该法多用于分离多环芳烃等低极性化合物；若采用含一定比例的甲醇或乙腈的水溶液为流动相，也可用于分离极性化合物；若采用水和无机盐的缓冲液为流动相，则可分离一些易解离的样品，如有机酸、有机碱、酚类等。反相键合相色谱法具有柱效高、能获得无拖尾色谱峰的优点。

2. 正相键合相色谱法

此法是以极性的有机基团—CN、—NH_2、双羟基等键合在硅胶表面作为固定相，而以非极性或极性小的溶剂（如烃类）中加入适量的极性溶剂（如氯仿、醇、乙腈等）为流动相，分离极性化合物。此时，组分的分配比 K' 值随其极性的增加而增大；但随流动相极性的增加而降低。

正相键合相色谱法主要用于分离异构体、极性不同的化合物，特别适用于分离不同类型的化合物。

由于键合到载体表面的官能团可以是各种极性的，因此化学键合相色谱法适用于分离几乎所有类型的化合物。

第四节　色谱分离方法的选择与应用

一、色谱分离方法的选择

要正确地选择色谱分离方法，首先必须尽可能多地了解样品的有关性质，其次必须熟悉各种色谱方法的主要特点及其应用范围。

选择色谱分离方法的主要根据是样品的相对分子质量的大小、在水中和有机溶剂中的溶解度、极性和稳定程度以及化学结构等物理、化学性质。

1. 相对分子质量

对于相对分子质量较低（一般在 200 以下）、挥发性比较好、加热又不易分解的样品，可以选择气相色谱法进行分析；相对分子质量为 200～2000 的化合物，可用液-固吸附、液-液分配和离子交换色谱法；相对分子质量高于 2000，则用体积排阻色谱法。

2. 溶解度

水溶性样品最好用离子交换色谱法和液-液分配色谱法；微溶于水，但在酸或碱存在下能很好解离的化合物，可使用离子交换色谱法；油溶性样品或相对非极性的混合物，选用液-固吸附色谱法。

3. 化学结构

若样品中包含离子型或可离子化的化合物，或者能与离子型化合物相互作用的化合物（如配位体及有机螯合剂），首先考虑用离子交换色谱，其次再考虑用体积排阻色谱和液-液分配色谱；对于异构体的分离可选用液-固吸附色谱法；而对于具有不同官能团的化合物、同系物要用液-液分配色谱法；高分子聚合物则选择体积排阻色谱法。

二、应用实例

高效液相色谱由于对挥发性小或无挥发性、热稳定性差、极性强、特别是那些具有某种生物活性的物质提供了非常适合的分离分析环境，因而广泛应用于生物化学、生物医学、药物临床、石油化工、合成化学、环境检测、食品卫生等分析检验部门。

1. 在医药分析中的应用

液相色谱法由于所具有的特点，已被广泛地应用于药物分析。据报道，除聚合物外，大约 80％的药物都能用高效液相色谱法进行分离和纯化，可见这种方法在药物分析中的重要性。

人工合成药物的纯化及成分定性、定量测定，中草药有效成分的分离、制备及纯度测定、临床医药研究中人体血液和体液中药物浓度、药物代谢物的测定，新型高效手性药物中手性对映体含量的测定等，都可以用液相色谱分析。

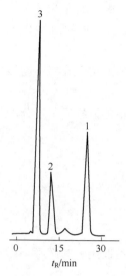

图 11-7　青霉素 G 钾盐
与其代谢产物的分离

1—青霉素 G 钾盐；2—苯基
青霉素裂解酸；3—苯基
青霉素咪唑酸

（1）抗生素青霉素的分析

至今青霉素已发展了多种不同的品种，但是它们具有共同的基本结构：

$$RCONH \quad \overset{S}{\underset{O}{\diagup}} \quad \begin{matrix} CH_3 \\ CH_3 \\ COOH \end{matrix}$$

由于 R 基的不同，其名称各异，当 R 基为苄基（$C_6H_5CH_2$—）时，称苄青霉素或青霉素 G，这是最常用的一种青霉素。青霉素是一种有机酸，对于有机酸类的分析，大多数采用反相色谱系统及酸性流动相。Bebelle 等采用反相 C_8 柱（25cm×4.6mm），以 53％甲醇-0.05mol/L 磷酸缓冲液（pH＝3.5）为流动相，用紫外检测器在波长 274nm 处检测，测定了苄青霉素口服液中的有效组分。在 RPC-C_{18} 柱（30cm×4.0mm）上，采用 4.24g KH_2PO_4-400mL 水-100mL 乙腈为流动相，再用盐酸调到 pH＝4.5，也使青霉素 G 的钾盐与其代谢产物得到很好的分离，如图 11-7 所示。

（2）磺胺类药物的分析

磺胺类药物是一种常见的消炎药，主要用于细菌感染疾病的治疗。磺胺类药物的结构通式为：

$$R_1-NH-\underset{\bigcirc}{}-SO_2-NH-R_2$$

在 Partisil-ODS C_{18} 柱（25cm×4.6mm）上，采用流动相 10％甲醇水溶液（A）和 1％乙酸的甲醇溶液（B），线性梯度程序为 B 组分以 1.7％/min 的速率增加，用紫外检测器在波长 254nm 处检测，得到如图 11-8 所示的反相色谱分离图。

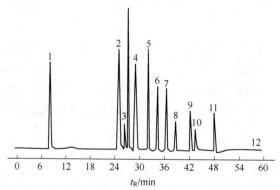

图 11-8　磺胺类药物的反相色谱分析

1—磺胺；2—磺胺嘧啶；3—磺胺吡啶；4—磺胺甲基嘧啶；5—磺胺二甲基嘧啶；
6—磺胺氯哒嗪；7—磺胺二甲基异噁唑；8—磺胺乙氧哒嗪；9—4-磺胺-2,6-
二甲氧嘧啶；10—磺胺喹噁啉；11—磺胺溴甲吖嗪；12—磺胺呱

2. 在食品分析中的应用

反相键合相色谱法在食品分析中的应用主要包括三个方面：①食品本身组成，尤其是营养成分的分析，如维生素、脂肪酸、香料、有机酸、矿物质等；②人工加入的食品添加剂的分析，如甜味剂、防腐剂、人工合成色素、抗氧化剂等；③在食品加工、贮运、保存过程中由周围环境引起的污染物的分析，如农药残留、霉菌毒素病原微生物等。在 PLRP-S（25cm×4.6mm）上，采用 0.2mol/L NaH$_2$PO$_4$（pH 2.14）为流动相，流速为 0.5mL/min，用紫外检测器在 220nm 处检测，得到如图 11-9 所示的果汁中维生素 C 的反相色谱法分离谱图。

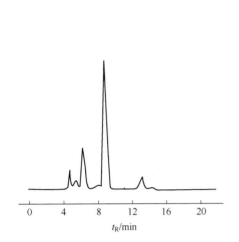

图 11-9　果汁中维生素 C 的色谱分离

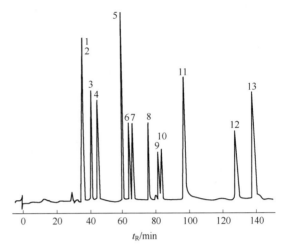

图 11-10　多环芳烃化合物分离谱图

1—硝基苯酚；2—苯酚；3—乙酰苯酚；
4—硝基苯；5—苯酮；6—甲苯；
7—溴苯；8—萘；9—杂质；
10—二甲苯；11—联苯；
12—菲；13—蒽

3. 在环境污染分析中的应用

反相键合相色谱方法适用于环境中存在的高沸点有机污染物的分析，如大气、水、土壤和食品中存在的多环芳烃、多氯联苯、有机氯农药、有机磷农药、氨基甲酸酯农药、含氮除草剂、苯氧基酸除草剂、酚类、胺类、黄曲霉素、亚硝胺等。在反相 C$_{18}$ 色谱柱（100cm×0.2mm，3μm）上，采用流动相甲醇-水（80∶20），流速为 1.2mL/min，用紫外检测器在 254nm 处检测得到图 11-10，显示了用反相键合相色谱法分离多环芳烃化合物的谱图。

实验 28　色谱柱的评价

一、目的与要求

1. 了解高效液相色谱仪的工作原理；
2. 学习评价液相色谱反相柱的方法。

二、实验原理

对色谱柱的评价可以检查整个色谱仪的工作状况是否正常。评价色谱柱的性能参数主要有：柱效（理论塔板数）n、容量因子 K'、相对保留值（选择因子）α、分离度 R。为达到好的分离，希望 n、α 和 R 值尽可能大。一般的分离（如 $\alpha=1.2$，$R=1.5$），需 n 达到 2000，柱压一般为 10^4 kPa 或更小一些。本实验采用多核芳烃作测试物，尿嘧啶为死时间标记物，评价反相色谱柱。

三、仪器与试剂

Waters 510 高效液相色谱仪（或其他型号），色谱柱 [5cm×4.6mm(I.D.)，YWG-$C_{18}$$H_{37}$(ODS)，10μm]，流动相 [甲醇-水（80∶20）]。

样品 1 [含尿嘧啶（0.010mg/mL）、萘（0.010mg/mL）、联苯（0.010mg/mL）、菲（0.006mg/mL）的甲醇混合溶液]。

样品 2 [尿嘧啶的甲醇溶液、萘的甲醇溶液、联苯的甲醇溶液、菲的甲醇溶液，溶液浓度约为 0.01mg/mL]。

四、实验内容

① 准备流动相。将色谱纯甲醇和色谱纯水按比例配制成 200mL 溶液，混合均匀并经超声波脱气后加入到仪器贮液瓶中。

② 检查电路连接和液路连接正确以后，接通高压泵、检测器和记录仪的电源。设定操作条件为：流速 1.0mL/min，压力上限 $2×10^4$ kPa（约 3000psi），检测波长 254nm（该仪器检测波长已固定），灵敏度 0.2AUFS，记录仪走纸速度 1.0cm/min，记录灵敏度为 5mV。开启记录仪走纸开关记录基线，并调节基线到合适位置（一般为距右 10%处）。

③ 待基线平稳后（建议观察检测器的读数显示），将进样阀手柄拨到"Load"的位置，使用专用的液相色谱微量注射器取 5μL 样品 1 注入色谱仪进样口，然后将手柄拨到"Inject"位置，同时按一下检测器的标记按钮，同时计时，记录色谱图。

④ 重复步骤（3）的实验两次。

⑤ 用同样方法进样品 2 的甲醇溶液，确定出峰顺序。

⑥ 根据三次实验所得结果计算色谱峰的保留时间、半高峰宽，然后计算色谱柱参数 n、K'，以及相邻两峰的 $α$、R。

⑦ 将流速降为 0，待压力降为 0 后关机。

五、注意事项

1. 在接通高压泵和检测器电源之前，一定要检查电路和液路连接是否正确。

2. 设定操作参数要认真、准确。

六、思考与讨论

1. 高效液相色谱与气相色谱相比有什么相同点和不同点？

2. 如何保护色谱柱延长使用寿命？

实验 29 苯甲酸含量测定

一、目的与要求

1. 熟悉高效液相色谱仪的工作原理及操作要点；

2. 掌握高效液相色谱技术测定苯甲酸的方法。

二、测定原理

样品超声去 CO_2 和乙醇，调 pH 至中性，过滤后进 HPLC 进行分析。使用 C_{18} 柱作为分析柱，甲醇及乙酸铵溶液作为流动相，紫外检测器于 230nm 波长进行检测。

三、仪器与试剂

1. 仪器

高效液相色谱仪（带紫外检测器）。

2. 药品及试剂准备

方法中所用试剂，除另有规定外，均为分析纯试剂，水为蒸馏水，溶液为水溶液。

① 甲醇：经滤膜过滤（$0.5\mu m$）。

② 稀氨水（1+1）：两者等体积混合。

③ 乙酸铵溶液（0.02mol/L）：称取 1.54g 的乙酸铵，加水至 1000mL 溶解，经 $0.45\mu m$ 滤膜过滤。

④ 碳酸氢钠溶液（20g/L）：称取 2g 碳酸氢钠（优级纯），加水至 100mL 摇匀。

⑤ 苯甲酸标准贮备液：准确称取 0.1000g 苯甲酸，加碳酸氢钠溶液（20g/L）5mL，加热溶解，移入 100mL 容量瓶中，加水定容，苯甲酸含量为 1mg/mL，作标准贮备液用。

⑥ 苯甲酸标准溶液：取标准贮备液 10.0mL，放入 100mL 容量瓶加水稀释至刻度，摇匀。经 $0.45\mu m$ 滤膜过滤。此溶液中苯甲酸含量为 0.1mg/mL。

四、实验内容

1. 标准样测定及标准曲线绘制

分别吸取苯甲酸标准溶液（0.1mg/mL）2mL、4mL、6mL、8mL、10mL 于 10mL 容量瓶定容，过滤后分别吸取 $20\mu L$ 进样，测定不同浓度标准溶液峰面积。以苯甲酸标准溶液浓度为横坐标，相应峰面积为纵坐标绘制标准曲线。

2. 试样处理

称取 5.00～10.0mL 试样，放入小烧杯，微热搅拌除去二氧化碳，用稀氨水（1+1）调 pH 至 7 左右，加水定容至 10～20mL，经滤膜（$0.45\mu m$）过滤。吸取 $20\mu L$ 进样，测定目标峰保留时间和峰面积。

五、数据处理

试样中苯甲酸的含量按下式计算：

$$X = \frac{A \times 1000}{m \times \dfrac{V_2}{V_1} \times 1000}$$

式中　X——试样中苯甲酸的含量，g/kg；

A——进样体积中苯甲酸的质量，mg；

V_1——试样稀释液总体积，mL；

V_2——进样体积，mL；

m——试样质量，g。

六、注意事项

1. 具体色谱条件应在实际实验过程中根据仪器种类和实验条件进行调整。

2. 在样品的处理过程中，样品的稀释倍数通过预备实验，根据样品中苯甲酸含量进行调整。

七、思考与讨论

1. 为什么在样品处理过程中，要以稀氨水调 pH 至 7，而不是对样品进行酸化？
2. 假设测定碳酸饮料或配制酒中苯甲酸含量，样品应怎样进行前处理？
3. 比较紫外光谱法、高效液相色谱法测定食品中苯甲酸的优缺点？

思考题与习题

一、简答题

1. 在吸附色谱中，以硅胶为固定相，当用氯仿为流动相时，样品中某组分保留时间太短，若改用氯仿-甲醇（1:1）时，则样品中该组分的保留时间是变长，还是变得更短？为什么？
2. 高效液相色谱仪由几部分组成？各部分的作用是什么？
3. 试说明液-固吸附色谱法、液-液分配色谱法的分离原理。
4. 何谓正相色谱和反相色谱？

二、选择题

1. 高效液相色谱仪常用的检测器是（　　）。
   A. 紫外检测器　　　　B. 红外检测器　　　C. 热导检测器
   D. 电子捕获检测器　　E. 氢火焰离子化检测器
2. 流动相极性大于固定相极性是（　　）。
   A. 正相色谱　　　　　B. 反相色谱　　　　C. 反相离子对色谱
   D. 离子抑制色谱　　　E. 离子交换色谱
3. 在环保分析中，常常要监测水中的多环芳烃，如用高效液相色谱分析，选用下述哪种检测器？（　　）
   A. 荧光检测器　　　B. 示差折光检测器
   C. 电导检测器　　　D. 紫外检测器
4. 液相色谱流动相过滤必须使用（　　）粒径的过滤膜。
   A. $0.5\mu m$　　B. $0.45\mu m$　　C. $0.6\mu m$　　D. $0.55\mu m$
5. 液相色谱中通用型检测器是（　　）。
   A. 紫外检测器　　　B. 示差折光检测器
   C. 热导检测器　　　D. 氢焰检测器
6. 下列用于高效液相色谱的检测器，（　　）不能使用梯度洗脱。
   A. 紫外检测器　　　　　B. 荧光检测器
   C. 蒸发光散射检测器　　D. 示差折光检测器
7. 在液相色谱中，不会显著影响分离效果的是（　　）。
   A. 改变固定相种类　　B. 改变流动相流速
   C. 改变流动相配比　　D. 改变流动相种类
8. 在液相色谱中，为了改变柱子的选择性，可以进行（　　）的操作。
   A. 改变柱长　　　　　　　B. 改变填料粒度

C. 改变流动相或固定相种类　　　D. 改变流动相的流速

9. 在液相色谱中，为了改变色谱柱的选择性，可以进行如下哪些操作？（　　）

A. 改变流动相的种类或柱长　　　　　B. 改变固定相的种类或柱长

C. 改变固定相的种类和流动相的种类　　D. 改变填料的粒度和柱长

10. 一般评价烷基键合相色谱柱时所用的样品为（　　）。

A. 苯、萘、联苯、尿嘧啶　　　　　B. 苯、萘、联苯、菲

C. 苯、甲苯、二甲苯、三甲苯　　　D. 苯、甲苯、二甲苯、联苯

11. 用高效液相色谱法测得某药保留时间为 12.54min，半高峰宽 3.0mm（低速 5mm/min），计算柱效为（　　）。

A. 116　　B. 484　　C. 2408　　D. 2904　　E. 2420

三、计算题

1. 某 WWG-$C_{18}H_{37}$（4.6mm×25cm）柱，以甲醇-水（80∶20）为流动相，记录纸速为 5mm/min，测得苯和萘的 t_R 和 $W_{h/2}$ 分别为 4.65min 和 7.39min、0.79mm 和 1.14mm。求柱效和分离度。

2. 在某一液相色谱柱上组分 A 流出需 15.0min，组分 B 流出需 25.0min，而不溶于固定相的物质 C 流出需 2.0min。问：（1）B 组分相对于 A 的相对保留值是多少？（2）A 组分相对于 B 的相对保留值是多少？（3）组分 A 在柱中的容量因子是多少？（4）组分 B 在固定相中滞留的时间是多少？

参 考 答 案

第一章

二、选择题

1. D 2. C 3. B 4. B 5. C 6. A 7. D 8. D 9. C 10. C 11. D 12. C
13. B 14. A 15. B 16. B 17. C 18. C 19. C 20. A 21. C 22. C 23. B
24. B 25. D 26. B 27. D 28. A 29. C 30. A 31. CBA 32. B 33. C 34. C
35. B 36. D 37. B 38. A 39. B 40. A 41. A

三、计算题

1. 0.03%；0.05%；绝对误差相同，滴定体积越大，相对误差越小，准确度越高。

2. 0.43，0.036，8.4%，0.05。

3. 0.07%，0.19%，0.108，0.29%。

4. 不应该舍去。

5. (1) 42.33；(2) 1.7×10^{-3}；(3) 24.4；(4) 3.8478。

6. 149mL，351mL。

第二章

一、简答题

2. 25.2634g。

二、选择题

1. B 2. A 3. D 4. C 5. B 6. A 7. A 8. A 9. A 10. A 11. B 12. B
13. C 14. A 15. C 16. C 17. A 18. D

第三章

二、选择题

1. C 2. C 3. A 4. D 5. B 6. A 7. B 8. C

三、计算题

1. 0.1mol/L，0.2mol/L。

2. 12.06mol/L，16.6mL。

3. 40mL。

4. 9mL。

5. 0.1590g。

6. 0.05472mol/L。

7. 3.468%。

8. 28.68mL。

9. 0.2024mol/L。

10. 30.26%。

11. 96.66%。

12. 0.2010g。

13. 99.66%。

14. 125mL。

15. 936.8g/L。

第四章

二、选择题

1. A　2. B　3. C　4. C　5. B

三、计算题

1. 4.3。

2. 8.72。

3. (1) 2；(2) 1.73；(3) 13.3；(4) 12.27；(5) 5.14；(6) 12.27。

4. 25.4g。

5. 试样组成为 $NaHCO_3$、Na_2CO_3。

$NaHCO_3$：21.60%。Na_2CO_3：73.04%。

6. 12.5mL。

7. 32.33%。

8. 1.39%。

第五章

二、选择题

1. D　2. C　3. D　4. C　5. D　6. B　7. D　8. B　9. B

三、计算题

1. 3.2%。

2. Cu60.75%，Zn35.05%，Mg39.85%。

3. 0.0834。

4. 18.72%。

5. 105.2mg/L。

第六章

二、选择题

1. B　2. B　3. D　4. C　5. B　6. C　7. D　8. A　9. C　10. D

三、计算题

1. 8.079g/L。

2. 85.58%。

3. 40.56%。

4. $AgNO_3$ 的浓度为 0.07421mol/L，NH_4SCN 的浓度为 0.07067mol/L。

5. 29.4%。

6. 0.038g。

7. 0.58g。

8. Na_2O 8.78%，K_2O 10.45%。

9. 56.70%。

10. 10.78%。

第七章

二、选择题

1. C 2. B 3. C 4. A 5. C 6. B 7. B 8. B 9. C 10. D

三、计算题

1. 52.61%。

2. （1）Fe 53.73%，Fe_2O_3 78.25%；（2）30.00g。

3. 8.778g。

4. Cr 15.53%，Cr_2O_3 22.69%。

5. 0.1175mol/L。

6. 35.04%。

第八章

二、选择题

1. B 2. C 3. B 4. B 5. A 6. B 7. A 8. B 9. B 10. B

三、计算题

1. 9.86。

2. （1）5.75；（2）1.95；（3）0.86。

3. 4.72×10^{-4} mol/L。

第九章

二、选择题

1. B 2. D 3. C 4. C 5. C 6. C 7. C 8. B 9. D

三、计算题

1. 1.5×10^4 L/(cm·mol)。

2. 47.6%，22.7%。

3. 0.187，0.379，1.318×10^{-3} mol/L。

4. 1.8×10^4 L/(cm·mol)。

5. 0.02183%，61.0%。

6. 3.4×10^3 L/(cm·mol)，5.03mg/L。

7. 98.39%。

第十章

二、选择题

1. A 2. D 3. D 4. C 5. D 6. D 7. C 8. A 9. D 10. B 11. A 12. B

13. C　14. B　15. B

三、计算题

1. 887，0.23；1083.7，0.18；1024.2，0.17。

2. 4m。

3. 25.63％，0.73％，45.00％，13.09％，12.95％，2.60％。

4. 7.71％，17.55％，6.14％。

5. 3.2mL。

第十一章

二、选择题

1. A　2. B　3. D　4. B　5. B　6. D　7. B　8. C　9. C　10. B　11. E

三、计算题

1. 1.92×10^4，8.36。

2. (1) 1.77；(2) 0.57；(3) 6.5；(4) 23min。

附　　　录

附录 1　相对原子质量（2005 年）

原子序数	元素名称	符号	相对原子质量	原子序数	元素名称	符号	相对原子质量
1	氢	H	1.00794	40	锆	Zr	91.224
2	氦	He	4.002602	41	铌	Nb	92.90638
3	锂	Li	6.941	42	钼	Mo	95.94
4	铍	Be	9.012182	43	锝	Tc	98.9062
5	硼	B	10.811	44	钌	Ru	101.07
6	碳	C	12.0107	45	铑	Rh	102.90550
7	氮	N	14.0067	46	钯	Pd	106.42
8	氧	O	15.9994	47	银	Ag	107.8682
9	氟	F	18.9984032	48	镉	Cd	112.411
10	氖	Ne	20.1797	49	铟	In	114.818
11	钠	Na	22.98976928	50	锡	Sn	118.710
12	镁	Mg	24.3050	51	锑	Sb	121.760
13	铝	Al	26.9815386	52	碲	Te	127.60
14	硅	Si	28.0855	53	碘	I	126.90447
15	磷	P	30.973762	54	氙	Xe	131.29
16	硫	S	32.065	55	铯	Cs	132.9054519
17	氯	Cl	35.453	56	钡	Ba	137.327
18	氩	Ar	39.948	57	镧	La	138.90547
19	钾	K	39.0983	58	铈	Ce	140.116
20	钙	Ca	40.078	59	镨	Pr	140.90765
21	钪	Sc	44.955912	60	钕	Nd	144.242
22	钛	Ti	47.867	61	钷	Pm	[145]
23	钒	V	50.9415	62	钐	Sm	150.36
24	铬	Cr	51.9961	63	铕	Eu	151.964
25	锰	Mn	54.938045	64	钆	Gd	157.25
26	铁	Fe	55.847	65	铽	Tb	158.92535
27	钴	Co	58.933199	66	镝	Dy	162.500
28	镍	Ni	58.6934	67	钬	Ho	164.93032
29	铜	Cu	63.546	68	铒	Er	167.259
30	锌	Zn	65.409	69	铥	Tm	168.9342
31	镓	Ga	69.723	70	镱	Yb	173.04
32	锗	Ge	72.61	71	镥	Lu	174.967
33	砷	As	74.92160	72	铪	Hf	178.49
34	硒	Se	78.96	73	钽	Ta	180.94788
35	溴	Br	79.904	74	钨	W	183.84
36	氪	Kr	83.798	75	铼	Re	186.207
37	铷	Rb	85.4678	76	锇	Os	190.23
38	锶	Sr	87.62	77	铱	Ir	192.217
39	钇	Y	88.90585	78	铂	Pt	195.084

原子序数	元素名称	符号	相对原子质量	原子序数	元素名称	符号	相对原子质量
79	金	Au	196.966569	86	氡	Rn	[222]
80	汞	Hg	200.59	87	钫	Fr	[223]
81	铊	Tl	204.3833	88	镭	Ra	226.03
82	铅	Pb	207.2	89	锕	Ac	227.0278
83	铋	Bi	208.98040	90	钍	Th	232.03806
84	钋	Po	[209]	91	镤	Pa	231.03588
85	砹	At	[210]	92	铀	U	238.028913

附录 2　常见化合物的摩尔质量

化　合　物	摩尔质量 $M/(g/mol)$	化　合　物	摩尔质量 $M/(g/mol)$
$AgBr$	187.77	$Ca_3(PO_4)_2$	310.18
$AgCl$	143.32	$CaSO_4$	136.14
$AgCN$	133.89	$CdCO_3$	172.42
$AgSCN$	165.95	$CdCl_2$	183.32
Ag_2CrO_4	331.73	CdS	144.47
AgI	234.77	$Ce(SO_4)_2$	332.24
$AgNO_3$	169.87	$CoCl_2$	129.84
$AlCl_3$	133.34	$Co(NO_3)_2$	182.94
$AlCl_3 \cdot 6H_2O$	241.43	CoS	90.99
$Al(NO_3)_3$	213.01	$CoSO_4$	154.99
$Al(NO_3)_3 \cdot 9H_2O$	375.13	$CO(NH_2)_2$	60.06
Al_2O_3	101.96	$CrCl_3$	158.36
$Al(OH)_3$	78.00	$Cr(NO_3)_2$	238.01
$Al_2(SO_4)_3$	342.14	Cr_2O_3	151.99
$Al_2(SO_4)_3 \cdot 18H_2O$	666.46	$CuCl$	99.00
As_2O_3	197.84	$CuCl_2$	134.45
As_2O_5	229.84	$CuCl_2 \cdot 2H_2O$	170.48
As_2S_3	246.02	$CuSCN$	121.62
$BaCO_3$	197.34	CuI	190.45
$BaCl_2$	208.24	$Cu(NO_3)_2$	187.56
BaC_2O_4	225.32	$Cu(NO_3)_2 \cdot 3H_2O$	241.60
$BaCrO_4$	253.32	CuO	79.55
BaO	153.33	Cu_2O	143.09
$Ba(OH)_2$	171.34	CuS	95.61
$BaSO_4$	233.39	$CuSO_4$	159.60
$BiCl_3$	315.34	$CuSO_4 \cdot 5H_2O$	249.68
$BiOCl$	260.43	$FeCl_2$	126.75
CO_2	44.01	$FeCl_2 \cdot 4H_2O$	198.81
CaO	56.08	$FeCl_3$	162.21
$CaCO_3$	100.09	$FeCl_3 \cdot 6H_2O$	270.30
CaC_2O_4	128.10	$FeNH_4(SO_4)_2 \cdot 12H_2O$	482.18
$CaCl_2$	110.99	$Fe(NO_3)_3$	241.86
$Ca(NO_3)_2 \cdot 4H_2O$	236.15	$Fe(NO_3)_3 \cdot 9H_2O$	404.01
$Ca(OH)_2$	74.09	FeO	71.85

化 合 物	摩尔质量 $M/(\text{g/mol})$	化 合 物	摩尔质量 $M/(\text{g/mol})$
Fe_2O_3	159.69	K_2CrO_4	194.19
Fe_3O_4	231.54	$K_2Cr_2O_7$	294.18
$Fe(OH)_3$	106.87	$K_3Fe(CN)_6$	329.25
FeS	87.91	$K_4Fe(CN)_6$	368.35
Fe_2S_3	207.87	$KFe(SO_4)_2 \cdot 12H_2O$	503.28
$FeSO_4$	151.91	$KHC_2O_4 \cdot H_2O$	146.15
$FeSO_4 \cdot 7H_2O$	278.03	$KHSO_4$	136.18
$Fe(NH_4)_2(SO_4)_2 \cdot 6H_2O$	392.13	$KHC_8H_4O_4(KHP)$	204.22
H_3AsO_3	125.94	KI	166.00
H_3AsO_4	141.94	KIO_3	214.00
H_3BO_3	61.83	$KMnO_4$	158.03
HBr	80.91	$KNaC_4H_6O_6 \cdot 4H_2O$	282.22
HCN	27.03	KNO_3	101.10
$HCOOH$	46.03	KNO_2	85.10
CH_3COOH	60.05	K_2O	94.20
H_2CO_3	62.03	KOH	56.11
$H_2C_2O_4 \cdot 2H_2O$	126.07	K_2SO_4	174.25
HCl	36.46	$LiBr$	86.84
HF	20.01	LiI	133.85
HI	127.91	$MgCO_3$	84.31
HIO_3	175.91	$MgCl_2$	95.21
HNO_3	63.01	$MgCl_2 \cdot 6H_2O$	203.31
HNO_2	47.01	MgC_2O_4	112.33
H_2O	18.016	$Mg(NO_3)_2 \cdot 6H_2O$	256.41
H_2O_2	34.02	$MgNH_4PO_4$	137.32
H_3PO_4	98.00	MgO	40.30
H_2S	34.08	$Mg(OH)_2$	58.32
H_2SO_3	82.07	$Mg_2P_2O_7$	222.55
H_2SO_4	98.07	$MgSO_4 \cdot 7H_2O$	246.49
$Hg(CN)_2$	252.63	$MnCO_3$	114.95
Hg_2Cl_2	472.09	$MnCl_2 \cdot 4H_2O$	197.91
$HgCl_2$	271.50	$Mn(NO_3)_2 \cdot 6H_2O$	287.04
HgI_2	454.40	MnO	70.94
$Hg(NO_3)_2$	324.60	MnO_2	86.94
$Hg_2(NO_3)_2$	525.19	MnS	87.00
$Hg_2(NO_3)_2 \cdot 2H_2O$	561.22	$MnSO_4$	151.00
HgO	261.59	NH_3	17.03
HgS	232.65	NO	30.01
$HgSO_4$	296.65	NO_2	46.01
Hg_2SO_4	497.24	NH_4Cl	53.49
$KAl(SO_4)_2 \cdot 12H_2O$	474.41	$(NH_4)_2CO_3$	96.09
KBr	119.00	CH_3COONH_4	77.08
$KBrO_3$	167.00	$(NH_4)_2C_2O_4$	124.10
KCl	74.55	NH_4SCN	76.12
$HClO_3$	122.55	NH_4HCO_3	79.06
$KClO_4$	138.55	$(NH_4)_2MoO_4$	196.01
KCN	65.12	NH_4NO_3	80.04
$KSCN$	97.18	$(NH_4)_2HPO_4$	132.06
K_2CO_3	138.21	$(NH_4)_2S$	68.14

化　合　物	摩尔质量 $M/(g/mol)$	化　合　物	摩尔质量 $M/(g/mol)$
$(NH_4)_2SO_4$	132.13	PbO	223.20
NH_4VO_3	116.98	PbO_2	239.20
Na_3AsO_3	191.89	Pb_3O_4	685.6
$Na_2B_4O_7$	201.22	$Pb_3(PO_4)_2$	811.54
$Na_2B_4O_7 \cdot 10H_2O$	381.42	PbS	239.26
$NaBiO_3$	279.97	$PbSO_4$	303.26
$NaCN$	49.01	$SbCl_3$	228.11
$NaSCN$	81.07	$SbCl_5$	299.02
Na_2CO_3	105.99	Sb_2O_3	291.50
$Na_2C_2O_4$	134.00	Sb_2S_3	339.68
$NaCl$	58.44	SO_3	80.06
CH_3COONa	82.03	SO_2	64.06
$NaClO$	74.44	SiF_4	104.08
$NaHCO_3$	84.01	SiO_2	60.08
$Na_2HPO_4 \cdot 12H_2O$	358.14	$SnCl_2 \cdot 2H_2O$	225.63
$Na_2H_2Y \cdot 2H_2O$	372.24	$SnCl_4 \cdot 5H_2O$	350.58
$NaNO_2$	69.00	SnO_2	150.7
$NaNO_3$	85.00	SnS_2	182.84
Na_2O	61.98	$SrCO_3$	147.63
Na_2O_2	77.98	SrC_2O_4	175.64
$NaOH$	40.00	$SrCrO_4$	203.61
Na_3PO_4	163.94	$Sr(NO_3)_2$	211.63
Na_2S	78.04	$Sr(NO_3)_2 \cdot 4H_2O$	283.69
Na_2SO_3	126.04	$SrSO_4$	183.68
Na_2SO_4	142.04	$ZnCO_3$	125.39
$Na_2S_2O_3 \cdot 5H_2O$	248.17	ZnC_2O_4	153.40
$NaHSO_4$	120.07	$ZnCl_2$	136.29
$NiCl_2 \cdot 6H_2O$	237.69	$Zn(CH_3COO)_2$	183.47
NiO	74.69	$Zn(NO_3)_2$	189.39
$Ni(NO_3)_2 \cdot 6H_2O$	290.79	$Zn(NO_3)_2 \cdot 6H_2O$	297.51
NiS	90.75	ZnO	81.39
$NiSO_4 \cdot 7H_2O$	280.85	ZnS	97.44
P_2O_5	141.95	$ZnSO_4$	161.44
$PbCO_3$	267.21	$ZnSO_4 \cdot 7H_2O$	287.57
PbC_2O_4	295.22	$(C_9H_7N)_3H_3(PO_4 \cdot 12MoO_3)$	2212.74
$PbCl_2$	278.11	（磷钼酸喹啉）	
$PbCrO_4$	323.19	$NiC_8H_{14}O_4N_4$（丁二酮肟镍）	288.91
$Pb(CH_3COO)_2$	325.29	TiO_2	79.90
PbI_2	461.01	V_2O_5	181.88
$Pb(NO_3)_2$	331.21	WO_3	231.85

附录 3　弱酸和弱碱的解离常数 （25℃）

名　称	化　学　式	$K_{a(b)}$	$pK_{a(b)}$
硼酸	H_3BO_3	$5.8 \times 10^{-10}(K_{a_1})$	9.24
碳酸	H_2CO_3	$4.5 \times 10^{-7}(K_{a_1})$	6.35
		$4.7 \times 10^{-11}(K_{a_2})$	10.33

续表

名　称	化　学　式	$K_{a(b)}$	$pK_{a(b)}$
砷酸	H_3AsO_3	$6.3\times10^{-3}(K_{a_1})$	2.20
		$1.0\times10^{-7}(K_{a_2})$	7.00
		$3.2\times10^{-12}(K_{a_3})$	11.50
亚砷酸	$HAsO_2$	6.0×10^{-10}	9.22
氢氰酸	HCN	6.2×10^{-10}	9.21
铬酸	$HCrO_4^-$	$3.2\times10^{-7}(K_{a_2})$	6.50
氢氟酸	HF	7.2×10^{-4}	3.14
亚硝酸	NHO_2	5.1×10^{-4}	3.29
磷酸	H_3PO_4	$7.6\times10^{-3}(K_{a_1})$	2.12
		$6.3\times10^{-8}(K_{a_2})$	7.20
		$4.4\times10^{-13}(K_{a_3})$	12.36
亚磷酸	H_3PO_3	$5.0\times10^{-2}(K_{a_1})$	1.30
		$2.5\times10^{-7}(K_{a_2})$	6.60
氢硫酸	H_2S	$5.7\times10^{-8}(K_{a_1})$	7.24
		$1.2\times10^{-15}(K_{a_2})$	14.92
硫酸	HSO_4^-	$1.2\times10^{-2}(K_{a_2})$	1.99
亚硫酸	H_2SO_3	$1.3\times10^{-2}(K_{a_1})$	1.90
		$6.3\times10^{-8}(K_{a_2})$	7.20
硫氰酸	$HSCN$	1.4×10^{-1}	0.85
偏硅酸	H_2SiO_3	$1.7\times10^{-10}(K_{a_1})$	9.77
		$1.6\times10^{-12}(K_{a_2})$	11.80
甲酸(蚁酸)	$HCOOH$	1.77×10^{-4}	3.75
乙酸(醋酸)	CH_3COOH	1.75×10^{-5}	4.76
丙酸	C_2H_5COOH	1.3×10^{-5}	4.89
一氯乙酸	$CH_2ClCOOH$	1.4×10^{-3}	2.86
二氯乙酸	$CHCl_2COOH$	5.0×10^{-2}	1.30
三氯乙酸	CCl_3COOH	0.23	0.64
乳酸	$CH_3CHOHCOOH$	1.4×10^{-4}	3.86
苯甲酸	C_6H_5COOH	6.2×10^{-5}	4.21
邻苯二甲酸	$C_6H_4(COOH)_2$	$1.1\times10^{-3}(K_{a_1})$	2.96
		$3.9\times10^{-6}(K_{a_2})$	5.41
草酸	$H_2C_2O_4$	$5.9\times10^{-2}(K_{a_1})$	1.22
		$6.4\times10^{-5}(K_{a_2})$	4.19
苯酚	C_6H_5OH	1.1×10^{-10}	9.95
水杨酸	$C_6H_4OHCOOH$	$1.0\times10^{-3}(K_{a_1})$	3.00
		$4.2\times10^{-13}(K_{a_2})$	12.38
磺基水杨酸	$C_6H_3SO_3HOHCOOH$	$4.7\times10^{-3}(K_{a_1})$	2.33
		$4.8\times10^{-12}(K_{a_2})$	11.32
乙二胺四乙酸(EDTA)	H_6Y^{2+}	$0.1(K_{a_1})$	0.90
	H_5Y^+	$3.0\times10^{-2}(K_{a_2})$	1.60
	H_4Y	$1.0\times10^{-2}(K_{a_3})$	2.00
	H_3Y^-	$2.1\times10^{-3}(K_{a_4})$	2.67

名　称	化　学　式	$K_{a(b)}$	$pK_{a(b)}$
	H_2Y^{2-}	$6.9 \times 10^{-7}(K_{a_5})$	6.16
	HY^{3-}	$5.5 \times 10^{-11}(K_{a_6})$	10.26
硫代硫酸	$H_2S_2O_3$	$5.0 \times 10^{-1}(K_{a_1})$	0.30
		$1.0 \times 10^{-2}(K_{a_2})$	2.00
苦味酸	$HOC_6H_2(NO_2)_3$	4.2×10^{-1}	0.38
乙酰丙酮	$CH_3COCH_2COCH_3$	1.0×10^{-9}	9.00
邻二氮菲	$C_{12}H_8N_2$	1.1×10^{-5}	4.96
8-羟基喹啉	C_9H_6NOH	$9.6 \times 10^{-6}(K_{a_1})$	5.02
		$1.55 \times 10^{-10}(K_{a_2})$	9.81
邻硝基苯甲酸	$C_6H_4NO_2COOH$	6.71×10^{-3}	2.17
氨水	$NH_3 \cdot H_2O$	1.8×10^{-5}	4.74
联氨	H_2NNH_2	$3.0 \times 10^{-6}(K_{b_1})$	5.52
		$7.6 \times 10^{-15}(K_{b_2})$	14.12
苯胺	$C_6H_5NH_2$	4.2×10^{-10}	9.38
羟胺	NH_2OH	9.1×10^{-9}	8.04
甲胺	CH_3NH_2	4.2×10^{-4}	3.38
乙胺	$C_2H_5NH_2$	5.6×10^{-4}	3.25
二甲胺	$(CH_3)_2NH$	1.2×10^{-4}	3.93
二乙胺	$(C_2H_5)_2NH$	1.3×10^{-3}	2.89
乙醇胺	$HOCH_2CH_2NH_2$	3.2×10^{-5}	4.50
三乙醇胺	$(HOCH_2CH_2)_3N$	5.8×10^{-7}	6.24
六亚甲基四胺	$(CH_2)_6N_4$	1.4×10^{-9}	8.85
乙二胺	$H_2NCH_2CH_2NH_2$	$8.5 \times 10^{-5}(K_{b_1})$	4.07
		$7.1 \times 10^{-8}(K_{b_2})$	7.15
吡啶	C_6H_5N	1.7×10^{-9}	8.77
喹啉	C_9H_7N	6.3×10^{-10}	9.20
尿素	$CO(NH_2)_2$	1.5×10^{-14}	13.82

附录 4　氧化还原半反应的标准电位

半　反　应	$\varphi^{\ominus}/V$
$Li^+ + e \Longrightarrow Li$	-3.0401
$K^+ + e \Longrightarrow K$	-2.931
$Cs^+ + e \Longrightarrow Cs$	-3.026
$Ba^{2+} + 2e \Longrightarrow Ba$	-2.912
$Sr^{2+} + 2e \Longrightarrow Sr$	-2.899
$Ca^{2+} + 2e \Longrightarrow Ca$	-2.868
$Na^+ + e \Longrightarrow Na$	-2.71
$Mg^{2+} + 2e \Longrightarrow Mg$	-2.372
$\frac{1}{2}H_2 + e \Longrightarrow H^-$	-2.230

半　反　应	$\varphi^{\ominus}/\text{V}$
$Be^{2+}+2e \rightleftharpoons Be$	-1.847
$Al^{3+}+3e \rightleftharpoons Al(0.1\text{mol/L NaOH})$	-1.706
$Mn(OH)_2+2e \rightleftharpoons Mn+2OH^-$	-1.56
$ZnO_2^-+2H_2O+2e \rightleftharpoons Zn+4OH^-$	-1.215
$Mn^{2+}+2e \rightleftharpoons Mn$	-1.185
$Sn(OH)_6^{2-}+2e \rightleftharpoons HSnO_2^-+3OH^-+H_2O$	-0.93
$2H_2O+2e \rightleftharpoons H_2+2OH^-$	-0.8277
$Zn^{2+}+2e \rightleftharpoons Zn$	-0.7618
$Cr^{3+}+3e \rightleftharpoons Cr$	-0.744
$Ni(OH)_2+2e \rightleftharpoons Ni+2OH^-$	-0.720
$Fe(OH)_3+e \rightleftharpoons Fe(OH)_2+OH^-$	-0.560
$2CO_2+2H^++2e \rightleftharpoons H_2C_2O_4$	-0.490
$NO_2^-+H_2O+e \rightleftharpoons NO+2OH^-$	-0.460
$Cr^{3+}+e \rightleftharpoons Cr^{2+}$	-0.407
$Fe^{2+}+2e \rightleftharpoons Fe$	-0.447
$Cd(OH)_2+2e \rightleftharpoons Cd+2OH^-$	-0.40
$Ni^{2+}+2e \rightleftharpoons Ni$	-0.257
$2SO_4^{2-}+4H^++2e \rightleftharpoons S_2O_6^{2-}+2H_2O$	-0.22
$Sn^{2+}+2e \rightleftharpoons Sn$	-0.1375
$Pb^{2+}+2e \rightleftharpoons Pb$	-0.1262
$MnO_2+2H_2O+2e \rightleftharpoons Mn(OH)_2+2OH^-$	-0.05
$Fe^{3+}+3e \rightleftharpoons Fe$	-0.037
$AgCN+e \rightleftharpoons Ag+CN^-$	-0.017
$2H^++2e \rightleftharpoons H_2$	0.0000
$AgBr+e \rightleftharpoons Ag+Br^-$	0.07133
$S_4O_6^{2-}+2e \rightleftharpoons 2S_2O_3^{2-}$	0.08
$S+2H^++2e \rightleftharpoons H_2S$	0.14
$Sn^{4+}+2e \rightleftharpoons Sn^{2+}$	0.151
$Cu^{2+}+e \rightleftharpoons Cu^+$	0.153
$ClO_4^-+H_2O+2e \rightleftharpoons ClO_3^-+2OH^-$	0.36
$SO_4^{2-}+4H^++2e \rightleftharpoons H_2SO_3+H_2O$	0.172
$AgCl+e \rightleftharpoons Ag+Cl^-$	0.22233
$Cu^{2+}+2e \rightleftharpoons Cu$	0.3419
$Ag_2O+H_2O+2e \rightleftharpoons 2Ag+2OH^-$	0.342
$ClO_3^-+H_2O+2e \rightleftharpoons ClO_2^-+2OH^-$	0.33
$O_2+2H_2O+4e \rightleftharpoons 4OH^-$	0.401
$[Fe(CN)_6]^{3-}+e \rightleftharpoons [Fe(CN)_6]^{4-}$	0.358
$Cd^{2+}+2e \rightleftharpoons Cd$	0.44
$NiO_2+2H_2O+2e \rightleftharpoons Ni(OH)_2+2OH^-$	0.490
$Cu^++e \rightleftharpoons Cu$	0.521
$I_2+2e \rightleftharpoons 2I^-$	0.5355
$AsO_4^{3-}+2H^++2e \rightleftharpoons AsO_3^{3-}+H_2O$	0.557

半 反 应	$\varphi^{\ominus}/V$
$IO_3^- + 2H_2O + 4e \rightleftharpoons IO^- + 4OH^-$	0.56
$MnO_4^- + e \rightleftharpoons MnO_4^{2-}$	0.564
$MnO_4^- + 2H_2O + 3e \rightleftharpoons MnO_2 + 4OH^-$	0.595
$O_2 + 2H^+ + 2e \rightleftharpoons H_2O_2$	0.695
$[Fe(CN)_6]^{3-} + e \rightleftharpoons [Fe(CN)_6]^{4-} (1mol/L\ H_2SO_4)$	0.690
$FeO_4^{2-} + 2H_2O + 3e \rightleftharpoons FeO_2^- + 4OH^-$	0.72
$Fe^{3+} + e \rightleftharpoons Fe^{2+}$	0.771
$Hg_2^{2+} + 2e \rightleftharpoons 2Hg$	0.7973
$Ag^+ + e \rightleftharpoons Ag$	0.7996
$2NO_3^- + 4H^+ + 2e \rightleftharpoons N_2O_4 + 2H_2O$	0.803
$\frac{1}{2}O_2 + 2H^+ (10^{-7}mol/L) + 2e \rightleftharpoons H_2O$	0.815
$Hg^{2+} + 2e \rightleftharpoons Hg$	0.851
$ClO^- + H_2O + 2e \rightleftharpoons Cl^- + 2OH^-$	0.81
$2Hg^{2+} + 2e \rightleftharpoons Hg_2^{2+}$	0.920
$NO_3^- + 3H^+ + 2e \rightleftharpoons HNO_2 + H_2O$	0.934
$NO_3^- + 4H^+ + 3e \rightleftharpoons NO + 2H_2O$	0.957
$Br_2(l) + 2e \rightleftharpoons 2Br^-$	1.066
$Br_2(aq) + 2e \rightleftharpoons 2Br^-$	1.0873
$2IO_3^- + 12H^+ + 10e \rightleftharpoons I_2 + 6H_2O$	1.19
$O_2 + 4H^+ + 4e \rightleftharpoons 2H_2O$	1.229
$MnO_2 + 4H^+ + 2e \rightleftharpoons Mn^{2+} + 2H_2O$	1.224
$Cr_2O_7^{2-} + 14H^+ + 6e \rightleftharpoons 2Cr^{3+} + 7H_2O$	1.33
$Cl_2(g) + 2e \rightleftharpoons Cl^-$	1.35827
$ClO_4^- + 8H^+ + 8e \rightleftharpoons Cl^- + 4H_2O$	1.389
$BrO_3^- + 6H^+ + 6e \rightleftharpoons Br^- + 3H_2O$	1.44
$ClO_3^- + 6H^+ + 6e \rightleftharpoons Cl^- + 3H_2O$	1.451
$ClO_3^- + 6H^+ + 5e \rightleftharpoons \frac{1}{2}Cl_2 + 3H_2O$	1.47
$MnO_4^- + 8H^+ + 5e \rightleftharpoons Mn^{2+} + 4H_2O$	1.507
$Mn^{3+} + e \rightleftharpoons Mn^{2+}$	1.5415
$Ce^{4+} + e \rightleftharpoons Ce^{3+}$	1.61
$MnO_4^- + 4H^+ + 3e \rightleftharpoons MnO_2 + 2H_2O$	1.679
$Au^+ + e \rightleftharpoons Au$	1.692
$H_2O_2 + 2H^+ + 2e \rightleftharpoons 2H_2O$	1.776
$S_2O_8^{2-} + 2e \rightleftharpoons 2SO_4^{2-}$	2.010
$O_3 + 2H^+ + 2e \rightleftharpoons O_2 + H_2O$	2.076
$F_2 + 2e \rightleftharpoons 2F^-$	2.866

附录 5　一些物质在热导检测器上的相对响应值和相对校正因子

组分名称	s'_M	s'_m	f'_M	f'_m	组分名称	s'_M	s'_m	f'_M	f'_m
直链烷烃					环戊二烯	0.68	0.81	1.47	1.23
甲烷	0.357	1.73	2.80	0.58	异戊二烯	0.92	1.06	1.09	0.94
乙烷	0.512	1.33	1.96	0.75	1-甲基环己烯	1.15	0.93	0.87	1.07
丙烷	0.645	1.16	1.55	0.86	甲基乙炔	0.58	1.13	1.72	0.88
丁烷	0.851	1.15	1.18	0.87	双环戊二烯	0.76	0.78	1.32	1.28
戊烷	1.05	1.14	0.95	0.88	4-乙烯基环己烯	1.30	0.94	0.77	1.07
己烷	1.23	1.12	0.81	0.89	环戊烯	0.80	0.92	1.25	1.09
庚烷	1.43	1.12	0.70	0.89	降冰片烯	1.13	0.94	0.89	1.06
辛烷	1.60	1.09	0.63	0.92	降冰片二烯	1.11	0.95	0.90	1.05
壬烷	1.77	1.08	0.57	0.93	环庚三烯	1.04	0.88	0.96	1.14
癸烷	1.99	1.09	0.50	0.92	1,3-环辛二烯	1.27	0.91	0.79	1.10
十一烷	1.98	0.99	0.51	1.01	1,5-环辛二烯	1.31	0.95	0.76	1.05
十四烷	2.34	0.92	0.42	1.09	1,3,5,7-环辛四烯	1.14	0.86	0.88	1.16
$C_{20}\sim C_{36}$		1.09		0.92	环十二碳三烯（反）	1.68	0.81	0.60	1.23
支链烷烃					环十二碳三烯	1.53	0.73	0.65	1.37
异丁烷	0.82	1.10	1.22	0.91	芳烃				
异戊烷	1.02	1.10	0.98	0.91	苯	1.00	1.00	1.00	1.00
新戊烷	0.99	1.08	1.01	0.93	甲苯	1.16	0.98	0.86	1.02
2,2-二甲基丁烷	1.16	1.05	0.86	0.95	乙基苯	1.29	0.95	0.78	1.05
2,3-二甲基丁烷	1.16	1.05	0.86	0.95	间二甲苯	1.31	0.96	0.76	1.04
2-甲基戊烷	1.20	1.09	0.83	0.92	对二甲苯	1.31	0.96	0.76	1.04
3-甲基戊烷	1.19	1.08	0.84	0.93	邻二甲苯	1.27	0.93	0.79	1.08
2,2-二甲基戊烷	1.33	1.04	0.75	0.96	异丙苯	1.42	0.92	0.70	1.09
2,4-二甲基戊烷	1.29	1.01	0.78	0.99	正丙苯	1.45	0.95	0.69	1.05
2,3-二甲基戊烷	1.35	1.05	0.74	0.95	1,2,4-三甲苯	1.50	0.98	0.67	1.02
3,5-二甲基戊烷	1.33	1.04	0.75	0.96	1,2,3-三甲苯	1.49	0.97	0.67	1.03
2,2,3-三甲基丁烷	1.29	1.01	0.78	0.99	对乙基甲苯	1.50	0.98	0.67	1.02
2-甲基己烷	1.36	1.06	0.74	0.94	1,3,5-三甲苯	1.49	0.97	0.67	1.03
3-甲基己烷	1.33	1.04	0.75	0.96	仲丁苯	1.58	0.92	0.63	1.09
3-乙基戊烷	1.31	1.02	0.76	0.98	联二苯	1.69	0.86	0.59	1.16
2,2,4-三甲基戊烷	1.47	1.01	0.68	0.99	邻三联苯	2.17	0.74	0.46	1.35
不饱和烃					间三联苯	2.30	0.78	0.43	1.28
乙烯	0.48	1.34	2.08	0.75	对三联苯	2.24	0.76	0.45	1.32
丙烯	0.65	1.20	1.54	0.83	三苯甲烷	2.32	0.74	0.43	1.35
异丁烯	0.82	1.14	1.22	0.88	萘	1.39	0.84	0.72	1.19
丁烯	0.81	1.13	1.23	0.88	四氢萘	1.45	0.86	0.69	1.16
反 2-丁烯	0.85	1.19	1.18	0.84	甲基四氢萘	1.58	0.84	0.63	1.19
顺 2-丁烯	0.87	1.22	1.15	0.82	乙基四氢萘	1.70	0.83	0.59	1.20
3-甲基-1-丁烯	0.99	1.10	1.01	0.91	反十氢萘	1.50	0.85	0.67	1.18
2-甲基-1-丁烯	0.99	1.10	1.01	0.91	顺十氢萘	1.51	0.86	0.66	1.16
戊烯	0.99	1.10	1.01	0.91	环烷烃				
反 2-戊烯	1.04	1.16	0.96	0.86	环戊烷	0.97	1.09	1.03	0.92
顺 2-戊烯	0.98	1.10	1.02	0.91	甲基环戊烷	1.15	1.07	0.87	0.93
2-甲基-2-戊烯	0.96	1.04	1.04	0.96	1,1-二甲基环戊烷	1.24	0.99	0.81	1.01
2,4,4-三甲基-1-戊烯	1.58	1.10	0.63	0.91	乙基环戊烷	1.26	1.01	0.79	0.99
丙二烯	0.53	1.03	1.89	0.97	顺 1,2-二甲基环戊烷	1.25	1.00	0.80	1.00
1,3-丁二烯	0.80	1.16	1.25	0.86	顺+反 1,3-二甲基环戊烷	1.25	1.00	0.80	1.00

组 分 名 称	s'_M	s'_m	f'_M	f'_m	组 分 名 称	s'_M	s'_m	f'_M	f'_m
1,2,4-三甲基戊烷(顺,反,顺)	1.36	0.95	0.74	1.05	正庚醇	1.28	0.86	0.78	1.16
1,2,4-三甲基戊烷(顺,顺,反)	1.43	1.00	0.70	1.00	5-癸醇	1.84	0.91	0.54	1.10
环己烷	1.14	1.06	0.88	0.94	2-十二烷醇	1.98	0.84	0.51	1.19
甲基环己烷	1.20	0.95	0.83	1.05	环戊醇	1.09	0.99	0.92	1.01
1,1-二甲基环己烷	1.41	0.98	0.71	1.02	环己醇	1.12	0.88	0.89	1.14
1,4-二甲基环己烷	1.46	1.02	0.68	0.98	酯类				
乙基环己烷	1.45	1.01	0.69	0.99	乙酸乙酯	1.11	0.99	0.90	1.01
正丙基环己烷	1.58	0.98	0.63	1.02	乙酸乙丙酯	1.21	0.93	0.83	1.08
1,1,3-三甲基环己烷	1.39	0.86	0.72	1.16	乙酸正丁酯	1.35	0.91	0.74	1.10
无机物					乙酸正戊酯	1.46	0.88	0.68	1.14
氩	0.42	0.82	2.38	1.22	乙酸异戊酯	1.45	0.87	0.69	1.10
氮	0.42	1.16	2.38	0.86	乙酸正庚酯	1.70	0.84	0.59	1.19
氧	0.40	0.98	2.50	1.02	醚类				
二氧化碳	0.48	0.85	2.08	1.18	乙醚	1.10	1.16	0.91	0.86
一氧化碳	0.42	1.16	2.38	0.86	异丙醚	1.30	0.99	0.77	1.01
四氯化碳	1.08	0.55	0.93	1.82	正丙醚	1.31	1.00	0.76	1.00
羟基铁[Fe(CO)₅]	1.50	0.60	0.67	1.67	正丁醚	1.60	0.96	0.63	1.04
硫化氢	0.38	0.88	2.63	1.14	正戊醚	1.83	0.91	0.55	1.10
水	0.33	1.42	3.03	0.70	乙基正丁基醚	1.30	0.99	0.77	1.01
含氧化合物					二醇类				
酮类					2,5-癸二醇	1.27	0.84	0.79	1.19
丙酮	0.86	1.15	1.16	0.87	1,6-癸二醇	1.21	0.80	0.83	1.25
甲乙酮	0.98	1.05	1.02	0.95	1,10-癸二醇	1.08	0.48	0.93	2.08
二乙酮	1.10	1.00	0.91	1.00	含氮化合物				
3-己酮	1.23	0.96	0.81	1.04	正丁胺	1.14	1.22	0.88	0.82
2-己酮	1.30	1.02	0.77	0.98	正戊胺	1.52	1.37	0.66	0.73
3,3-二甲基-2-丁酮	1.18	0.81	0.85	1.23	正己胺	1.04	0.80	0.96	1.25
甲基正戊基酮	1.33	0.91	0.75	1.10	吡咯	0.86	1.00	1.16	1.00
甲基正己基酮	1.47	0.90	0.68	1.11	二氢吡咯	0.83	0.94	1.20	1.06
环戊酮	1.06	0.99	0.94	1.01	四氢吡咯	0.91	1.00	1.09	1.00
环己酮	1.25	0.99	0.80	1.01	吡啶	1.00	0.99	1.00	1.01
2-壬酮	1.61	0.93	0.62	1.07	1,2,5,6-四氯吡啶	1.03	0.96	0.97	1.04
甲基异丁基酮	1.18	0.91	0.85	1.10	呱啶	1.02	0.94	0.98	1.06
甲基异戊基酮	1.38	0.94	0.72	1.06	丙烯腈	0.78	1.15	1.28	0.87
醇类					丙腈	0.84	1.20	1.19	0.83
甲醇	0.55	1.34	1.82	0.75	正丁腈	1.05	1.19	0.95	0.84
乙醇	0.72	1.22	1.39	0.82	苯胺	1.14	0.95	0.88	1.05
丙醇	0.83	1.09	1.20	0.92	喹啉	1.94	1.16	0.52	0.86
异丙醇	0.85	1.10	1.18	0.91	反十氢喹啉	1.17	0.66	0.85	1.51
正丁醇	0.95	1.00	1.05	1.00	顺十氢喹啉	1.17	0.66	0.85	1.51
异丁醇	0.96	1.02	1.04	0.98	氨	0.40	1.86	2.50	0.54
仲丁醇	0.97	1.03	1.03	0.97	杂环化合物				
叔丁醇	0.96	1.02	1.04	0.98	环氧乙烷	0.58	1.03	1.72	0.97
3-甲基-1-戊醇	1.07	0.98	0.93	1.02	环氧丙烷	0.80	1.07	1.25	0.93
2-戊醇	1.10	0.98	0.91	1.02	硫化氢	0.38	0.88	2.63	1.14
3-戊醇	1.09	0.96	0.92	1.04	甲硫醇	0.59	0.96	1.69	1.04
2-甲基-2-丁醇	1.06	0.94	0.94	1.06	乙硫醇	0.87	1.09	1.15	0.92
正己醇	1.18	0.90	0.85	1.11	1-丙硫醇	1.01	1.04	0.99	0.96
3-己醇	1.25	0.98	0.80	1.02	四氢呋喃	0.83	0.90	1.20	1.11
2-己醇	1.30	1.02	0.77	0.98	噻吩烷	1.03	0.91	0.97	1.09

续表

组 分 名 称	s'_M	s'_m	f'_M	f'_m	组 分 名 称	s'_M	s'_m	f'_M	f'_m
硅酸乙酯	2.08	0.79	0.48	1.27	碘戊烷	1.38	0.55	0.73	1.82
乙醛	0.65	1.15	1.54	0.87	二氯甲烷	0.94	0.87	1.06	1.14
2-乙氧基乙醇（溶纤剂）	1.07	0.93	0.93	1.08	氯仿	1.08	0.71	0.93	1.41
卤化物					四氯化碳	1.20	0.61	0.83	1.64
氟己烷	1.24	0.93	0.81	1.08	二溴甲烷	1.07	0.48	0.93	2.08
氯丁烷	1.11	0.94	0.90	1.06	溴氯甲烷	1.00	0.61	1.00	1.64
2-氯乙烷	1.09	0.91	0.92	1.10	1,2-二溴乙烷	1.17	0.48	0.85	2.08
1-氯-2-甲基丙烷	1.08	0.91	0.93	1.10	1-溴-2-氯乙烷	1.10	0.59	0.91	1.69
2-氯-2-甲基丙烷	1.04	0.88	0.96	1.14	1,1-二氯乙烷	1.03	0.81	0.97	1.23
1-氯戊烷	1.23	0.91	0.81	1.10	1,2-二氯丙烷	1.12	0.77	0.89	1.30
1-氯己烷	1.34	0.87	0.75	1.14	顺1,2-二氯乙烯	1.00	0.81	1.00	1.23
1-氯庚烷	1.47	0.86	0.68	1.16	2,3-二氯丙烯	1.10	0.77	0.91	1.30
溴代乙烷	0.98	0.70	1.02	1.43	三氯乙烯	1.15	0.69	0.87	1.45
溴丙烷	1.08	0.68	0.93	1.47	氟代苯	1.05	0.85	0.95	1.18
2-溴丙烷	1.07	0.68	0.93	1.47	间二氟代苯	1.07	0.73	0.93	1.37
溴乙烷	1.19	0.68	0.84	1.47	邻氟代甲苯	1.16	0.83	0.86	1.20
2-溴丁烷	1.16	0.66	0.86	1.52	对氟代甲苯	1.17	0.83	0.85	1.20
1-溴-2-甲基丙烷	1.15	0.66	0.87	1.52	间氟代甲苯	1.18	0.84	0.85	1.19
溴戊烷	1.28	0.66	0.78	1.52	1-氯-3-氟代苯间-溴-a,a,a三氟代甲苯	1.45	0.52	0.68	1.92
碘代甲烷	0.96	0.53	1.04	1.89					
磺代乙烷	1.06	0.53	0.94	1.89	氯代苯	1.16	0.80	0.86	1.25
碘丙烷	1.17	0.54	0.85	1.85	邻氯代甲苯	1.28	0.79	0.78	1.27
碘丁烷	1.29	0.55	0.78	1.82	氯代环己烷	1.20	0.79	0.83	1.27
2-碘丁烷	1.23	0.52	0.81	1.92	溴代苯	1.24	0.62	0.81	1.61
1-碘-2-甲基丙烷	1.22	0.52	0.82	1.92					

附录 6　一些物质在氢火焰检测器上的相对质量响应值和相对质量校正因子

组 分 名 称	s'_m	f'_m	组 分 名 称	s'_m	f'_m
直链烷烃			3-甲基己烷	0.91	1.10
甲烷	0.87	1.15	2,2-二甲基戊烷	0.91	1.10
乙烷	0.87	1.15	2,3-二甲基戊烷	0.88	1.14
丙烷	0.87	1.15	2,4-二甲基戊烷	0.91	1.10
丁烷	0.92	1.09	3,3-二甲基戊烷	0.92	1.09
戊烷	0.93	1.08	3-乙基戊烷	0.91	1.10
己烷	0.92	1.09	2,2,3-三甲基丁烷	0.91	1.10
庚烷	0.89	1.12	2-甲基庚烷	0.87	1.15
辛烷	0.87	1.15	3-甲基庚烷	0.90	1.11
壬烷	0.88	1.14	4-甲基庚烷	0.91	1.10
支链烷烃			2,2-二甲基己烷	0.90	1.11
异戊烷	0.94	1.06	2,3-二甲基己烷	0.88	1.14
2,2-二甲基丁烷	0.93	1.08	2,4-二甲基己烷	0.88	1.14
2,3-二甲基丁烷	0.92	1.09	2,5-二甲基己烷	0.90	1.11
2-甲基戊烷	0.94	1.06	3,4-二甲基己烷	0.88	1.14
3-甲基戊烷	0.93	1.08	3-乙基己烷	0.89	1.12
2-甲基己烷	0.91	1.10	2-甲基-3-乙基戊烷	0.88	1.14

续表

组 分 名 称	s'_m	f'_m	组 分 名 称	s'_m	f'_m
2,2,3-三甲基戊烷	0.91	1.10	环庚烷	0.90	1.11
2,2,4-三甲基戊烷	0.89	1.12	芳烃		
2,3,3-三甲基戊烷	0.90	1.11	苯	1.00	1.00
2,3,4-三甲基戊烷	0.88	1.14	甲苯	0.96	1.04
2,2-二甲基庚烷	0.87	1.15	乙基苯	0.92	1.09
3,3-二甲基庚烷	0.89	1.12	对二甲苯	0.89	1.12
2,4-二甲基-3-乙基戊烷	0.88	1.14	间二甲苯	0.93	1.08
2,2,3-三甲基己烷	0.90	1.11	邻二甲苯	0.91	1.10
2,2,4-三甲基己烷	0.88	1.14	1-甲基-2-乙基苯	0.91	1.10
2,2,5-三甲基己烷	0.88	1.14	1-甲基-3-乙基苯	0.90	1.11
2,2,3-三甲基己烷	0.89	1.12	1-甲基-4-乙基苯	0.89	1.12
2,3,5-三甲基己烷	0.86	1.16	1,2,3-三甲苯	0.88	1.14
2,4,4-三甲基己烷	0.90	1.11	1,2,4-三甲苯	0.87	1.15
2,2,3,3-四甲基戊烷	0.89	1.12	1,3,5-三甲苯	0.88	1.14
2,2,3,4-四甲基戊烷	0.88	1.14	异丙苯	0.87	1.15
2,3,3,4-四甲基戊烷	0.88	1.14	正丙苯	0.90	1.11
3,3,5-三甲基庚烷	0.88	1.14	1-甲基-2-异丙苯	0.88	1.14
2,2,3,4-四甲基己烷	0.90	1.11	1-甲基-3-异丙苯	0.90	1.11
2,2,4,5-四甲基戊烷	0.89	1.12	1-甲基-4-异丙苯	0.88	1.14
五元环烷烃			仲丁苯	0.89	1.12
环戊烷	0.93	1.08	叔丁苯	0.91	1.10
甲基环戊烷	0.90	1.11	正丁苯	0.88	1.14
乙基环戊烷	0.89	1.12	不饱和烃		
1,1-二甲基环戊烷	0.92	1.09	乙炔	0.96	1.04
反1,2-二甲基环戊烷	0.90	1.11	乙烯	0.91	1.10
顺1,2-二甲基环戊烷	0.89	1.12	己烯	0.88	1.14
反1,3-二甲基环戊烷	0.89	1.12	辛烯	1.03	0.97
顺1,3-二甲基环戊烷	0.89	1.12	癸烯	1.01	0.99
1-甲基-反-2-乙基环戊烷	0.90	1.11	醇类		
1-甲基-顺-2-乙基环戊烷	0.89	1.12	甲醇	0.21	4.76
1-甲基-反-3-乙基环戊烷	0.87	1.15	乙醇	0.41	2.43
1-甲基-顺-3-乙基环戊烷	0.89	1.12	正丙醇	0.54	1.85
1,1,2-三甲基环戊烷	0.92	1.09	异丙醇	0.47	2.13
1,1,3-三甲基环戊烷	0.93	1.08	正丁醇	0.59	1.69
反1,2-顺-3-三甲基环戊烷	0.90	1.11	异丁醇	0.61	1.64
反1,2-顺-4-三甲基环戊烷	0.88	1.12	仲丁醇	0.56	1.79
顺1,2-反-3-三甲基环戊烷	0.88	1.12	叔丁醇	0.66	1.52
顺1,2-反-4-三甲基环戊烷	0.88	1.12	戊醇	0.63	1.59
异丙基环戊烷	0.88	1.12	1,3-二甲基丁醇	0.66	1.52
正丙基环戊烷	0.87	1.15	甲基戊醇	0.58	1.72
六元环烷烃			己醇	0.66	1.52
环己烷	0.90	1.11	辛醇	0.76	1.32
甲基环己烷	0.90	1.11	癸醇	0.75	1.33
乙基环己烷	0.90	1.11	醛类		
1-甲基-反-4-甲基环己烷	0.88	1.14	丁醛	0.55	1.82
1-甲基-顺-4-乙基环己烷	0.86	1.16	庚醛	0.69	1.45
1,1,2-三甲基环己烷	0.90	1.11	辛醛	0.70	1.43
异丙基环己烷	0.88	1.14	癸醛	0.72	1.40

组 分 名 称	s'_m	f'_m	组 分 名 称	s'_m	f'_m
酮类			乙酸乙酯	0.34	2.94
丙酮	0.44	2.27	乙酸异丙酯	0.44	2.27
甲乙酮	0.54	1.85	乙酸仲丁酯	0.46	2.17
甲基异丁基酮	0.63	1.59	乙酸异丁酯	0.48	2.08
乙基丁基酮	0.63	1.59	乙酸丁酯	0.49	2.04
二异丁基酮	0.64	1.56	乙酸异戊酯	0.55	1.82
乙基戊基酮	0.72	1.39	乙酸甲基异戊酯	0.56	1.79
环己烷	0.64	1.56	己酸乙基(2)乙酯	0.64	1.56
酸类			乙酸-2-乙氧基乙醇酯	0.45	2.22
甲酸	0.009	1.11	己酸己酯	0.70	1.42
乙酸	0.21	4.76	氮化物		
丙酸	0.36	2.78	乙腈	0.35	2.86
丁酸	0.43	2.33	三甲基胺	0.41	2.44
己酸	0.56	1.79	叔丁基胺	0.48	2.08
庚酸	0.54	1.85	二乙基胺	0.54	1.85
辛酸	0.58	1.72	苯胺	0.67	1.49
酯类			二正丁基胺	0.67	1.49
乙酸甲酯	0.18	5.56	噻吩烷	0.51	1.96

参 考 文 献

[1] 张振宇主编. 化工分析. 第 4 版. 北京：化学工业出版社，2015.
[2] 姜洪文主编. 分析化学. 第 4 版. 北京：化学工业出版社，2017.
[3] 黄一石主编. 分析仪器操作技术与维护. 第 2 版. 北京：化学工业出版社，2013.
[4] 刘世纯主编. 实用分析化验工读本. 第 2 版. 北京：化学工业出版社，2005.
[5] 姜洪文主编. 化验室组织与管理. 第 3 版. 北京：化学工业出版社，2014.
[6] 张振宇主编. 化工产品检验技术. 第 2 版. 北京：化学工业出版社，2013.
[7] 于世林，苗凤琴编. 分析化学. 第 3 版. 北京：化学工业出版社，2010.
[8] 苗凤琴，于世林编. 分析化学实验. 第 4 版. 北京：化学工业出版社，2015.
[9] 赵泽禄主编. 化学分析技术. 北京：化学工业出版社，2006.
[10] 夏玉宇主编. 化验员实用手册. 第 3 版. 北京：化学工业出版社，2012.
[11] 胡伟光，张文英主编. 定量化学分析实验. 第 3 版. 北京：化学工业出版社，2015.
[12] 甘峰编. 分析化学基础教程. 北京：化学工业出版社，2007.
[13] 中华人民共和国国家标准 GB/T 14666—2003. 分析化学术语. 北京：中国标准出版社，2004.
[14] 高向阳主编. 新编仪器分析. 北京：科学出版社，2004.
[15] 邹汉法，张玉奎，卢佩章. 高效液相色谱法. 北京：科学出版社，1998.
[16] 朱明华主编. 仪器分析. 第 3 版. 北京：高等教育出版社，2000.
[17] 李发美主编. 医药高效液相色谱技术. 北京：人民卫生出版社，2000.
[18] 国家标准化管理委员会编. 中华人民共和国国家标准目录及信息总汇（2005）. 北京：中国标准出版社，2006.
[19] 国家标准化管理委员会编. 中华人民共和国强制性地方标准和行业标准目录（2005）. 北京：中国标准出版社，2006.